网络空间安全学科系列教材

U0645647

信息内容安全

张宏莉 史建焘 刘立坤 魏玉良 编著

清华大学出版社

北京

内 容 简 介

本书系统地介绍信息内容获取、分析、安全管理等的基本原理和关键技术。全书共 7 章,主要内容包括绪论、网络数据被动获取、网络信息主动获取、字符串匹配技术、数据挖掘与内容安全、信息内容安全管理、隐私保护技术。本书在内容上广度与深度并重,部分内容来源于国家信息安全重大工程研究成果。通过本书,读者不仅能掌握相关技术,还能深刻理解其在国家安全和发展新格局中的重要作用。

本书可以作为高等学校网络空间安全、信息安全专业的专业课教材以及计算机类、信息类、电子商务类、工程和管理类相关专业高年级本科生的选修课教材,同时可供信息安全和网络安全管理人员参考,也可作为在职人员高级网络安全培训用书。

图书在版编目(CIP)数据

信息内容安全/张宏莉等编著. -- 北京:清华大学出版社,2025.7. --(网络空间安全学科系列教材).
ISBN 978-7-302-69971-2

Ⅰ. TP309

中国国家版本馆 CIP 数据核字第 2025C58M69 号

责任编辑:张　民　战晓雷
封面设计:刘　键
责任校对:李建庄
责任印制:刘　菲

出版发行:清华大学出版社
　　　　网　　　址:https://www.tup.com.cn,https://www.wqxuetang.com
　　　　地　　　址:北京清华大学学研大厦 A 座　　　　邮　　编:100084
　　　　社 总 机:010-83470000　　　　邮　　购:010-62786544
　　　　投稿与读者服务:010-62776969,c-service@tup.tsinghua.edu.cn
　　　　质量反馈:010-62772015,zhiliang@tup.tsinghua.edu.cn
　　　　课件下载:https://www.tup.com.cn,010-83470236
印 装 者:三河市铭诚印务有限公司
经　　销:全国新华书店
开　　本:185mm×260mm　　　印　　张:18.25　　　字　　数:446 千字
版　　次:2025 年 9 月第 1 版　　　印　　次:2025 年 9 月第 1 次印刷
定　　价:59.00 元

产品编号:106981-01

网络空间安全学科系列教材

编委会

出版说明

21 世纪是信息时代,信息已成为社会发展的重要战略资源,社会的信息化已成为当今世界发展的潮流和核心,而信息安全在信息社会中将扮演极为重要的角色,会直接关系到国家安全、企业经营和人们的日常生活。随着信息安全产业的快速发展,全球对信息安全人才的需求量不断增加,然而我国目前信息安全人才极度匮乏,远远不能满足金融、商业、公安、军事和政府等部门的需求。要解决供需矛盾,必须加快信息安全人才的培养,以满足社会对信息安全人才的需求。为此,教育部继 2001 年批准在武汉大学开设信息安全本科专业之后,又批准了多所高等院校设立信息安全本科专业,而且许多高校和科研院所已设立了信息安全方向的具有硕士和博士学位授予权的学科点。

信息安全是计算机、通信、物理、数学等领域的交叉学科,对于这一新兴学科的培养模式和课程设置,各高校普遍缺乏经验,因此中国计算机学会教育专业委员会和清华大学出版社联合主办了"信息安全专业教育教学研讨会"等一系列研讨活动,并成立了"高等院校信息安全专业系列教材"编委会,由我国信息安全领域著名专家肖国镇教授担任编委会主任,指导"高等院校信息安全专业系列教材"的编写工作。编委会本着研究先行的指导原则,认真研讨国内外高等院校信息安全专业的教学体系和课程设置,进行了大量具有前瞻性的研究工作,而且这种研究工作将随着我国信息安全专业的发展不断深入。系列教材的作者都是既在本专业领域有深厚的学术造诣,又在教学第一线有丰富的教学经验的学者、专家。

该系列教材是我国第一套专门针对信息安全专业的教材,其特点是:

① 体系完整、结构合理、内容先进。

② 适应面广。能够满足信息安全、计算机、通信工程等相关专业对信息安全领域课程的教材要求。

③ 立体配套。除主教材外,还配有多媒体电子教案、习题与实验指导等。

④ 版本更新及时,紧跟科学技术的新发展。

"高等院校信息安全专业系列教材"已于 2006 年年初正式列入普通高等教育"十一五"国家级教材规划。

2007 年 6 月,教育部高等学校信息安全类专业教学指导委员会成立大会暨第一次会议在北京胜利召开。本次会议由教育部高等学校信息安全类专业教学指导委员会主任单位北京工业大学和北京电子科技学院主办,清华大学出版社协办。教育部高等学校信息安全类专业教学指导委员会的成立对我国信息安全专业的发展起到重要的指导和推动作用。2006 年,教育部给武汉大学下达了"信息安全专业指导性专业规范研制"的教学科研项目。2007 年起,该项目由教育部高等学校信息安全类专业教学指导委员会组织实施。在高教司和教指委的指导下,项目组团结一致,努力工作,克服困难,历时 5 年,制定出我国第一个信息安全专业指导性专业规范,于 2012 年年底通过经教育部高等教育司理工科教育处授权组织的专家组评审,并且已经在武汉大学等许多高校应用。2013 年,新一届教育部高等学校信息安全专业教学指导委员会成立。经组织审查和研究决定,2014 年,以教育部高等学校信息安全专业教学指导委员会的名义正式发布《高等学校信息安全专业指导性专业规范》(由清华大学出版社正式出版)。

2015 年 6 月,国务院学位委员会、教育部决定增设"网络空间安全"为一级学科,将高校培养网络空间安全人才提到新的高度。2016 年 6 月,中央网络安全和信息化领导小组办公室(下文简称"中央网信办")、国家发展和改革委员会、教育部、科学技术部、工业和信息化部、人力资源和社会保障部六大部门联合发布《关于加强网络安全学科建设和人才培养的意见》(中网办发文〔2016〕4 号)。2019 年 6 月,教育部高等学校网络空间安全专业教学指导委员会召开成立大会。为贯彻落实《关于加强网络安全学科建设和人才培养的意见》,进一步深化高等教育教学改革,促进网络安全学科专业建设和人才培养,促进网络空间安全相关核心课程和教材建设,在教育部高等学校网络空间安全专业教学指导委员会和中央网信办组织的"网络空间安全教材体系建设研究"课题组的指导下,启动了"网络空间安全学科系列教材"的建设工作,由教育部高等学校网络空间安全专业教学指导委员会秘书长封化民教授担任编委会主任。本丛书基于"高等院校信息安全专业系列教材"坚实的工作基础和成果、阵容强大的编委会和优秀的作者队伍,目前已有多部图书获得中央网信办和教育部指导评选的"网络安全优秀教材奖",以及"普通高等教育本科国家级规划教材""普通高等教育精品教材""中国大学出版社图书奖"等多个奖项。

"网络空间安全学科系列教材"将根据《高等学校信息安全专业指导性专业规范》(及后续版本)和相关教材建设课题组的研究成果不断更新和扩展,进一步体现科学性、系统性和新颖性,及时反映教学改革和课程建设的新成果,并随着我国网络空间安全学科的发展不断完善,力争为我国网络空间安全相关学科专业的本科和研究生教材建设、学术出版与人才培养做出更大的贡献。

我们的 E-mail 地址是 zhangm@tup.tsinghua.edu.cn,联系人:张民。

"网络空间安全学科系列教材"编委会

前　言

在当前数字信息爆炸的时代,信息内容安全成为亟须关注的重要议题。随着互联网的快速发展,人们的日常生活和工作中产生和处理的数据量呈指数级增长。从个人的社交媒体动态到企业的机密文件,再到国家级的安全情报,信息的流通无处不在,其安全问题也愈加凸显。

党的二十大报告指出:"推进国家安全体系和能力现代化,坚决维护国家安全和社会稳定。"并指明"以新安全格局保障新发展格局"。这为新时代国家安全和发展的战略布局提供了清晰的方向。在信息化飞速发展的今天,信息内容安全不仅是网络空间治理的重要组成部分,更是国家安全的核心环节之一。网络和信息安全直接关系到国家政治、经济和社会的稳定,维护信息内容安全已经成为国家实现长治久安、推动经济高质量发展的重要保障。

本书系统地介绍信息内容安全的基本原理和关键技术,旨在帮助读者了解如何通过技术手段保护信息内容安全。信息内容安全技术应用涉及信息内容监测、网络诈骗和虚假信息检测、个人隐私信息保护等,甚至关系到国家政治安全、社会安全、文化安全等。通过学习网络数据捕获技术、分析技术以及版权保护技术等内容,读者不仅应掌握相关技术,还应深刻理解其在国家安全和发展新格局中的重要作用。期望读者通过本书能够更深入地理解信息内容安全的重要性,认识到其在现代社会中的核心地位,并对其应对策略有更为全面的掌握。全书共7章,主要内容如下。

第1章着重阐述信息内容安全的基本概念和核心要素。首先,介绍网络空间安全基础,包括网络空间安全的基本概念、面临的主要安全威胁及其本质。其次,介绍信息与信息安全基础,包括信息的本质、信息安全问题、信息安全属性和信息安全的发展。再次,介绍信息内容安全基础,包括信息安全技术框架、信息内容安全的研究方向、信息内容安全典型事件、信息内容安全技术体系。最后,介绍相关政策和法律,包括网络主权及其基本原则、国家网络空间安全战略思想和网络空间安全相关法律法规。通过本章的学习,读者能够对本书内容有全面的了解,为深入探索信息内容安全技术打下基础。

第2章深入探讨在网络环境中被动获取信息的关键技术。本章从网络基础知识出发,为读者提供一个关于网络数据获取的全面知识框架,包括TCP/IP体系结构、以太网以及常见网络协议的基本概念和工作原理。在此基础上,本章重点介绍网络数据包捕获技术、网络协议分析技术以及网络数据包生成技术,这些技术对于理解数据在网络中的流动和处理至关重要。为了更好地应用这些理论知识,本章还详细介绍网络安全开发包的使用和高性能捕包平台的工作原理。通过本章的学习,读者能够掌握网络数据被动获取的关键技术,为进一步的信息内容分析和安全管理提供坚实基础。

第3章介绍网络信息主动获取技术。首先,探讨各类网络信息发布平台,包括导航类目录门户、检索式搜索引擎以及移动端社交网络,并分析 Web 3.0 的快速发展对信息获取方式的影响。其次,介绍互联网信息主动获取技术,包括互联网主动获取基础知识、网络数据采集调度技术和高级网络信息采集技术。再次,介绍网络信息存储技术,包括网络信息存储格式、网络信息索引技术、互联网数据的存储技术、互联网数据的计算技术。最后,介绍网络信息预处理技术,包括半结构数据抽取技术、中文文本处理技术和文本向量化表示技术。通过本章的学习,读者能够深入理解网络信息主动获取的方法和技术,为更高效地获取和利用网络信息打下基础。

第4章深入探讨文本处理和网络内容分析中不可或缺的字符串匹配技术。首先介绍了字符串匹配的基本概念,明确其定义、主要应用场景及其分类,为读者揭示字符串匹配技术的广泛应用价值。随后,深入分析各种字符串匹配算法,详细阐述这些算法的工作原理、应用领域以及效能对比。其中,着重介绍了单模式匹配算法和多模式匹配算法,分析它们在不同场景下的适用性和优势。本章使读者以全方位的视角理解字符串匹配技术在信息内容安全领域中的关键作用,帮助读者掌握其核心技术和应用方法。

第5章主要探讨如何识别信息内容是否涉及非法或非授权情形,包括谣言传播、敏感信息泄露、意识形态渗透和恶意舆论操纵等风险类型。本章系统介绍了多项关键技术方法,如文本分类、文本聚类、情感分析、热点话题识别与社交网络群体发现等。其中,分类与聚类技术用于挖掘潜在主题结构;情感分析旨在量化用户态度与情绪,为舆情分析与引导提供依据;热点话题识别和社区发现则有助于揭示社交网络中的群体结构与信息传播模式。这些方法共同为风险源头定位、恶意内容理解及威胁影响评估提供关键技术支撑,构成信息内容安全分析体系的核心基础。

第6章侧重于信息内容的安全管理,讨论如何借助有效管理手段实现非授权信息的剔除与授权信息的保护,从而保障信息系统的稳健运行。在技术层面,重点介绍了基于 TCP RST 的会话阻断机制及其在信道管理中的具体应用。同时,针对 P2P 这类去中心化分发模式带来的特殊挑战,提出结合分布式测量与识别的管控策略。该章强调应在信源、信道和信宿多个环节实施协同防护,并结合管理制度与法律合规要求,构建全链路、多层次的信息内容安全管理体系,以有效遏制非授权内容的扩散、维护知识产权等合法信息的安全,推动互联网空间健康有序发展。

第7章着重探讨隐私保护技术的重要性和关键方法。本章阐述隐私的概念,分析隐私安全风险和隐私泄露事件,介绍隐私度量方法,探讨各种隐私保护方法,详细介绍同态加密和联邦学习方法,最后介绍有关位置隐私保护的相关技术和方法。

本书可以作为高等学校网络空间安全专业、信息安全专业的专业课教材,也可以作为计算机相关专业本科生高年级的选修课教材,对从事信息和网络安全方面的管理人员和技术人员也有参考价值。阅读本书时,读者应学习过计算机高级语言程序设计、计算机网络、操作系统和信息安全基础等方面的基础知识。以本书作为教材时,建议课时为 32 学时,具体如下:

章	学　时	章	学　时
第 1 章	2	第 5 章	6
第 2 章	4	第 6 章	4
第 3 章	4	第 7 章	6
第 4 章	6	合　计	32

　　本书由张宏莉、史建焘、刘立坤、魏玉良编著。本书在编写过程中得到了哈尔滨工业大学余翔湛教授以及苗钧重、田泽庶、郭一澄、程明明、罗云刚和傅言晨的热情帮助,在此一并表示感谢。

　　限于作者水平,书中难免有不足之处,敬请广大读者批评指正。

作　者

2025 年 3 月

于哈尔滨工业大学

目　录

第 1 章

绪　　论

　　信息内容安全涉及多个学科领域的知识,具有很强的综合性。本章着重介绍以下内容:一是网络空间安全,主要涉及网络空间安全的基本概念、面临的主要威胁、本质根源等方面的知识,这些都是保障信息内容安全的重要手段;二是信息安全,包括信息保密、信息完整性、信息可用性、信息可追溯性等,这些基础知识是信息安全学科的核心,也是信息内容安全的基础;三是信息内容安全的关键技术,包括信息获取、网络监控、内容分析和内容管控等方面的技术,这些技术可以有效地保护信息内容和网络空间的安全,是本书介绍的重点内容;四是法律和伦理规范,信息内容安全不仅涉及技术层面的问题,还涉及法律和伦理规范的问题,信息内容安全管理系统和关键技术的实现都应该遵守法律法规和伦理规范。本章基于以上 4 个维度介绍基础知识和相关概念。

1.1　网络空间安全基础

　　网络空间安全是独立的一级学科,下设密码学及应用、网络与系统安全、信息内容安全等 5 个二级学科。本节重点介绍网络空间安全的基本概念和安全威胁。

1.1.1　网络空间安全的基本概念

1. 网络空间的定义

　　当谈到网络安全或者信息安全的时候,人们往往会理解为互联网安全。经过半个多世纪的发展,以互联网为代表的计算机网络已经成为真正的全球信息共享与交互平台,深刻地改变了人类社会政治、经济、军事各领域以及人们的日常工作和生活各方面。随着信息技术发展的持续推进,计算机网络已不再局限于传统的机与机互联,而是不断趋向物与物互联、人与人互联,成为融合互联网、社会网络、移动互联网、物联网、工控网等在内的泛在网络。

　　鉴于传统的网络概念无法涵盖其泛在性及战略意义,美国在 2001 年发布的《保护信息系统的国家计划》中首次提出了网络空间(cyberspace)的概念,并在后续签署的《国家安全 54 号总统令》和《国土安全 23 号总统令》中对其进行了定义:“网络空间是连接各种信息技术基础设施的网络,包括互联网、各种电信网、各种计算机系统、各类关键工业设施中的嵌入式处理器和控制器。”在国内,沈昌祥院士指出,网络空间已经成为继陆、海、空、天之后的第五大主权领域空间,也是国际战略在军事领域的演进。中国工程院院士方滨兴提出:“网络空间是所有由可对外交换信息的电磁设备作为载体,通过与人互动而形成的虚拟空间,包括互联网、通信网、广电网、物联网、社交网络、计算系统、通信系统、控制系统等。"虽然定义有所区别,但研究人员普遍认可网络空间是一种包含互联网、通信网、物联网、工控网等信息基础设施,并由人、机、物相互作用而形成的动态虚拟空间。

网络空间的构成涉及 4 个基本要素,它们相互作用,共同构成了网络空间的完整框架。

(1) 网络角色(用户)。网络角色是指那些产生和传输广义信号的主体,在这里将其称为用户。用户是网络空间活动的发起者和参与者,他们通过网络产生和交换信息。

(2) 信息通信技术系统(设施)。包括互联网、各种电信网和通信系统、传播系统与广电网、各种计算机系统、关键工业设施中的嵌入式处理器和控制器等。这些声光电磁或数字信息处理设备构成了网络空间的物理基础,可以用设施表征。

(3) 广义信号(数据)。广义信号是指所有能用于表达、存储、加工、传输的电磁信号,包括声、光、电、磁信号以及量子信号、生物信号等能与电磁信号交互的信号形态。这些信号在信息通信技术系统中经过加工处理后成为信息,用数据表征。设施和数据共同构成了信息通信技术的基础。

(4) 交互(操作)。交互是指用户利用广义信号,在信息通信技术设施的平台上以信息通信技术为手段进行的一系列活动。这些活动包括产生信号、保存数据、修改状态、传输信息、输出结果等,它们是人类意志的各种表达,可以用操作表征。用户和操作共同反映了与信息通信技术相关的活动。

网络空间是以上 4 个基本要素相互作用构成的复杂系统,总结起来就是:网络角色依托信息通信技术系统进行广义信号的交互。

2. 网络空间安全的定义

由于网络空间与物理世界呈现出不断融合、相互渗透的趋势,网络空间安全不仅关系到人们的日常工作和生活,更对国家安全和国家发展具有重要的战略意义。2012 年 12 月,欧洲网络与信息安全局发布了《国家网络空间安全战略:制定和实施的实践指南》,它指出:"网络空间安全尚没有统一的定义,与信息安全的概念存在重叠,信息安全主要关注保护特定系统或组织内的信息的安全,而网络空间安全则侧重于保护基础设施及关键信息基础设施所构成的网络。"美国国家标准与技术研究院(NIST)在 2014 年发布的《增强关键基础设施网络空间安全框架》中对网络空间安全进行了定义,即"通过预防、检测和响应攻击,保护信息的过程"。综合上述定义,可以认为网络空间安全既涵盖包括人、机、物等实体在内的基础设施安全,也涉及其中产生、处理、传输、存储的各种信息数据的安全。

对网络空间安全更具体的定义为:网络空间安全主要是在信息通信技术的电磁设备、电子信息系统、运行数据、系统应用等系统与应用层面上,围绕信息获取、信息传输、信息处理、信息利用等核心功能,针对网络空间的用户、设施、数据、操作等核心要素采取安全保护措施,以确保网络空间中信息通信技术系统及其所承载数据的机密性、可鉴别性(包含完整性、真实性、不可抵赖性)、可用性、可控性等元安全属性得到保障,从而保证信息通信技术系统能够提供安全、可信、可靠、可控的服务。面对网络空间攻防对抗的态势,通过软件确保、系统确保、服务确保、使命确保等方面的内生安全保障手段,采取事先预防、事前发现、事中响应、事后恢复的应急措施,以及采取法律、管理、技术、自律等综合手段,既要防止、保护、处置包括互联网、电信网、无线网、广电网、物联网、传感网、工控网、数字物理系统（Cyber-Physical System，CPS）、计算系统、通信系统、控制系统等在内的信息通信技术系统及其所承载的数据所受到的损害，也要防止对这些信息通信技术系统的运用（如滥用）所引发的政治安全、经济安全、文化安全、社会安全与国防安全。

1.1.2　网络空间面临的主要安全威胁

网络空间安全已经得到了普遍重视，近年来出现了一些新的焦点问题。例如，伪基站导致的诈骗事件频繁发生，暴露了通信领域对物理接入安全的忽视；云计算、大数据的新概念和新应用的出现使个人数据隐私泄露问题日益凸显；计算和存储能力日益强大的移动智能终端承载了人们大量工作和生活相关的应用和数据，急需实用的安全防护机制；互联网上匿名通信技术的滥用对网络监管和网络犯罪取证提出了严峻挑战。在国家层面，也屡次发生危害网络空间安全的国际重大事件。下面结合具体实例进行剖析。

首先是全球皆知的美国秘密搜集情报的监控系统，即棱镜计划。该计划是其星风秘密监视计划的一个组成部分，该项目早在 2004 年就秘密开展，针对互联网骨干网络进行信息监听和情报采集，获取全球各国的海外通信信息，并从中筛选出有价值的情报。

电力系统作为基础设施的重要组成部分，经常成为攻击者的目标。例如，在 2015 年，乌克兰西部伊万诺-弗兰科夫斯克地区的电力系统遭受严重攻击，导致 30 座变电站下线，23万居民陷入无电困境。攻击者首先通过邮件系统发送钓鱼邮件，一旦电网工作人员查看邮件，便激活了带有宏病毒的 Office 文档，感染内部主机。随后，攻击者利用端口漏洞进入生产区设备，删除变电站自动化系统中的数据，造成连锁故障和大面积停电。在此次事件中，攻击者利用了邮件证书窃取、VPN 远程控制等网络攻击方法，通过僵尸网络体系进行前期资料采集和环境预制，以邮件发送恶意代码载荷作为最终攻击的突破口。这一事件反映出电网系统在安全管理和防护方面的薄弱之处，其中包括工作人员对钓鱼邮件的疏忽以及系统防病毒能力的不足。2020 年的委内瑞拉大停电事件也是类似的案例，导致加拉加斯地铁停运、大规模交通拥堵，数万通行者不得不步行回家，严重影响了城市机场运行。

伊朗核电站震网病毒事件也是网络空间安全的典型案例。这是一次经过长期预谋和精细准备的工控系统攻击。震网病毒利用多个零日漏洞，以核电站离心机为攻击目标，是首个针对工控领域的攻击，实现了对传统物理空间的破坏。攻击分 3 个阶段进行：首先通过社会工程学手段将恶意代码带入高安全级别的核电站；接着通过 USB 设备将恶意代码传播到生产系统；最后在内网中利用后门程序漏洞将恶意代码传播到生产区，改变 PLC 程序逻辑。攻击过程中，被感染的控制器向监控中心发送正常数据，使得难以发现异常。这次攻击导致离心机损坏，拖延了伊朗核计划两年，同时传播到全球网络，影响超过 45 000 个网络，造成严重的工业损失。

这些安全事件的发生突显了网络空间仍面临着从物理安全、系统安全、网络安全到数据安全等各层面的挑战，迫切需要进行全面而系统化的安全基础理论和技术研究。网络空间具有跨国性、隐蔽性、军用和民用设施混淆、网络攻击门槛低等特点，根据网络空间对国家安全的威胁程度，其领域内的重点问题可大致划分为以下 4 类：

（1）有组织的网络犯罪。包括洗钱、贩毒、贩卖人口、走私、金融诈骗等传统犯罪活动在网络空间的虚拟化。这些活动通过网络实施，使得犯罪行为更加隐蔽和广泛。

（2）网络恐怖主义。不仅包括对信息及计算机系统、程序和数据的恐怖袭击，还包括恐怖组织利用网络空间进行传统恐怖主义活动的宣传和动员等。

（3）一般性的网络冲突。这类冲突虽然烈度较低，不足以引发国家间的军事对抗，但已上升到政府间的外交层面，例如欧美之间因网络监听引发的冲突。

（4）网络战。这是网络空间军事对抗的一种形式，其参与方至少有一方是国家行为体。由于网络战属于战争行为，对国家安全的威胁程度很高。它既可以独立发生，也可以是当代战争的一部分。

这些不同类型的网络威胁共同构成了对网络空间安全的挑战，需要国家、组织和个人共同努力，采取有效措施进行防范和应对。

如图 1-1 所示，安天实验室根据攻击组织的能力级别、攻击动机、攻击水平和常用攻击装备等因素，将网络安全威胁行为体分为 7 个级别。在面对不断演化的网络安全威胁时，仅凭单一维度难以全面刻画攻击者的真实能力和意图。需要多层次、多维度的威胁分析模型，从攻击动机、技术水平、资源能力、攻击方式等角度进行综合判断。通过对攻击者行为的系统化评估，更好地识别潜在风险源，并据此制定针对性的防御策略。同时，从国家、社会、组织到个人等不同层面逐一审视网络攻击的影响，有助于更全面地理解安全事件的实际后果。这一分析思路不仅增强了防御体系的针对性，也为后续的风险评估和响应策略提供了具体参考。

1.1.3　网络空间安全的本质

网络安全事件屡屡发生，给社会带来了巨大的损害。网络空间安全问题本身具有长期性、交叉性、伴生性和动态性。其主要原因在于程序的正确性无法被完全证明，谁也不能保证程序是百分之百正确无误的。一旦程序中的漏洞被发现，就为攻击者提供了可乘之机。

在一定的历史阶段内，攻击者的存在是持久的，这使得网络空间安全问题成为一种长期挑战。同时，网络空间安全问题不仅仅是技术层面的挑战，它的核心在于人，因此，需要通过法律、管理等手段协同应对，这也包括提升网民素质和自律性。因此，网络空间安全是一个交叉学科的问题。网络空间安全问题与信息系统、信息技术紧密相连，具有很强的伴生性。新技术的出现往往难以保证是绝对安全的，通常会引入新的安全问题。网络空间安全的防护也具有很强的动态性，所谓魔高一尺，道高一丈，需要不断应对新的挑战，因为没有任何一种安全防护手段是一劳永逸的。

那么，网络空间安全问题的本质是什么？如何才能实现网络空间的安全性和秩序性？如图 1-2 所示，其本质主要在于虚拟世界是物理世界的一个映射。在物理世界中，人、财、物已经具备了较强的规则性和自律性。这是因为，在法律约束下，已经界定了人是整个世界的主体，其社会关系、财产和自身行为受法律的约束和规范，所以它是相对有秩序的。但在虚拟世界中，相关的法律还需要不断地完善和健全。那么，如何才能保证虚拟世界处于有秩序的状态呢？当虚拟世界的主体行为符合物理世界的法律约束时，我们说虚拟世界是安全秩序的。在实现这一目标的过程中，面临的难点有 3 个：一是物理世界中的主体和虚拟世界中的主体能否实现一对一映射；二是相应的客体是否也能够实现这一映射；三是主体行为是否能够被有效检测和识别。对于这 3 个难点，基于目前的法律及技术能力，实现仍然有较大的难度。

威胁级别	特点	攻击技术和工具
0级 业余黑客	• 非国家行为体，受商业利益驱动	• 公开攻击技术与工具
1级 黑产组织	• 非国家行为体，受商业利益驱动	• 公开攻击技术与工具 • 部分专有攻击技术、工具与平台
2级 网络犯罪团伙或黑客组织	• 非国家行为体，受商业利益驱动，也可能受意识形态驱动或较大破坏造成环境影响	• 专有攻击技术、工具与平台 • 漏洞挖掘与利用技术开发能力
3级 网络恐怖组织	• 非国家行为体，受意识形态驱动，寻求破坏或影响态的最大化	• 专有攻击技术、工具与平台 • 漏洞挖掘与利用技术开发能力
4级 一般能力国家行为体	• 国家行为体，受国家利益驱动 • 网络间谍与网络战一体化，寻求通过网络战获得政治、经济、军事优势	• 部分拥有对本国网络基础设施的控制能力 • 专有攻击技术、工具与平台 • 具有漏洞挖掘与利用技术开发能力 • 掌握少量零日漏洞
5级 高级能力国家行为体	• 国家行为体，受国家利益驱动 • 网络间谍与网络战一体化，寻求通过网络战获得政治、经济、军事优势	• 部分拥有对本国网络基础设施的控制 • 专有攻击技术、工具与平台 • 跨维度高度集成的攻击利用手段 • 漏洞挖掘与利用技术开发能力 • 掌握较多零日漏洞
6级 超高能力国家行为体	• 国家行为体，受国家利益驱动 • 网络间谍与网络战一体化，寻求通过网络战获得政治、经济、军事优势	• 拥有对本国网络基础设施、外国网络基础设施以及信息科技的部分控制能力 • 专有攻击技术、工具与平台 • 跨维度集成的攻击利用手段 • 漏洞挖掘与利用技术开发能力 • 制造漏洞能力 • 掌握大量零日漏洞

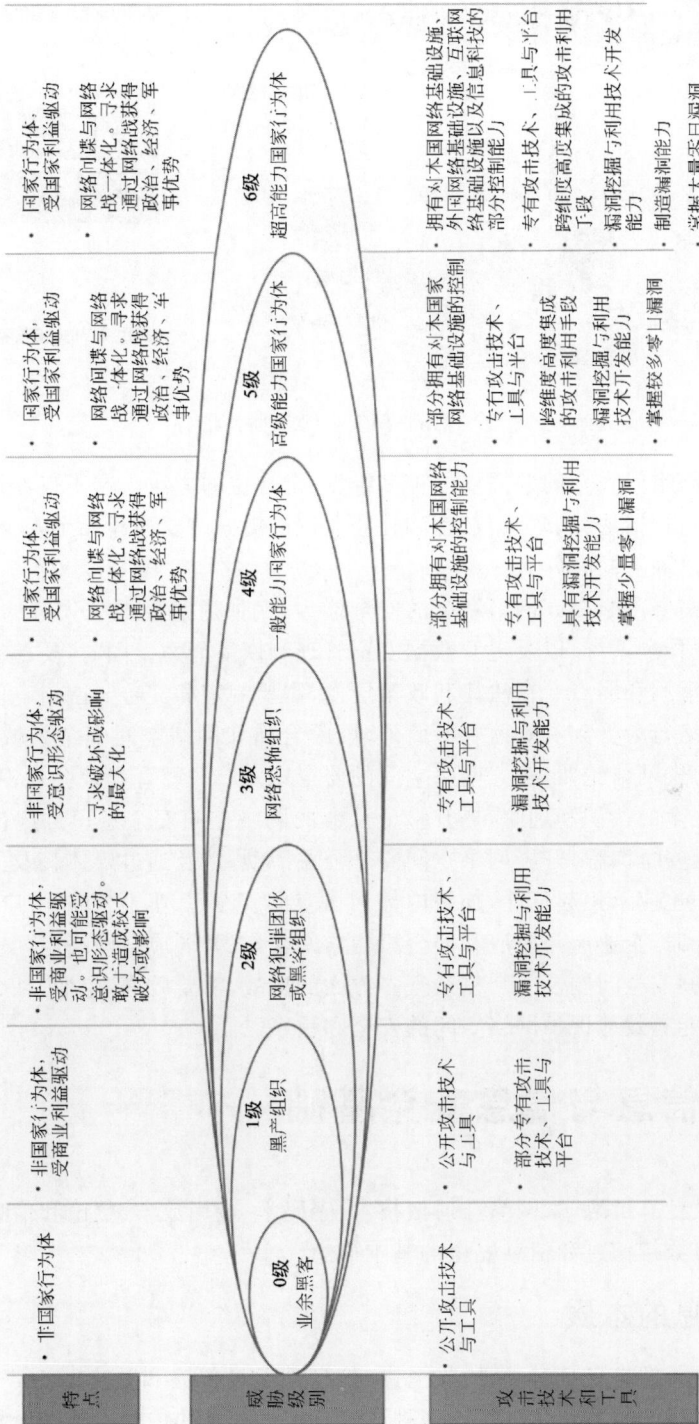

图 1-1 不同级别的网络安全威胁行为体

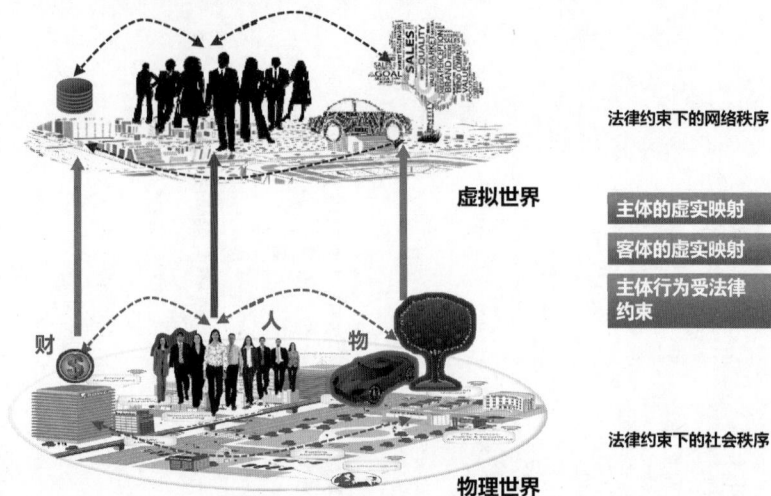

图 1-2　网络空间安全问题的本质

　　因此,解决网络空间安全问题需要一种多维度、全方位的方法。这不仅涉及技术领域的持续创新和发展,也包括法律、政策、教育和社会意识的提升。要构建一个安全、有序的网络空间,必须在多个层面上同时发力。

　　在技术层面,需要不断提高网络系统的安全能力,例如通过发展更先进的加密技术、改进网络监测和入侵检测系统、以及提升数据安全管理和恢复能力。同时,要提高网络架构的安全性,减少系统漏洞和弱点。在法律和政策层面,需要制定和完善与网络空间安全相关的法律法规,确保网络行为受到有效监管。此外,国际合作在网络空间安全领域尤为关键,需要各国共同努力打击网络犯罪,建立网络空间的安全规则。在教育和社会意识层面,应加强公众对网络空间安全的认识和理解,提升整个社会的网络空间安全意识。这包括在学校教育中增设网络空间安全课程,开展网络空间安全公益活动,以及通过媒体普及网络空间安全知识。企业和组织也应承担起责任,加强内部网络空间安全管理,保护好用户数据,防止数据泄露和滥用。同时,企业应与政府和安全机构紧密合作,共同应对网络空间安全威胁。

　　总之,网络空间安全问题是一个复杂且多方面的挑战,需要政府、企业、社会以及个人共同参与和努力,才能有效地保护网络空间的安全和秩序。

1.2　信息与信息安全基础

　　信息安全涉及计算机科学、网络与通信技术、密码学、应用数学、数论和信息论等多学科的知识。本节重点介绍信息和信息安全的基本概念。

1.2.1　信息的本质

　　首先我们需要了解信息的定义,广义上讲,信息是通过传输和处理的方式,用于传递知识、事实、数据或观点的内容。信息可以多种形式存在。信息的传输和处理通常通过通信系统进行,它的传输和处理对于现代社会的通信和数据交换至关重要。信息具有独特的价值,它能够改变人们的认识、理解和行为。例如,获取新信息可能导致人们改变决策或行动方式。可见,信息不仅在技术层面上重要,也在个人和社会层面上发挥着关键作用,是现代社会不可或缺的一部分。

可以从如下几个角度更深入地理解信息的本质。

1. 信息的来源

信息可以来自多种渠道,包括人们的感官、观察和实验、学术研究、社交媒体、新闻媒体等。人的感官是最基本的信息来源,包括视觉、听觉、触觉、味觉和嗅觉等。观察和实验是科学研究的基础,通过观察和实验可以获取精确的数据和信息。学术研究是一种系统的信息搜集和分析过程,通过学术研究可以获得新的知识和信息。社交媒体和新闻媒体是人们获取信息的主要渠道,人们通过这两种媒体可以了解各种社会新闻和事件。

2. 信息的传输

信息的传输是指将信息从一个地方传输到另一个地方的过程。传统的信息传输方式有多种,主要包括口头方式和书面方式。在现代社会,信息的传输方式更多地是通过电子媒体,如互联网、电视、手机等。信息的传输可以是单向的,也可以是双向的。单向的信息传输是指信息的发送者向接收者发送信息,接收者只能被动地接收信息;双向的信息传输是指信息的发送者和接收者之间可以进行交流和互动,可以进行信息的反馈和修正。

3. 信息的存储

信息的存储是指将信息保存在某种介质中,以便日后使用。信息的存储可以是暂时的,也可以是永久的。暂时的信息存储通常是指将信息保存在计算机的内存中,以便计算机在进行处理时能够快速地访问和使用。永久的信息存储通常是指将信息保存在硬盘、光盘、磁带等介质中,以便长期保存和使用。信息的存储还需要考虑安全性和隐私性问题,对于一些敏感信息需要采取加密和安全措施。

4. 信息的处理

信息的处理是指对信息进行分析、处理和加工的过程。信息的处理需要采用一些计算机技术和算法,包括数据挖掘、机器学习、统计分析等。通过信息的处理,可以从大量的数据中提取出有用的信息和知识,帮助人们做出更加准确和科学的决策。

总的来说,信息在人们的日常生活和社会运作中发挥着不可替代的作用。它不仅在技术层面上发挥着核心作用,更在个人生活和社会决策中产生了关键的影响。随着信息技术的发展,信息的管理、保护和合理利用变得越来越重要。

从信息的价值角度看,其在个人和组织机构乃至社会层面都是显著且多维的,对社会运作和个人生活产生深远影响。

(1) 对个人的重要性。在个人层面,信息价值主要体现在个人隐私保护上。个人隐私包括身份信息、健康记录、金融信息等敏感数据,它们关系到个人的安全、财产和隐私权利。在当前的数字化时代,个人信息的泄露可能导致一系列严重的后果,如身份盗窃、财产损失甚至个人安全问题。因此,维护个人信息的安全性和保密性变得尤为重要。个人必须增强信息安全意识,采取必要措施,如使用复杂密码、定期更新安全设置、谨慎分享个人信息等,以保护个人数据免受侵犯。

(2) 对组织机构的重要性。在组织机构层面,信息是组织机构运作的基石。对于金融机构、企业和政府部门等,信息不仅是运营的基础,还是它们的核心资产。信息资产的有效管理对于维护组织机构的竞争优势、提高运营效率、保护客户和员工的隐私权利至关重要。然而,信息资产一旦遭受损失或泄露,就可能给组织带来严重的经济损失和信誉损害,甚至可能导致法律责任。例如,"9·11"事件中的金融机构数据丢失就是一个极端案例。因此,组织机构需要采取严格的信息安全管理措施,如加密敏感数据、实施严格的访问控制、定期进行数据备份和恢复测试等。

(3) 信息的社会价值。从更广泛的社会角度看,信息的价值在于其促进知识共享、创新和社会发展。信息的流通对于知识的传播、文化的交流、经济的发展等都至关重要。信息的开放获取和共享可以促进社会的整体进步,但同时也要兼顾个人隐私和知识产权的保护。社会应努力在信息自由流通与个人隐私保护之间找到平衡点,确保信息技术的发展成果能够惠及社会的各个层面。

总之,信息在个人、组织机构以及社会中扮演着不可或缺的角色。它的安全管理和合理利用对于保护个人权利、维护组织机构稳定、促进社会发展都具有重要意义。随着信息技术的不断发展,如何有效管理和保护信息资产,同时确保信息的自由流通和利用,成为现代社会面临的重大挑战。

1.2.2　信息安全问题

信息安全是指为了保护计算机系统内的硬件、软件和数据,防止它们因为偶然或恶意原因而遭受破坏、更改或泄露而采取的一系列安全保护措施。这些措施不仅包括技术层面的解决方案,如加密、防火墙等,还包括管理层面的策略,例如制定安全政策、进行风险管理和员工培训。其目的就是减小安全风险,并保障信息资产的机密性、完整性和可用性,同时防止一切未经授权的信息访问和数据泄露。

1. 信息安全的定义

国际标准化组织(ISO)在 ISO/IEC 27000 系列标准中对信息安全进行了详细的定义和规范。这些标准提供了信息安全管理的框架和指南,帮助组织机构更有效地保护其信息系统。根据 ISO 的定义,信息安全的实践应涵盖对计算机系统中的硬件、软件和数据的全面保护,以防止它们受到偶然事件或恶意攻击的损害。这种全面的方法确保了信息安全的各方面都得到充分考虑和妥善管理。

信息安全问题可以从狭义和广义两个理解。狭义的信息安全又称为计算机安全或网络安全,主要建立在技术层面的安全范畴上。它专注于保护计算机系统、网络及相关技术的安全,重点是防止非法访问、恶意攻击和数据泄露等各种威胁。为了实现这一目标,通常会采用各种技术措施,例如防火墙、加密算法和访问控制等,以确保计算机和网络资源的安全性。而广义的信息安全则超越了单纯的技术层面,它是一个涉及多学科的综合性安全问题。这一概念的核心目标是确保组织业务的可持续运行。在这个范畴中,不仅考虑技术因素,还包括人、管理和过程控制等多元化因素。广义的信息安全关注的是组织内外的人员、业务流程、安全政策和管理机制,同时还涵盖了人员的安全意识培训、技术实施、管理控制和流程改进等多方面,以确保信息在其整个生命周期中的安全性。

综上所述,狭义的信息安全更多地聚焦在技术层面的安全防护上,而广义的信息安全则是一种更全面、跨学科的安全视角,它包含了更多的因素和考虑,旨在确保组织业务的长期稳定和可持续运行。

2. 信息安全的原则

如果跨越狭义和广义的信息安全定义,具体地看,可以把信息安全的原则划分成如下几方面:

(1)信息进不来。指的是防止未授权的信息进入系统。这可能包括外部网络攻击、恶意软件的传播或者任何形式的未经授权的数据渗透。实现这一点通常需要防火墙、入侵检测系统和严格的网络访问控制。

(2)信息拿不走。涉及防止数据被非法提取或窃取。这可以通过加密数据、控制数据访问权限以及监控和阻止未授权的数据传输实现。此外,物理安全措施(如防盗锁、安全保管箱)也是防止信息存储介质被拿走的重要手段。

(3)信息改不了。确保信息在存储、处理和传输过程中不被修改或篡改。这通常通过使用校验和、数字签名和加密技术实现。信息的完整性是确保信息可靠性和准确性的关键。

(4)信息看不懂。这指的是,即使信息被非法访问,也应确保未授权的个人无法理解其内容。最常用的做法是加密数据,这样即使数据被截获,没有解密密钥的人也无法理解数据的真实内容。

(5)信息跑不了。这是防止数据的非授权移动或复制,包括防止数据泄露到外部存储设备、云服务或者通过网络传播。通常需要通过数据丢失预防(Data Loss Prevention,DLP)系统和严格的用户权限管理加以实现。

(6)信息可查询。这意味着所有对信息的访问和操作都应该是可以记录和追踪的。这通过审计日志和监控系统实现,可以在发生安全事件时提供关键的信息,帮助识别和解决问题。

这些原则共同构成了一个全面的信息安全策略,旨在保护组织机构和个人的数据免除各种威胁和风险。

3. 信息安全问题的根源

违反信息安全策略的事件称为信息安全问题,信息安全问题的根源可以分为内在因素、外在因素、人为因素和环境因素。下面是对这些因素的具体解释。

(1)内在因素。随着技术的进步,信息系统变得越来越复杂。这种复杂性体现在多方面,包括系统架构、运行过程和应用程序以及这些系统的维护和管理任务。随着系统复杂性的增加,出现安全漏洞的可能性也随之增加。这些安全漏洞可能源于各种原因,如编程中的错误、系统设计的缺陷或配置的不当等。以大型软件系统为例,它们可能包含数百万行代码,而代码中的任何错误都有可能引发安全漏洞。此外,随着网络架构的复杂化,特别是在云服务的应用上,安全风险也相应增加。复杂的网络架构和云服务对监控和管理的要求更高,这增加了维护其安全性的难度。因此,在现代信息技术环境中,对于复杂系统的安全问题需要给予更多的关注和谨慎处理。

(2)外在因素。外部威胁和破坏活动是信息安全面临的重要挑战,这些威胁来自多种不同的来源,包括个人黑客、犯罪团伙乃至国家层面的网络战行动。攻击者运用各种手段进行攻击,如通过恶意软件、网络钓鱼、社会工程学等技巧实施其行动。这些攻击的目的多样,可能是为了窃取敏感信息、破坏系统的完整性或盗窃财产。一个典型的例子是勒索软件攻击,这种攻击加密受害者的关键数据,然后要求受害者支付赎金以恢复数据访问权限。这种外部威胁的多样性和复杂性对信息安全构成了严峻的挑战。

(3)人为因素。在信息安全领域,人为因素影响很大。管理人员由于操作失误、疏忽或不恰当的行为,可能无意中引发严重的安全漏洞。例如,由于缺乏足够的安全意识,管理人员可能点击恶意链接或使用简单易破解的弱密码。此外,外部攻击者经常利用社会工程学手段诱使员工泄露敏感信息或提供对系统的访问权限。钓鱼邮件是这类攻击的一个典型案例,在这种攻击中,攻击者通过发送伪装成合法的邮件,诱骗收件人泄露个人或公司的敏感信息。因此,人为因素在信息安全管理中是不可忽视的。

(4)环境因素。自然灾害和极端天气是信息安全领域常被忽视的威胁源。例如,雷电可能会损坏计算机硬件设备,而地震和火灾有破坏数据中心物理结构的潜在风险。同样,洪水和极端气候条件能导致电力和网络服务中断,会直接影响信息系统的正常运行。尽管这些环境因素无法预防,但通过制订恰当的灾难恢复计划和进行有效的基础设施设计,可以显著减轻它们对信息系统安全的负面影响。这包括确保关键数据的备份、建立紧急应对机制以及加强物理设施的耐灾能力。

深入理解这些信息安全问题的根源对于制定有效的安全措施至关重要。例如,为应对系统内在的复杂性,可以简化系统结构,并严格执行代码审查和测试,以此减少潜在的安全漏洞。为应对外部威胁,可以部署先进的防火墙、入侵检测系统以及其他安全防护技术。同时,为应对人为因素造成的安全风险,应增强人员的安全意识并进行相关培训。同时,制定并执行严格的安全政策也是确保信息安全的关键措施。而对于环境因素,可以通过建立鲁棒的灾难恢复计划和备份系统减轻自然灾害的影响。全面了解信息安全问题的根源是制定有效安全策略的基础。要进一步细化这些问题的根源,可以从信息安全属性的角度加以考虑。

1.2.3 信息安全属性

1. 信息安全的基本属性

CIA(Confidentiality,Integrity,Availability,机密性、完整性和可用性)三元组是信息安全团队用于规范化管理一系列安全控制与系统访问的框架或模型,如图 1-3 所示。它提供了独立于底层技术、网络或系统的标准框架,用于评估部署信息安全策略。具体的定义如下:

- 机密性是指保护信息不被未经授权的个人、团体或系统访问。
- 完整性是指确保信息在传输、存储和处理过程中不被意外或恶意篡改、损坏或修改。
- 可用性是指信息和系统在需要时可正常使用和访问。

机密性又称保密性,是信息安全中的一个关键属性,目的是防止信息被有意或无意地非授权泄露。尤其是对于国家秘密、商业机密和个人隐私等敏感信息,保护其机密性显得尤为重要。在保护信息机密性的过程中,需要关注几个核心问题:

(1)确保信息系统的使用是受控制的,不是任何人都能接触到这些系统。这涉及严格的使用和访问管理,确保只有经过授权的人员才能接触到敏感系统。

(2)系统中存储的数据需要进行适当的标识,明确其重要程度。这有助于区分不同级

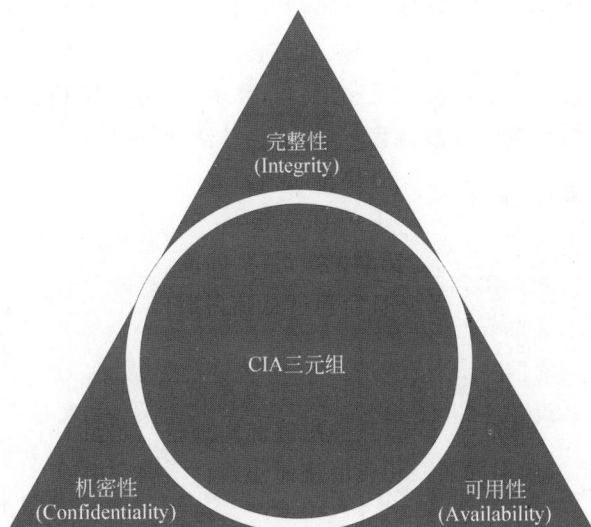

图 1-3 CIA 三元组

别的信息,从而采取相应级别的保护措施。

(3) 对信息系统中的数据实施严格的权限控制,确保只有授权的用户才能访问敏感信息。这涉及复杂的访问控制策略和技术实现,以防止未授权的访问。

(4) 记录信息系统中数据的访问活动,以便进行后续的追踪和审计。这不仅有助于检测潜在的非授权访问,也是后续审计和合规性检查的重要基础。

完整性涉及确保信息系统中的数据保持原始未被篡改或破坏的状态。在进行完整性保护时,有几个重要的问题需要特别考虑:

(1) 识别哪些数据可能面临篡改的风险。这可能包括敏感数据、交易记录、配置文件等。关键是要明确哪些数据具有最高的重要性,并需要优先保护。

(2) 考虑数据被篡改可能带来的后果。篡改数据可能导致信息系统运行故障或停止,损害单位的声誉,甚至对个人或组织机构造成经济损失等风险。

(3) 关注数据操作的权限设置。对于不同类型的数据,应划分相应的权限级别。重要的是确保只有经过授权的人员或角色才能对敏感数据进行修改、删除或更新。

(4) 重视数据操作的记录。应对所有对数据的操作都进行详细记录,包括谁进行了操作、操作时间以及对数据进行的具体修改等。这种记录对于提供审计追踪能力至关重要,有助于在必要时进行调查和追责。

可用性的目标是确保数据和系统在需要时都能正常使用。需要考虑如下几个关键问题:

(1) 系统功能的可靠性。首先要确保信息系统能够随时提供所需的功能。这涉及持续监控系统运行状态,使用可靠的硬件和软件组件,定期进行系统维护和更新,以保证系统的稳定运行。

(2) 系统故障应对。在系统出现故障时,应有相应的应对措施。备份是基本且有效的方法,即定期将数据和系统配置信息备份到安全的地点,以便在系统出现故障时能迅速恢复。此外,实施冗余和容错技术也是确保单个组件或节点故障时系统依然可用的重要手段。

（3）故障修复。当系统出现故障时，必须有快速且有效的修复策略以恢复系统正常运行。这包括制订紧急修复计划，并确保团队具备必要的资源和技能进行故障排除和修复。

（4）手工接替方案。在主要系统无法正常工作时，应有手工接替的备用方案。这可能涉及备用设备的准备或临时的过渡流程，以保证业务活动可以继续进行。

2. 信息安全的其他属性

除了以上3个基本属性外，信息安全还包括如下4个属性：

- 真实性。确保信息真实和准确，防止信息被伪造或篡改。
- 可问责性。对未经授权的行为进行追踪和追责。
- 不可否认性。确保信息交互中的行为不被发起方否认。
- 可靠性。信息系统和网络的可靠性和稳定性，以确保其持续运行和抵御故障、攻击等威胁。

确保信息的真实性就是要判断实体所声称的准确性，并对信息的来源进行鉴别。以下是关于真实性需要考虑的问题：

（1）信息来源的可靠性。评估信息的来源是否可靠和可信。这可能包括评估数据提供者的可信度和信誉、他们的背景和权威性等。可靠的信息来源有助于确保所提供的数据的真实性。

（2）数据验证和验证机制。引入适当的数据验证机制，以检查和鉴别信息的真实性，可能包括数字签名、加密技术、数字证书等。这些机制有助于防止伪造来源的信息。

（3）审查和调查。在出现可疑信息或来源时，进行适当的审查和调查。这可能包括验证信息的多个来源，与其他权威来源进行核实，以确保信息的真实性。

（4）教育和意识提高。培养组织机构内部员工和系统用户对真实性的重视和意识，使他们学会辨别可信的来源和信息。

可问责性也称为可审核性，是治理的一个重要方面。问责是承认和承担行动、产品、决策和政策的责任，包括在角色或就业岗位范围内的行政、协商和执行以及报告、解释并对所造成的后果负责。确保可问责性时，需要考虑以下问题：

（1）相关责任的明确性。明确定义和分配相关责任，确保每个人都明确自己的角色和职责。这有助于建立透明的工作环境，并使各方知道要为自己的行为和决策负责任。

（2）数据操作的记录。确保数据操作能够被记录下来，以便进行后续的审核和追踪责任。这可以通过日志记录、审计和跟踪数据操作的方式实现。

不可否认性是指无法否认事件或行为的发生。在法律上，不可否认意味着参与交易的各方不能否认他们已经接收或发送了交易数据。确保不可否认性时，需要考虑以下问题：

（1）行为发生的证明。在涉及不可否认的事务中，确保有可靠的证据证明行为的发生。这可能包括电子记录、合同、存档、时戳等。

（2）防止伪造行为发生的证据。采取措施防止伪造行为发生。这可以包括使用数字签名或加密技术确保行为的真实性和完整性。

可靠性是指信息系统在规定的条件下能够按时完成所要求的功能。确保可靠性时，需要考虑以下问题：

（1）系统的稳定性。系统应该能够长时间稳定地运行，不容易崩溃或出现故障。

（2）错误处理能力。系统应该能够及时识别并处理错误，避免错误的传播或对系统功能的影响。

（3）容错性。系统应该具备容错机制，能够在面对错误或故障时继续提供基本的功能和服务。

（4）可恢复性。系统应该能够在发生故障或数据损坏时迅速恢复正常运行，并能够恢复丢失的数据。

1.2.4　信息安全的发展历程

人们对信息安全的关注最早可以追溯到 20 世纪 40 年代。在 20 世纪 40—70 年代，人们最关注的是通信安全问题，主要关注传输过程中数据的保护。这个时期主要存在两种安全威胁：搭线窃听和密码学分析。核心思想是通过密码技术解决通信的保密性，确保数据的保密性和完整性。这个时期的通信安全主要通过加密技术实现数据的保护。不同的加密算法和协议被开发出来以应对不同的安全需求，使得只有授权的接收方能够解密和阅读数据，这样提高了数据的保密性，防止第三方窃取和窃听数据。

在 20 世纪 70—90 年代，人们更关注计算机自身的安全，重点放在处理和存储过程中的数据安全保护上，即计算机安全问题。这个时期计算机系统面临的主要安全威胁包括非法访问、恶意代码和脆弱口令等问题。核心理念是预防、检测并减轻计算机系统（包括软件和硬件）的用户（包括授权和未授权用户）执行未授权活动所造成的后果。为实现这一目标，通常采用访问控制技术，通过操作系统限制和管理用户对计算机系统的访问权限，防止非授权用户的访问，这可以通过用户身份验证、密码策略、访问权限配置等实施。这个时期的计算机安全重点关注防止非法访问和未授权用户的活动，通过访问控制技术保护计算机系统和用户的数据安全。

20 世纪 90 年代之后，信息安全领域的焦点转向了对信息系统整体安全的关注，标志着信息安全进入了信息系统安全时代。这个时期面临的主要安全威胁包括网络入侵、病毒破坏和信息对抗等。核心理念从简单的数据保护转变为更加注重对信息的综合保护。这不仅涵盖了数据的机密性、完整性和可用性，还包括了信息的价值和整体安全。

为了达成这一目标，采取了一系列安全措施：

（1）防火墙。通过建立防火墙监控和控制网络流量，有效阻止未经授权的访问和恶意攻击。

（2）防病毒软件。利用防病毒软件检测和消除计算机系统中的病毒和恶意软件。

（3）漏洞扫描。定期对系统进行漏洞扫描，及时发现并修复系统中的弱点和安全漏洞。

（4）入侵检测系统。使用入侵检测系统监视网络和系统活动，以及时发现和阻止未经授权的入侵行为。

（5）公钥基础设施。采用公钥基础设施提供加密、身份验证和数字签名等安全服务。

这个时期的信息系统安全已经从单纯的技术层面发展到管理层面，从静态安全措施向动态安全防护演进。通过技术、管理和工程等多方面的融合，信息系统安全成为信息化进程中的一个重要保障。这不仅保护了信息和信息系统，而且支持了业务和使命的顺利实施。

1996 年，美国国防部首次提出了信息安全保障（information security assurance）的概念，强调了信息和信息系统安全对组织业务和使命的保障。这为信息安全的发展奠定了基础。随后，信息安全的概念在全球范围内得到推广，也在我国得到了广泛应用。为了实现全面的信息安全保障,我国制定了一系列总体要求和主要原则。

我国信息安全的总体要求为:积极防御,综合防范。整体的策略方针采取主动防御的态势,通过对威胁的预防、检测和应对来保护信息和信息系统的安全。

我国信息安全的主要原则如下:

(1)技术与管理并重。既要注重技术手段的运用,如加密、防火墙等,也要加强管理措施,如访问控制、安全审计等,以实现全面的信息安全。

(2)正确处理安全与发展的关系。信息安全与组织机构的业务发展密切相关,需要在安全和发展之间找到平衡点,在防范风险的同时促进业务的创新和发展。

这些要求和原则强调了技术与管理的综合运用,以及在信息安全与组织机构业务发展之间的协调。通过综合的安全措施和策略,能够保障信息系统的安全性,并为组织机构的业务和使命提供稳定的支持。

随着互联网的发展,网络空间安全成为一个重要的话题。互联网已将传统的虚拟世界和物理世界相互连接,形成了一个新的技术领域,同时也带来了新的安全风险。在工业控制系统、云计算、大数据、物联网和人工智能等领域,可以看到网络空间安全的重要性。

网络空间安全的核心思想是强调威慑概念,将防御、威慑和利用结合成一个整体。这意味着不仅要采取防御措施保护网络和系统免受攻击,还要通过威慑力量预防潜在的威胁,同时充分利用网络空间的优势。

通过综合运用技术手段、制定合适的安全策略和加强国际合作,可以实现网络空间安全保障。这需要政府、企业、组织和个人共同努力,构建一个安全、稳定和可信赖的网络空间环境。网络空间安全的保障应该是一个三位一体的过程——防御潜在威胁的攻击,通过威慑力量预防未来的威胁,并充分利用网络空间提供的机遇与优势。

1.3 信息内容安全基础

1.3.1 信息安全技术框架

信息安全技术框架如图 1-4 所示,共分为 4 个层次,每个层次代表着信息安全的不同方面,自底向上依次是物理安全、运行安全、数据安全和内容安全。

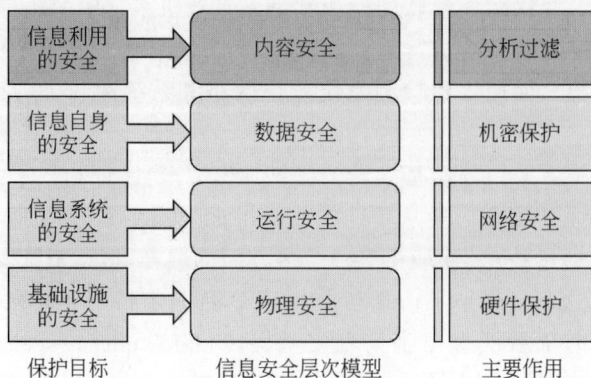

图 1-4 信息安全技术框架

1. 物理安全

物理安全是信息安全的基础,它涉及保护计算机硬件、网络设备、服务器以及整个数据中心免受物理威胁的措施。物理安全措施包括访问控制系统、监控摄像头、防火墙、环境控制设备以及灾难恢复设施等。物理安全的目的是确保所有硬件设施和支持设施都能抵御自然灾害、盗窃、破坏行为等物理风险,以维持信息系统的完整性和可用性。

2. 运行安全

运行安全关注的是信息系统在日常操作中的安全性,这包括系统配置、系统维护、软件更新、漏洞管理和日志分析。运行安全的目标是确保系统能够抵御恶意软件攻击、未授权访问和服务中断。这要求信息系统有能力检测异常活动并快速响应以减少潜在的损害。运行安全还包括员工的安全培训和意识提升,以减少人为错误造成的安全漏洞。

3. 数据安全

数据安全专注于保护存储和传输中的数据不被未授权访问、泄露或破坏。这涵盖了数据加密、访问控制策略、备份管理和数据生命周期管理。数据安全的实施意味着即使在物理安全和运行安全层面出现漏洞时,敏感数据也能得到保护。数据安全策略必须能够应对内部和外部威胁,保障数据的机密性、完整性和可用性。

4. 内容安全

内容安全是信息安全的最高层,它专注于保护信息内容不被非法使用和篡改。内容安全涵盖了内容过滤、版权保护、知识产权管理和内容审查。通过实施内容安全措施,组织机构可以确保其发布的内容不包含恶意软件、不违反法律法规,同时也保护了用户免受不良信息的侵害。内容安全要求组织机构对其生成和发布的所有内容都有高度的控制,确保内容的安全和合规性。

在整个信息安全技术框架中,这些层面相互关联,共同构成了一个全面的保护体系。物理安全保护了硬件的安全,运行安全保护了系统的安全,数据安全保护了信息的安全,而内容安全则确保了信息内容的安全。这 4 个层面互相支持,缺一不可,共同为组织机构的信息安全提供坚实的保障。

内容安全作为信息安全技术框架中的最高层,其重要性不容忽视。它不仅是一个独立的领域,也是信息安全整体架构的顶层。内容安全的核心在于保护信息的精确性和可靠性,防止敏感信息被篡改、泄露或未经授权使用。因为内容安全直接影响到用户的日常应用,如社交媒体、在线教育、电子商务以及数字媒体发布等,所以它的安全保障范围非常广泛。

内容安全面临的挑战与其他安全层面紧密相关,因为一个强大的内容安全策略必须建立在坚实的物理安全、运行安全和数据安全基础之上。如果物理层面的安全措施,例如门禁系统和监控摄像头,未能有效防止未授权的实体进入重要设施,那么信息的内容安全也会受到威胁。同样,如果运行安全管理不当,如系统漏洞未得到及时修复或软件未更新至最新安全版本,黑客可能会利用这些漏洞使数据被泄露或内容被篡改。至于数据安全,如果敏感数据在传输或存储过程中未适当加密,就可能会被截获或盗取,进而影响内容的安全。

因此,内容安全的维护需要整个信息安全体系的协同作用。它需要加强身份验证和授权措施,确保只有合法用户才能访问和修改内容。同时,内容安全策略应包括对内容进行实时监控,以识别和防止未授权的内容更改。此外,内容安全还需要与法律法规保持一致,以确保内容遵守所有相关的知识产权和隐私保护法律。

在不断发展的网络世界中,内容安全问题变得越来越复杂。随着新的通信渠道和技术的出现,如云计算、物联网和人工智能,对内容安全的需求也在不断增长。组织机构需要实施全面的内容安全策略,这些策略不仅要保护内容免受传统威胁的影响,还要能够适应新的技术趋势和挑战。只有这样,才能确保在数字化时代内容的安全得到全方位的保障。

1.3.2 信息内容安全研究的内容

在 1995 年西方七国信息会议上,首次提出了信息内容产业(information content industry)概念,这标志着信息时代对内容的重视达到了一个全新的层面。其后的数字内容产业(digital content industry)的兴起为全球经济增长注入了新的活力,尤其是在数字化和网络化日益普及的今天。我国对内容产业的定义突显了这个产业的四大特征:数字化;网络化;基于信息资源的创意与开发;产品和服务的制作、分销和交易。

内容产业覆盖了一系列丰富多彩的领域,包括动画、游戏、影视制作、数字出版和创作、数字馆藏、数字广告以及互联网信息服务、咨询、移动内容和数字化教育等。这些领域的共同点在于它们都涉及内容的创造、管理和分发,而且都利用最新的数字技术满足现代消费者的需求。

随着内容产业的迅速扩张,如何保障信息内容安全也变得尤为重要。信息内容安全不仅关系到个人和企业的权益,也关系到国家安全和社会稳定。保障信息内容安全的核心是通过有效的审查监管来遏制和剔除非授权信息,这包括非法信息、泄密信息、垃圾邮件以及其他可能危害网络安全和社会秩序的内容。

在实践中,保障信息内容安全需要构建一个多层次的防护体系。首先,技术层面的安全措施,如防火墙、入侵检测系统和隐私保护系统,是保护内容不被非授权访问和传播的基础。其次,法律和政策层面,如知识产权法、隐私法和网络安全法,为内容产业提供了规范和指导。最后,行业标准和道德规范也是维护信息内容安全的重要组成部分。

信息内容安全的维护还需要公众、企业和政府三方的共同参与。公众需要提高安全意识,学会辨识和抵制非授权信息。企业则要负起社会责任,加强内部审查和监控,确保发布的内容合法、合规。政府要加强监管,出台相应的政策措施,提供必要的技术和法律支持。

随着大数据、人工智能、区块链等新技术的应用,内容产业将迎来更多的发展机遇。但同时,这些技术也带来了新的安全挑战。因此,保障信息内容安全的措施也需要不断创新和适应新的发展趋势,以确保内容产业能够在安全的环境中持续健康发展。只有这样,内容产业才能更好地满足人们对美好生活的追求,为社会文化的繁荣和经济的发展作出更大贡献。

总的来说,信息内容安全旨在确保授权信息在传播过程中的完整性、准确性和可靠性,同时保障信息的合法性和信息权利的正当性。这一宗旨的实现基于以下几个核心要素:

(1)有效的审查监管。实现信息内容安全首先需要建立一个有效的审查监管机制。这个机制不仅包括法律法规的制定,还包括技术手段的应用,如内容过滤系统、自动监控工具等,以及相关部门和组织的执行力度。有效的审查监管能够及时识别和处理违法违规内容,防止其在网络空间传播。

(2)剔除非授权信息。在保障信息内容安全的过程中,必须积极识别并剔除非授权信息。这些信息包含以下 4 类：非法信息，如侵犯知识产权、违反法律法规的内容；泄密信息，包括国家机密、企业商业秘密或个人隐私的非法披露；垃圾邮件，它们通常是无关紧要的、未经用户同意的广告邮件，会浪费资源并可能含有欺诈内容；其他可能危害网络安全和社会秩序的内容。

（3）保护授权信息。信息内容安全的宗旨还强调对授权信息的保护。授权信息是合法发布的内容，其所有权人明确同意其信息的使用和分发。保护授权信息是对创作者和版权所有者权益的尊重，同时也是保证信息市场秩序和促进文化产业健康发展的必要条件。

信息内容安全管理途径是：通过建立和维护一个全面的审查和监管体系消除网络空间的非授权信息，保护合法的信息传播。这不仅需要政策和法律的支持，也需要技术和社会各界的共同努力，以构建一个安全、健康、有序的信息环境。

在信息化、网络化、智能化进程不断推进的过程中，围绕着国家依法开展网络治理的实际需求，信息内容安全技术的主要研究和应用领域涵盖以下 6 方面：

（1）政治方面。首先关注的是国家层面的信息安全，确保国家安全不受到国内外反动势力的攻击，包括网络上的不实宣传、政治诋毁及其他形式的渗透攻击。研究人员需要研发高效的监测工具和算法，以识别、阻断和处理这些攻击，并且需要不断更新技术以对抗日益复杂的网络威胁。

（2）内容健康方面。集中在识别和过滤网络上的不健康信息，如色情、淫秽和暴力内容。这类研究不仅需要法律法规的支持，还需要先进的内容识别技术，如图像和文本分析工具，以确保这些有害信息不能被传播和访问，尤其是青少年用户。

（3）保密方面。专注于保护国家和企业的机密信息。相关研究致力于开发加密技术、访问控制机制和数据泄露预防策略，以防止敏感信息被窃取、泄露或流失。此外，这一研究领域还包括对内部威胁的评估和对策，因为很多信息泄露事件是由内部人员引起的。

（4）隐私方面。针对个人信息保护，包括防止个人隐私被非法收集、倒卖、滥用和扩散。隐私保护研究需要跨学科的知识，涉及法律、社会学和技术等多个领域，旨在制定有效的隐私保护政策和技术措施，以确保用户的个人数据和在线行为不被滥用。

（5）产权方面。解决网络空间中的知识产权问题，特别是版权保护，防止作品被剽窃或未经授权使用。知识产权的安全研究涉及版权识别技术、版权登记系统以及版权法的国际合作与执行。

（6）其他方面。其他与内容安全有关的研究和应用还包括网络病毒检测、垃圾邮件识别、诈骗信息识别、内容合规性审计等。需要高效的特征匹配算法、分类算法、聚类算法等，针对实时网络流量或多种网络发布平台上的海量信息进行甄别和溯源。

总的来说，信息内容安全研究的目标是创建一个更加安全、健康、稳定的网络环境，使得个人、企业和国家能在不受威胁的情况下自由地交流信息。实现这一目标需要政策制定者、技术研究者和网络用户的共同努力。政策制定者需要确保法律法规与技术发展同步，技术研究者需要不断创新和改进安全技术，而网络用户则需要提升自我保护意识并遵守网络安全规则。

信息内容安全研究的深化还需要建立跨国界的合作机制。在全球化的背景下，信息的流动不再受限于国界，这就要求国际社会共同制定标准和规则，以对抗跨境的网络犯罪和信息窃取活动。此外，全球范围内的监管合作也是打击网络色情、暴力等违法信息的关键。

在技术层面,信息内容安全研究需要与人工智能、大数据分析等前沿技术紧密结合。利用机器学习算法,可以更准确地对各种信息进行识别和分类,提高审查系统的效率和准确性。同时,随着量子计算和其他新兴计算技术的发展,研究者也必须预见未来的安全挑战,并为此开发新的加密和保护技术。研究也要关注新兴的信息传播渠道,如社交媒体和即时通信平台,这些渠道在传播速度和广度上都有着传统媒体无法比拟的优势,但同时也带来了内容审核的新挑战。如何在保障言论自由的前提下有效监管这些平台,是信息内容安全研究需要解决的问题。另外,随着物联网设备的普及,个人隐私保护已经不局限于网络空间,还扩展到了现实生活中的每个角落。如何保护这些设备收集的海量数据,防止它们被非法利用,也成为信息内容安全研究的一部分。在教育方面,信息内容安全研究还包括提高公众的网络安全意识教育,特别是对青少年和非技术用户群体。通过教育,用户可以学习如何识别和避免网络风险,如何保护自己的个人信息,以及如何应对网络攻击。

最后,信息内容安全研究的一个重要方面是法律和伦理问题的探讨。研究者需要审视现行法律是否适应了网络时代的需求,以及如何在不同文化和法律体系之间找到共通点,制定出全球适用的信息内容安全法律框架。

综上所述,信息内容安全研究是一个多维度、多学科、跨行业的领域,它要求研究者具备深厚的技术知识、法律意识和伦理判断力,同时还要能够把握国际合作和全球治理的大方向。随着技术的不断进步和社会的不断发展,信息内容安全研究将会不断展现出新的内容,同时不断面临新的挑战。

1.3.3 信息内容安全典型事件

在全球化的浪潮中,信息内容安全已成为一个多维度的挑战,涉及国家安全、社会稳定与经济发展等各个层面。在每年全球风险报告中不断上升的网络安全风险凸显了这一问题的紧迫性。信息内容安全风险的案例大致包括下面 4 类。

1. 全球反恐打黑

在全球反恐打黑的战斗中,国际社会面临着前所未有的挑战。恐怖组织利用暗网的匿名性和不可追踪特性传播极端思想、招募成员并筹集资金。2015 年巴黎的恐怖袭击就是一个惨痛的教训,它提醒人们,网络空间中的非法活动可能导致现实中的严重后果。为了应对这些挑战,国际合作已经成为反恐战斗的关键。例如,联合国反恐执行局(UNOCT)和世界各国的安全机构通过加强合作和信息共享,提高了监测和阻断恐怖组织网络活动的能力。

在中国,网络黑产活动也日益成为公共安全的一大威胁。个人信息的非法买卖、网络攻击的服务外包、药品与武器的暗网交易等行为,已经引起了执法部门的高度关注。以 2017 年中国警方破获的一个跨省网络黑产团伙为例,这一案件不仅展示了中国在内部打击网络犯罪方面的决心,也显示了中国在构建网络安全防线方面取得的进展。中国不仅加强了网络安全法规建设,提高了公众的网络安全意识,还积极参与国际执法合作,以对抗这一跨国犯罪现象。

2. 信息战与军事情报

在军事领域,网络空间成为战略争夺的新领域。美国国防部在其多份战略报告中强调了网络空间的军事重要性,并明确提出了增强网络防御和攻击能力的需求。这反映了网络空间在现代战争中的战略地位,以及美国军方在网络战中取得优势的决心。美国海军个人资料的泄露事件揭示了即使是最先进的军事力量也可能面临网络安全漏洞的风险。这类事件强调了加强网络安全措施和网络战准备的重要性。在乌克兰的网络和信息战中,美国赛博司令部通过公开敌方恶意软件样本,帮助公众和网络安全界识别并防范敌方工具,这是网络信息战的另一种形式。美国军方正在发展专门的网络作战单位,如915军事情报旅下属的915网络战部队。这些单位在实战环境中进行训练,学习如何利用网络手段获取情报,甚至通过网络影响实际物理环境。这标志着网络战能力在传统军事力量中的整合和提升。这些案例和趋势表明,网络空间已经成为现代军事策略的核心组成部分,信息内容安全技术不仅在情报收集和防御方面发挥作用,也在攻击和战略影响方面占据重要地位。各国军队正在适应这一变化,通过发展网络战能力和策略,以确保在这个新的战场上保持优势。

3. 网络诈骗与舆论安全

网络诈骗和舆论安全领域在全球范围内的情况日益严峻,对个人、企业和国家的安全与经济造成了重大影响。

全球范围内,网络诈骗的形式和影响各有不同,但普遍存在的问题包括网络钓鱼、数据泄露等。这些行为不仅限于个人,政府和跨国公司也是网络犯罪的目标。例如,美国国家安全局(NSA)和多州信息共享与分析中心(MS-ISAC)等机构发出警告,指出针对美国政府民用部门的网络钓鱼和其他攻击有所增加。在远程工作和社交隔离的背景下,2020年的新型冠状病毒流行期间网络攻击活动明显增加,导致在线软件和金融系统的安全性恶化,进一步加剧了经济不确定性。对于企业来说,网络威胁已成为一个重大问题。根据Crowe LLP和朴次茅斯大学的《2021年欺诈成本报告》,欺诈每年给企业和个人造成的总损失约为1370亿英镑(约合1890亿美元)。研究还显示,尽管网络诈骗给电子商务行业带来了高达414亿美元的损失,但只有34%的公司投资于欺诈预防和缓解措施。

在中国,网络诈骗案件同样频发,涉案金额巨大。为了应对这一问题,中国加强了网络监管,开展了多次专项行动打击网络诈骗,并加强了对公众的防骗教育,提高了网络安全防范意识。针对个人而言,诈骗者越来越多地使用社会工程学、网络钓鱼和其他策略来妥协受害者,特别是在新型冠状病毒流行期间,人们更容易受到攻击。传统的网络犯罪活动,如网络钓鱼和网络诈骗,迅速利用了社会心理中的脆弱性,因为许多公民和企业在这段时间内急于寻找信息、答案和帮助。

因此,网络诈骗和舆论安全问题不仅影响个人的财产安全和隐私,也对国家和全球经济稳定构成了威胁,这要求国家和国际社会采取更有力的措施应对这一挑战。

4. 知识产权问题

知识产权保护在数字时代尤为重要,影视作品的盗版问题长期存在,严重损害了创意产业的利益。视觉中国因未经授权使用他人版权图片而被公众广泛关注,成为一个典型案例。此事件引发了公众对知识产权法律和执行力度的讨论。为此,中国加强了版权法的执行力度,鼓励原创内容的发展,并提高了公众的版权意识。此外,社交媒体平台成为侵权产品销售的新阵地。例如,英国知识产权局的研究称,社交媒体正日益成为将流量从正规网站分流到众多非法在线平台的复杂生态系统的一部分。这些非法行为不仅造成合法品牌所有者的销售损失,还可能对公共健康和安全构成重大威胁。为应对在线侵权问题,许多电子商务平台,如亚马逊、eBay 和阿里巴巴等,实施了一系列知识产权保护程序。这些程序允许权利持有者注册品牌并报告侵权,甚至包括中立的专利评估程序。这些举措为知识产权和品牌保护提供了更快速、高效的解决方案。阿里巴巴采取了跟踪和追溯数字平台上的盗版和假冒商品直至其物理来源的替代方法。该公司利用大数据分析和机器学习等新技术,设定了网络和社交媒体平台在该领域的新标准。这些措施旨在主动移除假冒商品的列表,并追踪假冒商品和生产它们的工厂。

知识产权问题的复杂性要求国家、企业和社会共同努力,以应对数字化时代的新挑战。通过加强法律体系建设、提高公众知识产权意识以及采用先进技术,可以更有效地保护知识产权,促进创意产业的健康发展。

综合以上各点,可以看到信息内容安全是一个多方面、跨领域的全球性问题,它不仅需要国家安全机构和法律的保障,也需要社会各界的参与和公众意识的提高。通过全球合作和共同努力,可以更有效地应对这些挑战,保护我们的数字世界。

1.3.4　信息内容安全技术体系

信息内容安全技术体系包括认知层面和反应层面两部分内容,如图 1-5 所示。

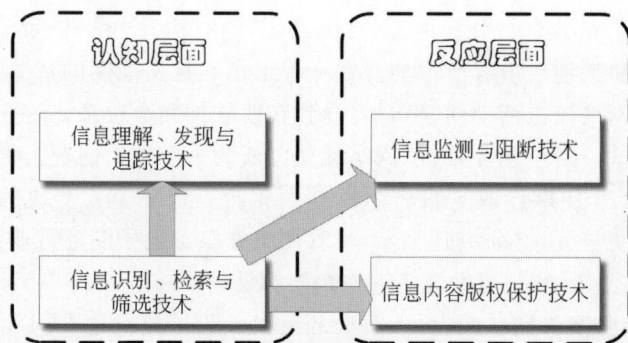

图 1-5　信息内容安全技术体系

认知层面着重于信息的获取和初步处理,包括信息的识别、检索与筛选技术,这些技术使人们能够识别出关键的数据,对其进行分类,并从大量信息中筛选出有价值的内容。此外,认知层面还涵盖了对识别和分析结果的深入处理,如信息理解、发现与追踪技术,这些技术帮助人们深入挖掘信息的含义,追踪其来源和流向。

在反应层面,信息内容安全技术关注如何对已识别和分析的信息采取措施。这涉及信息内容版权保护技术,即确保创造性成果能够得到应有的法律保护以防止盗版和非法使用。同时,反应层面还包括信息监测与阻断技术,这些技术不仅能够阻止不当信息的传播,还能在信息被非法篡改或非授权访问时提供及时响应。

总的来说,在信息内容安全领域中,关键技术的发展和应用对保护数字信息的完整性、可靠性和机密性至关重要。以下是信息内容安全关键技术的概述。

(1)信息内容获取。分为主动方式和被动方式。主动方式通常涉及用户直接发起的数据检索和收集,如使用搜索引擎或数据库查询。而被动方式则涉及系统自动监测和记录信息,如通过网络爬虫在互联网上自动搜集数据。此外,高性能信息捕获技术能够从各种源快速、准确地收集数据,是情报和监控领域的重要工具。

（2）信息内容识别。包括文本内容识别、语音识别和图像识别等。文本内容识别技术可以分析和理解书面文字，语音识别技术则将口语转换为文字，而图像识别技术则能够识别和理解图像的内容。这些技术在信息筛选、自动标注和搜索引擎优化中发挥着关键作用。

（3）信息内容分析。涉及更深层次的数据处理，如舆情分析、技术侦查与计算机取证以及信息追踪与溯源。这些技术帮助人们分析大量数据，发现潜在的模式、趋势和关联，对于维护网络安全、打击网络犯罪和维护社会稳定极为重要。

（4）其他相关技术。信息过滤技术和隐私保护技术也是信息内容安全领域不可或缺的组成部分。信息过滤技术可以去除非法或非授权的信息，而隐私保护技术则确保个人数据的安全和用户隐私得到保护。

随着信息技术的发展，上述关键技术在人们日常生活中的作用越来越显著，对于保护信息内容的安全起到了决定性的作用。在后面的各章中，将深入探讨信息内容安全的各个关键环节，包括信息的获取、识别、分析以及相关的新兴技术。第 2 章和第 3 章将讨论信息内容的获取，详细介绍如何通过各种技术手段捕获和收集信息，无论是通过主动查询还是被动监控。第 3 章将介绍如何对收集的内容进行预处理和信息抽取。第 4 章和第 5 章关注信息内容的分析，讨论如何对收集和识别的信息进行字符串匹配以及内容质量分析。第 6 章介绍信息内容安全管理相关技术，包括 P2P 网络下的内容安全管理技术。第 7 章将重点讨论隐私保护相关的新技术。通过对这些环节的逐一剖析，展现信息内容安全技术的全貌，并提供一个实用的指南，以帮助读者在日益数字化的世界中保护和管理信息内容。

1.4 相关政策和法律

通过深入理解网络空间安全的本质，我们认识到互联网并非法外之地。虽然它极大地便利了人们的生产和生活，但是我们也必须警惕它所带来的安全风险和隐患，并积极开展综合治理。为实现互联网的有效治理，政府、企业、社会组织以及广大网民应积极合作。特别是在加强网络安全建设方面，需要提高应急指挥能力和关键基础设施的防护水平。同时，应依法打击网络违法犯罪行为，并在全球范围内开展国际合作，共同建立和完善互联网治理体系，构建网络空间命运共同体，实现多边和多方的参与。为此，我国提出了"四项原则"和"五点主张"。当前网络空间国际治理规则仍在形成过程中，我国要积极参与国际规则的制定，面向世界发出中国的声音，提出中国的方案。

1.4.1 网络主权及其基本原则

要理解如何治理互联网，构建网络空间命运共同体，首先要了解什么是网络主权以及网络主权要遵循的基本原则。无论是在国家层面还是国际层面，网络空间的治理都十分重要。在国家层面，政府需要制定法律法规约束网络空间，同时企业和行业也应严格遵守法律，并实行终身自律。国内网络空间的治理旨在将互联网建设成为亿万民众的共同精神家园。网络空间应该是天朗气清、生态良好的，这符合人们的共同利益。无人希望生活在一个充斥着虚假、诈骗、攻击、谩骂、恐怖、色情、暴力的空间中。在国际层面，我国倡导网络空间主权，提出了全球互联网发展治理的"四项原则"和"五点主张"，这一提议得到了国际社会的积极响应。大国间网络安全的博弈不仅仅是技术的博弈，更是理念和话语权的博弈。因此，在国际互联网治理中，我国提出了"四项原则"，包括尊重网络主权、维护和平安全、促进开放合作、构建良好秩序。我国还提出了"五点主张"：一是加快全球网络基础设施建设，促进互联互通；二是打造网上文化交流共享平台，促进交流互鉴；三是推动网络经济创新发展，促进共同繁荣；四是保障网络安全，促进有序发展；五是构建互联网治理体系，促进公平正义。最终，通过各方的共同努力，构建网络空间命运共同体，使互联网造福全球网民，惠及各国人民。

关于网络空间的国际治理，传统上存在一些观念上的误区。例如，有一种观点认为"互联网是美国送给世界人民的礼物"，并强调"网络无国界"。这种观点忽视了各国在网络空间中的平等权利和网络主权。还有人提出互联网应由多利益相关方共同治理。这里的多利益相关方是指在互联网治理中具有重要影响力的大型企业，如谷歌、微软、IBM 和苹果。这一观点也忽视了各国在网络空间中的主权以及参与互联网建设各方的基本权利。在当前的互联网国际治理问题上，这是一种极为错误的观点。

我国倡导的网络空间主权定义如下：

一个国家的网络空间主权建立在本国所管辖的信息通信技术系统之上（领网）；其作用边界为由直接连向他国网络设备的本国网络设备端口集合所构成（疆界）；用于保护虚拟角色对数据的各种操作（政权、用户、数据）。网络空间的构成平台、承载数据及其活动受所属国家的司法与行政管辖（管辖权）；各国可以在国际网络互联中平等参与治理（平等权）；位于本国领土内的信息通信基础设施的运行不能被他国所干预（独立权）；国家拥有保护本国网络空间不被侵犯的权力及其军事能力（自卫权）。网络空间主权应该受到相互尊重（尊重主权）；国家间互不侵犯他国的网络空间（互不侵犯）；互不干涉他国的网络空间管理事务（不干涉他国内政）；各国网络空间主权在国际网络空间治理活动中具有平等地位（主权平等）。因此，在物理世界中处理国际关系的四项基本原则——尊重主权、互不侵犯、互不干涉内政、主权平等——同样适用于网络空间。这是中国关于网络空间主权的基本立场。

具体来看，网络空间的国际治理涉及 4 个基本权利，具体表现如下：

（1）网络的管辖权。对位于本国领土之中的网络空间实施管辖权。这在世界各国都是事实存在。尽管很多国家反对网络空间主权的提法，但在实践层面，各国均对本国网络进行严格管理，防止外部干扰。

（2）网络平等权。所有主权国家在网络互联互通和运行方面享有平等地位，在国际网络空间的技术决策和公共政策决策方面具有平等的表决权，在国际网络空间治理方面具有平等的话语权。这意味着无论国家大小，均应有平等的权利，而不应受制于利益攸关方的管理模式，这种模式往往导致强者更强，弱者无力改变现状。

（3）网络独立权。指本国领土内的网络运行不受外界干扰，可以自主运行。这一点在绝大部分的网络模式中是自然而然的，例如广电网、工控网等。但就互联网而言，则因为全球互联网集中式运行模式的特殊性，导致各国互联网的运行在域名解析层面受制于互联网的集中控制点。

（4）网络自卫权。将网络看作一个专门的保护区域。这一点美国已经具体落实，不仅有曼哈顿计划在支撑，也成立了成体系的网军保护美国在网络空间中的利益。中国在这方面仍有很长的路要走。

有了网络主权的概念，也就意味着各国都有各自对网络主权的基本原则。网络空间主权的基本原则也是来自国家主权。尊重主权,就是要尊重网络独立权,不采取导致主权网络空间无法自主运行的行为;互不侵犯,就是不能对他国的网络空间实施网络攻击;互不干涉内政,就是对主权国家网络空间的管辖权不指手画脚;主权平等,就是主权国家之间具有平等共治网络空间的权力,而不能依靠利益攸关方的模式,导致一些国家失去了参与网络共治的权力,而另一些国家则掌控了全球的网络空间。

虽然我们希望网络主权有着和国家主权同样的地位,然而在实践中网络主权并未得到充分保护和保证。例如,整个域名解析系统由单一树根结构组成,实际由 INNA(Internet Assigned Numbers Authority,互联网号码分配机构)掌握并受美国商务部控制,导致网络空间管辖权实际上受限。为解决这一问题,中国提出了联盟式域名解析系统的新体结构设计。在这个设计中,每个国家设有自己的国家根,并且国家根之间可彼此互联,形成图结构,代替了中心化的根结构。这是一种去中心化、平等互联的新结构设计。通过这些措施,中国在互联网域名体系和管理过程中提出了自己的方案,获得了国际社会的肯定。这些举措旨在推动网络空间主权在实践层面得到更好的保护和实现。

1.4.2　国家网络空间安全战略

随着互联网的高速发展,尤其是新型网络形态、新型计算基础理论和模式的出现,以及信息化和工业化的深度融合,为网络空间安全带来了新的威胁和挑战。美国国家科学技术委员会在其发布的《2016 年联邦网络安全研究和发展战略计划:网络与信息技术研发项目》中指出,物联网、云计算、高性能计算、自治系统、移动设备等领域中存在的安全问题将是新兴的研究热点。此前,鉴于网络空间安全所面临的严峻挑战,2014 年 2 月,我国成立了中央网络安全和信息化领导小组,大力推进网络空间安全建设。国务院学位委员会、教育部在2015 年 6 月决定增设"网络空间安全"一级学科,并于 2015 年 10 月决定增设"网络空间安全"一级学科博士学位授权点。为了更好地布局和引导相关研究工作的开展,国家自然科学基金委员会信息科学部选定"网络空间安全的基础理论与关键技术"为"十三五"期间 15 个优先发展的研究领域之一。

2016 年 12 月 27 日,国家互联网信息办公室发布了《国家网络空间安全战略》,这是我国首次发布关于网络空间安全的战略。从机遇和挑战、目标、原则和战略任务 4 方面阐明了中国关于网络空间发展和安全的重大立场,是中国网络空间安全工作总的指导方针。《国家网络空间安全战略》针对当前和今后一个时期国家网络空间安全工作提出了 9 项战略任务,成为指导我国网络空间安全工作的一个重要原则。具体内容包括:①坚定捍卫网络空间主权;②坚决维护国家安全;③保护关键信息基础设施;④加强网络文化建设;⑤打击网络恐怖和违法犯罪;⑥完善网络治理体系;⑦夯实网络安全基础;⑧提升网络安全保护能力;⑨强化网络空间国际合作。

以上的安全战略具有两大特征。一是整体性,九大任务不是数个有关和平利用与治理网络空间规范的机械组合,而是各个相关网络空间安全治理规则的有机结合。"坚定捍卫网络空间主权"和"坚决维护国家安全"是主权国家必须坚守的底线;"保护关键信息基础设施"和"夯实网络安全基础"是主权国家社会稳定与国家安全的保障;"加强网络文化建设"有利于扩大正能量在网络空间的辐射力和感染力;"打击网络恐怖和违法犯罪"和"完善网络治理体系"是切实维护广大民群众网络合法权益,确保国家网络利益不受侵犯的根本保证;"提升网络空间防护能力"是中国应对复杂网络空间挑战的基本需要;"强化网络空间国际合作"是构建网络空间命运共同体的必由之路。二是协调性,九大任务确立的基本任务不是各自为政、相互对立,而是在整个战略体系中彼此相互影响、相互作用、相互协调。

美国和俄罗斯在此之前也曾发布过类似的战略文件。美国白宫 2011 年颁布的《网络空间国际战略》指出了政府在 7 个领域的活动任务,包括:在经济方面,推动国际标准和创新的开放市场;在保护网络方面,加强网络安全性、可靠性和恢复能力;在执法方面,拓展合作与加强法治,全面参与制定打击国际网络空间犯罪的政策;在军事方面,认识并适应军队对可靠与安全网络与日俱增的需求,增强集体安全;在互联网管治方面,推动有效和包容性的管治结构;在国际方面,继续分享和创建国际网络空间安全的经验与技术标准;在互联网自由方面,确保基本自由和隐私安全,与公民社团和非政府组织合作建立安全措施。2016 年12 月,俄罗斯发布了修订后的《俄罗斯联邦信息安全学说》,在网络安全领域要完成的战略任务分为两项:一是在信息安全保障框架内开展活动的任务,二是在发展、完善信息安全保障体系领域开展活动的任务。信息安全保障框架内的任务有 5 项,内容包括:保护公民和组织在信息领域的权利和合法利益;对信息安全状况进行评价,确定在防止和消除威胁带来不良后果方面的优先发展方向;制定、实施信息安全保障措施,并对其有效性进行评估;组织、协调信息安全保障领域的各种力量,完善对其在法律、组织、侦查、反侦查、科技、信息分析、人才和经济方面的保障;研究制定措施以支持在信息安全保障领域从事开发、生产和使用活动、提供服务、开展教育活动的组织。其国家机构在发展、完善信息安全保障体系领域开展活动的任务则有 4 项,主要针对国家机构在这一方面的内部管理。

对比上述 3 个国家的网络空间安全战略任务,可以得出以下结论。美国对网络空间将深入影响经济、政治、国家安全、军事、贸易、国际关系和公民自由的准确认知,其网络空间国际战略就是试图在网络空间进行国际布局,定规立矩的宣言。俄罗斯和中国的网络空间安全战略相同点在于两国都以国家安全为出发点和目标,也都以维护本国主权为任务的核心。不同点则在于:俄罗斯的安全任务仍然着眼于国家内部的安全,而没有更多国际上的任务安排;而中国的网络安全任务设定则充分考虑了网络空间的共享性和跨界性特点,以及网络对中国和世界发展的贡献,将推动制定各方普遍接受的网络空间国际规则,深化在政策法律、技术创新、标准规范、应急响应、关键信息基础设施保护等领域的国际合作,建立公平合理的互联网全球治理体系作为任务所包含的内容,这样,一方面利于建设良性的国家网络空间安全环境,另一方面也充分说明了我国是一个负责任的大国。

通过以上的分析可以看出,我国的《国家网络空间安全战略》在布局网络空间安全的同时谋求发展,在捍卫网络主权的同时推动实现网络空间的和平共享,具有自身鲜明的特点。而作为拥有网民最多的网络大国,这一战略也备受国际瞩目,必将对网络空间国际关系产生深远的影响。

1.4.3 网络空间安全相关法律法规

近年来,随着我国网络空间安全战略的发展,国家相继出台了多项法律法规,旨在加强对网络空间的安全管理和监督。2017 年,我国正式颁布并实施了《中华人民共和国网络安全法》(以下简称《网络安全法》),这一基础性法律全面规范了网络空间安全管理问题,标志着我国网络空间法律建设进入一个重要的里程碑阶段。该法律构建了网络空间法治框架,旨在维护国家安全、保障公民权益、规范网络秩序、促进经济发展及提升国际话语权。

《网络安全法》共包含 7 章 79 条,内容广泛,涉及六大主要方面。该法律明确规定了网络空间主权的原则,强调了网络产品和服务提供者的安全责任,并对网络运营商的安全义务进行了详细规定。此外,该法律还涵盖了数据保护、信息内容管理、网络安全监测和预警等多个重要方面,为网络空间安全管理提供了全面的法律框架。

《网络安全法》在个人信息保护方面作出了进一步细化,建立了关键信息基础设施安全保护制度,并对关键信息基础设施及重要数据跨境传输的规则进行了明确规定。这标志着我国在网络安全领域的立法迈入了一个新阶段,成为全面界定网络空间行为的首部基础性法律。

《网络安全法》中明确界定的责权利主体共分为五大类,分别包括:①作为网络空间管理者的政府部门;②担任网络所有者、管理者和服务提供者的网络运营者;③产品和服务提供者;④信息提供者;⑤信息传播者。对于这些不同的主体,《网络安全法》详细规定了它们在网络安全方面的权利和义务,确保各方在网络环境中的行为得到合法、合规的监管。

同时,《网络安全法》还将网络数据、公民个人信息、产品和服务以及网络基础设施列为重点保护的客体,并针对这些客体制定了严格的规范要求。具体包括对网络安全相关信息的发布、传播、保存、设置规范,以及对公民个人信息的采集、存储、利用、泄露、出售、篡改的规范要求。对于客体信息的具体描述如下:

(1) 网络数据指通过网络收集、存储、传输、处理和产生的各类电子数据。

(2) 公民个人信息指以电子或者其他方式记录的能够单独或者与其他信息结合识别自然人个人身份的各种信息,包括但不限于自然人的姓名、出生日期、身份证号、个人生物识别信息、住址、电话号码等。

(3) 产品(软件、硬件)和服务涵盖为个人和组织提供的各类产品和服务。

(4) 网络基础设施指在用户、设备、应用程序、互联网等之间实现网络连接和通信的各类硬件和软件设施。

此外,该法律对网络安全相关软硬件产品提出了认证、评测、升级和维护等方面的要求,特别强调了网络基础设施的安全保护要求,包括安全性审查、使用者实名制、安全监测预警、应急响应、安全通报和演练培训等。

对于违法行为和未履行安全防护义务的情况,《网络安全法》规定了相应的法律惩罚。这些规定为抵御网络风险提供了法律依据,可以确保互联网在法治轨道上的健康运行。图 1-6 详细列出了《网络安全法》所涵盖的五大主体和四大客体及相关责任义务和处罚规定。

另一项重要法律是在 2021 年实施的《中华人民共和国数据安全法》(以下简称《数据安全法》),该法律旨在规范数据处理活动,确保数据安全,同时促进数据的开发与利用。这部法律的出台不仅保护了个人和组织的合法权益,也维护了国家主权、安全和发展利益。

在全球范围内,数据安全问题已成为各国高度关注的议题。目前,全球已有超过 100 个国家和地区制定了相关法律法规,以保护数据安全,这一趋势已成为国际惯例。

《数据安全法》在这一背景下特别强调各地区和各部门对其在工作中收集和产生的数据及数据安全负有直接责任。工业、电信、交通、金融、卫生、教育、科技等主管部门直接承担本行业或领域的数据安全监管职责。此外,公安机关和国家安全机关根据法律在其管辖范围内负责

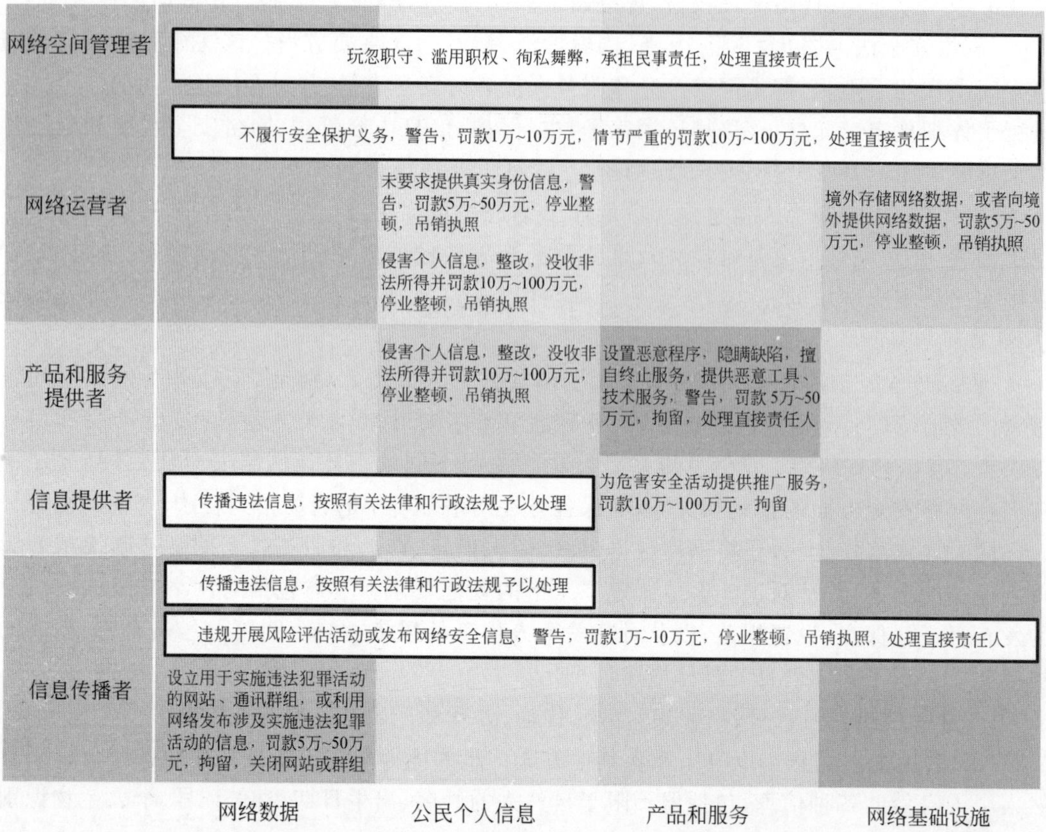

主体	网络数据	公民个人信息	产品和服务	网络基础设施
网络空间管理者	玩忽职守、滥用职权、徇私舞弊，承担民事责任，处理直接责任人			
网络运营者	不履行安全保护义务，警告，罚款1万~10万元，情节严重的罚款10万~100万元，处理直接责任人	未要求提供真实身份信息，警告，罚款5万~50万元，停业整顿，吊销执照；侵害个人信息，整改，没收非法所得并罚款10万~100万元，停业整顿，吊销执照		境外存储网络数据，或者向境外提供网络数据，罚款5万~50万元，停业整顿，吊销执照
产品和服务提供者		侵害个人信息，整改，没收非法所得并罚款10万~100万元，停业整顿，吊销执照	设置恶意程序，隐瞒缺陷，擅自终止服务，提供恶意工具、技术服务，警告，罚款5万~50万元，拘留，处理直接责任人	
信息提供者		传播违法信息，按照有关法律和行政法规予以处理	为危害安全活动提供推广服务，罚款10万~100万元，拘留	
信息传播者	传播违法信息，按照有关法律和行政法规予以处理；违规开展风险评估活动或发布网络安全信息，警告，罚款1万~10万元，停业整顿，吊销执照，处理直接责任人；设立用于实施违法犯罪活动的网站、通讯群组，或利用网络发布涉及实施违法犯罪活动的信息，罚款5万~50万元，拘留，关闭网站或群组			

图 1-6 《网络安全法》中主体、客体及相关责任义务和处罚规定

数据安全的监管。国家网信部门则承担协调和统筹数据安全及相关机构监管工作的职责。

《数据安全法》在确保数据安全的基础上也强调了促进个人和组织与数据相关的权益。该法律鼓励数据依法合理、有效利用，并确保数据依法有序地自由流动，以此促进以数据为关键要素的数字经济发展。该法律不仅是数据安全领域立法的重要里程碑，也为数字经济的健康发展提供了坚实的法律基础。

《数据安全法》在规范数据处理活动方面提出了全面的要求。该法律强调，进行数据处理的个人或机构应遵循法律法规、社会公德、伦理道德，同时遵守商业和职业道德，履行数据安全保护的义务并承担相应的社会责任。该法律还对数据的合理利用提出了更高的标准，要求国家实施大数据战略，推动数据基础设施的建设，并支持数据在各行业和领域的创新应用。

《数据安全法》第 21 条特别指出，国家将建立数据的分类分级保护制度。这意味着根据数据在经济社会发展中的重要性和潜在危害程度对数据进行分类和分级保护。这一措施已成为众多企事业单位的迫切需求，部分行政主体已开始实施此制度。

《数据安全法》第 24 条规定，国家将建立数据安全审查制度，对可能影响国家安全的数据处理活动进行审查，并对受管制的数据实施出口管制。为了确保系统和网络安全，公安部门已开始实施新的系统安全等级保护要求。重要的国家企事业单位在新建系统后，必须通过等级保护的测评，否则不得上线运行，这已成为业界的共识。进一步发布并实施关键基础设施的等级保护条例,将有助于加强关键信息的安全防护能力和水平。基本要求包括用户自主保护级别、系统审计、安全标记、结构化保护以及返回验证等多个层面的保护。这些规定不仅加强了数据处理的合规性和安全性,也促进了数据的有效利用和保护,保障了数字经济的健康发展。

除了《网络安全法》和《数据安全法》这两部重要法律外,我国还制定了一系列与网络空间安全相关的法规和制度。例如,2021 年颁布的《中华人民共和国个人信息保护法》旨在平衡个人信息保护与信息自由流动之间的关系,该法律覆盖了特定行业的适用问题、敏感个人信息的处理、法律执行机构、行业自律机制及跨境信息交流等多方面,并明确了违反法律的刑事责任。

2022 年,国家又出台了《网络安全审查办法》和《中华人民共和国密码法》。《网络安全审查办法》的目的是确保关键信息基础设施和供应链的安全,以维护国家安全。《中华人民共和国密码法》则规定了使用密码进行数据加密和身份认证的措施,并要求对商用密码的应用进行安全性评估,这成为系统运营单位的法定义务。

此外,2018 年,公安部发布了《公安机关互联网安全监督检查规定》。根据这一规定,公安机关可根据网络安全防范需求和网络安全风险隐患,对互联网服务提供者和联网使用单位进行监督检查,以加强网络安全管理。

这些法律和规定共同构成了我国网络空间安全的法律框架,不仅加强了个人信息保护,还提高了关键信息基础设施的安全性,有助于保障国家安全和社会稳定。

1.5 本章小结

本章首先从网络空间安全的视角审视当前面临的各种问题,并从攻防双方的角度出发,分析了网络空间安全的本质。接下来归纳了信息与信息安全的基本概念,并讨论了信息安全的多种特质。随后,详尽阐释了信息内容安全的技术架构。最后,通过介绍相关政策和法律,探讨了信息内容安全和网络空间安全在制度和政策上的进展。本章通过这些相关知识的介绍,旨在使读者对信息内容安全有清晰的认识。

习题

1. 简述网络空间安全的定义和 4 个基本要素。
2. 网络空间安全面临的主要威胁有哪些?
3. 信息安全的基本属性有哪些?什么是 CIA 三元组?
4. 信息内容安全主要的研究内容是什么?
5. 简述信息内容安全主要的技术体系。

第 2 章

网络数据被动获取

网络信息获取是信息内容安全系统的基本组成部分,而网络数据包获取技术正是为了解决这一问题而设计的。通常,网络数据获取可以分为两种主要方法:被动数据获取和主动数据获取。被动数据获取技术通常涉及将网卡设置为混杂模式,以便监听网络报文。这种方法一般用于那些基于旁路监听方式的网络数据审计设备上。主动数据获取则主要通过网络爬虫获取网络信息。本章的主要内容是介绍网络数据的被动获取技术。首先,介绍与以太网相关的基础知识,这对理解数据获取过程至关重要。其次,重点讨论几个著名的网络安全开发包及其使用方法。这些开发包是网络安全研究和实践中的重要工具,能够帮助用户有效地捕获和分析网络数据。最后,对高性能数据捕获平台进行简要介绍。这些平台为处理大量网络数据提供了高效的解决方案,对于需要高速和高效率数据处理的网络安全应用来说是不可或缺的。总的来说,本章旨在全面介绍网络数据被动获取的技术和方法,为读者提供在网络中进行有效数据捕获的基础知识。

2.1 TCP/IP 与以太网相关知识

2.1.1 TCP/IP 体系结构

TCP/IP(Transfer Control Protocol/Internet Protocol,传输控制协议/网际协议)是一个协议族,通常被认为是一个 4 层协议系统,其体系结构如图 2-1 所示。

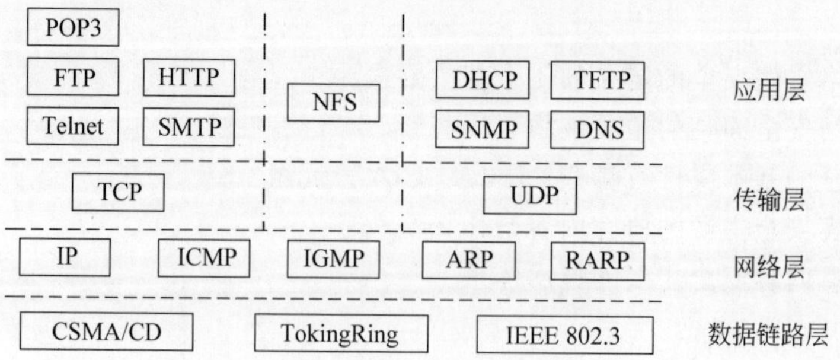

POP3		NFS	DHCP	TFTP	应用层
FTP	HTTP				
Telnet	SMTP		SNMP	DNS	

| TCP | UDP | 传输层 |

| IP | ICMP | IGMP | ARP | RARP | 网络层 |

| CSMA/CD | TokingRing | IEEE 802.3 | 数据链路层 |

图 2-1 TCP/IP 的体系结构

在 TCP/IP 的层次结构中,应用层是最高层,直接为用户的应用进程提供服务,例如支持电子邮件传输的 SMTP(Simple Mail Transfer Protocol,简单邮件传输协议)、支持文件传输服务的 FTP(File Transfer Protocol,文件传输协议)等。传输层可以使用两种不同协议:TCP 和 UDP(User Datagram Protocol,用户数据报协议),这两个协议都使用网络层的 IP 进行数据报文传输。ICMP(Internet Control Message Protocol,网际控制报文协议)也是网络层协议,网络层用它来与其他主机或路由器交换错误报文和其他重要信息。网络层的其他协议还有 ARP(Address Resolution Protocol,地址解析协议)和 RARP(Reverse Address Resolution Protocol,反向地址解析协议)。ARP 完成主机的 IP 地址到硬件地址的映射。RARP 能够从主机的硬件地址得到其 IP 地址。数据链路层协议包括 PPP(Point-to-Point Protocol,点对点协议)、IEEE 802.3 等。

2.1.2　以太网

以太网最初由 XEROX 公司研制,并且在 1980 年由 DEC(Digital Equipment Corporation,数据设备公司)、Intel 公司和 XEROX 公司共同使之规范化。后来它被电气与电子工程师协会(IEEE)采纳为 IEEE 802.3 标准。以太网是最为流行的网络传输系统之一,它的基本特征是采用了 CSMA/CD(Carrier Sense Multiple Access/Collision Detection,载波监听多路访问/冲突检测)的共享访问方案。图 2-2 为典型的以太网结构。

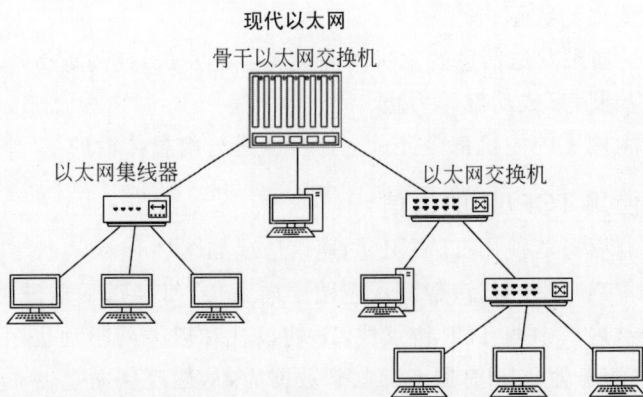

图 2-2　典型的以太网结构

1. CSMA/CD 的工作过程

CSMA/CD 是以太网中的重要协议,也是数据链路层中的重点和难点。由于以太网用总线进行数据传输(多台计算机接在一根总线上),若多台计算机同时进行数据发送,势必会造成数据差错,于是总线(如集线器)模式使用半双工通信方式进行数据传输,即一台计算机不能同时进行发送和接收。这种通信方式由 CSMA/CD 维持。CSMA/CD 的工作过程如图 2-3 所示。

(1) 载波监听。当一台主机(包括服务器和工作站)要向另一台主机发送信息时,先监听网络信道上有无信息正在传输。

- 如果发现网络信道正忙,则等待,直到发现网络信道空闲为止。
- 如果发现网络信道空闲,则向网络信道发送信息。由于整个网络信道为共享总线结构,连接到该网络信道上的所有主机都能够收到该主机发出的信息,所以主机向网络

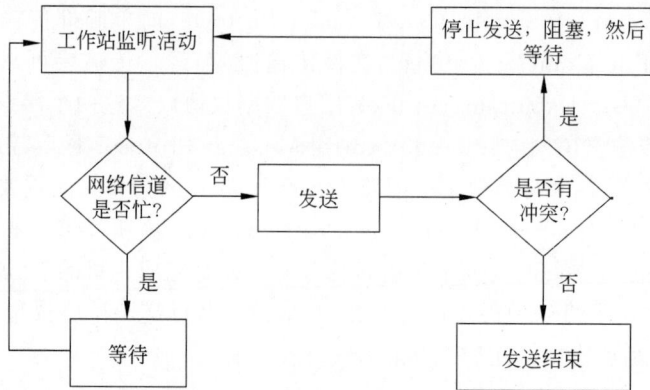

图 2-3　CSMA/CD 的工作过程

信道发送信息也称为广播。

（2）冲突检测。主机发送信息的同时，还要监听网络信道，检测是否有另一台主机同时在发送信息。如果有，两台主机发送的信息会发生碰撞，即产生冲突，从而使数据包被破坏。

（3）遇忙停发。如果发送信息的主机检测到网络信道上的冲突，则立即停止信息发送，并向网络信道发送一个冲突信号。其他主机检测到冲突信号后即发现了该冲突，从而丢弃可能一直在接收的受损的数据包。

（4）多路存取。如果发送信息的主机因冲突而停止发送，就需等待一段时间，重新开始载波监听和发送，直到信息成功发送为止。

所有共享型以太网上的主机都是经过上述步骤进行信息传输的。

2. 以太网中使用 TCP/IP 的通信

以太网中客户与服务器使用 TCP/IP 的通信情况如图 2-4 所示。FTP 客户进程产生了一段数据要发送给 FTP 服务器，该数据从应用层向下传，每经过一层就由相应的程序进行处理。发送的数据被内核中的 TCP 协议栈/IP 协议栈和以太网驱动程序处理后，通过物理传输介质传给 FTP 服务器。FTP 服务器收到数据后，从最底层向上，一层一层解析数据报文，最后交给 FTP 服务器进程。

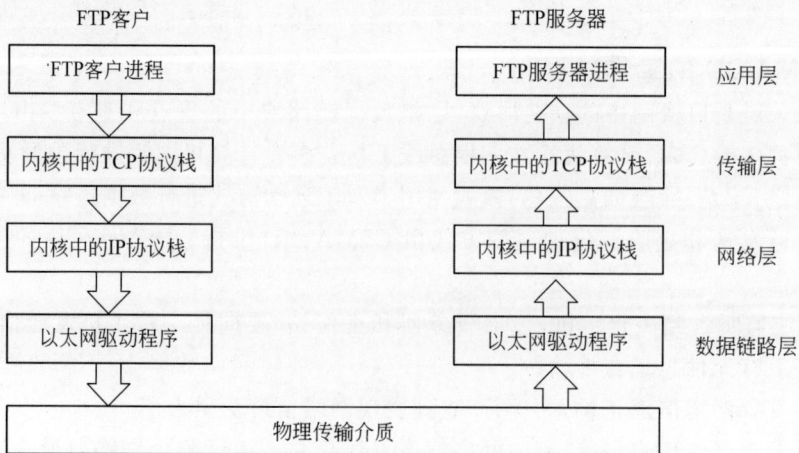

图 2-4　以太网中客户与服务器使用 TCP/IP 的通信情况

3. 网络接口卡

网络接口卡(简称网卡)是使计算机连接到网络并与网络中其他计算机相互通信的设备。很多公司(例如 3COM、IBM、Intel、SMC 和 Xircom)都生产网卡。各家生产的网卡规格不一样,但都满足网络和计算机的需求。图 2-5 即为一块典型的网卡。

网卡可以针对不同的网络类型进行连接。特别是在 20 世纪 90 年代,出现了许多新的网络类型。常用的网络类型如下:

图 2-5　典型的网卡

- 无线网络。作为最流行的网络类型之一,无线网络通过无线信号提供互联网连接,广泛应用于个人和商业环境。

- 蓝牙网络。这种网络专门使用蓝牙协议进行短距离通信,常用于连接手机、耳机和其他便携设备。

- 以太网。通常使用 CAT5 或 CAT6 电缆,支持以太网协议或 IEEE 802.1x 协议,适用于办公室和家庭网络。

- 光纤网络。这种网络通过光纤传输数据,能提供非常高的速度和非常大的带宽,常用于快速、高容量连接的应用场景。

- 铜线网络。这是一种较为传统的网络类型,通常用于拨号或类似的连接方式,在某些地区仍然被使用。

- 电缆网络。通常与有线电视系统一起使用,它利用同轴电缆提供网络连接,常用于家庭和商业互联网服务。

不同网络接口卡在速率、协议和接口标准等方面存在差异,适用于某台计算机的网卡可能并不适用于其他设备。

4. 以太网的广播通信

在以太网中,所有的通信都是在广播模式下进行的,也就是说,通常在同一个网段中的所有网络接口都可以访问在物理介质上传输的所有数据。每一个网络接口都有一个唯一的硬件地址,这个硬件地址也就是网卡的 MAC 地址。大多数系统使用 48 位的 MAC 地址,这个地址用来表示网络中的每一个设备,一般来说,每一块网卡上的 MAC 地址都是唯一的。每个网卡厂商会被分配一段 MAC 地址范围,它在这个地址范围内为其生产的每个网卡分配一个 MAC 地址。

网卡一般有 4 种接收模式:

(1) 广播模式。在该模式下的网卡能够接收网络中的广播信息。

(2) 多播模式。在该模式下的网卡能够接收多播数据。

(3) 直接模式。在该模式下,只有目的网卡才能接收该数据。

(4) 混杂模式。在该模式下的网卡能够接收一切通过它的数据,而不管该数据是否是传给它的。

在正常的情况下,一个网络接口应该只接收这样的两种数据帧:一种是与自己的 MAC 地址相匹配的数据帧;另一种是发向所有计算机的广播数据帧。数据的收发是由网卡完成

的。当网卡接收到传输来的数据时,网卡内的单片程序接收数据帧的目的 MAC 地址,根据计算机上的网卡驱动程序设置的接收模式判断是否应该接收。若应该接收,则接收后产生中断信号通知 CPU;否则就直接丢弃,所以不该接收的数据,在网卡处就丢弃了,计算机系统不会感知。CPU 得到中断信号后产生中断,操作系统就根据网卡的驱动程序设置的网卡中断程序地址调用驱动程序接收,数据驱动程序接收数据后放入信号堆栈让操作系统处理。

总之,在以太网中是基于广播模式传输数据的。也就是说,物理信号会经过物理上连通的每台设备。如果网卡工作在混杂模式下,则它能够接收到一切通过它的数据。

2.1.3 常见网络协议简介

1. TCP

TCP 采用数据包(data packet)传输方式,将它作为一个数据单元进行传输。数据包也称数据报(datagram)。TCP 数据包的格式如图 2-6 所示。

图 2-6　TCP 数据包的格式

TCP 包头的长度通常是 20 字节。其中包含源端口和目的端口。在 TCP 规范 RFC 793 中,IP 报文中的 IP 地址与 TCP 报文中的端口被称为一个 socket。在 TCP 包头中有以下字段:

(1) 源端口号。用于标识发送端发送 TCP 数据包的应用程序使用的端口号。

(2) 目的端口号。用于标识接收端接收 TCP 数据包使用的端口号。

(3) 序号。数据包在发送端数据流中的位置。序号用于标识两端发送的数据包,申请建立连接的一端在发送申请时会初始化一个序号,用来对每一个传输的数据包进行计数,每一个传输的数据包的序号都是上一个数据包的序号加 1。TCP 能供全双工的传输服务,数据在两个方向上都能单独传输,因此连接的双方在每个方向上都有传输的序号。

(4) 确认号。接收端希望收到的下一个数据包的序号。确认号是接收端对数据发送端的确认信息,通常是上次成功收到的数据包的序号加 1。接收端在收到序号为 100 的数据段时,返回的确认号应为 101。确认号只有在标志位 ACK 被置为 1 时才能生效。

(5) 数据偏移。4 位,接收端需要通过这个字段知道数据包中载荷数据的开始位置。

(6) 保留位。6 位,暂时没有作用,这些位必须是 0。

(7) 控制位。6 位,这 6 个标志位对 TCP 连接状态非常重要。

● URG:紧急数据标志位。

● ACK:确认标志位。

- PSH：强迫传输数据。
- RST：复位一个连接。
- SYN：同步序号。
- FIN：发送方数据已发完，释放连接。

（8）窗口大小。接收端通告接收窗口的大小，窗口最大为 65 535 字节。

（9）校验和。16 位，用于判断数据包是否正确传输。

（10）紧急指针。16 位，指示紧急数据的位置，只有标志位中的 URG 被置为 1 时才生效。发送方通过紧急指针通知接收方，紧急数据已经被放置在普通数据流中。

（11）选项。TCP 提供的一些可选功能，选项中的内容不固定，长度也不固定，根据包头其他设置确定。最常见的是指示最长报文大小。

TCP 是为了确保数据包的正确顺序和完整性而设计的。它负责对数据包进行排序和错误检查，同时实现了虚拟电路间的连接。TCP 数据包包含序号和确认号，这使得接收方能够对未按顺序收到的数据包进行重新排序，并要求发送方对损坏的数据包进行重传。

在网络通信的过程中，TCP 扮演着一个关键角色。它将信息传递给更高层的应用程序，例如 Telnet 服务程序和客户端程序。应用程序随后将信息回传给 TCP 层，TCP 层再将这些信息向下传递到 IP 层、设备驱动程序以及物理介质，最终达到接收方。

由于其高度的可靠性，TCP 被用于多种面向连接的服务，如 Telnet、FTP、rlogin、X Window 以及 SMTP。而 DNS(Domain Name System，域名系统)在某些情况下(如发送和接收域名数据库时)也使用 TCP，但在传送有关单个主机的信息时通常采用 UDP。

2. UDP

UDP 是一个无连接的传输协议，UDP 数据包格式如图 2-7 所示。

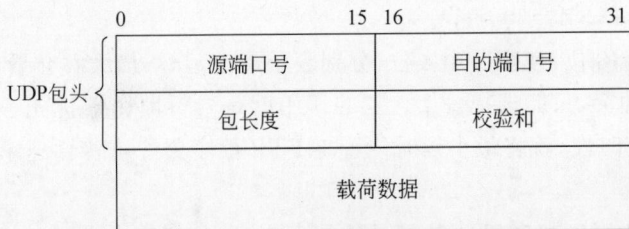

图 2-7　UDP 数据包格式

UDP 包头的长度通常是 8 字节。其各字段如下：

（1）源端口号。16 位。UDP 可以与 TCP 同时使用同一个端口。

（2）目的端口号。16 位。

（3）包长度。标记 UDP 数据包头和载荷数据的总长度，由于 UDP 数据包长度是固定的，因此载荷数据的长度就依靠 UDP 数据包长度标识。

（4）校验和。UDP 校验和包括 UDP 首部和 UDP 报文中的数据，UDP 校验和是一个端到端的校验，由发送端计算，目的端验证。

UDP 和 TCP 都位于网络通信协议栈的相同层级，但它们在处理数据包方面存在明显的区别。与 TCP 不同，UDP 不关注数据包的顺序，也不提供错误检测或重发机制。这使得 UDP 不适用于需要虚电路的面向连接的服务，而更适用于基于查询-应答模式的服务，如

NFS(Network File System,网络文件系统)。由于 UDP 不维护连接状态,它通常用于那些数据交换量较小的服务,这与 FTP 或 Telnet 等需要进行大量数据交换的服务形成对比。使用 UDP 的典型服务包括 NTP(Network Time Protocol,网络时间协议)和 DNS(尽管 DNS 在某些情况下也会使用 TCP)。

3. IP

在网络通信中,TCP 或 UDP 数据包被传递给 IP 进行处理。IP 的主要职责是确保这些数据包能够有效地传送到目标主机。为了实现这一点,IP 在原有的 TCP 数据包或 UDP 数据包之前添加了一个额外的包头,称为 IP 包头,其格式如图 2-8 所示。

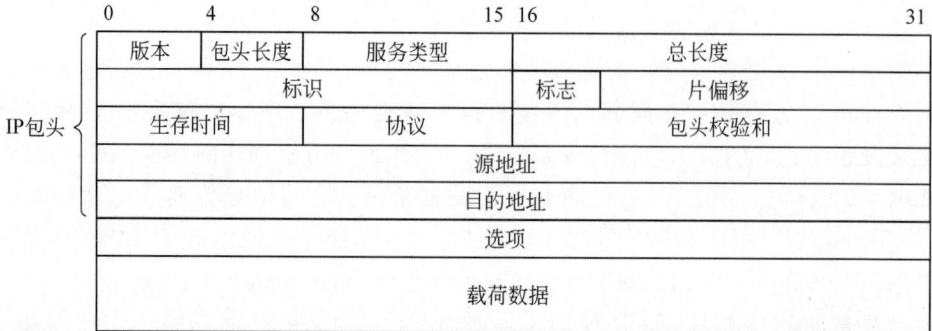

| | 0 | 4 | 8 | 15 16 | 31 |

IP包头各字段结构(位置参考)：

版本	包头长度	服务类型	总长度
标识		标志	片偏移
生存时间		协议	包头校验和
源地址			
目的地址			
选项			
载荷数据			

图 2-8　IP 包头格式

IP 包头各字段如下:

(1) 版本。4 位,指定 IP 的版本,对于 IPv4 来说就是 4。

(2) 包头长度。4 位,表示 IP 包头的长度是多少个 32 位。4 位的最大数字是 15,因此,包头的最大长度为 $15 \times 4 = 60$ 字节。

(3) 服务类型。8 位,使用其中 4 位,分别表示最小延时、最大吞吐量、最高可靠性、最小成本,这四者相互冲突,只能选择一个。它的作用就是告诉路由器优先考虑哪方面。例如,SSH 应用更注重实时性,就将最小延时位置 1;FTP 程序更注重传输速率,因此将最大吞吐量位置 1。

(4) 总长度。16 位,数据包最大 65 535 字节。在 IP 层的下面,数据链路层有自己的帧格式,其中帧数据的最大长度称为 MTU(Maximum Transmission Unit,最大传输单元),当一个 IP 数据包封装成数据链路层的帧时,帧数据的长度(IP 包头+载荷数据)一定不能超过 MTU。同样,为了保证传输效率,也有一个最小传输单元。当数据超过了 MTU 时,需要进行分片处理后才能发送,此时 IP 数据包头的总长度指的是分片以后的包头及载荷数据的长度之和。

(5) 标识。16 位。IP 程序维持着一个计数器,每产生一个数据包,计数器就加 1,并将此值赋给标识字段。当 IP 数据包被分片后,相同标识的数据分片在到达接收方后会重装在一起。

(6) 标志。3 位,只有两位有意义,分别为 MF 和 DF 位。MF=1 表示后面还有分片,MF=0 表示当前分片是最后一个;DF=1 表示不能分片,只有 DF=0 才允许分片。

(7) 片偏移。13 位,表示分片相对于原始 IP 数据包开始处的偏移,实际偏移的字节数是这个值乘以 8 得到的。因此,除了最后一个分片之外,其他分片的长度(字节数)必须是 8 的整数倍。

(8) 生存时间。8 位,表示数据包到达目的地的最大跳数,最大是 255。每经过一跳,该值减 1,若一直减到 0 还没到达,那么就丢弃该数据包。这个字段主要用来防止出现路由循环。

(9) 协议。8 位,指出数据包携带的数据使用的上层协议,以便接收方主机知道交给哪个上层协议进行处理。

(10) 包头校验和。16 位,这个字段只校验 IP 数据包的包头,不包括载荷数据部分。因为每经过一个路由器,路由器都要重新计算包头校验和(生存时间、标志、片偏移都可能变化),不校验载荷数据部分可以减少工作量。载荷数据部分由传输层最终进行校验。

(11) 源地址和目的地址。表示发送端和接收端的主机 IP 地址。

(12) 选项。不定长,最多 40 字节。

IP 是网络通信的核心协议,它定义了在网络中传输数据的标准规则。作为 TCP/IP 协议族的一部分,IP 负责将数据分割成数据包,然后确保这些数据包能够通过不同的网络路由从源点传输到目的地。每个数据包都包含了源和目的 IP 地址,这些地址确保数据包能够正确地到达预定目标。

IP 在设计上是无连接的,意味着它不会在数据传输之前建立稳定的通信线路。因此,虽然 IP 能够保证数据包的传输,但它本身不保证传输的顺序、完整性或可靠性。为了弥补这些不足,IP 通常会与其他协议(如 TCP)一起使用,以确保端到端的可靠通信。IP 支持跨多种网络技术的通信,这是实现全球互联互通的关键。

4. ICMP

ICMP 被认为是 IP 中一个不可缺少的组成部分,通常用于由路由问题而引起的差错报告。因为在实际网络系统中难免会发生差错和故障,例如,通信线路故障,目的主机暂时或永久与网络断开,超过生存时间,由于通信量过多而造成系统拥塞,等等。为此,IP 提供了一个辅助协议——ICMP。它的主要作用如下:

(1) 支持网络管理的某些命令。

(2) 报告某个目的地址不能到达。

(3) 请求一个主机减少它的数据流量,以缓解网络拥塞。

(4) 报告配置和路由的变化。

(5) 报告某个数据包的 IP 包头参数的问题。

(6) 因超时而丢弃一个数据包。

传送 ICMP 报文的数据包在网络中也是采用不可靠的无连接方式传送的,因此差错报文本身也可能会丢失。如果发生这种情况,则作为例外处理。ICMP 报文的封装如图 2-9 所示。尽管 ICMP 报文使用 IP 封装和传送,但 ICMP 仍被认为是 IP 的一部分。

ICMP 报文的内容因报文的类型不同而不同,

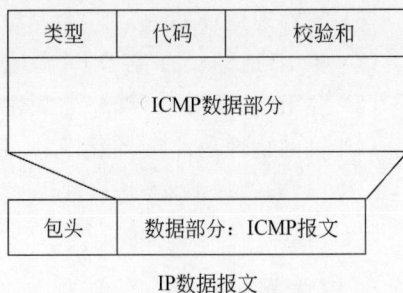

图 2-9　ICMP 报文的封装

但最前面的 3 个字段(32 位)是标准的。第一个是类型字段,由 8 位组成,定义了 ICMP 报文的类型。例如,3 代表目的地址不能到达,5 代表重定向(即改变路由),11 代表数据包超时,12 代表数据包参数问题。第二个域是代码字段,由 8 位组成,提供有关报文类型进一步的信息。例如,0 代表网络不能到达,1 代表主机不能到达,5 代表原路由选择失败。第三个域是校验和字段,由 16 位组成,使用与 IP 相同的校验和算法,但 ICMP 校验和仅包括 ICMP 报文,而不包括前面的 IP 包头。

5. ARP

ARP 可以将一台计算机的 IP 地址转换为物理地址。在 TCP/IP 网络环境下,每个主机都分配了一个 32 位的 IP 地址,这种地址是在互联网中标识主机的一种逻辑地址。为了让报文在物理网络上传送,必须知道目的主机的物理地址。这样就存在把 IP 地址变成物理地址的地址转换问题。以以太网环境为例,为了正确地向目的主机传送报文,必须把目的主机的 32 位 IP 地址转换为 48 位以太网的地址。这就需要在网络层有一组服务将 IP 地址转换为相应的物理地址,这组协议就是 ARP。ARP 的包头格式如图 2-10 所示。

硬件类型		协议类型	
硬件地址长度	协议长度	操作类型	
源物理地址(0~2字节)			
源物理地址(3~5字节)		源IP地址(0、1字节)	
源IP地址(2、3字节)		目的物理地址(0、1字节)	
目的物理地址(2~5字节)			
目的IP地址(0~3字节)			

图 2-10 ARP 的包头格式

ARP 包头的各字段如下:

(1) 硬件类型。发送方的硬件接口类型,以太网的值为 1。

(2) 协议类型。发送方提供的高层协议类型,IP 为 0800(十六进制)。

(3) 硬件地址长度和协议长度。硬件地址和高层协议地址的长度,这样 ARP 报文就可以在任意硬件和任意协议的网络中使用。

(4) 操作类型。ARP 报文的类型,ARP 请求为 1,ARP 响应为 2,RARP 请求为 3,RARP 响应为 4。

(5) 源物理地址(0~2 字节)。源主机物理地址的前 3 字节。

(6) 源物理地址(3~5 字节)。源主机物理地址的后 3 字节。

(7) 源 IP 地址(0、1 字节)。源主机 IP 地址的前两字节。

(8) 源 IP 地址(2、3 字节)。源主机 IP 地址的后两字节。

(9) 目的物理地址(0、1 字节)。目的主机物理地址的前两字节。

(10) 目的物理地址(2~5 字节)。目的主机物理地址的后 4 字节。

(11) 目的 IP 地址(0~3 字节)。目的主机的 IP 地址。

6. 以太网帧结构

IP 数据包被封装在以太网帧中传送。以太网帧结构如图 2-11 所示。

字节	8	6	6	2	1~1500	0~46	4
	前导同步码	目的地址	源地址	类型	载荷数据	填充	校验和

图 2-11　以太网帧结构

（1）前导同步码。由 8 字节（Ethernet Ⅱ）或 7 字节（IEEE 802.3）的交替出现的 1、0 组成，设置该字段的目的是指示帧的开始并便于网络中的所有接收器均能与到达帧同步，另外，该字段本身（在 Ethernet Ⅱ 中）或与帧起始定界符一起（在 IEEE 802.3 中）能保证各帧之间用于错误检测和恢复操作的时间间隔不小于 9.6ms。

（2）目的地址。确定帧的接收者。

（3）源地址。标识发送帧的工作站。

（4）类型。两字节，该字段仅用于 Ethernet Ⅱ 帧。该字段用于标识载荷数据中包含的高层协议，也就是说，该字段告诉接收设备如何解释载荷数据。在以太网中，多种协议可以在局域网中同时存在，例如，类型字段取值为十六进制 0800 的帧将被识别为 IP 协议帧。

（5）载荷数据。该字段的最小长度必须为 46 字节，以保证帧长至少为 64 字节，这意味着传输一字节信息也必须使用 46 字节的载荷数据字段，如果填入该字段的信息少于 46 字节，该字段的其余部分必须填充（即其后的 0~46 字节的填充字段）。载荷数据字段的最大长度为 1500 字节。

（6）校验和。提供了错误检测机制，每一个以太网帧均计算包括地址字段、类型字段和载荷数据字段的循环冗余校验（Cyclic Redundancy Check，CRC）码。

2.2 数据被动获取相关技术

数据被动获取通常得到的是原始数据包，也将其称为网络流量。这些原始数据包包含了网络通信过程中的详细信息，如发送和接收的数据包内容、时间戳、源和目的 IP 地址等。处理这些网络流量的相关技术包括网络数据包捕获技术、网络协议分析技术和网络数据包生成技术。

网络数据包捕获技术用于实时地捕获网络中传输的数据包。这项技术通常使用特殊的软件或硬件工具（如网络嗅探器）监测和记录网络上的数据流。网络协议分析技术用于解析捕获的数据包，并提取关键信息。它涵盖了对数据包中的协议头信息、载荷数据和通信模式的深入分析，以帮助开发者和网络管理员理解数据流的性质和行为。网络数据包生成技术是指制造特定类型和格式的数据包，用于测试或评估网络设备和服务的性能和安全性。这种技术可以用于模拟网络攻击、测试网络容量或验证通信协议的实现。

2.2.1 网络数据包捕获技术

网络安全系统的一个主要任务是捕获网络上的数据包信息，而网络数据包捕获技术正是用于实现这一目标的关键工具。这种技术涉及从网络中捕获所有或特定的网络数据包信息，以便供其他网络安全系统使用。

虽然不同操作系统的底层数据包捕获机制可能有所不同，但它们在形式上大致相同。

数据包的常规传输路径是：从网卡开始，经过设备驱动层、数据链路层、IP层、传输层，最终到达应用程序。

在数据链路层，数据包捕获技术通过增加一个旁路处理实现其功能。这包括对发送和接收到的数据包进行过滤、缓冲等处理，然后直接将这些数据包传递给应用程序。值得注意的是，数据包捕获技术并不会影响操作系统对数据包的标准网络协议栈处理。

对于用户程序而言，数据包捕获技术提供了一个统一的接口，使用户程序能够通过简单调用若干函数获取所需的数据包。这种针对特定操作系统的捕获机制对用户是透明的，从而提供了良好的程序可移植性。

数据包的过滤机制则允许根据用户的要求对捕获的数据包进行筛选，最终只将满足过滤条件的数据包传递给应用程序。这种具体的信息筛选机制依赖于操作系统，并在不同的系统平台上有着不同的实现方式，如表 2-1 所示。

表 2-1　不同系统平台的包捕获机制

包捕获机制	系 统 平 台	备　　注
BPF	BSD 系列	Berkeley Packet Filter
DLPI	Solaris，HP-UX，SCO OpenServer	Data Link Provider Interface
NIT	SunOS 3	Streams Network Interface Tap
SNOOP	IRIX	
SNIP	SunOS 4	Streams Network Interface Tap
SOCK PACKET	Linux	
LSF	Linux 2.1.75 以上	Linux Socket Filter
Drain	IRIX	用于窃听系统丢弃的包

操作系统提供的数据包捕获机制主要有以下 3 种。

1. SOCK_PACKET 类型套接字

Linux 的套接字中有一种类型——SOCK_PACKET。该类型的套接字可以接收网络上所有数据包。它是基于操作系统提供的编程接口实现的。

2. 数据链路提供者接口

数据链路提供者接口（Data Link Provider Interface，DLPI）定义了数据链路层向网络层提供的服务，是数据链路服务的提供者和使用者间的一种标准接口，在实现上基于 UNIX 的流机制。数据链路服务的使用者既可以是用户的应用程序，也可以是访问数据链路服务的高层协议，如 TCP/IP 等。

3. 伯克利数据包过滤器

伯克利数据包过滤器（Berkeley Packet Filter，BPF）是一个高效的数据包捕获机制，运行于操作系统的内核，其原理如图 2-12 所示。BPF 主要由网络转发和数据包过滤两部分组成。网络转发部分从数据链路层捕获数据包并把它们转发给数据包过滤部分。数据包过滤部分从转发来的数据包中接收符合过滤规则的数据包，其他数据包被丢弃。

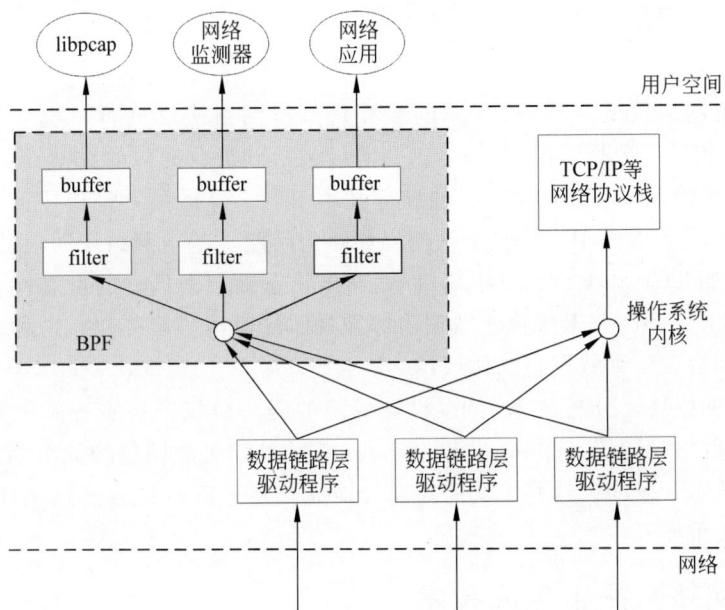

图 2-12　BPF 原理

BPF 在操作系统的内核中完成,效率很高。BPF 使用了数据缓存机制,将捕获的数据包缓存在内核中,达到一定数量时再传递给应用程序。在实际应用中,BPF 通常与 libpcap 结合使用。libpcap 是一个跨平台的网络数据包捕获开发包,能够简化数据包的捕获过程。在 Windows 平台上,其对应的实现是 winpcap。目前,在 Windows 10 及更高版本的 Windows 操作系统中,winpcap 的继任者是 npcap。

这些机制为网络数据的监控和分析提供了强大的工具,帮助开发者和网络管理员有效地捕获和处理网络流量。

2.2.2　网络协议分析技术

网络协议分析是指通过程序分析网络数据包的协议头和尾,从而了解信息和相关的数据包在产生和传输过程中的行为。网络协议分析过程主要包括 3 部分内容:捕获数据包、过滤数据包和具体协议分析。

1. 捕获数据包

对网络数据包进行协议分析,首先就是要捕获网络上的数据包。可以使用专业的捕获数据包的开发包,如 libpcap 和 winpcap。

2. 过滤数据包

由于网络上的数据信息量是庞大的,在实际应用中只希望对某些数据包进行协议分析,这样就需要对捕获的数据包进行过滤。

过滤方式有两种:一种是在内核层过滤;另一种是在应用层过滤。第一种的效率高,因为从内核层到应用层之间的转换是费时费力的,这样对性能有很大的影响。如果使用开发包 libpcap,它提供了 BPF 过滤机制,是在内核层实现过滤的,效率很高。使用 libpcap 不仅可以实现数据包的捕获功能,也可以实现数据包的过滤功能。

3. 协议分析

在捕获特定网络数据包后,接下来的步骤是进行网络协议分析。这个分析过程遵循 TCP/IP 层次结构。从数据链路层开始,这一阶段包括分析数据包的数据链路层协议,例如以太网协议,主要涉及源和目的 MAC 地址等基本信息。分析结果将指导下一步对网络层协议的分析,如 IP,重点是 IP 地址、子网掩码和路由问题。基于网络层协议的分析结果,分析传输层协议,如 TCP 和 UDP,关注端口号、连接状态和数据传输的可靠性。最后分析应用层协议,如 HTTP 和 FTP,聚焦于数据内容和具体的应用协议操作。这种分层逐级分析的方法能够全面解读整个数据包的协议结构。

此外,利用网络协议分析技术,可以设计专门的网络协议分析系统和网络嗅探器。例如,广泛使用的网络嗅探器 Tcpdump 和 Windump 以及知名的网络协议分析系统 Ethereal 都是基于这种技术开发的。这些工具能够有效地捕获和分析网络通信,对于网络安全和网络管理工作至关重要。

2.2.3 网络数据包生成技术

网络数据包生成技术是指人工构造数据包,然后把数据包发送到网络上,让它们像正常的网络数据信息一样传输的技术。利用网络数据包生成技术,可以构造各种各样的网络安全系统,如网络安全扫描系统、网络安全测试系统。

网络安全扫描系统扫描网络或主机的漏洞,可以利用数据包生成技术完成数据包的构造,然后发送给远程主机,根据返回的信息检查远程主机的漏洞。

使用网络安全测试系统可检测其他安全系统(如防火墙系统、入侵检测系统)的性能,网络数据包捕获是一种被动的技术,而网络数据包生成是一种主动技术,利用它可以构造各种各样的网络数据包以检测防火墙的性能,是测试网络防火墙的一个重要手段。对入侵检测系统也可以构造不同的网络数据包进行测试,不仅可以构造正常的网络数据包,也可以构造异常的网络数据包。通过构造异常的网络数据包检测入侵检测系统的性能是非常有效的一种方法。

利用网络数据包生成技术可以产生各种各样的网络攻击手段。例如,TCP SYN 拒绝服务攻击(SYN Flood)、死亡之 Ping(Ping of Death)、泪滴攻击(Teardrop)等都可以使用网络数据包生成技术实现。可以说,网络数据包生成技术是攻击者用得最多的一种技术。在实际应用中,网络数据包生成技术的代表是 libnet。它是一个专业的网络数据包生成开发包,可以构造任意的网络协议数据包,然后发送到网络上。

2.3 常用的网络安全开发包

网络安全开发包通常指一系列专为网络安全研究和开发而设计的专业开发函数库。这些函数库在网络安全工具的开发中发挥着重要作用。目前,在 C 语言编程环境中最流行的 API 库包括 libnet、libpcap、libnids 和 libicmp 等。这些库从不同的层次和角度提供了独特的功能函数,支持开发者在忽略复杂的网络底层细节的同时专注于程序的具体功能设计与开发。这样的库大大简化了网络安全工具的创建过程,使开发人员能够更有效地构建高效、精准的网络安全解决方案。下面介绍常用的网络安全开发包。

2.3.1 网络数据包捕获开发包 libpcap

网络数据包捕获开发包 libpcap 的英文意思是 library of packet capture,即数据包捕获函数库。它在网络安全领域得到广泛应用,几乎成为网络数据包捕获的标准接口,libpcap 效率高、使用方便而且跨平台,不仅能实现数据包的捕获,还具有快速的网络数据包过滤功能。

libpcap 是由加利福尼亚大学伯克利分校的劳伦斯伯克利国家实验室研究人员 Van Jacobson、Craig Leres 和 Steven McCanne 共同开发的一款著名的网络数据包捕获库。这个开发包在网络安全和监控领域得到了广泛应用,成为许多网络分析工具的基础。目前,libpcap 的最新稳定版本是 1.10.4。由于 libpcap 的开发非常活跃,版本不断更新,建议读者经常关注其官网 www.tcpdump.org,以检查是否有新版本发布。在 Windows 平台上提供类似 libpcap 功能的函数包是 winpcap,它同样支持数据包捕获功能。

libpcap 广泛应用于网络统计软件、入侵检测系统和网络调试中。利用 libpcap 开发的网络安全软件包括如下:

- Tcpdump。著名的网络嗅探器。它可以捕获网络上的所有数据,也可以根据过滤规则捕获特定的数据。
- Snort。轻量级网络入侵检测系统。它能够在 IP 网络上进行实时的流量分析和数据包记录。Snort 不仅能进行协议分析、内容检索、内容匹配,而且能用于侦测缓冲溢出、隐私端口扫描、CGI 攻击、SMB 探测、操作系统指纹识别等大量的攻击或非法探测。
- Ethereal。免费的网络协议分析程序。支持 UNIX 和 Windows 操作系统,用户可以通过它交互式地浏览捕获的数据包,并查看每个数据包的摘要和详细信息。Ethereal 几乎支持所有网络协议,提供了丰富的过滤语言,并且能够方便地查看 TCP 会话重构后的数据流。这些特点使其成为网络分析和安全监控领域的一个强大工具。
- Nmap(Network mapper)。著名的网络安全扫描软件。该软件具有多种功能,包括探测一组主机是否在线、扫描主机端口以及嗅探其提供的网络服务。此外,Nmap 还能推断出主机使用的操作系统。这些功能使 Nmap 成为网络安全专家和系统管理员进行网络监控和安全评估时的重要工具。

1. libpcap 的作用

libpcap 最主要的作用就是捕获网络数据包。它对捕获网络数据包的功能进行了封装,使其使用非常方便。在捕获数据包的过程中,可以对捕获模式进行限制。例如,可以设置捕获的过滤规则,只捕获感兴趣的网络数据包;可以对捕获的对象进行限制,而且限制的精度很高,灵活性非常好。

libpcap 的作用主要有以下 4 方面。

(1)捕获各种网络数据包。libpcap 最大的功能就是捕获网络数据包,它是一个专业的网络数据包捕获函数库。使用 libpcap 可以方便地对网络上的数据包进行捕获,且操作过程简单,效率也非常高。使用 libpcap 捕获网络上的数据包之后,就可以对数据包进行各种各样的分析。例如,对它进行协议分析,或者进一步进行网络流量统计,以及在协议分析的基础上进行入侵检测分析,等等。

(2) 过滤网络数据包。在 libpcap 使用的 BPF 捕获机制中,有一个网络数据包过滤模块,使用它可以过滤各种各样的网络数据包。它使用了一个非常简单的过滤规则,该规则与 Tcpdump 的过滤规则是一样的。由于该模块是在内核中实现的,所以效率非常高,而且 BPF 过滤规则还进行了优化处理。

(3) 分析网络数据包。使用 libpcap 捕获数据包后,可以对数据包进行各种各样的分析操作。另外,在 libpcap 中提供了很多辅助功能,帮助开发者实现对网络数据包的捕获。虽然使用 libpcap 捕获的数据包是一个字节流信息,但是它也提供基本信息,如捕获的时间、数据包的长度等。开发者可以在此基础上进一步分析数据包的内容,这也是开发者所要做的主要事情。

(4) 存储网络数据包。在从网络上捕获数据包时,可以不马上对其进行分析,而只是将其存储起来,留到以后进行分析。libpcap 提供了存储网络数据包的功能,它把从网络上捕获的数据包存储到文件之中,然后从文件中读取数据包的内容,以便进行进一步分析。

2. libpcap 的使用

libpcap 使用过程中主要需要注意如下 3 点。

1) BPF 捕获机制

BPF 是 libpcap 使用的一个高效的数据包捕获机制。BPF 的架构已在 2.2.1 节中介绍。

2) 过滤规则

在 BPF 过滤机制中,过滤规则扮演着重要角色,熟练掌握这些规则对于捕获网络数据包非常有益。BPF 过滤规则广泛应用于多种软件中,其中最知名的是 Tcpdump。此外,还有许多其他应用程序也使用 BPF 过滤规则,例如 Ethereal、Analyzer、Snort 等。事实上,所有基于 libpcap 开发包开发的应用程序都会采用 BPF 过滤规则。这些规则的广泛应用使其成为网络数据分析和监控的关键工具。

BPF 过滤规则是以字符串形式定义的,其定义形式有一定的规律性,包含两类数据:修饰词和标识。修饰词分为 3 种类型:

(1) 类型修饰词。表示标识的种类。有 3 种类型修饰词,包括 host、net 和 port,分别代表主机类型、网络类型和端口类型。

(2) 方向修饰词。表示数据的传输方向。有 4 种方向修饰词,包括 src、dst、src or dst 和 src and dst。src 表示源地址,即此数据包是从哪个主机发送的;dst 表示目的地址,即此数据包到达哪个主机;src or dst 表示无方向;src and dst 表示源地址和目的地址都必须满足条件。

(3) 协议修饰词。包括 ether、fddi、ip、arp、rarp、decnet、lat、sca、moprc、mopdl、tcp 和 udp 等,分别对应不同的网络协议。

这些修饰词的组合定义了过滤规则的具体内容。

修饰词和标识就构成了原语。BPF 过滤规则就是由一个或多个原语组成的。它们之间可以使用连接词进行连接，连接词主要有 and、or 和 not。and 是"并且"的意思，表示两者都必须满足。例如，src 192.168.0.2 and port 30 表示捕获源地址为 192.168.0.2 并且端口号为 30 的网络数据包。or 是"或者"的意思，表示只要满足其一即可。例如，src 192.168.0.2 or dst 192.168.0.3 表示捕获源地址为 192.168.0.2 或者目的地址为 192.168.0.3 的数据包。not 表示"非"的意思，表示排除。

3）网卡设置

libpcap 对网卡的设置包括混杂模式和非混杂模式。混杂模式下运行的网卡可接收所有经网络传送的数据包。

网卡通常被设定为只接收发送到自身地址的数据包，即使经网线接收到传送给其他地址的数据包也不会读取，而是直接丢弃。而设定为混杂模式的网卡则不论数据包发送到哪个地址都会将其捕获并送到上级软件，在这种模式下可以监听流经该位置的所有数据。混杂模式主要用于网络故障分析和问题调查。但是，该模式也存在被恶意使用的风险，因为它可以在数据包发送者和接收者不知情的情况下捕获数据。

3. libpcap 核心数据结构

结构体 pcap 是 libpcap 的核心数据结构，用于表示一个数据包捕获实例的类型。其定义如下：

```
struct pcap{
    #ifdef WIN32
        ADAPTER * adapter;              //网络接口
        LPPACKET Packet;
        int timeout;                    //时间
        int nonblack;                   //非阻塞模式参数
    #else
        int fd;
        int selectable_fd;
    #endif                              //Win32
        int snapshot;
        int linktype;
        int tzoff;                      //时域
        int offset;                     //偏移
        int break_loop;                 //循环结束标志
    #ifdef PCAP_FDDIPAD
        int fddipad;
    #endif
    #ifdef MSDOS
        int inter_packet_wait;          //数据包间的等待
        void (* wait_proc)(void);       //等待期间调用的函数
    #endif
        struct pcap_sf sf;
        struct pcap_md md;
        int bufsize;                    //缓冲区大小
        u_char * buffer;                //缓冲区
        u_char * bp;
```

```
        int cc;
        u_char * pkt;
        pcap_direction_t direction;
        //方法
        int(* read_op)(pcap_t *, int cnt, pcap_handler, u_char *);
        int (* inject_op)(pcap_t *, const void *, size_t);
        int (* setfilter_op)(pcap_t *, struct bpf_program *);
        int (* setdirection_op)(pcap_t *, pcap_direction_t);
        int (* set_datalink_op)(pcap_t *, int);
        int (* getnonblock_op)(pcap_t *, char *);
        int (* setnonblock_op)(pcap_t *, int, char *);
        int (* stats_op)(pcap_t *, struct pcap_stat *);
        void (* close_op)(pcap_t *);
        struct bpf_program fcode;
        char errbuf[PCAP_ERRBUF_SIZE + 1];          //错误信息
        int dlt_count;                               //链路层类型个数
        u_int * dlt_list;                            //链路层类型列表
        struct pcap_pkthdr pcap_header;
    };
    typedef struct pcap pcap_t;
```

上面的定义表示的是 libpcap 句柄的数据结构,是 libpcap 的内部数据结构,在 libpcap 内部实现的过程中要用到。程序员不会与它直接打交道,而一般通过函数操作。

libpcap 可以在绝大多数类 Linux、UNIX 平台上工作。

2.3.2　Windows 平台的网络数据包捕获开发包 winpcap

winpcap 是 Windows 平台的一个专业网络数据捕获开发包,是为 libpcap 在 Windows 平台上实现数据包的捕获而设计的,是一个免费的软件包。winpcap 的主页为 https://www.winpcap.org/,用户可以到这里下载它的驱动程序、DLL 和开发包。开发 winpcap 的目的在于为 Win32 应用程序提供访问网络底层的能力。它提供了以下功能:

(1) 捕获原始数据包,包括在共享网络上由各主机发送和接收的数据包以及主机之间交换的数据包。

(2) 在数据包发往应用程序之前,按照自定义的规则过滤某些特殊的数据包。

(3) 在网络上发送原始的数据包。

(4) 收集网络通信过程中的统计信息。

winpcap 的主要功能在于独立于主机协议(如 TCP/IP)而发送和接收原始数据包。也就是说,winpcap 不能阻塞、过滤或控制其他应用程序数据包的收发,而只是通过旁路的方式监听共享网络上传送的数据报。winpcap 的数据结构、接口函数和使用方法与 libpcap 相似,这里只介绍 winpcap 的使用。需要说明的是,在 Windows 10 以后,npcap 取代了 winpcap,其使用方法类似。

1. winpcap 的主要组成部分

winpcap 的主要组成部分如图 2-13 所示,包括以下 3 个模块。

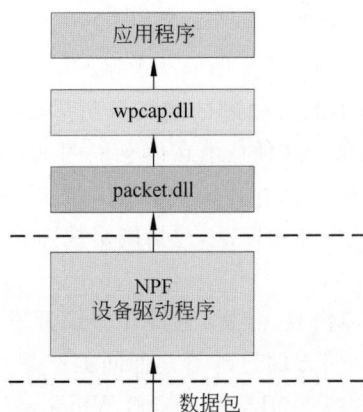

图 2-13　winpcap 的主要组成部分

（1）内核级的包过滤驱动程序。

NPF（Netgroup Packet Filter）是一个虚拟设备驱动程序文件，是 winpcap 架构的核心（在 Windows 95/98 中是一个 VXD 文件，在 Windows NT/2000 以上的版本中是一个 SYS 文件）。它的功能是过滤数据包，并把这些数据包原封不动地传给用户态模块，这个过程中包括了一些操作系统特有的代码。

（2）低级动态链接库 packet.dll。

packet.dll 为 Win32 平台提供了与 NPF 的通用接口。不同版本的 Windows 系统都有自己的内核模块和用户层模块，packet.dll 用于解决这些不同。调用 packet.dll 的程序可以运行在不同版本的 Windows 平台上，而无须重新编译。packet.dll 提供了一个底层 API，伴随着一个独立于操作系统的编程接口，这些 API 可以直接用来访问驱动程序的函数。

（3）用户级的 wpcap.dll。

wpcap.dll 通过调用 packet.dll 提供的函数生成，包括过滤器生成等一系列可以被用户级调用的高级函数，另外还有数据包统计及发送等功能。wpcap.dll 提供了更加高层、抽象的函数，导出了一组更强大的与 libpcap 一致的高层抓包函数库。

packet.dll 直接映射了内核的调用。wpcap.dll 提供了更加友好、功能更加强大的函数调用。编程人员既可以使用包含在 packet.dll 中的低级函数直接进入内核级调用，也可以使用 wpcap.dll 提供的高级函数调用，wpcap.dll 的函数会自动调用 packet.dll 中的低级函数，并可能转换成若干 NPF 系统调用。

2. winpcap 的优势

winpcap 的优势主要体现在以下几方面：

（1）winpcap 给程序员提供了一套标准的网络数据包捕获的编程接口，并且与 libpcap 兼容，可使得原来许多 Linux 平台上的网络分析工具快速移植到 Windows 平台上。

（2）使用 winpcap 可以提供很高的应用效率。winpcap 充分考虑了各种性能和效率的优化，包括对于 NPF 内核层次的过滤器的支持。

（3）winpcap 还提供了发送数据包的能力。

3. 可基于 libpcap/winpcap 开发的网络应用程序

基于 libpcap/winpcap 可以开发很多网络应用程序，典型的有以下 4 类。

1）网络协议分析软件

典型的网络协议分析软件有 Sniffer、Ethereal 等。

Sniffer 技术是一种基于被动监听原理的网络分析方法，主要用于监控网络状态、数据流动情况以及网络上传输的信息。这种技术在信息以明文形式在网络中传输时特别有效，可以通过设置网络接口为监听模式截获传输的数据。虽然 Sniffer 技术有时被黑客用来截获用户的口令，但其实际应用范围非常广泛，包括网络故障诊断、协议分析、应用性能分析和网络安全保障等多个领域。

Ethereal 是一种应用于故障修复、分析、软件和协议开发以及教育领域的工具，具备用户期望的所有标准特征，并在某些方面超越了其他同类产品。作为一种开源软件，Ethereal 允许用户添加改进方案，同时兼容 UNIX、Linux 和 Windows 等多种流行的计算机系统。

2）网络监听软件

典型的网络监听软件有 NetXRay、Sinffit、Tcpdump 等。

NetXRay 是 Cisco Networks 公司开发的一款高级网络分组检错软件，功能强大。其主要功能包括捕获并分析网络数据包、发送数据包以及执行网络管理和查看操作，被广泛应用于网络监控和维护领域。

Sniffit 是由劳伦斯伯克利国家实验室开发的网络监听软件，能够在包括 Linux、Solaris、SGI 等的多种平台上运行。它主要利用 TCP/IP 的不安全性对运行该协议的计算机进行监听。Sniffit 只能监听同一网段上的计算机。用户还可以为其增加插件以实现更多的功能。

Tcpdump 是网络管理员必备的经典工具，主要用于截获网络上的数据包。它因强大的功能和灵活的截取策略而受到高度评价，是网络分析和问题排查的重要工具。无论是对网络流量的细致分析，还是对复杂网络问题的快速定位，Tcpdump 都展现出其不可替代的作用。

3）网络入侵检测系统

典型的入侵检测系统是轻量级的 Snort。Snort 是一个基于 libpcap 实现的包监听和日志记录软件，它配备了强大的外部过滤系统，是一款极为实用的入侵检测工具。

Snort 有 3 种主要工作模式：嗅探器、数据包记录器和网络入侵检测系统。嗅探器模式仅从网络上读取数据包，并将其连续不断地显示在终端上。数据包记录器模式则会将数据包记录到硬盘上。网络入侵检测系统模式则是最复杂和可配置的，允许 Snort 分析网络数据流，匹配用户定义的规则，并根据检测结果采取相应的措施。

4）网络扫描软件

典型的网络扫描软件包括 X-Scan、Nmap 等。

X-Scan 是国内最著名的综合扫描器之一，提供完全免费的绿色软件体验，无须安装，支持中文和英文界面，同时提供图形界面和命令行操作。X-Scan 由国内知名黑客组织"安全焦点"开发，从 2000 年的 X-Scan v0.2 内部测试版到最新版本 X-Scan 3.3-cn 都融合了众多国内黑客的智慧。X-Scan 的特点是将扫描报告与"安全焦点"网站链接，对每个扫描出的漏洞进行风险评估，并提供详细的漏洞描述和溢出程序，方便网络管理人员测试和修补漏洞。

Nmap 是在 Linux、FreeBSD、UNIX、Windows 平台上广泛使用的网络扫描和嗅探工具包。它的主要功能包括探测主机是否在线，扫描主机端口及嗅探网络服务，推断主机操作系统。Nmap 能够扫描从小型局域网到超过 500 个节点的大型网络,还允许用户自定义扫描过程。用户可以进行简单的 ICMP ping 操作,也可进行深入的 UDP 或 TCP 端口探测,甚至确定主机的操作系统,并可将探测结果记录到各种格式的日志中,以便后续分析。

4. winpcap 主要的结构体

下面详细介绍 winpcap 中常用的几种主要结构体。winpcap 作为网络数据包捕获库,提供了多个结构体,用于支持网络流量的捕获和分析。这些结构体包括用于表示网络设备、捕获会话以及处理网络数据包的各种类型。每种结构体都有其独特的作用和应用场景,它们共同构成了 winpcap 库的基础,使得网络开发人员能够有效地监控和分析网络流量。以下是主要的结构体:

(1) pcap_addr。用于描述网络接口的地址信息,它包含指向下一个地址节点的指针、网络接口地址、地址掩码、广播地址和目的地址。

pcap_addr 结构体定义如下:

```
typedef struct pcap_addr pcap_addr_t;
struct pcap_addr
{
    struct pcap_addr * next;            //指向下一个地址节点
    struct sockaddr * addr;             //网络接口地址
    struct sockaddr * netmask;          //地址掩码
    struct sockaddr * broadaddr;        //广播地址
    struct sockaddr * dstaddr;          //目的地址
};
```

(2) pcap_if。也可以用 pcap_if_t 代替 pcap_if,用来描述一个网络接口,包括指向下一个网络接口节点的指针、网络接口名称、描述信息、网络接口地址和标记。当网络接口较多时会形成一个链表,由该链表存储所有网络接口信息。

pcap_if 结构体定义如下:

```
typedef struct pcap_if pcap_if_t
struct pcap_if
{
    struct pcap_if * next;              //下一个网络接口节点
    char * name;                        //网络接口名称
    char * description;                 //描述信息
    struct pcap_addr * addresses;       //网络接口地址
    u_int flags;                        //标记
};
```

(3) pcap_file_header。定义了文件头的结构,包括文件类型、主次版本号、区域时间、时间戳、捕获长度和数据链路层类型。

pcap_file_header 结构体的定义如下:

```
struct pcap_file_header
{
    bpf_u_int32 magic;                  //文件类型
    u_short version_major;              //主版本号
```

```
    u_short version_minor;                      //次版本号
    bpf_int32 thiszone;                         //区域时间
    bpf_u_int32 sigfigs;                        //时间戳
    bpf_u_int32 snaplen;                        //捕获长度
    bpf_u_int32 linktype;                       //数据链路层类型
};
```

（4）pcap_stat。用于记录捕获的数据包数量、丢失的数据包数量和到达应用层的数据包数量（Windows 平台）。

pcap_stat 数据结构的定义如下：

```
struct pcap_stat
{
    u_int ps_recv;                              //捕获的数据包数量
    u_int ps_drop;                              //丢失的数据包数量
    u_int ps_ifdrop;                            //未用
    #ifdef WIN32
    u_int ps_capt;                              //到达应用层的数据包数量
    #endif
};
```

（5）timeval。用于表示时间，包括秒和微秒。

struct timeval 结构体在 time.h 中定义如下：

```
struct timeval
{
    _time_t tv_sec;                             //秒
    _suseconds_t tv_usec;                       //微秒
};
```

（6）pcap_pkthdr。定义了捕获的数据包的头部信息，包括时间戳、当前分组的长度和数据包长度。

pcap_pkthdr 结构体的定义如下：

```
struct pcap_pkthdr
{
    struct timeval ts;                          //时间戳
    bpf_u_int32 caplen;                         //当前分组的长度
    bpf_u_int32 len;                            //数据包长度
};
```

5. winpcap 主要的接口函数

winpcap 提供了一系列接口函数，用于网络数据包的捕获、过滤和分析。以下是主要的winpcap 接口函数：

1）与网络接口相关的函数

（1）int pcap_findalldevs(pcap_if_t ** alldevsp, char * errbuf)。

此函数的功能是查找计算机的所有可用的网络接口，用一个网络接口链表返回。

（2）void pcap_freealldevs(pcap_if_t * alldevs)。

此函数的功能是释放网络接口链表中的所有网络接口。

（3）char ＊ pcap_lookupdev(char ＊ errbuf)。

此函数的功能是查询本机的网络接口名字。

（4）int pcap_lookupnet(register const char ＊ device,register bpf_u_int32 ＊ netp, register bpf_u_int32 ＊ maskp,register char ＊ errbuf)。

此函数的功能是获取网络地址和网络掩码。第一个参数就是 pcap_lookupdev 返回的接口名；第二个和第三个参数都是 32 位无符号数,分别是 IP 网段和掩码；最后一个参数是错误处理缓冲。

（5）pcap_t ＊ pcap_open_live(const char ＊ device,int snaplen,int promisc,int to_ms, char ＊ errbuf)。

此函数功能是打开一个网络接口进行数据包捕获。打开的模式由 promisc 指定：如果是 1,就表示以混杂模式打开网络接口；否则,以非混杂模式打开网络接口。

（6）pcap_t ＊ pcap_open(const char ＊ source,int snaplen,int flags,int read_timeout, struct pcap_rmtauth ＊ auth,char ＊ errbuf)。

该函数用于打开一个普通的源,以进行数据包的捕获或发送。

参数 source 包含要打开的源名称的字符串。

参数 read_timeout 以毫秒为单位,用来设置读超时,即在遇到一个数据包的时候读操作不必立即返回,而是等待一段时间,当更多的数据包到来后,再从操作系统内核一次读多个数据包。并非所有的平台都支持读超时,该参数在不支持读超时的平台上将被忽略。

参数 snaplen 表示需要保留的数据包的长度。对每一个过滤器接收到的数据包,前 snaplen 字节的内容将被保存到缓冲区,并且传递给用户程序。例如,snaplen 设为 100,那么每一个数据包的前 100 字节的内容被保存。

参数 flags 保存一些抓包操作需要的标志,winpcap 定义了 3 种标志：

- PCAP_OPENFLAG_PROMISCUOUS,定义适配器(网卡)是否进入混杂模式。
- PCAP_OPENFLAG_DATATX_UDP,定义数据传输(假如是远程抓包)是否用 UDP 处理。
- PCAP_OPENFLAG_NOCAPTURE_RPCAP,定义远程探测器是否捕获它自己产生的数据包。

参数 auth 是一个指向 struct pcap_rmtauth 的指针,保存当一个用户登录到某个远程主机上时的必要信息。假如不是远程抓包,该指针被设置为 NULL。

参数 errbuf 是一个指向用户申请的缓冲区的指针,存放函数出错时的错误信息。

2）设置过滤器用到的函数

（1）int pcap_compile(pcap_t ＊ p,struct bpf_program ＊ fp,char ＊ str,int optimize, bpf_u_int32 netmask)。

该函数的功能是编译 BPF 过滤规则。

（2）int pcap_setfilter(pcap_t ＊ p,struct bpf_program ＊ fp)。

该函数的功能是设置 BPF 过滤规则,规则由参数 fp 确定。

3）数据包捕获函数

捕获数据用到以下两个函数：

（1）int pcap_dispatch(pcap_t * p,int cnt,pcap_handler callback,u_char * user)。

（2）int pcap_loop(pcap_t * p,int cnt,pcap_handler callback,u_char * user)。

参数含义如下：

pcap_t * p 指向一个捕获实例的指针。

cnt 指定要捕获的数据包的最大数量。如果设置为－1,pcap_loop 函数会无限制地捕获数据包,直到发生错误或者被中断。

callback 指向一个回调函数,每捕获一个数据包就调用 callback 指向的回调函数,所以可以在回调函数中对捕获的数据包进行操作。

user 指向一个传递给回调函数的用户定义的数据的指针。

以上两个函数都能捕获数据包,但是二者也有区别。pcap_dispatch 函数处理数据包,直到捕获到 cnt 数量的数据包,或者没有更多的数据包可用。每捕获一个数据包,都会调用一次 callback 指向的回调函数。与 pcap_dispatch 函数不同,pcap_loop 函数会一直运行,直到捕获到指定数量的数据包、发生错误或者捕获被明确中断。

（3）void pcap_breakloop(pcap_t * p)。

此函数的功能是退出循环捕获数据包状态。

（4）pcap_t * pcap_open_offline(const char * fname,char * errbuf)。

此函数的功能是打开一个内容是网络数据包的文件。其中,fname 参数指定打开的文件名。errbuf 参数则仅在 pcap_open_offline 函数出错返回 NULL 时用于传递错误消息。

（5）int pcap_next_ex(pcap_t * p,struct pcap_pkthdr **pkt_header,const u_char * pkt_data)。

此函数的功能是捕获单独一个网络数据包。

（6）void pcap_close(pcap_t * p)。

此函数的功能是关闭 winpcap 操作,并销毁相应资源。

以上 6 个函数中,参数类型 pcap_handler 定义为

```
typedef void( * pcap_handler) (u_char * user, const struct pcap_pkthdr * pkt_
header, const u_char * pkt_data)
```

这是接收数据包的回调函数原型。当用户程序使用 pcap_dispatch 函数或者 pcap_loop 函数时,数据包以这种回调的方法传给应用程序。

用户参数 user 是用户自定义的包含捕获会话状态的参数,它必须跟 pcap_dispatch 函数和 pcap_loop 函数的参数相一致。pkt_header 是与抓包驱动程序有关的头。pkt_data 指向数据包里的数据,包括协议头。

winpcap 提供了一些函数把网络通信保存到文件并且可以读取这些文件的内容。它以二进制形式保存被捕获的数据包的数据,并且其他网络工具,包括 WinDump、Ethereal、Snort 等,都以此为标准。

4）文件相关函数

（1）FILE * pcap_file(pcap_t * p)。

此函数的功能是返回 winpcap 的文件句柄。

（2）int pcap_fileno(pcap_t ＊p)。

此函数的功能是返回 winpcap 的文件描述符号。

（3）pcap_dumper_t ＊pcap_dump_open(pcap_t ＊p,const char ＊fname)。

该函数的功能是打开一个保存数据包的文件,准备向其写入网络数据包数据。

（4）int pcap_dump_flush(pcap_dumper_t ＊p)。

此函数的功能是把数据包数据存入文件中。

（5）void pcap_dump_close(pcap_dumper_t ＊p)。

此函数的功能是关闭文件。

（6）void pcap_dump(u_char ＊user,const struct pcap_pkthdr ＊h,const u_char ＊sp)。

此函数的功能是向文件中写入网络数据包内容。

（7）FILE ＊ pcap_dump_file(pcap_dumper_t ＊p)。

此函数的功能是返回一个标准的文件句柄。

5）错误处理函数

（1）void pcap_perror(pcap_t ＊p,char ＊prefix)。

此函数用于输出与 pcap 捕获会话相关的最后一个错误信息。

（2）char ＊pcap_strerror(int errnum)。

此函数的功能是获取与 errnum 对应的错误信息的指针。

（3）char ＊pcap_geterr(pcap_t ＊p)。

此函数用于获取与 pcap 捕获会话相关的最后一个错误信息的指针。

6）辅助函数

（1）int pcap_stats(pcap_t ＊p,struct pcap_stat ＊ps)。

此函数的功能是获得统计信息。

（2）int pcap_datalink(pcap_t ＊p)。

此函数的功能是获取数据链路层状态。例如,如果类型为 DLT_EN10MB,就表示 10Mb/s 及以上的以太网。

（3）int pcap_list_datalinks(pcap_t ＊p,int ＊＊ dlt_buffer)。

此函数的功能是返回支持的所有数据链路层类型的链表。

【例 2-1】　使用 winpcap 捕获并打印数据包。

使用 winpcap 进行开发的步骤并不复杂,下面给出一个截获数据包的 winpcap 程序示例。在该程序中,先打印出所有网络适配器的列表,然后选择在哪个适配器上截获数据包,通过 pcap_loop 函数将截获的数据包传给回调函数 packet_handler 处理。通过该程序,读者可以初步了解使用 winpcap 截获数据包的步骤以及在截获数据包时涉及的重要的函数和数据结构。

```
#include <pcap.h>
#include <remote-ext.h>
//回调函数的声明
void packet_handler(u_char ＊param, const struct pcap_pkthdr ＊header, const u_
char ＊pkt_data);
//主函数
int main()
```

```
{
    pcap_if_t * alldevs, * d;
    int inum, int i = 0;
    pcap_t * adhandle;
    char errbuf[PCAP_ERRBUF_SIZE];
    //检索本地主机上的设备列表
    if(pcap_findalldevs_ex(PCAP_SRC_IF_STRING, NULL, &alldevs, errbuf) == -1)
    {
        fprintf(stderr, "Error in pcap_findalldevs: %s\n", errbuf);
        exit(1);
    }
    //打印设备列表
    for(d = alldevs; d; d = d->next)
    {
        //打印名字
        printf("%d. %s", ++ i, d->name);
        //打印描述信息
        if (d->description)
        {
            printf(" (%s)\n", d->description);
        }
        else
        {
            printf(" (No description available)\n");
        }
    }
    if (i == 0)
    {
        printf("\nNo interfaces found! Make sure Winpcap is installed.\n");
        return -1;
    }
    //选择一个适配器
    printf("Enter the interface number (1 - %d):", i);s
    scanf("%d", &inum);
    if (inum < 1 || inum > i)
    {
        printf("\nInterface number out of range.\n");
        //释放设备列表
        pcap_freealldevs(alldevs);
        return -1;
    }
    //跳转到选择的适配器
    for (d = alldevs, i = 0; i < inum - 1; d = d->next, ++ i);
    //打开设备
    if ((adhandle = pcap_open(d->name, //设备名
                        65536,      //数据包的捕获部分
                                    //65536保证整个数据包将在数据链路层上捕获
                        PCAP_OPENFLAG_PROMISCUOUS,            //混杂模式
                        1000,       //读操作的时限
                        NULL,       //在远程主机上验证
                        errbuf      //错误缓冲区
```

```
                                     )) == NULL
{
        fprintf(stderr, "\unable to open the adapter. %s is not supported by
        Winpcap\n", d->name);
        //释放设备列表
        pcap_freealldevs(alldevs);
        return -1;
}
printf("\nlistening on %s...\n", d->description);
//此时不再需要设备列表,因此释放它
pcap_freealldevs(alldevs);
//开始捕获
pcap_loop(adhandle, 0, packet_handler, NULL);
return 1;
}
//对于每一个捕获的函数,libpcap 调用回调函数
void packet_handler(u_char * param, const struct pcap_pkthdr * header, const u_
char * pkt_data) {
        struct tm * ltime;
        char timestr[16];
        //将时间戳转换为可读的格式
        ltime = localtime(&header->ts.tv_sec);
        strftime(timestr, sizeof(timestr), "%H:%M:%S", ltime);
        printf("%s, %.6d len:%d\n", timestr, header->ts.tv_usec, header->len);
}
```

7) 发送数据包的函数

(1) int pcap_sendpacket(pcap_t * p,u_char * buf,int size)。

此函数用于将一个原始数据包(raw packet)发送到网络上。参数 p 指定用于发送数据包的网络接口;参数 buf 包含要发送的数据包数据,包括各种协议头;参数 size 则指明了 buf 所指向缓冲区的大小,即数据包的大小。值得注意的是,MAC 循环冗余校验(CRC)不需要包含在数据包中,因为它可以被轻易地计算出来,并由网络接口驱动程序自动添加。如果数据包成功发送,函数返回 0;否则返回 -1。

pcap_sendpacket 函数提供了一种简便的方式发送单个数据包。而发送队列(send queue)则提供了一种发送多个数据包的机制。发送队列是一种容器,用于存储即将发送到网络上的多个数据包。它有一个最大容量限制,定义了可以存储的数据包的最大字节数。这种机制允许批量发送数据包,提高了网络操作的效率。

(2) pcap_send_queue * pcap_sendqueue_alloc(u_int memsize)。

此函数的功能是给数据包队列分配空间,参数 memsize 是队列缓冲区的大小,函数返回值为 pcap_send_queue 指针。

(3) int pcap_sendqueue_queue(pcap_send_queue * queue,const struct pcap_pkthdr * pkt_header,const u_char * pkt_data)。

此函数的功能是填充队列,参数 queue 是由 pcap_sendqueue_alloc 函数返回的指针,pkt_header 是数据包头,pkt_data 是数据包内容缓冲区指针。

（4）u_int pcap_sendqueue_transmit(pcap_t * p,pcap_send_queue * queue,int sync)。

此函数的功能是发送队列中的数据。参数 p 是 pcap_open_live 函数打开的网卡指针；参数 queue 是由 pcap_sendqueue_alloc 函数返回的指针；参数 sync 是同步设置，如果非零，那么发送将是同步的，这将占用很大的 CPU 资源。

（5）void pcap_sendqueue_destroy(pcap_send_queue * queue)。

此函数功能是释放队列。参数 queue 是由 pcap_sendqueue_alloc 函数返回的指针。

通过指定发送队列的大小，pcap_sendqueue_alloc 函数创建一个发送队列。随后，pcap_sendqueue_queue 函数可以把一个数据包添加到发送队列里，pcap_sendqueue_transmit 函数将数据包提交到网络上，最后用 pcap_sendqueue_destroy 函数释放资源。

pcap_sendqueue_alloc 函数的参数必须与 pcap_next_ex 函数和 pcap_handler 函数相同，因此，从一个文件捕获或读取数据包的时候如何进行 pcap_sendqueue_alloc 函数的参数传递是一个值得注意的问题。

以下是单个发送与队列发送数据包的区别：

（1）使用 pcap_sendqueue_transmit 函数通过发送队列发送数据包通常比使用 pcap_sendpacket 函数逐个发送数据包更为高效。这是因为在 pcap_sendqueue_transmit 函数中数据包被缓冲在操作系统的核心态（kernel-level），从而减少了上下文切换的次数。因此，在大多数情况下，推荐使用 pcap_sendqueue_transmit 函数发送数据包队列。

（2）当 sync 参数被设置为 TRUE 时，数据包会根据一个高精度的时间戳在内核中进行同步处理。这通常允许数据包以微秒级的精度被发送，尽管这也依赖于计算机的性能计数器的准确性。然而，需要注意的是，使用 pcap_sendpacket 函数发送数据包可能无法达到如此高的精度。

当不再需要发送队列时，可以用 pcap_sendqueue_destroy 函数删除它，该操作将释放与发送队列相关的所有缓冲区。

【例 2-2】 使用 winpcap 发送数据包。

下面给出一个简单的发送单个数据包的程序。该程序首先打开适配器，然后使用 pcap_sendpacket 函数发送一个数据包。

```
#include <stdlib.h>
#include <stdio.h>
#include <pcap.h>
#include <remote-ext.h>
void main(int argc, char **argv)
{
    pcap_t * fp;
    char errbuf[PCAP_ERRBUF_SIZE];
    u_char packet[100];
    int i;
    //检查命令行的有效性
    if (argc != 2)
    {
        printf("\tusage: %s interface (e.g. 'rpcap://eth0')", argv[0]);
        return;
    }
```

```
//打开数据包的输出网卡
if ((fp = pcap_open(argv[1],           //设备名
                    100,                //捕获数据包的部分内容(仅前 100 字节)
                    PCAP_OPENFLAG_PROMISCUOUS,       //混杂模式
                    1000,               //读操作的时限
                    NULL,               //在远程主机上验证
                    errbuf              //错误缓冲区
    )) == NULL)
{
     fprintf(stderr, "\nUnable to open the adapter. %s is not supported by
     winpcap\n", argv[1]);
     return;
}
//假设在以太网上,将 MAC 目的地址设置为 1:1:1:1:1:1
packet[0] = 1;
packet[1] = 1;
packet[2] = 1;
packet[3] = 1;
packet[4] = 1;
packet[5] = 1;
//MAC 源地址设置为 2:2:2:2:2:2
packet[6] = 2;
packet[7] = 2;
packet[8] = 2;
packet[9] = 2;
packet[10] = 2;
packet[11] = 2;
//填充数据包剩余部分
for (i = 12; i < 100; ++ i)
{
     packet[i] = i % 256;
}
//发送数据包到网卡设备
if (pcap_sendpacket(fp, packet, 100 /* size */) != 0)
{
     fprintf(stderr, "\nError sending the packet: \n", pcap_geterr(fp));
     return;
}
return;
}
```

2.3.3 数据包构造和发送开发包 libnet

1. libnet 介绍

libnet 是一个小型的接口函数库,主要用 C 语言写成,提供了低层网络数据包的构造、处理和发送功能。它建立一个简单、统一的网络编程接口以屏蔽不同操作系统低层网络编程的差别,使程序员可以将精力集中在解决关键问题上。

libnet 的最新版本是 2023 年发布的 1.3 版,它提供的接口函数包含 15 种数据包生成器和两种数据包发送器(IP 层和数据链路层)。目前 libnet 同时支持 IPv4 和 IPv6。

libnet 的主要特点如下：

（1）可移植性。libnet 目前可以在 Linux、FreeBSD、Solaris、Windows 等操作系统上运行，并且提供了统一的接口。

（2）数据包构造功能。libnet 提供了一系列 TCP/IP 数据包的构造函数以方便用户使用。它提供了两种构造数据包的方式：一是基于原始套接字 IP 层；二是基于数据链路层。

（3）数据包处理功能。libnet 提供了一系列辅助函数，可以帮助用户简化烦琐的事务性编程工作。

（4）数据包发送功能。使用 libnet 可以将已经构造好的数据包发送到网络中，各种数据包的发送操作过程都是一样的。

另外，libnet 允许程序获得对数据包的绝对控制，其中一些是传统的网络程序接口没有提供的。

libnet 提供的接口函数按照作用可分为 4 类：内存管理（分配和释放）函数、地址解析函数、数据包构造函数、数据包发送函数。

2. libnet 的主要数据结构

1）常量

libnet 提供了以下常量：

（1）LIBNET_DONT_RESOLVE。其值为 0，表示不需要对地址进行域名解析。它用在 libnet 的地址解析函数中，表示不需要进行 DNS 查询操作，IP 地址使用十进制形式。

（2）LIBNET_MAX_PACKET。其值为 0xffff，表示最大的 IP 数据包的长度为 65 535 字节。

（3）LIBNET_MAXOPTION_SIZE。其值为 0x28，表示 libnet 的 IP 和 TCP 选项的长度为 40 字节。

（4）LIBNET_ERRBUF_SIZE。其值为 0x100，表示 libnet 出错信息的长度为 256 字节。

（5）LIBNET_OFF。其值为 1，表示关闭或禁用某个选项或功能。

（6）LIBNET_ON。其值为 0，表示打开或启用某个选项或功能。

（7）LIBNET_RESOLVE。其值为 1，表示需要对 IP 地址进行域名解析。它也用在 libnet 的地址解析函数中，表示需要进行 DNS 查询操作，把 IP 地址转换为域名。

（8）LIBNET_TCP_H。其值为 0x14，表示 TCP 包头的长度为 20 字节。

（9）LIBNET_UDP_H。其值为 0x08，表示 UDP 包头的长度为 8 字节。

这些常量通常用于配置和控制 libnet 的行为，以便在构建和发送数据包时具有更大的灵活性和更好的控制。不同的常量对应于不同的选项和功能，可以根据需要进行配置。

2）libnet_stats

libnet_stats 是表示 libnet 统计分析的结构体，其定义如下：

```
struct libnet_stats
{
    #if(!defined(_WIN32_)||(_CYGWIN_))
    u_int64_t packets_sent;              //发送的数据包数
    u_int64_t packet_errors;             //出错的数据包数
```

```
    u_int64_t bytes_written;              //已经写的字节数
    #else
    __int64 packets_sent;
    __int64 packet_errors;
    __int64 bytes_writen;
    #endif
};
```

3）libnet_ptag_t

libnet_ptag_t 表示一个协议块标记，用来在链表中识别一个特定的 libnet 协议块。其定义如下：

```
typedef int32_t libnet_ptag_t;              //此协议块标记是一个 32 位的整数
#define LIBNET_PTAG_INITALIZER  0
```

4）libnet_pblock_t

libnet_pblock_t 是表示 libnet 协议块的结构体（表示一个数据块）。其定义如下：

```
struct libnet_protocol_block
{
    u_int8_t * buf;                         //协议的缓冲区
    u_int8_t b_len;                         //缓冲区的长度
    u_int8_t h_len;                         //包头长度
    u_int8_t ip_offset;                     //IP 包头的偏移量
    u_int8_t copied;                        //复制的字节数
    u_int8_t type;                          //协议块的类型
    u_int8_t flags;                         //控制标记
    libnet_ptag_t ptag;                     //协议块标记
    struct libnet_protocol_block * next;    //下一个协议块
    struct libnet_protocol_block * prev;    //上一个协议块
};
typedef struct libnet_protocol_block libnet_pblock_t;
```

5）libnet_t

libnet_t 是表示 libnet 句柄的结构体，代表一个由 libnet 构造的数据包，是 libnet 开发包中最重要的一个数据结构。libnet_t 的成员不需要由程序员人工初始化。其定义如下：

```
struct libnet_context
{
    #if((_win32_)&&!(_CYGWIN_))
        SOCKET fd;
        LPADAPTER lpAdapter;
    #else
        int fd;                             //数据包设备的文件描述符
    #endif
    int injection_type;                     //libnet 类型
    libnet_pblock_t * protocol_block;       //指向第一个协议块节点
    libnet_pblock_t * pblock_end;           //指向最后一个协议块节点
    u_int32_t n_pblocks;                    //协议块的数目
    int link_type;                          //数据链路层类型
    int link_offset;                        //数据链路层包头偏移量
```

```
    int aligner;                              //用来排列数据包
    char * device;                            //设备名称
    struct libnet_stats stats;                //统计分析
    libnet_ptag_t ptag_state;                 //协议块标记状态
    char label[LIBNET_LABEL_SIZE];            //队列文本标记
    char err_buf[LIBNET_ERRBUF_SIZE];         //错误信息
    u_int32_t total_size;                     //总的大小
};
typedef struct libnet_context libnet_t;
```

6）libnet_cqd_t

libnet_cqd_t 是表示 libnet 句柄队列的结构体。同样，它的成员也不需要由程序员人工初始化。其定义如下：

```
typedef struct _libnet_context_queue libnet_cq_t;
struct _libnet_context_queue
{
    libnet_t * context;                       //libnet 句柄
    libnet_cq_t * next;                       //下一个 libnet 句柄节点
    libnet_cq_t * prev;                       //上一个 libnet 句柄节点
};
struct _libnet_context_queue_descriptor
{
    u_int32_t node;                           //节点个数
    u_int32_t cq_lock;                        //锁状态
    libnet_cq_t * current;                    //当前句柄
};
typedef struct _libnet_context_queue_descriptor libnet_cqd_t;
```

该结构体用于构造多个不同的数据包。在 libnet 中，一个 libnet 句柄代表一个数据包，因此多个 libnet 句柄表示多个数据包。利用该结构体，可以创建一个 libnet 句柄队列。这个队列实际上是一个双向链表，每个节点包含 3 个域：context 代表 libnet 句柄，next 和 prev 分别指向链表中的下一个和上一个 libnet 句柄节点。libnet 句柄队列的结构由 libnet_cqd_t 结构体表示，该结构体有 3 个成员：node 表示节点个数，cq_lock 表示锁状态，current 表示当前句柄。锁状态用于指示 libnet 句柄是否被锁定，若锁定则不能被修改。

3. libnet 主要函数

1）初始化和销毁函数

libnet 的核心函数实现 libnet 的初始化、销毁以及一些基础设置功能。

（1）libnet_t * libnet_init(int injection_type, char * device, char * err_buf)。

libnet 的初始化函数负责启动 libnet，涵盖多个关键步骤，如内存分配、网络接口配置和 libnet 类型的设置等。内存分配是这一过程的重要部分，确保在开始构造数据包前有足够的内存空间。

函数返回值：如果成功，返回一个 libnet 句柄；否则返回 NULL。

参数描述如下：

● 参数 injection_type 表示要构造的类型，其值有 LIBNET_RAW4、LIBNET_RAW4_

ADV、LIBNET_RAW6 和 LIBNET_RAW6_ADV、LIBNET_LINK、LIBNET_LINK_ADV。LIBNET_RAW4 表示原始套接字 IPv4 类型，LIBNET_RAW6 表示原始套接字 IPv6 类型，LIBNET_RAW4_ADV 表示高级模式原始套接字 IPv4 类型，LIBNET_RAW6_ADV 表示高级模式原始套接字 IPv6 类型，LIBNET_LINK 表示数据链路层类型，LIBNET_LINK_ADV 表示高级模式数据链路层类型。类型不同，libnet_init 函数执行的结果也就不同。

- 参数 device 表示网络接口，可以是 NULL，也可由 libnet 进行选择。
- 参数 err_buf 存放出错的信息。

以下是一个典型的调用实例：

```
Libnet_t * l;
char errbuf[LIBNET_ERRBUF_SIZE];
l = libnet_init(LIBNET_RAW4,NULL,err);
```

（2）void libnet_destroy(libnet_t * l)。

函数返回值：无。

参数描述：参数 l 是一个 libnet 句柄指针。

此函数用来销毁由参数 l 指向的 libnet 会话，包括关闭网络接口和释放所有由参数 l 创建的内部内存结构，即释放相应的内存空间。此函数一般在程序的末尾调用，它是与 libnet_init 函数相对应的。当完成了所有的 libnet 函数调用之后，就可以调用此函数进行事后处理。

2）地址解析函数

地址解析函数主要是对 IP 地址进行操作的一些函数。例如，libnet_name2addr4 函数的定义如下：

```
u_int32_t libnet_name2addr4(libnet_t * l, char * host_name, u_int8_t use_name)
```

函数返回值：网络字节顺序的 IPv4 地址。

参数描述如下：

- 参数 l 表示 libnet 句柄。
- 参数 host_name 表示主机名。
- 参数 use_name 表示是否进行域名解析，可以取 LIBNET_RESOLVE 和 LIBNET_DONT_RESOLVE 两个值。

此函数返回一个网络字节顺序的 IPv4 地址。如果 use_name 为 LIBNET_RESOLVE，就进行域名解析；如果 use_name 为 LIBNET_DONT_RESOLVE，就不进行域名解析。

3）数据包构造函数

libnet 的数据包构造函数负责实现对各种支持协议的数据包的构造。由于 libnet 能够构造多种协议格式的数据包，每一种协议数据包的构造都通过特定的函数完成。这些函数遵循统一的模式，并且都是与平台无关的，确保了在不同操作系统和环境下的一致性和可靠性。这样的设计使 libnet 能够灵活地处理各种网络协议，满足多样化的网络数据包构造需求。

（1）libnet_ptag_t libnet_build_dnsv4(u_int16_t h_len,u_int16_t id,u_int16_t flags, u_int16_t num_q,u_int16_t num_anws_rr,u_int16_t num_auth_rr,u_int16_t num_addi_rr,u-int8_t * payload,u-int32_t payload_s,libnet_t * l,libnet_ptag_t ptag)。

此函数的功能是构造一个 DNSv4 包头。

函数返回值：一个协议标记,用来标识用此函数创建的 DNSv4 数据包。如果失败,就返回－1。

参数描述如下：

- 参数 h_len 表示包头长度。
- 参数 id 表示数据包 ID。参数 flags 表示控制标记。参数 num_q 表示问题数目。参数 num_anws_rr 表示回答资源记录的个数。
- 参数 num_auth_rr 表示授权资源记录个数。
- 参数 num_addi_rr 表示附加资源记录个数。
- 参数 payload 表示载荷数据。参数 payload_s 表示载荷数据长度。
- 参数 l 表示 libnet 句柄。
- 参数 ptag 表示协议块标记。

（2）libnet_ptag_t libnet_build_udp(u_int16_t sp,u_int16_t dp,u_int16_t len,u_int16_t sum,u_int8_t * payload,u_int32_t payload_s,libnet_t * l,libnet_ptag_t ptag)。

此函数的功能是构造一个 UDP 包头。

函数返回值：一个协议标记,用来标识用此函数创建的 UDP 数据包。如果失败,就返回－1。

参数描述如下：

- 参数 sp 表示源端口。
- 参数 dp 表示目的端口。
- 参数 len 表示整个数据包的长度。
- 参数 sum 表示校验和。
- 参数 payload 表示负载。
- 参数 payload_s 表示负载长度。
- 参数 l 表示 libnet 句柄。
- 参数 ptag 表示协议标记。

（3）libnet_ptag_tlibnet_build_ipv4(u_int16_t len,u_int8_t tos,u_int16_t id,u_int16_t flag,u_int8_t ttl,u_int8_t prot,u_int16_t sum,u_int32_t src,u_int32_t dst,u_int8_t * payload,u_int32_t payload_s,libnet_t * l,libnet_ptag_t ptag)。

此函数的功能是构造一个 IPv4 包头。

函数返回值：一个协议标记,用来标识用此函数创建的 IPv4 数据包。如果失败,就返回－1。

参数描述如下：

- 参数 len 表示整个 IPv4 数据包的长度,包括包头和载荷数据。
- 参数 tos 表示服务类型。参数 id 表示数据包 ID。参数 flag 表示 IP 标志字段。
- 参数 ttl 表示生存时间。
- 参数 prot 表示上层协议。

- 参数 sum 表示校验和,通常设置为 0,由 libnet 计算。
- 参数 src 表示源 IP 地址。
- 参数 dst 表示目的 IP 地址。参数 payload 表示指向数据包的载荷数据部分的指针。
- 参数 payload_s 表示载荷数据长度。
- 参数 l 表示 libnet 句柄。
- 参数 ptag 表示协议块标记,用于标识和修改之前构造的数据包。

(4) libnet_ptag_t libnet_build_ethernet(u_int8_t * dst,u_int8_t * src,u_int16_t type,u_int8_t * payload,u_int32_t payload_s,libnet_t * l,libnet_patag_t ptag)。

此函数的功能是构造一个以太网包头。

函数返回值:一个协议标记,用来标识用此函数创建的以太网数据包。如果失败,就返回 -1。

参数描述如下:

- 参数 dst 表示目的以太网地址。
- 参数 src 表示源以太网地址。
- 参数 type 表示上层协议类型。
- 参数 payload 表示载荷数据。
- 参数 payload_s 表示载荷数据长度。
- 参数 l 表示 libnet 句柄。
- 参数 ptag 表示协议块标记。

一个完整的数据包通常由几个协议的构造函数构造,其构造的顺序不能颠倒,必须按照协议层次从高到低的顺序进行。即,先构造应用层协议数据包,再构造传输层协议数据包,然后构造网络层协议数据包,最后构造数据链路层协议数据包。

例如,要构造一个 DNS 数据包,必须按照下面的顺序依次调用构造函数:

- libnet_build_dnsv4 函数。
- libnet_build_udp 函数。
- libnet_build_ipv4 函数。
- libnet_build_ethernet 函数。

4) 数据包发送函数

数据包发送函数只有一个,所以构造的任何协议的数据包都使用同一个数据包发送函数。数据包发送函数定义如下:

```
int libnet_write(libnet_t * l)
```

函数返回值:一个整型数值。

参数描述:参数 l 表示 libnet 句柄。

此函数发送一个数据包,此数据包由 libnet 句柄 l 指示。

一个完整的 libnet 程序主要由以下几个步骤构成:

(1) 对内存进行初始化。

(2) 对网络进行初始化。

(3) 构造各种协议的数据包。

（4）对数据包进行合法性检验。

（5）发送数据包。

（6）销毁 libnet 会话。

例如,构造并发送一个 TCP 数据包的过程如图 2-14 所示。

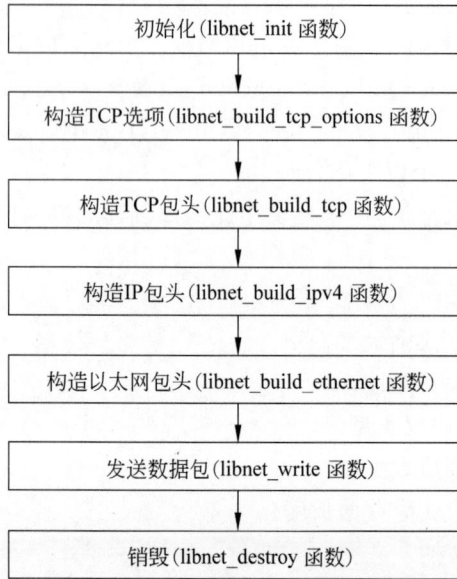

```
┌─────────────────────────────────────┐
│     初始化(libnet_init 函数)          │
└─────────────────────────────────────┘
                  │
                  ▼
┌─────────────────────────────────────┐
│ 构造TCP选项(libnet_build_tcp_options 函数) │
└─────────────────────────────────────┘
                  │
                  ▼
┌─────────────────────────────────────┐
│  构造TCP包头(libnet_build_tcp 函数)    │
└─────────────────────────────────────┘
                  │
                  ▼
┌─────────────────────────────────────┐
│  构造IP包头(libnet_build_ipv4 函数)    │
└─────────────────────────────────────┘
                  │
                  ▼
┌─────────────────────────────────────┐
│ 构造以太网包头(libnet_build_ethernet 函数) │
└─────────────────────────────────────┘
                  │
                  ▼
┌─────────────────────────────────────┐
│   发送数据包(libnet_write 函数)        │
└─────────────────────────────────────┘
                  │
                  ▼
┌─────────────────────────────────────┐
│    销毁(libnet_destroy 函数)          │
└─────────────────────────────────────┘
```

图 2-14　TCP 数据包的构造过程

2.3.4　通用网络安全开发包 libdnet

libdnet 是一个功能全面的高级网络安全开发工具和编程接口,主要提供网络地址转换、ARP 缓存与路由表的查询和管理、网络防火墙管理、网络接口操作、IP 隧道操作以及原始 IP 包和以太网帧的构造与发送等功能。特别在网络地址转换方面,libdnet 支持多种格式的 IPv4、以太网和 IPv6 地址转换,为解决网络安全程序中常见的地址转换问题提供了便利。

此外,libdnet 能够对 ARP 缓存和路由表进行全面管理,包括增加、删除、修改和查询 ARP 缓存记录,以及查询、插入、修改和删除路由表记录。libdnet 还提供了对多种防火墙的高级接口操作,支持 ipfw、ipchains、pf 等多种防火墙软件。

针对网络接口,libdnet 不仅允许用户查看和修改本机的网络接口参数,还为常见的网络操作,如网络协议分析和网络防火墙操作提供了便捷的接口管理功能。此外,libdnet 还具备构造和发送基于原始 IP 数据包和以太网帧的功能,支持包括 TCP、UDP、ICMP 等在内的各种基于 IP 的数据包构造,以及 IP 隧道功能。

2.3.5　网络入侵检测开发包 libnids

网络入侵检测开发包 libnids(library network intrusion detection system)是一个用于网络入侵检测系统设计的专业开发包,提供了一个网络入侵检测系统的基本框架和主要功能。它可以进行 IP 碎片重组和 TCP 流重组,还提供了包括网络扫描在内的辅助功能。

libnids 是基于 libpcap 和 libnet 开发的,具有两者的优点以及跨平台、可移植、稳定、方便等特点。它可以对任何基于 TCP 的应用层协议进行 TCP 数据流重组,显示它们的连接过程,并对它们传输的数据进行分析,可以实现对敏感数据的分析,如对用户密码、账号进行嗅探等。

利用 libnids 提供的 TCP 数据流重组功能,可以对网络传输的内容进行还原,重现网络数据,例如对网页文本内容、邮件正文和附件描述信息的内容进行还原和重现。

1. libnids 的数据结构

libnids 的所有数据结构及接口函数都在 nids.h 头文件中声明。

1) 基本常量

(1) 报警类型。定义如下:

```
enum{
    NIDS_WARN_IP=1,              //IP 数据包异常
    NIDS_WARN_TCP,               //TCP 数据包异常
    NIDS_WARN_UDP,               //UDP 数据包异常
    NIDS_WARN_SCAN               //表示有扫描攻击发生
}
enum{
    NIDS_WARN_UNDEFINED=0,       //表示未定义
    NIDS_WARN_IP_OVERSIZED,      //表示 IP 数据包超长
    NIDS_WARN_IP_INVLIST,        //表示无效的碎片队列
    NIDS_WARN_IP_OVERLAP,        //表示发生重叠
    NIDS_WARN_IP_HDR,            //表示无效 IP 包头,IP 数据包发生异常
    NIDS_WARN_IP_SRR,            //表示源路由 IP 数据包
    NIDS_WARN_TCP_TOOMUCH,       //表示 TCP 数据包个数太多
    NIDS_WARN_TCP_HDR,           //表示无效 TCP 包头,TCP 数据包发生异常
    NIDS_WARN_TCP_BIGAQUEUE,     //表示 TCP 接收的队列数据过多
    NIDS_WARN_TCP_BADFLAGS       //表示错误标记
}
```

(2) libnids 状态。

在对 TCP 数据流进行重组时,必须考虑到 TCP 的连接状态,在 libnids 中,为了方便开发而定义了 6 种 libnids 状态(描述的是连接的逻辑状态)。

```
#define NIDS_JUST_EST 1          //表示 TCP 连接建立
#define NIDS_DATA 2              //表示接收数据的状态
#define NIDS_CLOSE 3            //表示 TCP 连接正常关闭
#define NIDS_RESET 4            //表示 TCP 连接被重置关闭
#define NIDS_TIMED_OUT 5        //表示由于超时 TCP 连接被关闭
#define NIDS_EXITING 6          //表示 libnids 正在退出
```

真正的 TCP 连接状态有 11 种:

```
enum{
    TCP_ESTABLISHED=1,
    TCP_SYN_SENT,
    TCP_SYN_RECV,
    TCP_FIN_WAIT1,
```

```
        TCP_FIN_WAIT2,
        TCP_TIME_WAIT,
        TCP_ClOSE,
        TCP_CLOSE_WAIT,
        TCP_LAST_ACK,
        TCP_LISTEN,
        TCP_CLOSING,
    }
```

（3）校验和。与此相关的常量定义如下：

```
#define NIDS_DO_CHKSUM 0          //计算校验和
#define NIDS_DONT_CHKSUM 1        //不计算校验和
```

2）tuple4 结构体

tuple4 是 libnids 中最基本的一种结构体，用于描述源和目的 IP 地址和端口号，即发送方 IP 地址和端口号以及接收方 IP 地址和端口号。其具体定义如下：

```
struct tuple4
{
    unsigned long saddr, daddr; //源和目的 IP 地址
    u_short source, dest;        //源和目的端口号
};
```

3）tcp_stream 结构体

tcp_stream 结构体描述一个 TCP 连接的所有信息。其定义如下：

```
struct tcp_stream
{
    struct tuple4 addr;          //tuple4 类型的成员,它表示一个 TCP 连接的 4 个重要信息
    char nids_state;             //表示逻辑连接状态
    struct lurker_node * listeners
    struct half_stream client;
    struct half_stream server;
    struct tcp_stream * next_node;
    struct tcp_stream * prev_node;
    int hash_index;
    struct tcp_stream * next_time;
    struct tcp_stream * prev_time;
    int read;
    struct tcp_stream * next_free;
};
```

4）half_stream 结构体

half_stream 结构体用来描述连接中的一端的所有信息，既可以是客户端，也可以是服务器端。half_stream 的定义如下：

```
struct half_stream
{
    char state;                  //套接字状态(如 TCP_ESTABLISHED)
    char collect;                //如果大于 0,保存数据到缓冲区中;否则忽略
```

```
    char collect_urg;              //如果大于 0,则保存紧急数据;否则忽略
    char * data;                   //正常数据缓冲区
    unsigned char urgdata;         //紧急数据缓冲区
    int offset;                    //存储在 data 中的数据的第一字节的偏移量
    int count;                     //自从连接建立以来保存到 data 中的数据总字节数
    int count_new;                 //最近一次接收到的数据字节数。如果为 0,表示无数据到达
    char count_new_urg;            //如果非 0,表示有新的紧急数据到达
    ...                            //libnids 库使用的辅助字段
};
```

2. libnids 的接口函数

(1) int nids_init(void)。

此函数的功能是对 libnids 进行初始化,这是设计基于 libnids 的程序最开始调用的函数。它的主要内容包括打开网络接口、打开文件、编译过滤规则、设置过滤规则、判断网络的数据链路层类型、进行必要的初始化工作。

(2) void nids_register_ip_frag(void(*))。

函数返回值:无。

参数描述:参数是一个回调函数的名字。

此函数的功能是注册一个能够检测所有 IP 数据包(包括 IP 碎片)的回调函数。例如,可以使用如下方式进行调用:

```
nids_register_ip_frag(ip_frag_function)
```

这样就注册了回调函数 ip_frag_function,其定义如下:

```
void ip_frag_function(struct ip * a_packet, int len)
```

其中,参数 a_packet 表示接收的 IP 数据包,参数 len 表示接收的数据包的长度。

此回调函数中可以检测所有的 IP 数据包,包括 IP 碎片。

(3) void nids_register_tcp(void(*))。

函数返回值:无。

参数描述:参数是一个回调函数。

此函数的功能是注册一个分析 TCP 连接的回调函数。回调函数的定义如下:

```
void tcp_callback(struct tcp_stream * ns, void **param)
```

tcp_stream 结构提供了一个 TCP 连接的所有信息。参数 param 表示要传递的 TCP 连接参数信息,可以指向一个 TCP 连接的私有数据。

(4) void nids_register_udp(void(*))。

函数返回值:无。

参数描述:参数是一个回调函数。

此函数的功能是注册一个分析 UDP 数据包的回调函数,回调函数的定义如下:

```
void udp_callback(struct tuple4 * addr, char * buf, int len, struct ip * iph)
```

其中,参数 addr 表示的是地址和端口信息,包括 UDP 发送端的 IP 地址和端口以及 UDP 接

收端的 IP 地址和端口;参数 buf 表示 UDP 数据包载荷数据的内容;参数 len 表示 UDP 数据包载荷数据的长度;参数 iph 表示一个 IP 数据包,包括 IP 包头、UDP 包头以及 UDP 载荷内容。

定义并注册后,在此回调函数中就可以实现对 UDP 数据包的分析。

(5) void nids_run(void)。

此函数的功能是运行 libnids,进入循环捕获数据包状态,它实际上是调用 libpcap 函数 pcap_loop 循环捕获数据包。

【例 2-3】 使用 libnids 捕获并还原输出 TCP 流的数据传输内容。

下面的源代码将 libnids 捕获的所有 TCP 连接交换的数据输出到标准输出设备上。

```
#include "nids.h"
#include <string.h>
#include <stdio.h>
extern char * inet_ntoa(unsigned long);
/*tuple4结构包含了 TCP 连接两端的 IP 地址和端口号,以下函数将它们转换为字符串格式,如
10.0.0.1,1024, 10.0.0.2,23*/
char * adres(struct tuple4 addr)
{
  static char buf[256];
  strcpy(buf, inet_ntoa(addr.saddr));
  sprintf(buf + strlen(buf), ",%i,", addr.source);
  strcat(buf, inet_ntoa(addr.daddr));
  sprintf(buf + strlen(buf), ",%i", addr.dest);
  return buf;              //将源 IP 地址和端口号、目的 IP 地址和端口号复制到 buf 中并返回
}
void tcp_callback(struct tcp_stream * a_tcp, void **this_time_not_needed)
{
  char buf[1024];
  strcpy(buf, adres(a_tcp->addr));
  if (a_tcp->nids_state == NIDS_JUST_EST)
  {
  /* a_tcp定义的连接已经建立。此处可视程序需要添加额外的判断处理。例如 if (a_tcp->
    addr.dest = 23) return;表示不处理目的端口为 23 的数据包。本例需要处理(显示)所有数
    据包 */
    a_tcp->client.collect++;                    //需要处理客户端接收的数据
    a_tcp->server.collect++;                    //需要处理服务器端接收的数据
    a_tcp->server.collect_urg++;                //需要处理服务器端接收的紧急数据
    a_tcp->client.collect_urg++;                //需要处理客户端接收的紧急数据
    fprintf(stderr, "%s established\n", buf);
    return;
  }
  if (a_tcp->nids_state == NIDS_CLOSE)
  {
    //TCP 连接正常关闭
    fprintf(stderr, "%s closing\n", buf);
    return;
  }
  if (a_tcp->nids_state == NIDS_RESET)
```

```
    {
        //TCP 连接因 RST 数据包而关闭
        fprintf(stderr, "%s reset\n", buf);
        return;
    }
    if (a_tcp->nids_state == NIDS_DATA)
    {
        //接收到新数据,下面确定是否输出
        struct half_stream * hlf;
        if (a_tcp->server.count_new_urg)
        {
          //服务器端接收的紧急数据
          strcat(buf,"(urgent->)");
          buf[strlen(buf)+1]=0;
          buf[strlen(buf)]=a_tcp->server.urgdata;
          write(1,buf,strlen(buf));
          return;
        }
        if (a_tcp->client.count_new_urg)
        {
          //客户端接收的紧急数据
          strcat(buf,"(urgent->)");
          buf[strlen(buf)+1]=0;
          buf[strlen(buf)]=a_tcp->client.urgdata;
          write(1,buf,strlen(buf));
          return;
        }
        if (a_tcp->client.count_new)
        {
          //客户端接收的数据
          hlf = &a_tcp->client;                //准备输出客户端接收的数据
          strcat(buf, "(<-)");                 //指示数据流方向
        }
        else
        {
          hlf = &a_tcp->server;                //准备输出服务器端接收的数据
          strcat(buf, "(->)");                 //指示数据流方向
        }
        //首先输出连接双方的 IP 地址、端口号和数据流方向
        fprintf(stderr,"%s",buf);
        write(2,hlf->data,hlf->count_new);      //输出接收到的新数据
    }
    return;
}
int main()
{
    //此处可自定义 libnids 的全局变量,如 nids_params.n_hosts=256;
    if (!nids_init())
    {
      fprintf(stderr,"%s\n",nids_errbuf);
      exit(1);
```

```
        }
        nids_register_tcp(tcp_callback);
        nids_run();
        return 0;
}
```

2.4 高性能数据包捕获平台

高性能数据包捕获平台对于提升通信效率具有至关重要的作用,它是设计高速接口通道、高速服务器和路由器等核心技术的关键组成部分。这种平台在多个领域都显示出广泛的应用潜力,包括大规模宽带网络的入侵检测系统、在大流量网络数据下的网络协议分析、宽带网络防火墙、高性能通信系统、高性能路由器以及主机路由器等。在这些应用领域中,高性能数据包捕获平台不仅显著提升了数据处理的速度和效率,还增强了网络的安全性和稳定性,成为现代网络技术发展的一个不可缺少的环节。

2.4.1 传统数据包捕获平台接收数据包的过程

libpcap 是一个典型的传统数据包捕获平台,如图 2-15 所示,其工作原理如下:

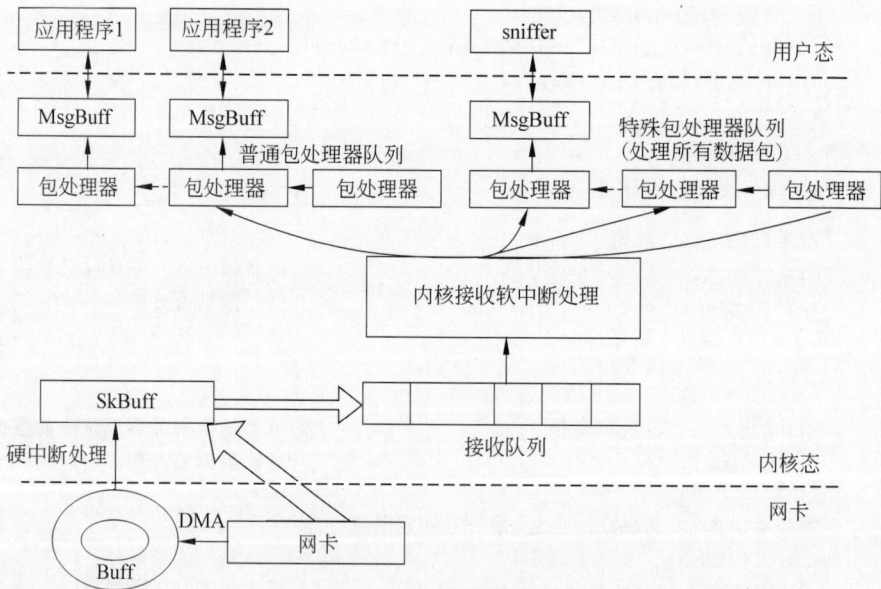

图 2-15 libpcap 接收数据包的过程

(1)网卡接收数据帧。当网卡收到一个以太网数据帧时,它通过直接内存访问(Direct Memory Access,DMA)将数据传输到网卡指定的缓冲区(Buff)。接着网卡向内核发出硬中断。

(2)硬中断处理。接收到的数据帧被存储在内核缓冲区(SkBuff)中。接下来,系统检查帧头,识别帧类型,并将其放入接收队列。随后激活内核接收软中断进行进一步处理,最后返回以继续接收数据包。

（3）内核接收软中断处理。内核接收软中断会提取接收的数据包，并根据所在的设备和协议类型将其传递给相应的包处理器。包处理器通过 dev_add_pack 函数注册。如果注册的设备号为 0，则表示接收所有设备的数据包；如果注册的数据包类型为 ETH_P_ALL，则表示接收所有类型的数据包。

（4）数据包的处理和转发。各个包处理器对进入自己的入口的数据包进行处理，然后将其传送到各自的内核态消息缓冲区（MsgBuff）中，并唤醒阻塞在此的任务。这样，阻塞在 MsgBuff 中的用户态应用程序便可以获取数据包并进行处理。

（5）用户态应用程序的数据读取。用户态应用程序从 MsgBuff 中读取并复制数据。如果 MsgBuff 为空，则应用程序会在此处阻塞，直到 MsgBuff 被新数据填充后，阻塞的应用程序才会被唤醒，继续处理数据。

这个流程确保了从网卡到用户态应用程序的有效数据传输。

通过分析可见，传统数据包捕获平台中影响性能的因素如下：

（1）内存操作。

内存操作是最耗费 CPU 资源的一个操作，频繁的内存读写操作会形成性能瓶颈。在从网卡硬中断处理到应用程序得到数据包的过程中，有很多次对于数据包捕获平台来说没有作用的内存操作，这必然要消耗大量的 CPU 资源。可见，如何减少内核态中的无用内存操作是要解决的首要问题。

（2）数据包在内核态和用户态之间的复制。

传统数据包捕获平台（如 libpcap）都是通过系统调用（如 rcvmsg）读取 MsgBuff 中的数据包的，然而数据从内核态向用户态复制是非常消耗 CPU 资源的。目前网络带宽日益增大，普通网络数据包捕获平台已经成为入侵检测系统、网络防火墙、高性能路由器等的瓶颈。这些设备的网络流量可以达到十几万 pps（packets per second，包转发率的单位），峰值时可以达到几十万、上百万 pps，并且每来一个数据包就要产生一次中断，每一次中断的现场处理和切换上下文平均需要耗费至少 3 个 CPU 周期，这对于数据包捕获平台来说要花费的代价是可想而知的。对于日益发展的高速网络，迫切需要分析出普通数据包捕获平台的性能瓶颈，研究出高速通信接口，以便有效地提高服务器的响应速度。

2.4.2　高性能数据包捕获技术

高性能数据包捕获平台在面向大规模宽带网络的入侵检测系统、大流量网络数据情况下的网络协议分析、宽带网络防火墙、高性能通信系统、高性能路由器、主机路由器等领域中都有广泛的应用前景。而传统的数据包捕获平台往往成为整个系统的性能瓶颈，其性能影响因素主要有以下两个：

（1）在传统数据包处理过程中，在核心态进行了多次内存操作，例如数据包头校验、控制顺序等。

（2）数据包从内核态向用户态传送的时候，采用单个数据包驱动机制，也就是说应用层每次系统调用只从内核读出一个数据包，这样就造成了系统资源不必要的浪费。

为了提高数据包捕获平台的性能，必须有一个高性能的用户级网络接口，以便能使用户的应用程序避开操作系统的干预，直接与网络接口进行交互，减少甚至消除内存复制的发生，由此提出了零复制数据包捕获平台方案。

1. 零复制技术

零复制(zero-copy)基本思想是：数据包从网络设备到用户程序空间传递的过程中减少数据复制次数，以减少系统调用次数，实现 CPU 的零参与，彻底消除 CPU 在这方面的负担。实现零复制用到的最主要的技术是 DMA 技术和内存区域映射技术。

零复制技术能够实现用户程序和网卡之间零复制数据包收发，保证分析程序及时处理数据包。

传统的网络数据包处理需要经过网络设备到操作系统内存空间再到用户应用程序空间这两次复制，同时还需要用户应用程序向操作系统发出的系统调用。

零复制技术则首先利用 DMA 技术将数据报直接传递到操作系统内核预先分配的地址空间中，避免 CPU 的参与；同时，将操作系统内核中存储数据包的内存区域映射到检测程序的应用程序空间(还有一种方式是在用户空间建立一个缓存区，并将其映射到内核空间)，检测程序直接对这块内存进行访问，从而减少操作系统内核向用户空间的内存复制，同时减少系统调用的开销，实现真正的零复制。

2. Linux 网络数据包接收过程

传统数据包捕获平台结构如图 2-16 所示。当应用层想从网卡获得数据包时需要经过两个缓冲区和正常 TCP/IP 协议栈，其中由软中断负责从第一个缓冲区核心队列中读取数据包，驱动数据包处理器，再复制到 MsgBuff 中，最后由应用层通过系统调用将数据包读到用户态中。具体步骤如下：

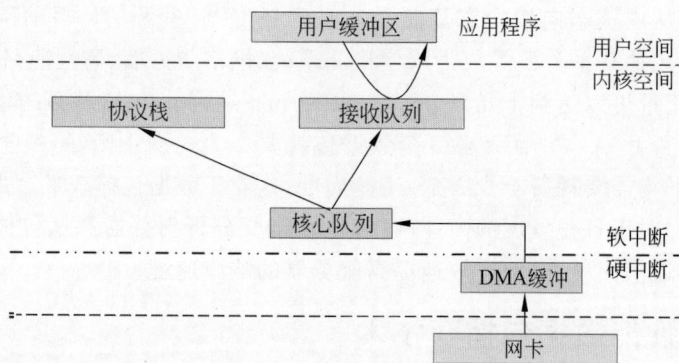

图 2-16　传统数据包捕获平台结构

(1) 网卡接收数据包，通过 DMA 方式传送到主机。

(2) 网卡向主机发出硬中断。

(3) 硬中断处理程序将数据包转入接收队列。

(4) 软中断处理程序对数据包按协议类型进行分发。

(5) 用户应用程序通过系统调用将数据包复制到用户空间。

(6) 用户应用程序进行分析处理。

零复制平台则放弃了操作系统的协议栈，在网卡上进行 DMA 操作时直接将数据传送到用户态，如图 2-17 所示。

零复制中存在的最关键的问题是同步，一边是处于内核空间的网卡驱动程序向缓存中

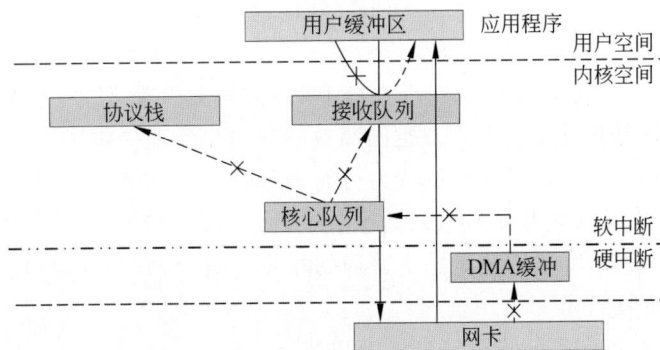

图 2-17　零复制报文捕获平台结构

写入数据包,一边是用户进程直接对缓存中的数据包进行分析(注意,不是复制后再分析),由于两者处于不同的空间,使得同步问题变得更加复杂。

解决同步问题的一个方法是:缓存被分成多个块,每一块存储一个数据包并用一个结构体表示,在该结构体中使用标志位标识什么时候可以进行读或写,当网卡驱动程序向数据包结构体中填入真实的数据后便标识该包为可读,当用户进程对数据包结构体中的数据完成分析后标识该包为可写,这样就基本解决了同步问题。

然而,由于分析进程需要直接对缓存中的数据进行分析,而不是将数据复制到用户空间后再进行分析,这使得读操作要慢于写操作,有可能造成网卡驱动程序无缓存空间可以写,从而造成一定的丢包现象。解决这一问题的关键在于申请多大的缓存,太小的缓存容易造成丢包,太大的缓存则管理麻烦并且对系统性能会有比较大的影响。

零复制思想最大的优点就是通过用户层和网卡的直接交互避免内存复制,可以缩短数据包的行走路径,极大地节省 CPU 的开销,从而为上层更复杂的处理赢得宝贵的时间。

然而这种方案的应用影响了系统正常的协议栈,处于零复制状态的网卡,其收发数据必须通过调用平台提供的专用函数接口。

3. DPDK 技术

DPDK(Data Plane Development Kit,数据平面开发包)技术是 Intel 公司开发的一套高速数据捕获和处理平台,其诞生的背景如下:

(1) 传统架构的局限性。传统 Linux/UNIX 系统中的协议栈对数据包的处理具有一定的局限性。网卡驱动程序运行在 Linux 的内核态,被动捕包的性能受到以下因素影响:

- 内核态和用户态之间的内容复制。
- 多线程调度。
- 系统中断。

(2) 互联网网络规模迅速扩张。高速网络接口技术不断发展,报文吞吐需要 10Gb/s 甚至更高的处理能力。I/O 已经远远超过了 CPU 的运行速率,是整个行业面临的技术挑战。

(3) 高速网络应用开发的需求。现代高速网络应用开发需要以更低的成本和更短的产品开发周期提供多样的网络单元与丰富的功能,如应用处理、控制处理、包处理、信号处理等。

在此背景下,Intel 公司开始尝试运行在 Linux 用户态的网卡驱动程序架构,通过软件技术解决高速网络数据包处理,提出了 DPDK 软件包。

DPDK 简单地说就是基于 Linux 系统运行、用于快速处理数据包的函数库与驱动程序集合。DPDK 可以极大地提高数据处理性能和吞吐量,提高数据平面应用程序的工作效率。DPDK 为 Intel 处理器架构下用户空间高效的数据包处理提供了库函数和驱动程序的支持,它不同于 Linux 系统以通用性设计为目的,而是专注于网络应用中数据包的高性能处理。DPDK 绕过了 Linux 内核协议栈对数据包的处理过程,在用户态空间实现数据包的收发与处理。在内核看来,DPDK 就是一个普通的用户态进程,它的编译、链接和加载方式和普通程序没有什么两样。

传统内核协议栈的数据转发性能瓶颈有以下几个:

(1) 在 x86 结构中,处理数据包的传统方式是 CPU 中断方式,即网卡驱动程序接收到数据包后通过中断通知 CPU 处理,然后由 CPU 复制数据并交给内核协议栈。在数据量大时,这种方式会产生大量 CPU 中断,导致 CPU 无法运行其他程序。

(2) 硬中断导致的线程/进程切换。硬中断请求会抢占优先级较低的软中断,频繁到达的硬中断和软中断意味着频繁的线程切换,随之而来的就是运行模式切换、上下文切换、线程调度器负载加大、高速缓存缺失(Cache Missing)、多核缓存共享数据同步、竞争锁等一系列 CPU 性能损耗。

(3) 内存复制。网卡驱动程序位于内核态。网络驱动程序接收到的数据包后会经过内核协议栈的处理,然后再复制到处于用户态的应用层缓冲区,这样的数据复制是很耗时的。

(4) 多处理器平台的 CPU 漂移。一个数据包可能中断在 CPU0,内核态处理在 CPU1,用户态处理在 CPU2,这样跨多个物理核(Core)的处理导致了大量的 CPU 高速缓存缺失,造成局部性失效。如果是 NUMA(Non-Uniform Memory Access,非统一内存访问)架构,还会出现跨 NUMA 远程访问内存的情况,这些都极大地影响了 CPU 的性能。

(5) 缓存失效。传统服务器大多采用页式虚拟存储器,内存页默认为 4KB 的小页,所以在存储空间较大的处理器上会存在大量的页面映射条目。同时因为 TLB(Translation Lookaside Buffer,转译后备缓冲器)缓存空间有限,最终导致了 TLB 快表的映射条目频繁变更,产生大量的快表高速缓存缺失。

DPDK 平台有许多针对高速数据包处理而研发的独特技术,具体包括以下 4 种技术。

1. UIO 技术

UIO(User-space I/O,用户空间输入/输出)是一种在用户空间进行设备驱动程序开发的框架。如图 2-18 所示,UIO 技术提供了一种简单而灵活的方法,允许开发者直接在用户空间中访问和控制设备,而无须使用内核驱动程序。传统上,设备驱动程序是在操作系统内核中编写的。UIO 的目标是通过在用户空间提供设备访问接口,简化设备驱动程序的开发过程。它通过内核模块和用户空间库的组合,将设备映射到用户空间的虚拟地址空间中,使开发者可以直接读取和写入设备的寄存器,执行设备特定的操作,而无须编写内核驱动程序代码。UIO 并不适用于所有类型的设备,它主要适用于一些简单的设备,如一些特定的外设或 FPGA。

(1) 对于存取设备的内存,UIO 核心实现了内存映射;对于处理设备产生的中断,内核空间有一小部分代码用于处理中断,用户空间通过 read 接口读取中断。

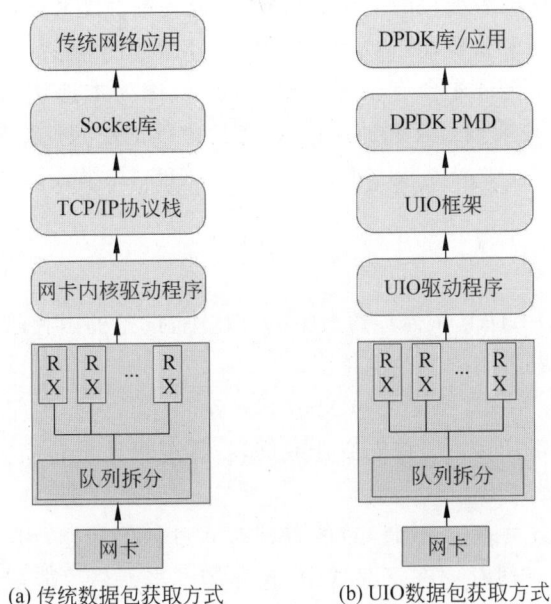

(a) 传统数据包获取方式　　　　(b) UIO 数据包获取方式

图 2-18　传统数据包获取和 UIO 数据包获取方式对比

（2）采用 Linux 提供的 UIO 机制，可以旁路内核，将所有数据包处理的工作在用户空间完成。

2. PMD 技术

DPDK 的 UIO 驱动程序屏蔽了硬件发出的中断，然后在用户态采用主动轮询模式，这种模式的驱动程序被称为 PMD（Poll Mode Driver，轮询模式驱动程序）。

正常情况下，网卡收到数据包后，会发出中断信号。CPU 接收到中断信号后，会停止正在运行的程序，保护断点地址和处理机当前状态，转入相应的中断服务程序并执行，完成后继续执行中断前的程序。

DPDK PMD 采用轮询的方式，直接访问 RX 和 TX 描述符而没有任何中断，以便在用户的应用程序中快速接收、处理和传送数据包。这样可以减少 CPU 频繁中断、切换上下文带来的资源消耗。

在网卡接收大流量时，DPDK PMD 的方式会带来较大的性能提升；但是在流量小的时候，轮询会导致 CPU 空转（由于不断轮询），从而导致 CPU 性能下降和功耗问题。

为此，DPDK 还推出了中断 DPDK（Interrupt DPDK）模式，它的原理和 Linux 的 NAPI 很像，也就是没数据包可处理时进入睡眠，改为中断通知，并且可以和其他进程共享同一个 CPU 核，但是 DPDK 进程会有更高的调度优先级。

3. 多核支持

CPU 的亲和性（affinity）机制指的是进程要在指定的 CPU 上尽量长时间地运行而不被迁移到其他 CPU，通过 CPU 关联可以将虚拟 CPU 映射到一个或多个物理 CPU 上，也就是说把一个程序绑定到一个物理 CPU 上。

（1）使用绑定 CPU，避免跨 CPU 的进程/线程切换。当一个进程或线程绑定 CPU 后，程序就会一直在指定的 CPU 上运行，不会由操作系统调度到其他 CPU 上，减少了 CPU 的缓存占用,也减少了进程或者线程的上下文切换,从而提高性能和效率。

（2）使用 NUMA 亲和性机制,避免 CPU 跨 NUMA 访问内存。CPU 访问自身直接连接的内存对应的物理地址时才会有较短的响应时间,称为本地访问;如果需要访问其他 CPU 连接的内存时,就需要通过互联通道访问,相比之前的访问速度要慢一些,称为远程访问。在 DPDK 的使用过程中配置 NUMA 模式和 NoNUMA 模式只是加快访问速度的方法而已。

4. 大页技术

Linux 系统默认采用 4KB 作为页的大小。页越小,设备的内存越大,页的个数就越多,页表的开销就越大,页表占用的内存也越多。

在操作系统中引入 MMU(Memory Management Unit,内存管理单元)后,CPU 读取内存中的数据时需要两次访问内存,首先要查询页表,将逻辑地址转换为物理地址,然后访问该物理地址,读取数据或指令。

为了减少页数过多、页表过大而导致的查询时间过长的问题,引入了 TLB 技术。TLB 是一个内存管理单元,一般存储在寄存器中,它存储了当前最可能被访问到的一小部分页表项。

引入 TLB 后,CPU 会首先去 TLB 中寻址。由于 TLB 存放在寄存器中,且其只包含一小部分页表项,因此查询速度非常快。若在 TLB 中寻址成功(TLB 命中),则无须再去内存中查询页表;若在 TLB 中寻址失败(TLB 未命中),则需要去内存中查询页表,然后会将该页更新至 TLB 中。

而 DPDK 采用 HugePages,在 x86-64 下支持 2MB、1GB 的页大小,大大减少总页数和页表的大小,从而降低了 TLB 未命中的概率,提高了 CPU 寻址性能。

【例 2-4】 DPDK 大页内存页表占用空间。

这里用一个实例对比使用了 DPDK 大页内存和没有使用大页内存的内存页表空间占用情况。假设 32 位 Linux 操作系统上物理内存为 100GB。如果不使用大页内存,每个页大小为 4KB,每个页表项占用 4B,系统上一共运行着 2000 个进程,则这 2000 个进程的页表需要占用多少内存?

未使用大页内存时页表占用的内存空间计算如下:

每个进程页表项总条数:$100 \times 1024 \times 1024KB/4KB = 26\ 214\ 400$ 条。

每个进程页表大小:$26\ 214\ 400 \times 4B = 104\ 857\ 600B = 100MB$。

2000 个进程一共需要占用内存:$2000 \times 100MB = 200\ 000MB \approx 195GB$。

2000 个进程的页表空间就需要占用 195GB 物理内存大小,而物理内存只有 100GB,还没运行完这些进程,系统就因为内存不足而崩溃了,严重时甚至会直接宕机。

现在使用大页内存,每个页大小为 2MB,每个页表项占用 4B,系统上一共运行着 2000 个进程,则这 2000 个进程的页表需要占用多少内存呢?

使用大页内存时页表占用的内存空间计算如下:

每个进程页表项总条数:$100 \times 1024MB/2MB = 51\ 200$ 条。

每个进程页表大小:$51\ 200 \times 4B = 204\ 800B = 200KB$。

2000 个进程一共需要占用内存 200KB(所有进程共享一个大页表)。

可以看到，同样是 2000 个进程，同样是管理 100GB 的物理内存，结果却大不相同。使用传统的 4KB 页开销竟然会达到惊人的 195GB；而使用 2MB 的大页内存，开销只有 200KB。2000 个进程页表一共只占用 200KB，而不是 2000×200KB≈39MB。这是因为共享内存的缘故，在使用大页内存时，这些大页内存存放在共享内存中，大页表也存放到共享内存中，因此不管系统有多少个进程，都将共享这些大页内存以及大页表。因此对于 4KB 的页，每个进程都有一个属于自己的页表；而使用 2MB 的大页时，系统只有一个大页表，所有进程共享这个大页表。

DPDK 核心技术如表 2-2 所示。

表 2-2　DPDK 核心技术

核 心 技 术	描　　　述
内存池技术	DPDK 在用户空间实现了一套精巧的内存池技术，内核空间和用户空间的内存交互不进行数据复制，只做控制权转移。当收发数据包时，减少了内存复制的开销
大页内存管理技术	DPDK 实现了一组大页内存分配、使用和释放的 API，上层应用可以很方便地利用 API 申请使用大页内存，同时也兼容普通的内存申请
无锁环形队列	DPDK 基于 Linux 内核的无锁环形缓冲 kfifo 实现了无锁机制。支持单生产者入列/单消费者出列和多生产者入列/多消费者出列操作，在数据传输时，可以提高性能，同时还能保证数据的同步
PMD	DPDK 网卡驱动程序完全抛弃了中断模式，基于轮询方式收包，避免了中断开销
CPU 亲和性	DPDK 利用 CPU 亲和性机制将一个线程或多个线程绑定到一个或多个 CPU 上。这样，线程在执行过程中就不会被随意调度，一方面减少了线程间频繁切换带来的开销，另一方面避免了 CPU 缓存的局部失效性，提高了 CPU 缓存命中率
多核调度框架	DPDK 基于多核架构，一般会有主从核之分，主核负责完成各个模块的初始化，从核负责具体的业务处理

2.5　本章小结

本章主要介绍了网络数据被动捕获的相关基础知识和关键技术。首先介绍了基本的网络协议，然后介绍了与网络数据包捕获、还原和分析相关的开发包，重点讲解了 Windows 平台下的专业网络捕获开发包 winpcap 的使用，强调了它的多功能性、出色的性能、灵活的使用方式以及与 libpcap 的兼容性。这些特性使 winpcap 成为网络开发和分析中的重要工具。最后本章还介绍了高性能数据包捕获平台的关键技术之一：零复制技术。零复制技术在处理高速网络环境下的数据包捕获和协议分析方面显得尤为重要。它优化了数据处理流程，减少了不必要的数据复制操作，从而提高了数据处理的效率和速度。本章内容不仅有助于理解现代网络数据包捕获工具的工作原理，也为开发高效的网络应用提供了必要的技术背景。

总的来说，本章通过详细介绍 winpcap 和零复制技术，为读者提供了网络数据包开发的深入理解和实用指导，特别是在高速网络环境中的应用。这些知识对于网络工程师和开发人员来说是极为重要的，可以帮助他们更有效地设计和实现网络监测和分析工具。

习题

1. winpcap 包括哪两个动态链接库？它们的功能有什么区别？
2. winpcap 提供哪些功能？
3. 利用 winpcap 实现一个简单的 Sniffer。
4. 编写程序实现 ARP 数据包的捕获，并对 ARP 进行协议分析。
5. 编写程序实现 IP 数据包的捕获，并对 IP 进行协议分析。
6. 编写程序实现 TCP 数据包的捕获，并对 TCP 进行协议分析。
7. 编写程序实现 UDP 数据包的捕获，并对 UDP 进行协议分析。
8. 简述 BPF 的捕获机制。
9. 简述 DPDK 的关键技术。

第3章

网络信息主动获取

本章将探讨网络信息主动获取的相关技术。首先回顾 Web 三十余年的发展历程,从 Web 1.0 到 Web 3.0 的演进。然后重点介绍 Python 爬虫的基础知识,分析网页的构成、HTTP 以及爬虫的基本原理,探讨静态和动态网页的处理方法,讨论爬虫的调度技术,包括多线程与多进程爬虫的设计和分布式爬虫的实现方法。此外,还介绍一些高级网络信息采集技术,如网络流量拦截与分析、浏览器自动化模拟以及扩展和优化爬虫框架,并引入一个百度网站爬虫的实例,让读者深入了解爬虫的强大能力。

接下来介绍当前互联网对数据的存储与计算技术:数据存储模型,包括关系模型、文档模型和图模型;数据存储后的查询技术,包括哈希索引、LSM 树、B 树以及全文索引等。此外,还将比较面向在线事务处理和面向在线分析处理的数据库以及行式存储和列式存储的组织方式。

最后重点讨论网络信息预处理技术:传统的数据抽取技术,用于获取结构化的数据模型;中文文本处理技术,包括中文分词和使用 TF-IDF 寻找关键字;将文本转化为向量的方法,如 n-gram 模型、独热编码技术、Word2Vec 模型和语言模型。这些技术为机器学习和深度学习模型的进一步处理提供了便利。

通过本章的学习,读者将深入了解 Web 的演进历程、Python 爬虫的基础知识、数据存储与计算技术以及网络信息预处理技术。这些知识将为读者在当今互联网时代的应用打开新的视野,并为进一步探索相关领域的知识奠定基础。

3.1 网络信息发布平台

3.1.1 导航类目录门户

如图 3-1 所示,互联网经过三十余年的发展,已经完成了从 Web 1.0 到 Web 3.0 的演进。Web 是由英国人 Tim Berners-Lee 于 1989 年提出的,通过 Web,互联网上的资源可以在网页中直观地展示出来,实现资源共享。1991 年第一个网站的出现标志着全球迈进了 Web 1.0 的时代。典型的 Web 1.0 公司基本采用技术创新主导的模式,信息技术的变化和使用对网站的发展发挥了关键作用。例如,新浪最初以技术平台起家,搜狐以搜索技术起家,腾讯以即时通信技术起家,盛大以网络游戏起家。它们通过各种网页信息的展示构成了各大门户网站,吸引用户点击浏览。此外,国外的 Yahoo、Google 等公司也对 Web 1.0 的发展做出了巨大的贡献,Yahoo 首先提出了互联网黄页,改变了用户传统的手工翻阅模式,为广大互联网用户提供了便利的查询方式;Google 推出了在线搜索引擎,迅速吸引了全球的信息搜索者。

图 3-1　Web 1.0、Web 2.0、Web 3.0 的主要特点

Web 1.0 总体上呈现向综合门户网站发展的趋势,Google、腾讯、MSN 等新兴公司都以极大的共同兴趣转向门户网站,尤其是新闻信息门户网站。同时,早期发展的公司,如新浪、网易、搜狐等,也继续坚持门户网站的道路。之所以如此,是因为门户网站本身拥有更大的盈利空间、更多元化的盈利方式,占据网络平台,能够更有效地实现增值,并在主营业务之外延伸到各类其他服务。同时,Web 1.0 的融合也形成了主营与兼营相结合的清晰产业结构,如网易扩展游戏产业,搜狐扩展门户网站,新浪扩展新闻和广告的产业链。各公司以主营业务为突破口,以兼营业务为补充,形成了全新的发展模式。

Web 1.0 的特点是只读,即信息投喂。由于信息传递的单向性,用户只能被动地接受信息,但很难发布内容。同时,用户之间的信息共享具有很强的局限性,通常仅限于本地好友或者留言板等。在这一时期,绝大多数互联网用户只作为内容的消费者。想在网站上发布内容的人,必须使用自己的服务器托管网站,这些网站大多数是只读的,基本没有能让用户创建内容或参与互动的操作界面。在 Web 的用户中,只有少数人具备发布内容的技术技能。

3.1.2　检索式搜索引擎

随着互联网用户的不断增加,一些新的问题逐渐凸显,用户并不满足于被动接受信息,而是倾向于个体的表达。Web 2.0 是 Web 发展的第二个阶段,可以理解为以人为中心的Web、参与式 Web 和读/写 Web,其主要特征如图 3-2 所示。Web 2.0 具有更强的互动性和更多的协作方式,强调用户之间的社会互动性和集体智慧,为吸引用户提供了新的机会。Web 2.0 是一个技术、商业战略和社会趋势的集合。与 Web 1.0 相比,Web 2.0 更有活力和互动性,让用户既能从网站上获取内容,又能对其做出贡献。Web 2.0 让用户即使不访问网页也能快速了解网站的最新内容,它还可以让开发者轻松、快速地创建新的网络应用程序,利用互联网上的数据、信息或服务。

在 2005—2009 年这个时间窗口中,大量基于 Web 2.0 的社交应用程序相继推出,例如,国外的 Facebook、Twitter、Youtube 等,国内的优酷、土豆等视频网站,迅雷、风行等下载软件,豆瓣、开心网、人人网等 SNS 社区,以及博客等。它们都有一个共同的特点,即用户是创造内容的主角,官方进行管理。这是一个全新的时代,整个互联网在理念和思想体系上都得到了一次根本性的洗礼。它由原来自上而下的、由少数资源控制者集中控制主导的互联网

用户驱动　　　　软件即服务　　　　社区机制　　　用户产生价值

- 按需分配价值
- 低成本进入
- 公共基础设施
- 供应商和消费者之间的
  紧密反馈回路

- 社交网络功能
- 标签
- 用户评论
- 社区权利管理

简单用户界面和
数据服务　　　　使用简单

- 快速响应的用户界面
- 易于拓展

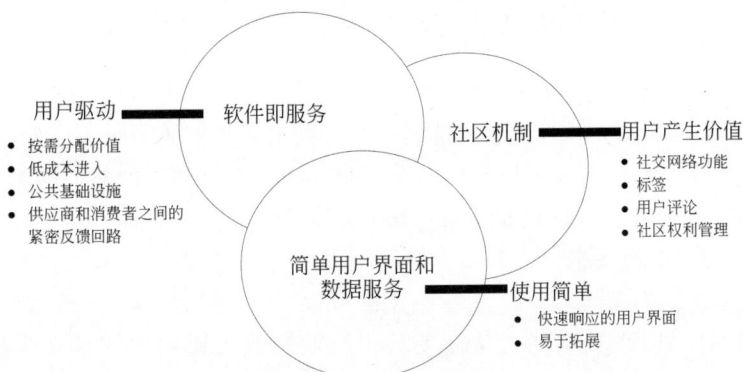

图 3-2　Web 2.0 的三大特征

体系转变为自下而上的、由广大用户集体智慧和力量主导的互联网体系。用户不仅可以获得越来越多的话语权,也可以尽情发挥自己的能力和创造力,互联网因此变得更加丰富多彩。在这一时期,借由博客和无数网络社区的力量,诞生了国内的第一批网红。此后,网络推手、版主意识到其背后的商业价值,推荐、加精、置顶等方式都成为变现模式。总体来说,这一时期大量产品的用户获取更依赖于传播而非推广投放。在用户维系方面,伴随着Web 2.0 的到来,无论是在用户分级理论、用户数据挖掘还是 KOL 管理维系方面都有了更加成熟的一套逻辑和做法,这方面的佼佼者包括猫扑、天涯、新浪等。其中,新浪在博客时代积累的无数知名博主和 KOL 资源此后决定了新浪微博的快速崛起。

在 Web 2.0 时期,Web 发生了很大的变化,最大的变化之一是互联网的交互性,这意味着用户不仅能从网页中获取信息,网页也开始从用户这里获取信息。当用户浏览Facebook、Youtube 以及进行 Google 搜索时,这些中心化的公司开始收集用户的数据,以便为用户提供更好的内容,从而让用户在它们的网站上停留更长的时间。Web 2.0 是一个定向广告时代,用户缺乏隐私。在 Web 2.0 中,不同的用户能够看到截然不同的新闻源,因为页面取决于浏览它的人,这是 Web 2.0 与 Web 1.0 最大的不同之一。

3.1.3　移动端社交网络

从 2009 年开始,移动互联网正式到来。智能手机的普及和移动时代的到来,在互联网世界中开辟了一块全新的战场,它意味着原有的格局和用户习惯会被打破重构,意味着人们的碎片时间也将开始可以被抢夺和占据。在这一时代,无数人凭借移动互联网时代的红利期和自己开发的 APP 大获成功。在这个过程中,苹果公司极大地加速了互联网的进程,使得互联网正式进入一个垄断性更强、封闭性更好、更加便利的时代。突出表现在形形色色的APP 让传统的 HTML 和 URL 形同虚设,使得互联网变成了一个个信息孤岛。互联网与移动互联网是逻辑完全不同的两个世界。前者保持着页面＋链接的模式,用户可以自由筛选自己所需要的信息,并根据需要进行分类组合,而且无论来自哪个渠道的信息,都可以通过浏览器打开;后者是一个个 APP,它们彼此封闭且处于割裂状态,无法实现真正意义上的直接跳转,即使有一些可以使用链接的应用场景,也会因为厂商对于数据的极端诉求而被强制干扰。为此,当时在业界掀起过一场 HTML5 和原生 APP 之争,争论的核心是谁才是互联网的未来。

3.1.4 Web 3.0 的快速发展

Web 2.0 中心化问题变得越来越突出,其导致的问题除了将互联网切割成一个个信息孤岛之外,另一个问题在于每一个应用都是一个专门的数据库驱动程序。然而,数据垄断造成了数据滥用与算法霸权。数据所有权的归属是 Web 3.0 要解决的核心问题之一。基于以上思考,语义网(semantic web)的概念在 2000 年前后诞生。Tim Bernes-Lee 认为 Web 3.0 是语义网,语义网能够使用本体论分析互联网上的所有数据,允许机器在没有人工干预的情况下处理很多任务。语义网的核心是将计算机可以理解的语义——元数据添加到 Web 的文档中(如 HTML 和 XML 文档),从而使整个互联网成为通用的信息交换媒介。简单来说,语义网是一个可以理解词语和概念以及两者之间逻辑关系的一种智能网络,能够使人与计算机之间的沟通更加高效,其本质是任务自动化和分布式应用。由语义网的概念催生了WOL(Web Ontology Language,万维网本体语言),2012 年,Google 公司提出了一项在网络搜索中使用语义知识的新技术,称为知识图谱。知识图谱用来识别和区分文本中的实体,用语义结构的摘要丰富搜索结果,并在探索性搜索中提供相关的实体链接。其目的是提高搜索引擎的能力,同时提升用户的搜索体验。此后,许多公司开发了自己的知识图谱,例如微软开发的搜索引擎 Bing,与 Satori 集成了类似的知识图谱。现在,知识图谱也指语义网络的知识库,如 DBpedia、YAGO、Wikidata 或 Freebase。语义网、WOL 和知识图谱成为互联网认知智能发展的里程碑,如图 3-3 所示。

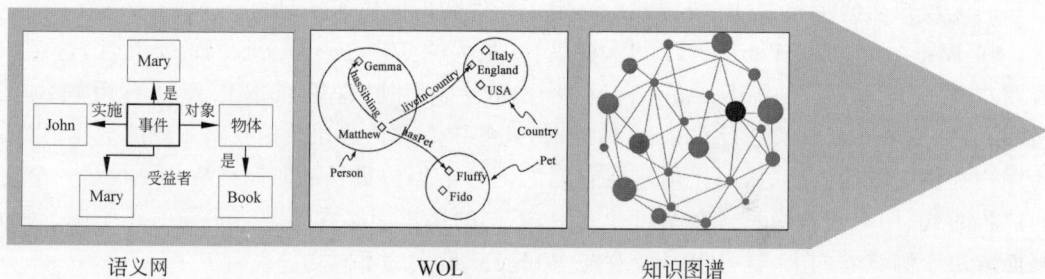

图 3-3　互联网认知智能发展的里程碑

Web 3.0 与知识图谱融合,使用区块链技术,形成了一种分权式网络,即去中心化网络(decentralized network)。区块链将一定信息保存在区块中,并将这些区块按照后端时间顺序连接起来形成链。这些链保存在所有节点中,节点归属于不同的主体。当要修改区块链中的信息时,必须取得半数以上节点的同意,因此数据的篡改是非常困难的。与传统网络相比,基于区块链的网络具有以下 5 个特征:

(1)去中心化。区块链技术没有中央控制权,不依赖于第三方管理人员及设备。各个节点通过分布式核算和存储实现了信息自我验证、传递和管理。

(2)开放性。区块链技术以开源为基础,整个系统是高度透明的。除了加密信息以外,任何人都可以通过公开接口查询和使用区块链中的数据。

(3)独立性。区块链技术基于协商一致性的规范和协议,所有节点都可以自动安全地验证和交换系统中的数据,不需要第三方或人为干预。

(4)安全性。修改区块链中的数据时,需要征得半数以上节点的同意,从而避免了数据篡改,使得区块链具有更高的安全性。

(5)匿名性。区块链各节点间的信息传递允许匿名进行,不需要公开用户的身份信息。

基于以上特点,区块链中的信息更加真实可靠,有助于解决信任危机问题。

从架构上来说,Web 3.0 通常采用 DApps,即去中心化应用程序,其后端结构如图 3-4 所示。Web 3.0 利用区块链在计算机网络之间分发应用程序,不需要 Web 服务器和集中式数据库。区块链充当状态机,通过验证预定义的规则维护程序状态和程序稳定性。后端逻辑通过智能合约实现,随后部署到区块链网络中。因此,后端信息存放在点对点网络中,每个用户都可以通过匹配标准对内容做出贡献。

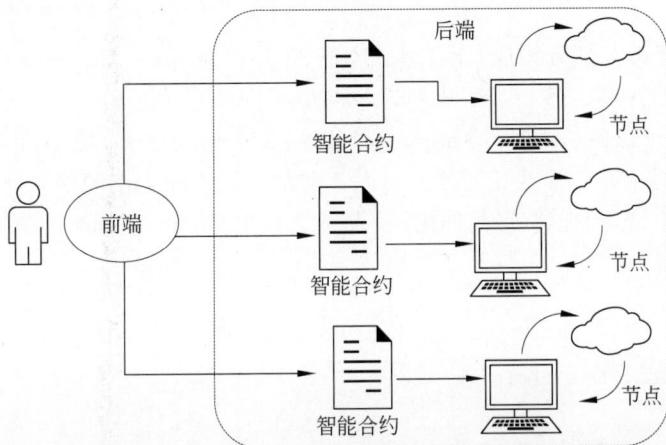

图 3-4　Web 3.0 的后端结构

进入 Web 3.0 时代之后,用户不仅可以读取信息、创造内容,还能拥有信息和内容。Web 3.0 不仅仅是在技术层面上的创新,更像是在网络这个虚拟世界里面的一套生态系统。它以区块链为底层的逻辑架构,衍生出一套完全和现实隔离的经济体系,不需要一个中央管理者,而是通过激励机制维护运行。Web 3.0 是一个将数据产权回归到创造者手上并实现价值合理分配的时代,在这里,每个用户都将拥有独一无二的数字身份,并真正掌控自己的数据,互联网巨头要获取用户的数据,首先要经过用户的允许,或者必须向用户支付使用费,而不是用户在没有选择的情况下只能同意 APP 的用户协议而被迫让出自己的数据。Web 3.0 从根本上改变了互联网世界的传统权利结构。采用去中心化存储,每个人将拥有自己的私有云,用于存储用户使用各种应用所产生的数据。

3.2　互联网信息主动获取技术

本节首先介绍与网络信息获取相关的基础知识,包括 Web 网页的构成、HTTP 的基本原理以及爬虫的基本工作流程,为理解网络数据采集打下基础。然后讨论网络数据采集调度技术,介绍会话管理、多线程与多进程爬虫设计以及爬虫调度技术。接下来介绍高级爬虫技术,包括网络流量拦截分析、爬虫框架应用和跨平台的数据采集。最后通过一个爬虫的实例具体演示如何运用这些技术手段高效地采集网页数据。

3.2.1　互联网信息主动获取基础知识

1. Web 网页基础

网页这个词大家都非常熟悉。在现代生活中,人们经常浏览各种网站,例如豆瓣、知乎、淘宝等。网站早已与人们的日常生活息息相关。那么,这些网站是如何构成的?人们所看到的网页又是如何呈现在人们眼前的呢?接下来,将介绍网页的基础知识,帮助读者对网页有一个基本的认识。Web 也称万维网,是一种基于超文本和 HTTP 的全球分布式信息系统。而 Web 网页(Web page)则是互联网上用于显示信息的页面,也是构成网站的基本元素。

一个网页通常由 3 部分构成:HTML、CSS 和 JavaScript。如果将网页比作一个人,那么 HTML 相当于骨架,CSS 相当于皮肤,JavaScript 则相当于肌肉。

HTML(HyperText Markup Language),即超文本标记语言,是 Web 网页的基本组成部分。HTML 中定义的元素决定了网页的内容和结构。不同类型的信息通过不同的标签表示,例如,图片使用<img>标签,段落使用<p>标签。以下是一个简单的 HTML 代码示例:

```
<!DOCTYPE html>
<html>
<head>
    <title>This is a title</title>
</head>
<body>
    <div id="container">
        <p class="text">Hello,World!</p>
    </div>
</body>
</html>
```

在这个示例中,<!DOCTYPE html>表示使用 HTML 5 语法,这也是 HTML 的最新版本。接下来是 HTML 的根标签<html>,包括开始标签和结束标签,两者之间是网页的全部内容。<title>标签中的 This is a title 是网页的标题。通常,网页的文字内容都可以放在这些标签之间。<body>标签表示 HTML 网页的主体部分,该标签内的内容是用户可以看到的,例如文字、图片、视频等。<div>标签和<p>标签中有一些属性,这些与 CSS 相关。浏览器通过解析这些标签,将其渲染成一个个节点,从而形成人们所看到的网页。

CSS(Cascading Style Sheet)即层叠样式表,为 HTML 提供了一种样式描述,定义了网页元素的显示方式。层叠是指当 HTML 中引用了多个样式文件并且样式发生冲突时,浏览器能够根据层叠样式规则进行处理。样式则决定了 HTML 元素在网页上的表现,例如文字的大小、颜色、元素的间距和排列方式等。仅仅使用 HTML 生成的页面通常不够美观,例如文本的位置、大小和格式难以控制。因此,可以利用 CSS 对页面进行排版,使网页更加美观。下面是一个 CSS 代码示例:

```
.text{
    width:40px;
    height:40px;
    color:#fff;
```

```
        font-size:24px;
        text-align:center;
    }
```

在这个示例中,定义了元素的宽度、高度、颜色、字体大小和文本对齐方式。前面的
.text是 CSS 选择器,用于定位需要应用这些样式的元素。CSS 可以为不同的节点设置样
式,因此需要对不同的节点进行选择。.text 选择器指的是对 class＝"text"的节点设置样式。
此外,还可以使用 id 进行定位。例如,在 HTML 中,<div>的 id 为 container,那么使用
♯container就可以选择 id＝"container"的节点。如果想根据标签名定位元素,例如定位
<p>标签,直接使用 p 选择器即可。

JavaScript 是一种高级脚本语言,广泛用于 Web 应用开发,常用来为网页添加各种动态
功能,提供更流畅、美观的浏览效果。JavaScript 不仅可以让页面静态显示,而且实现了动
态且可以交互的页面功能。JavaScript 代码可以嵌入 HTML 页面,也可以以独立的文件形
式加载,HTML 页面中可以通过<script></script>标签引入 JavaScript 文件。下面是一个
简单的 JavaScript 代码示例:

```
<script>
    document.getElementById("container").innerHTML = "Welcome to my website!";
</script>
```

在这个代码示例中,<script>标签用于嵌入 JavaScript 代码。代码的作用是通过
document.getElementById("container")选择网页中 id 为 container 的元素,并使用 innerHTML
属性更改其内容,将其设置为"Welcome to my website!"。这样,网页加载时,指定的内容
会动态显示在网页中。这个例子展示了 JavaScript 如何与 HTML 交互,实现动态内容
更新。

2. HTTP 基础

1) URL 的构成与解析

URL(Uniform Resource Locator)即统一资源定位符,URL 指定了互联网中某个资源
的唯一访问方式。例如,https://www.baidu.com 就是一个 URL。URL 有以下格式:

```
scheme://[username:password@]hostname[:port][/path[;parameters][?query][#
fragment]
```

其中,方括号中的内容都是可选的。以下是一些重要的参数的含义:

- scheme 是协议,例如 HTTP、HTTPS、FTP。
- username 和 password 是用户名和密码。某些 URL 需要提供用户名和密码才能访问。
- hostname 是主机地址。这里可以是一个 IP 地址或者域名。例如,www.baidu.com
  是一个域名,6.6.6.6 是一个 IP 地址,这两者都可以作为主机地址。
- port 是端口。有些 URL 没有端口信息是因为协议有默认端口。例如,FTP 默认端
  口为 21,HTTP 默认端口为 80。

2) HTTP 请求过程

访问一个页面的具体过程是怎么样的呢? 打开浏览器,输入 URL,然后就可以跳转到
想访问的页面。在这个过程中,浏览器与服务器的通信过程如图 3-5 所示。

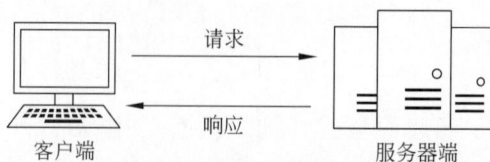

图 3-5　服务端通信过程

客户端可以是用户的计算机或者浏览器,服务器端提供用户要访问的网站服务。在一次 URL 访问过程中,首先用户的客户端向服务器端发送一个请求(request),服务器端接收到请求后对其进行解析和处理,然后返回响应(response),传给客户端。客户端再对传回的响应进行解析,便获得了网页。

3) 请求与响应

用户访问网页时,客户端与服务器端要进行通信。那么,请求与响应包含了哪些内容?

了解请求与响应不但可以帮助我们理解客户端与服务器端通信的过程,也为后面学习爬虫技术打下基础。

请求由客户端发往服务器端,可以分为 4 部分:请求方法(request method)、请求网址(request url)、请求头(request header)和请求体(request body)。

(1) 常见的请求方法有两种:GET 和 POST。GET 请求页面,并返回内容。POST 提交表单和上传文件,数据包含在请求体中。例如,在登录的时候需要用户名和密码,如果写在 URL 里,容易造成敏感信息泄露,此时就可以使用 POST 请求,通过表单的方式提交这些信息。

(2) 请求网址也就是要访问的页面的 URL。

(3) 请求头是服务器需要的一些附加信息。其中一些信息经常会使用到,如 User-Agent、Cookie 等。User-Agent 是一个字符串头,服务器通过该信息识别客户端使用的操作系统和版本。当使用爬虫时,一般要使用请求头伪装成正常的请求,否则很容易被发现。Cookie 记录了网站用于辨识用户的信息。例如,在某些网站,一开始是登录界面,登录后会转换成登录后的网页。如果关闭该网页再打开,仍然是登录后的网页,这就是 Cookie 的功能。服务器通过 Cookie 识别用户并且发现用户处于登录状态,所以返回登录后的网页。

(4) 对于 GET 请求,请求体为空;对于 POST 请求,请求体是表单的内容。

响应是由服务器端发往客户端的信息,可以分为响应头(response header)、响应状态码(response status code)和响应体(response body)。

(1) 响应头的内容是服务器对请求的应答。

(2) 响应状态码表示服务器对请求的响应状态。常见的响应状态码如表 3-1 所示。

表 3-1　常见的响应状态码

响应状态码	含　义	说　　明
200	成功	服务器已成功处理了请求
201	已创建	请求成功并且服务器创建了新的资源
202	已接受	服务器已接受请求,但尚未处理

续表

响应状态码	含　义	说　明
204	无内容	服务器成功处理了请求,但没有返回任何内容
301	永久移动	请求的网页已永久移动到新位置。服务器返回此响应(对 GET 或 HEAD 请求的响应)时会自动将请求转到新位置
302	临时移动	服务器目前从不同位置的网页响应请求,但此后仍继续使用原有位置响应用户的请求
403	禁止	服务器拒绝请求
404	未找到	服务器找不到请求的网页
408	请求超时	服务器等候请求时发生超时

(3) 响应体是服务器返回的正文内容。例如,如果请求网页,那么响应体就是网页 HTML 代码。一般来说,爬虫就是从响应体中解析出所需的数据。

3. 爬虫基本原理

爬虫(Spider 或 Web Crawler)是一种自动化程序,模拟人类浏览网页的行为,自动获取互联网上的内容并将其保存或进一步处理。爬虫在现代互联网中有着广泛的应用,最典型的例子是搜索引擎,例如 Google 和 Bing,它们通过爬虫不断地抓取互联网网页的信息,构建起一个庞大的索引库,用户在使用搜索引擎时,实际上是在查询这个索引库。除此之外,爬虫还被广泛应用于数据采集、市场研究、学术研究、新闻聚合、内容监控、产品价格比较等场景。

1) 爬虫的工作流程

一般来说,爬虫的工作流程如图 3-6 所示。

爬虫的工作流程可以理解为一种自动化的网页访问和信息提取过程,通常分为以下几个步骤:

(1) 爬取数据。爬虫首先需要向目标网页发送 HTTP 请求。这一步就像在浏览器地址栏中输入一个网址然后按回车键一样,目的是让服务器返回这个网页的内容。常见的 HTTP 请求方式包括 GET 请求(获取页面内容)和 POST 请求(提交表单数据)。服务器收到请求后,会将对应的网页数据以 HTTP 响应的形式返回。这个响应通常包括网页的 HTML 源代码、CSS 样式表、JavaScript 脚本以及图片等资源。爬虫接收这些数据,并准备对其进行处理。

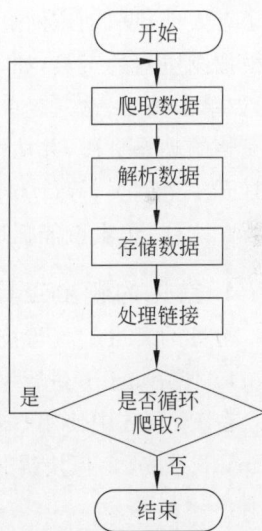

图 3-6　爬虫的工作流程

(2) 解析数据。获得网页内容后,爬虫需要从中提取出有用的信息。解析的过程可以利用多种工具和技术,如正则表达式、XPath 选择器、BeautifulSoup 库等。这一步类似于从一篇长文章中挑选出感兴趣的段落。

(3) 存储数据。解析出的数据可能是文本、图片、链接等,爬虫会将这些数据保存到本地文件、数据库或数据仓库中,以备后续分析和处理。这一步就像把重要的资料保存到计算机硬盘上,以便日后查阅。

（4）处理链接。爬虫会从当前页面中找到新的链接，这些链接指向其他网页或资源。爬虫将这些链接作为新的目标 URL，重复上述过程，继续抓取更多页面。这种机制使得爬虫能够在互联网中逐步探索并获取信息。

通过这样的流程，爬虫可以在很短的时间内访问大量网页，获取大量数据。无论是市场调研还是文本分析，爬虫都能提供极大的帮助。

2）静态网页与动态网页

静态网页的内容是在服务器端生成的，服务器将生成的 HTML 文件直接发送给客户端浏览器。每次用户访问一个静态网页时看到的内容都是固定的，除非网页的源文件在服务器上发生了更改。由于静态网页不随着用户的交互而变化，爬虫在抓取静态网页时通常只需要发送 HTTP 请求，获取返回的 HTML 代码，然后解析其中的内容。由于静态网页结构相对稳定，因此爬虫在抓取静态网页时，往往能保持较高的效率和准确度。

与静态网页不同，动态网页的内容通常是在客户端（即浏览器）通过 JavaScript 脚本生成的。这意味着，服务器返回的 HTML 脚本并不包含完整的页面内容，而是依赖于客户端执行 JavaScript 脚本后动态加载的数据。动态网页通常用于社交媒体、电子商务网站、内容管理系统等，需要根据用户的操作展示不同的内容。爬取动态网页时，简单的 HTTP 请求往往无法获得完整的页面内容，因为请求得到的 HTML 文件可能只是一个框架，其中包含大量的 JavaScript 脚本。这些脚本会在浏览器中运行，生成和加载实际的页面内容。因此，为了有效地抓取动态网页，爬虫需要能够执行 JavaScript 脚本。为了解决这个问题，可以使用模拟浏览器的工具，如 Selenium 和 Playwright。这些工具能够模拟用户在浏览器中的操作，如单击按钮、输入表单、滚动页面等，并能够执行页面中的 JavaScript 脚本，从而可以加载完整的动态页面，并从中提取所需的数据。例如，在使用 Selenium 时，爬虫可以模拟浏览器打开一个网页，等待 JavaScript 脚本渲染网页，然后获取网页的完整 HTML 代码并进行解析。这样，爬虫就能抓取原本无法通过简单请求获取的动态内容。

4. 常见的爬虫工具与技术

常见的爬虫工具与技术包括 urllib、requests 和正则表达式。

1）使用 urllib 进行网页请求

在 Python 中使用 urllib 可以发送 HTTP 请求，并且无须关心 HTTP 的底层实现。其中 urllib.request 模块提供了构造 HTTP 请求的办法。例如，对百度首页源代码的请求如下：

```
import urllib.request
response = urllib.request.urlopen("http://www.baidu.com")
print(res.read().decode('utf-8'))
```

返回的百度首页源代码如图 3-7 所示。

```
<meta name="description" content="全球领先的中文搜索引擎、致力于让网民更便捷地获取信息，找到所求。百度超过千亿的中文网页数据库，可以瞬间找到相关的搜索结果。">
<link rel="shortcut icon" href="https://www.baidu.com/favicon.ico" type="image/x-icon">
<link rel="search" type="application/opensearchdescription+xml" href="/content-search.xml" title="百度搜索"><title>百度一下，你就知道</title>
```

图 3-7　返回的百度首页源代码

urllib 是 Python 的标准库之一,主要用于处理与 URL 相关的操作,包括发送 HTTP 请求、解析 URL、处理 HTTP 响应等。它提供了一个简单的接口,帮助开发者轻松地进行网络通信,而无须深入了解 HTTP 的底层实现。

2)使用 requests 进行高级请求处理

requests 是一个非常流行的 Python 库,用于发送 HTTP 请求。与 urllib 相比,requests 提供了更简单易用的 API,使得网络请求操作更加方便和直观。它被设计为更高层次的 HTTP 库,能够自动处理许多底层细节,如连接保持、Cookies 管理以及编码问题,极大地简化了网络编程任务。

3)使用正则表达式进行网页信息提取与解析

获得了网页源代码后,应当从中提取出需要的信息,可以用正则表达式提取网页信息。

正则表达式(regular expression)在代码中常简写为 regex、regexp 或 RE,是一种文本模式,包括普通字符(例如,字母 a~z)和特殊字符(称为元字符)。正则表达式使用单个字符串描述、匹配一系列符合某个句法规则的字符串,通常被用来检索、替换具有某种模式的文本。例如,URL 可以用正则表达式[a-zA-Z]+://[^\S] * 匹配。例如,有一段长字符串 "******http://www.baidu.com####",那么上面的正则表达式可以提取出 http://www.baidu.com。这是因为 URL 是有格式的,一开始是协议名称,由 26 个大小写英文字母组成,然后是://,最后是域名加路径。a-z 匹配任意的小写字母,A-Z 匹配任意的大写字母,\s 匹配任意空白字符。正则表达式就是一串匹配规则的集合。常见的匹配规则如表 3-2 所示。

表 3-2　常见的匹配规则

模　　式	描　　述
\w	匹配字母、数字、下画线
\W	匹配非字母、数字、下画线的字符
\d	匹配任意数字,等价于[0-9]
\D	匹配任意非数字的字符
\s	匹配任意空白字符,等价于[\t\n\r\t]
\S	匹配任意非空白字符
\n	匹配换行符
\t	匹配制表符
^	匹配字符串开头
$	匹配字符串结尾
*	匹配 0 个或多个其前面的正则表达式定义的片段
+	匹配一个或多个其前面的正则表达式定义的片段
[...]	匹配一组字符,要具体列出,例如[kfc]匹配 k、f 或 c
[^...]	匹配在[]中具体列出的字符以外的字符,例如[^kfc]匹配除了 k、f、c 以外的字符
?	匹配 0 个或 1 个其前面的正则表达式定义的片段,非贪婪方式
{n}	精确匹配 n 个由其前面的正则表达式定义的片段
{n,m}	匹配 n 到 m 个由其前面的正则表达式定义的片段,贪婪方式

除了正则表达式外,还有 XPath、BeautifulSoup、PyQuery 等工具可以提取网页信息,请读者自行了解。

5. 动态页面的处理

前面讲过一种情况,就是网页的内容是基于 JavaScript 渲染的,爬虫直接爬取得不到什么信息,遇到这种情况有两种办法:一是利用模拟工具以所见即所得的策略爬取信息;二是逆向 JavaScript 代码,直接找出其加密逻辑并实现,这种方案难度很高,但是相较于模拟工具,不需要渲染整个页面,速度会快很多。先介绍第一种方法——模拟浏览器访问,此处介绍两个工具,即 Selenium 和 Playwright。

1) 使用 Selenium 模拟浏览器操作

首先在 Python 运行环境中使用 pip install selenium 指令安装相应的库,并且下载对应的驱动程序。例如,使用 Chrome 浏览器,就要下载 Chrome 浏览器的驱动程序,可以在 chromedriver 的官方网站下载得到。注意要根据 Chrome 的版本下载对应的驱动程序,然后再将安装地址加入环境变量中。

使用 Selenium 模拟浏览器搜索 spider,代码示例如下:

```
import time
from selenium import webdriver
browser = webdriver.Chrome(service=s)
browser.get("https://www.example.com")
browser.find_element(By.ID,'kw').clear()
browser.find_element(By.ID,'kw').send_keys('spider')
browser.find_element(By.ID,'su').click()
time.sleep(20)
browser.quit()
```

上述代码执行结果如图 3-8 所示。

2) 使用 Playwright 模拟浏览器操作

Playwright 是微软公司于 2020 年开发的一款自动化测试工具,对主流浏览器都提供了支持,并且 API 功能强大。其安装也很简单,无须下载驱动程序,这些在安装 Playwright 时就会自动配置好。其具有以下特性:

(1) 支持所有主流浏览器。包括 Google Chrome、Microsoft Edge、Apple Safari 和 Mozilla Firefox 浏览器,不支持 IE 11。

(2) 跨平台。包括 Windows、Linux 和 macOS。

(3) 基于 WebSocket 协议,可以接收浏览器(服务器端)的信号。Selenium 采用的是 HTTP,只能客户端发起请求。

(4) 浏览器上下文并行。单个浏览器实例下创建多个浏览器上下文,每个浏览器上下文可以处理多个页面。Playwright 是一个进程外自动化驱动程序,它不受页面内 JavaScript 脚本执行范围的限制,可以自动控制多个页面。

(5) 强大的网络控制。Playwright 引入了上下文范围的网络拦截来模拟网络请求。

(6) 现代 Web 特性。支持 Shadow DOM 选择、元素位置定位、页面提示处理、Web Worker 等 Web API。

Playwright 使用时和 Selenium 类似,但是功能更加强大,读者可以自行了解。

图 3-8　Selenium 模拟浏览器操作

3.2.2　网络数据采集调度技术

1. 会话管理与代理的使用

1）会话与 Cookie 管理

在一些爬虫任务中，保持会话状态非常重要，尤其是在处理需要登录的网站时。会话管理可以确保在多次请求之间，登录信息、用户偏好等状态能够被持续保持。

在 Python 的 requests 库中，Session 对象可以自动处理和管理会话。通过 Session，可以在多次请求中共享 Cookie，从而模拟一个持续的会话。例如，当用户登录某个网站后，再次请求其他网页时，不需要每次都重新登录，这就是会话管理的一个应用场景。

Cookie 是服务器发送到客户端并保存在用户浏览器中的一小段数据，通常用于维护用户的登录状态、个性化设置等。爬虫可以在发送请求时携带 Cookie，从而模拟已经登录的状态。requests 库允许在请求中添加 Cookie，确保请求包含正确的用户身份信息，从而成功获取目标网页的数据。

2）代理的基本原理与配置

代理充当爬虫和目标网站之间的中介，能够隐藏爬虫的真实 IP 地址，减少因频繁访问而导致 IP 地址被封禁。此外，代理还可以帮助爬虫突破地理位置限制或其他访问限制。代理一般分为以下几种类型：

- 透明代理。会向目标服务器暴露真实 IP 地址,但可以隐藏爬虫的身份。
- 匿名代理。隐藏真实 IP 地址,但目标服务器能够检测到爬虫正在使用代理。
- 高匿名代理。完全隐藏真实 IP 地址,并且目标服务器无法检测到爬虫正在使用代理。

在爬虫工作时,通过设置代理发送请求是避免 IP 地址被封禁的常用手段。当爬虫使用代理发送请求时,目标网站接收到的是代理服务器的 IP 地址,而不是爬虫的真实 IP 地址,从而可以有效降低爬虫被封禁的风险。

通过合理地配置和使用会话与代理,爬虫程序可以更加稳定、有效地进行数据抓取,同时避免常见的访问限制和封禁问题。下面通过 requests 库和 Selenium 分别展示如何配置和使用代理。

首先,使用 requests 库设置代理。在 requests 库中,可以通过 proxies 参数设置 HTTP 和 HTTPS 代理。代理的格式为"协议://代理 IP 地址:端口号"。设置代理后,所有请求都将通过指定的代理服务器发送,从而隐藏爬虫真实的 IP 地址。示例代码如下:

```
import requests
proxies = {
    'http': 'http://10.10.1.10:3128',
    'https': 'http://10.10.1.10:1080',
}
response = requests.get('http://www.example.com', proxies=proxies)
print(response.text)
```

在这个示例中,爬虫通过代理服务器发送 HTTP 请求。目标网站接收到的 IP 地址是代理服务器的 IP 地址,而不是爬虫的真实 IP 地址。这可以有效降低因频繁访问目标网站导致的 IP 地址被封禁风险。

接下来,使用 Selenium 设置代理。Selenium 是一个用于模拟浏览器操作的工具,在爬取动态网页时非常有用。通过 Selenium 的 Proxy 类,可以为浏览器配置代理,并将其应用到浏览器的会话中。示例代码如下:

```
from selenium import webdriver
from selenium.webdriver.common.proxy import Proxy, ProxyType
proxy = Proxy()
proxy.proxy_type = ProxyType.MANUAL
proxy.http_proxy = '10.10.1.10:3128'
proxy.ssl_proxy = '10.10.1.10:1080'
capabilities = webdriver.DesiredCapabilities.CHROME.copy()
proxy.add_to_capabilities(capabilities)
driver = webdriver.Chrome(desired_capabilities=capabilities)
driver.get('http://www.example.com')
driver.quit()
```

在这个示例中,首先创建了一个 Proxy 对象并设置了 HTTP 和 HTTPS 代理。然后,将代理添加到浏览器的能力(Capabilities)配置中,确保浏览器在启动时使用该代理。启动浏览器后,所有的网页请求都会通过指定的代理服务器发出,从而隐藏爬虫的真实 IP 地址。

上面两种方法展示了在不同场景下如何利用代理来保护爬虫的正常运行。

2. 爬虫设计

1）多线程爬虫设计

多线程爬虫通过同时执行多个线程提升爬取效率。每个线程在爬虫运行时独立处理不同的任务,如请求网页、解析数据或存储结果。由于多个线程共享相同的内存空间,因此数据共享相对容易,但需要注意线程安全问题。常见的多线程爬虫应用场景包括访问大量相互独立的网页或需要并行处理多个数据提取任务的情况。示例代码如下:

```python
import threading
import requests
def fetch_url(url):
    response = requests.get(url)
    print(f"Fetched {url} with status {response.status_code}")
urls = ['http://example.com', 'http://example.org', 'http://example.net']
threads = []
for url in urls:
    thread = threading.Thread(target=fetch_url, args=(url,))
    threads.append(thread)
    thread.start()
for thread in threads:
    thread.join()
```

在这个示例中,创建了多个线程,每个线程独立执行 fetch_url 函数,负责从指定的 URL 获取网页内容。所有线程同时启动,并发地进行 HTTP 请求,最终将结果输出到控制台。这种方式有效提高了爬取效率,特别是在网络 I/O 操作密集的场景下表现尤为显著。然而,多线程程序必须考虑线程之间的同步与竞争问题,例如共享变量的竞争访问、死锁等,这些问题可能导致程序不稳定或崩溃。因此,在实际应用中,多线程爬虫需谨慎设计,确保线程安全。

2）多进程爬虫设计

与多线程爬虫不同,多进程爬虫通过在多个独立的进程中同时执行爬取任务提升效率。由于每个进程都有独立的内存空间,因此多进程适用于 CPU 密集型任务和需要规避全局解释器锁(Global Interpreter Lock,GIL)限制的场景。多进程爬虫可以充分利用多核 CPU 资源,实现真正的并行计算,但进程间的数据共享和通信较为复杂。示例代码如下:

```python
import multiprocessing
import requests
def fetch_url(url):
    response = requests.get(url)
    print(f"Fetched {url} with status {response.status_code}")
urls = ['http://example.com', 'http://example.org', 'http://example.net']
processes = []
for url in urls:
    process = multiprocessing.Process(target=fetch_url, args=(url,))
    processes.append(process)
    process.start()
for process in processes:
    process.join()
```

在这个示例中,使用 multiprocessing 模块创建了多个独立的进程,每个进程负责从不同的 URL 获取网页内容。与多线程爬虫相比,多进程爬虫可以绕过 GIL 的限制,适合需要同时处理多个独立任务的场景,如大量网页的并行爬取。每个进程都有独立的内存空间,这虽然提高了计算效率,但也带来了进程间数据共享和通信的难题。实际开发中,可以使用共享内存、队列、管道等方式实现进程间通信。

多进程爬虫的优势在于其可以充分利用多核处理器的能力,实现真正的并行处理,特别适合处理复杂的数据处理任务。然而,与多线程爬虫相比,多进程爬虫的创建和销毁开销较大,且进程间的数据传递复杂,因此适合在大规模并行任务中使用。

3) 分布式爬虫设计

分布式爬虫设计的核心在于如何利用多台主机协同工作,以实现大规模、高效率的数据抓取任务。相比于单机爬虫,分布式爬虫可以大幅提升数据采集的速度和效率。通过多台主机共同工作,分布式爬虫能够在短时间内抓取海量数据,适用于搜索引擎索引构建、社交媒体数据抓取等大规模数据采集任务。

分布式爬虫的基本架构与单机爬虫相似,两者最大的不同在于任务调度和数据存储的方式。在分布式爬虫中,所有爬虫实例共享一个爬取队列和去重机制,以确保每个任务都只被处理一次。分布式爬虫架构的核心组成部分如下:

(1) 共享爬取队列。所有爬虫实例从同一个共享队列中获取待处理的 URL,这个队列通常存储在高效的分布式数据库(如 Redis)中。共享队列的使用确保了任务的分配和执行能够最大限度地避免重复。

(2) 去重机制。通过在共享的去重集合中存储每个请求的指纹,确保各个爬虫实例不会重复爬取相同的 URL。去重机制的实现依赖于高效的数据结构和算法,通常也使用 Redis 中的集合数据结构。

(3) 调度与执行。每个爬虫实例都有独立的调度器(scheduler)和下载器(downloader)。调度器负责从共享爬取队列中提取待处理的 URL,下载器则负责向目标网站发送请求并获取数据。

共享爬取队列是分布式爬虫系统的核心组件。为了实现高效的共享爬取队列,Redis被广泛应用。Redis 提供了多种强大的数据结构支持,如列表、集合和有序集合,同时还能实现高效的并发访问。列表适用于实现先进先出(First-In First-Out,FIFO)的队列,爬虫实例可以通过 lpush 方法将 URL 推入队列,再通过 lpop 方法从队列中取出 URL 进行处理。集合则适用于去重队列,通过集合这种数据结构,可以确保每个 URL 只被处理一次,有效避免重复抓取数据。而有序集合则用于带有优先级的队列,在某些情况下,不同的URL 可能具有不同的优先级,有序集合可以确保优先级高的 URL 被优先处理。通过这些数据结构,Redis 可以灵活地管理分布式爬虫任务,提高效率并减少资源浪费。

在分布式爬虫中,去重机制同样依赖于 Redis。爬虫实例计算每个请求的指纹(通常使用 SHA1 等哈希算法),并将其存储在 Redis 的集合中。在处理新的 URL 时,爬虫实例首先检查该 URL 的指纹是否已经存在于集合中。如果存在,则跳过该 URL;否则将其加入集合并继续处理。以下是一个简单的指纹计算示例:

```
import hashlib
def request_fingerprint(request):
```

```
        fp = hashlib.sha1()
        fp.update(request.url.encode('utf-8'))
    return fp.hexdigest()
```

通过这种方式,各个爬虫实例可以高效地共享去重信息,确保整个系统中没有重复抓取的任务。

分布式爬虫系统需要具备应对中断的能力。由于爬虫运行时间可能较长,且任务复杂,难免会出现系统中断的情况。在 Scrapy 中,可以通过将爬取队列保存在本地来防止中断后数据丢失。但是在分布式爬虫中,由于爬取队列存储在 Redis 中,即使爬虫中断,队列中的数据也不会丢失,爬虫重启后可以继续从中断处开始爬取。

利用 Scrapy-Redis 扩展包可以轻松实现分布式爬虫。Scrapy-Redis 提供了内置的共享爬取队列和去重机制,并与 Scrapy 无缝集成,使得分布式爬虫的开发和部署变得更加简单。

3. 爬虫调度技术

在大型爬虫系统中,任务调度技术是提高爬虫效率、优化资源利用以及确保数据抓取完整性的重要环节。爬虫调度不仅涉及任务的合理分配,还需要处理失败任务的重试机制和动态调整策略,以应对复杂的网络环境和多样化的数据抓取需求。

1) 任务调度策略

任务调度是爬虫系统的核心,其主要目标是将大量待处理的任务(如 URL 列表)合理分配到各个爬虫实例中,最大化地利用系统资源并提高爬虫的工作效率。

常见的任务调度策略如下:

- 轮询调度(round-robin scheduling)。这是最简单的任务调度策略。它按顺序将任务分配给每个爬虫实例,不考虑每个爬虫实例的负载情况。这种策略实现简单,但在任务复杂度不均衡时可能导致部分爬虫实例过载。
- 基于负载的调度(load-based scheduling)。该策略根据每个爬虫实例的当前负载(如 CPU 使用率、内存占用、任务队列长度等),将新任务分配给负载较低的实例。这种调度策略能够动态调整任务分配,优化资源利用,提升系统的响应速度和稳定性。
- 优先级调度(priority scheduling)。当一些任务比其他任务更重要或更紧急时,优先级调度可以将高优先级任务优先分配给爬虫实例处理。这种策略确保了关键任务能够在最短时间内得到处理。
- 随机调度(random scheduling)。为避免任务过于集中于某一爬虫实例,随机调度将任务随机分配给各个爬虫实例。该策略适用于负载相对均衡的场景,且实现简单。

2) 失败任务的重试机制

在实际网络环境中,任务失败是不可避免的,例如,网络超时、目标网站临时不可用或数据请求被阻止等问题都会导致任务失败。为了确保数据抓取的完整性,爬虫系统通常需要设计失败任务的重试机制。

常见的重试机制包括固定次数重试、指数退避重试和多渠道重试等方法。固定次数重试是在任务失败时爬虫系统按照预设的次数重新尝试执行该任务,如果达到重试次数仍然失败,则将任务标记为失败,并记录日志供后续处理。指数退避重试策略则是在每次重试之间增加等待时间,通常按照指数级增长,从而减少因频繁重试带来的资源浪费,并增加重试成功的概率。多渠道重试适用于任务可通过多个渠道(如不同 IP 地址或代理服务器)执行的情况，当某个渠道失败时，系统可以尝试通过其他渠道重试任务，这在目标网站对某些渠道有访问限制时特别有效。

设计重试机制时，需要合理设置重试次数和间隔时间，以确保重试策略的有效性。过多的重试可能浪费资源，而过少的重试可能导致任务丢失。间隔时间应根据网络环境和目标网站的响应速度进行调整。此外，对无法成功重试的任务应进行详细的日志记录，以便开发者分析原因并优化爬虫策略。重试机制应能够动态调整，例如，根据任务类型和目标网站的特性，在高峰期减少重试次数，或者对特定类型的任务加快重试节奏。通过合理设计和应用重试机制，爬虫系统可以更好地应对网络波动，确保数据抓取的可靠性。

3）动态爬虫调度

动态爬虫调度是一种智能化的调度方式，能够根据系统运行情况实时调整任务调度和执行顺序。通过对爬虫实例的运行状态、任务进展、网络延迟以及目标网站响应情况的监控，动态调度系统能够实时调整任务的分配频率和优先级。自适应任务分配功能使系统能够根据负载和响应速度自动优化任务分配，而弹性扩展与缩减机制则确保系统在任务量增加时自动扩展爬虫实例数量，在任务量减少时自动缩减爬虫实例数量。优先级动态调整则根据任务的紧急程度和执行情况灵活调整任务的优先级，确保重要任务能够得到及时处理。

3.2.3　高级网络信息采集技术

随着互联网技术的发展，网站的结构和数据呈现方式变得越来越复杂，传统的简单爬虫方法往往难以应对现代网页的动态加载、加密通信、跨平台应用等新技术挑战。为此，高级网络信息采集技术应运而生，为开发者提供了强有力的工具和方法，以应对这些复杂的场景。本节将深入探讨几种关键的高级技术，帮助开发者在复杂的网络环境中高效采集数据。

1. 网络流量拦截与分析

1）mitmproxy 的基本功能与应用场景

mitmproxy 的基本功能包括拦截 HTTP 和 HTTPS 请求与响应、保存会话数据以供分析、模拟客户端和服务器的交互以及利用反向代理转发流量等。它提供了一种在 PC 上运行的代理服务，通过将流量转发给实际的服务器，并将响应数据返回给客户端，从而起到中间人的作用，捕获并展示所有的网络流量。mitmproxy 的操作方式主要有两种：控制台操作和 Web 界面操作。前者通过命令行界面实现操作；后者则提供了更直观的图形化界面，如图 3-9 所示。

对于需要深入了解网络通信的开发者来说，mitmproxy 是分析复杂应用、逆向工程 API、调试网络请求的利器。它常被用于拦截移动设备的网络流量、分析动态加载的内容以及绕过某些网页的反爬虫机制。通过拦截和解析通信数据，开发者可以直接访问通常难以获取的后台数据，甚至可以通过修改请求来模拟不同的用户行为或测试系统的稳定性。

2）通过 mitmproxy 进行数据拦截与修改

mitmproxy 不仅是一个被动的流量监控工具，还支持对拦截到的数据进行实时修改。在使用 mitmproxy 时，开发者可以随时对请求和响应的数据进行编辑，例如修改请求头中的 User-Agent 信息、添加或删除 Cookie 或者修改请求的 URL 路径和参数。这种功能特别适用于需要模拟不同网络环境、伪造请求或测试服务器响应的场景。

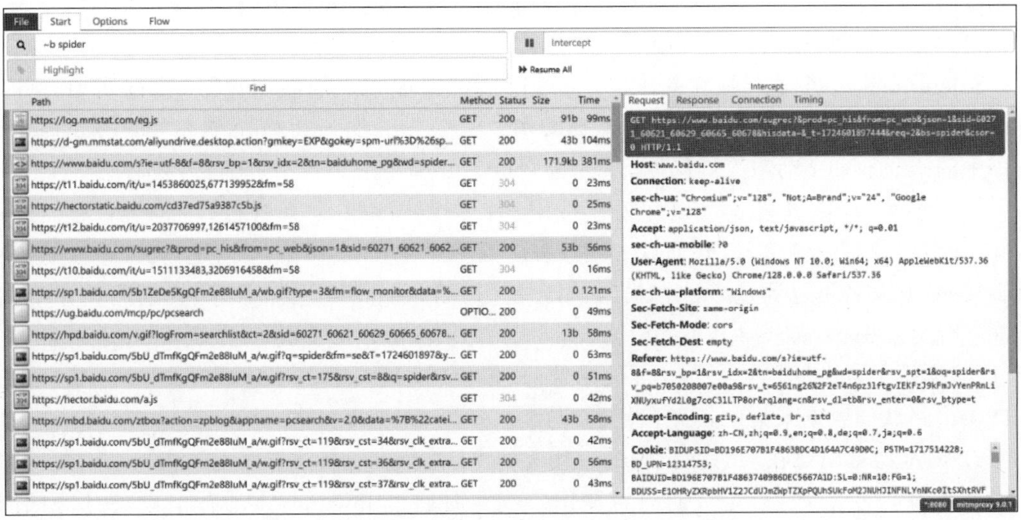

图 3-9　mitmproxy 的 Web 界面

通过简单的命令行操作,mitmproxy 可以监听指定端口的代理服务。当移动设备或其他客户端通过该代理访问互联网时,mitmproxy 就会自动拦截所有的网络流量。在这个过程中,开发者可以使用 mitmdump(mitmproxy 的命令行接口)配合 Python 脚本进一步处理和分析拦截到的流量。例如,可以编写脚本自动修改请求中的参数,并重新发起请求,从而观察服务器的不同响应。这种实时修改与重新请求的能力,使得 mitmproxy 不仅是一个抓包工具,更是一个强大的网络测试和调试平台。

3) 与其他爬虫工具的结合使用

mitmproxy 的功能不限于单独使用,它还可以与其他爬虫工具结合,以增强数据采集的效果。在与 Selenium 或 requests 库结合使用时,mitmproxy 可以作为一种流量捕获和分析的中间层,帮助开发者更加全面地理解网页的网络请求结构,尤其是在面对复杂的 Ajax 请求和加密传输时。

例如,在使用 Selenium 进行动态网页数据采集时,开发者可以通过 mitmproxy 捕获浏览器发送的所有请求,并分析这些请求以找出关键数据接口。然后,利用 requests 库直接访问这些接口,绕过不必要的页面渲染,直接提取所需数据,从而提高爬取效率。在这种组合使用方式下,mitmproxy 充当了分析和优化的角色,通过它的辅助,开发者可以更高效地设计和执行爬虫任务。

此外,mitmproxy 还可以帮助开发者在跨平台的数据采集任务中获取隐藏或加密的数据,通过中间人代理的方式解密并分析数据,从而完成更复杂的网络数据采集工作。通过这种方式,mitmproxy 与其他工具形成了一个强大的组合拳,能够应对各种复杂的网络数据采集需求,帮助开发者更高效、更准确地完成任务。

2. 浏览器自动化与模拟

浏览器自动化与模拟是现代爬虫技术中非常重要的组成部分,尤其在处理动态网页和复杂交互场景时,传统的静态 HTML 解析方式往往力不从心。Selenium 作为一种强大的自动化测试工具,广泛应用于浏览器的自动化操作和网页数据的采集。下面将深入探讨 Selenium 的高级应用以及它在动态网页处理中的重要作用,并介绍无头浏览器模式的使用方法。

1) Selenium 框架的深入应用

Selenium 是一个功能强大的工具,它可以通过编程方式控制浏览器,执行诸如打开网页、填写表单、单击按钮、获取网页内容等操作。Selenium 的强大之处在于它能够处理现代网页中的 JavaScript 动态渲染问题,这使得它成为处理复杂交互网页的最佳选择之一。

使用 Selenium,开发者可以轻松模拟用户在浏览器中的一系列操作。例如,可以使用 webdriver 对象打开浏览器,并通过 get 方法访问特定 URL。节点查找是 Selenium 的一项核心功能,开发者可以通过多种方式(如 ID、名称、XPath、CSS 选择器等)找到网页元素,并对其进行交互操作,如输入文字、单击、拖曳等。Selenium 还支持动作链(action chain)功能,能够模拟更复杂的用户行为,如鼠标悬停、拖曳、键盘按键等。这些功能使得 Selenium 在自动化测试和数据采集中得到广泛的应用。

2) 浏览器自动化在动态网页中的应用

动态网页的主要特点是页面内容在用户浏览时通过 JavaScript 动态生成,在这种情况下,传统的静态爬虫工具往往无法获取完整的网页内容。而 Selenium 通过真实地模拟用户操作,可以等待 JavaScript 加载完成,确保获取的网页内容是最终呈现给用户的内容。

在处理动态网页时,Selenium 可以通过隐式或显式等待机制等待特定元素加载完成,从而提高数据抓取的准确性。隐式等待是设置一个全局的等待时间,当寻找页面元素时,Selenium 会在规定时间内不断尝试,直到找到元素或超时为止;显式等待则允许开发者设置更加灵活的等待条件,例如等待特定元素的出现或某个按钮变为可点击状态。在某些情况下,还可以使用 Selenium 的 JavaScript 执行功能,直接在页面上运行 JavaScript 代码,以便处理更加复杂的交互。

Selenium 在处理动态网页时的优势显而易见,它能够克服传统爬虫工具在面对复杂交互和动态内容时的局限性,为数据采集提供了强有力的支持。

3) 无头浏览器模式的使用

在某些应用场景中,特别是当需要在服务器上批量运行爬虫任务时,弹出浏览器窗口既不必要也不方便。为此,Selenium 提供了无头浏览器(headless browser)模式。在这种模式下,浏览器在后台运行,不会显示任何用户界面,但仍然能够完成所有正常浏览器能做的事情,如加载网页、执行 JavaScript 代码、操作 DOM 等。

使用无头浏览器模式,开发者可以通过较低的资源消耗完成数据采集任务,并且能够更方便地部署在服务器环境中。例如,Chrome 浏览器可以通过添加--headless 参数启动无头模式。这种方式非常适合需要大量并发爬取任务的场景,同时也减少了网页渲染的开销,提升了爬虫的运行效率。

无头模式的浏览器虽然没有用户界面,但它依然可以完整地处理 JavaScript 代码,并且具备 Selenium 所有的自动化功能。因此,在需要高效执行批量操作的场合,无头浏览器模式成为非常受欢迎的选择。

通过 Selenium 及其无头浏览器模式,开发者能够更加高效地应对动态网页和复杂交互的挑战,实现大规模的数据采集任务,并将这些技术应用于实际的商业和科研场景中。

3. 爬虫框架的应用

爬虫框架的应用是网络爬虫开发中不可或缺的一部分。框架的合理使用能够大幅提升开发效率、代码可维护性以及扩展性。下面将介绍两个主流的爬虫框架——Scrapy 和 PySpider,并探讨它们的架构、特点以及适用场景。同时,还将讨论爬虫框架的扩展与优化,为应对复杂的数据采集任务提供有力的技术支持。

1)Scrapy 框架的架构与实现

Scrapy 是一个功能强大的 Python 爬虫框架,专为高速和高效的数据爬取任务而设计。Scrapy 基于 Twisted 的异步处理机制使其在处理大量并发请求时表现出色。Scrapy 采用模块化架构,设计清晰,每个模块各司其职,易于扩展和维护。

Scrapy 的架构包括以下几个重要组件:

(1)引擎(engine)。是 Scrapy 的核心组件,负责管理整个爬虫的数据流动和处理逻辑。

(2)调度器(scheduler)。负责接收引擎发来的请求,并将这些请求排队处理,确保高效、有序地发送给下载器。

(3)下载器(downloader)。负责执行实际的网页请求并将响应返回给引擎。

(4)蜘蛛(spiders)。该模块定义了具体的爬取逻辑和网页解析规则,通过编写蜘蛛,开发者可以灵活地处理不同类型的网页和数据结构。

(5)项目管道(item pipeline)。负责清洗、验证和存储爬取的数据,确保数据的质量和完整性。

(6)中间件(middlewares)。Scrapy 提供了下载器和蜘蛛两个中间件,分别用于定制化处理请求、响应和爬取结果。

Scrapy 的数据流由引擎统一控制,数据流动的过程分为请求的生成、调度、下载、解析、结果处理等步骤。通过异步调度和组件的高效协作,Scrapy 实现了对网络带宽的最大化利用,极大地提升了爬取速度和效率。

2)PySpider 的特点与应用场景

PySpider 是由国人开发的功能强大的网络爬虫框架,因其易用的 Web UI、灵活的调度机制以及对 JavaScript 页面的良好支持而广受欢迎。PySpider 的设计初衷是简化爬虫开发的过程,并且为开发者提供更加直观的开发体验。

PySpider 的主要特点如下:

(1)Web UI 支持。PySpider 自带的 Web UI 使得爬虫的编写、调试、监控和管理都可以通过可视化界面完成,这为开发者提供了极大的便利。

(2)多种后端支持。PySpider 支持多种数据库(如 MySQL、MongoDB、Redis)和消息队列(如 RabbitMQ)的集成,能够轻松应对不同的数据存储需求。

(3)JavaScript 动态渲染支持。通过集成 PhantomJS,PySpider 能够处理 JavaScript 动态渲染的网页,这在面对现代网页时尤为重要。

(4)分布式部署。PySpider 支持单机和分布式部署,能够通过扩展实现对大规模爬取任务的高效处理。

PySpider 非常适合快速实现和部署简单的爬虫任务,尤其是当需要处理 JavaScript 动态渲染的网页时。其直观的 Web UI 使得项目的管理和监控更加方便,也更适合团队协作。然而,PySpider 在扩展性和灵活性方面不及 Scrapy,特别是在应对复杂和高并发场景时,Scrapy 的模块化设计优势更加明显。

3）爬虫框架的扩展与优化

爬虫框架的扩展与优化在实际应用中显得尤为重要，通过合理的扩展与优化策略，爬虫可以更高效地应对复杂的场景，实现更加灵活和高效的数据采集。首先，Scrapy 作为一个高效的爬虫框架，通常通过直接发送 HTTP 请求获取网页内容，但对于通过 JavaScript 动态渲染的网页，Scrapy 的默认下载器无法处理，这时可以通过对接 Selenium 实现动态网页的抓取。Selenium 能够模拟用户行为，加载完整的网页，获取最终的渲染结果，从而突破传统爬虫无法获取动态内容的限制。对接方法通常在下载器中间件中进行，通过拦截 Scrapy 请求，改为使用 Selenium 加载目标网页并获取渲染后的 HTML 内容，再将其转换为 HtmlResponse 对象供 Scrapy 引擎处理。虽然这种方法可以处理复杂的动态网页，但 Selenium 的执行速度较慢，会阻塞 Scrapy 的异步处理，影响整体抓取效率，因此在大规模、高并发的任务中需结合其他工具或优化策略提高效率。

为了更好地应对多网站的数据抓取需求，爬虫框架的通用化和优化也十分必要。在实际应用中，往往需要爬取多个结构各异的网站，如果为每个网站单独编写爬虫，容易导致代码重复，增加维护成本。因此，设计一个通用的爬虫框架，将通用部分抽象出来，仅需配置不同网站的规则和解析方式，可以显著提高开发效率和可维护性。Scrapy 提供的 CrawlSpider 类通过配置爬取规则，可以自动处理网页链接的提取和请求调度，简化了爬虫的编写过程；而 Item Loader 则提供了标准化的数据处理机制，可以通过配置文件统一管理字段的提取和处理方式。进一步的通用爬虫框架设计可以将不同网站的爬取规则、数据提取方式抽象为配置文件，并通过动态读取这些配置生成爬虫任务，从而实现一个框架适应多个网站的需求。通过这些扩展和优化策略，爬虫框架不仅能应对复杂的动态网页，还能通过通用化设计提高开发效率，降低代码维护成本。

4. 跨平台信息采集技术

在现代移动应用的发展中，数据的获取和分析变得至关重要。对于移动平台，应用数据的抓取不仅涉及用户界面元素的提取，还包括日志信息、通信数据以及系统状态等多维度的数据采集。下面将探讨如何利用工具和技术在移动平台上进行有效的数据抓取。

在移动平台上进行数据抓取，常用的工具包括 ADB（Android Debug Bridge）和 Appium。ADB 是一个功能强大的命令行工具，允许用户与 Android 设备进行多种交互，如安装应用、查看设备日志、捕获屏幕截图等。Appium 则是一个跨平台的自动化测试工具，可以在 Android 与 iOS 平台进行自动化测试，能够模拟用户操作抓取应用内的数据。

通过 ADB，开发者可以直接从 Android 设备中获取大量的实时数据。例如，下面是一个使用 ADB 命令的代码示例，用于实现一个小功能：抓取 Android 设备上的实时日志，获取屏幕截图，并将其保存在本地。

```bash
#!/bin/bash
#1. 检查已连接的设备
echo "检查已连接的设备..."
adb devices
#2. 抓取设备实时日志并保存到文件
echo "抓取设备实时日志..."
adb logcat > logs.txt &
LOG_PID=$!
```

```
echo "日志正在抓取,输出到 logs.txt..."
#3. 等待一段时间以获取更多的日志信息
sleep 10
#4. 停止日志抓取
kill $LOG_PID
echo "日志抓取完成。"
#5. 截取屏幕并保存到设备
echo "截取屏幕..."
adb shell screencap -p /sdcard/screenshot.png
#6. 将截图文件从设备复制到本地
echo "将截图复制到本地..."
adb pull /sdcard/screenshot.png ./screenshot.png
#7. 删除设备上的截图文件
adb shell rm /sdcard/screenshot.png
echo "截图已复制到本地并删除设备上的文件。"
#8. 显示文件列表以验证文件已保存
ls -lh logs.txt screenshot.png
```

Appium 则提供了一种更高层次的抓取方式,尤其适合需要模拟复杂用户交互的场景。通过 Appium,可以自动执行点击、滑动、文本输入等操作,并抓取这些操作产生的数据。Appium 的一个重要优势是它能够跨应用抓取数据,即使是在需要登录的应用内也能进行全程自动化操作,Appium 的操作模式与模拟网页的 Selenium 非常相似,并且可以对接 Selenium,因此可以解决爬取某些应用需要动态加载数据的问题。

例如,下面是一个使用 Appium 模拟点击应用中的按钮的示例:

```
from appium import webdriver
desired_caps = {
    'platformName': 'Android',
    'deviceName': 'MyDevice',
    'appPackage': 'com.example.app',
    'appActivity': '.MainActivity'
}
driver = webdriver.Remote('http://localhost:4723/wd/hub', desired_caps)
element = driver.find_element_by_id('com.example.app:id/button')
element.click()
```

在 Android 平台上进行数据抓取时,会面临以下挑战:

(1) 数据加密与保护机制。现代应用往往使用加密技术保护用户数据。抓取这些数据时,需要解密处理或通过模拟正常操作获取解密后的数据。

(2) 反抓取措施。部分应用通过代码混淆、检测调试模式、动态加载等方式防止数据抓取。针对这些措施,抓取者需要使用反调试技术或修改环境配置以绕过保护机制。

(3) 多样化的应用架构。Android 应用的架构多种多样,使用不同的框架和库进行开发,这使得数据抓取工具对不同应用的适用性存在差异。为了解决这一问题,可以通过扩展工具的能力或开发自定义的插件来适应特定的应用架构。

5. 爬取网页实例

下面通过实例演示如何爬取搜索结果网页,将使用 requests 库和 Selenium 两种方式采集网页信息,并在最后完成数据的提取与存储。

1) 使用 requests 库获取静态网页

对于大多数简单的网页,requests 库是一个非常便捷的选择,利用它可以发送 HTTP 请求,并轻松获取响应内容。

首先,使用 requests 库发送一个 HTTP GET 请求到要抓取信息页面,并获取响应内容,代码如下:

```python
import requests
url = 'https://www.example.com/s'
params = {'wd': 'Python 爬虫'}
headers = {'User-Agent': 'Mozilla/5.0 (Windows NT 10.0; Win64; x64) AppleWebKit/
537.36 (KHTML, like Gecko) Chrome/92.0.4515.107 Safari/537.36'}
response = requests.get(url, params=params, headers=headers)
if response.status_code == 200:
    print("请求成功")
    print("响应内容类型:", response.headers['Content-Type'])
    print("响应编码:", response.encoding)
else:
    print("请求失败:", response.status_code)
```

在上面的代码中,向网页发送了一个查询关键字为"Python 爬虫"的请求,并添加了一个用户代理头,以模拟浏览器访问。随后检查响应状态,确保请求成功。

接下来,使用 BeautifulSoup 解析返回的 HTML 内容,并提取需要的数据,例如搜索结果的标题和链接。

```python
from bs4 import BeautifulSoup
data = []
soup = BeautifulSoup(response.text, 'html.parser')
results = soup.find_all('h3')
for result in results:
    title = result.get_text()
    link = result.find('a')['href']
    print("标题:", title)
    print("链接:", link)
    data.append((title, link))
```

在这段代码中,使用 BeautifulSoup 查找所有<h3>标签(通常包含搜索结果标题),并从中提取标题文本和链接。

2) 使用 Selenium 处理动态网页

对于包含动态加载内容的网页,如某些搜索结果页面,requests 库无法直接获取所有数据。这时,可以使用 Selenium 自动化浏览器工具模拟用户操作并处理 JavaScript 代码渲染的网页内容。

```python
import time
from selenium import webdriver
from selenium.webdriver.common.by import By
from selenium.webdriver.support.ui import WebDriverWait
from selenium.webdriver.support import expected_conditions as EC
```

```
driver = webdriver.Chrome()
driver.get("https://www.example.com")
search_box = driver.find_element(By.NAME, 'wd')
search_box.send_keys('Python 爬虫')
search_box.submit()
data = []
try:
    WebDriverWait(driver, 10).until(EC.presence_of_element_located((By.ID,
"content_left")))
    results = driver.find_elements(By.XPATH, '//h3')
    for result in results:
        title = result.text
        link = result.find_element(By.TAG_NAME, 'a').get_attribute('href')
        print("标题:", title)
        print("链接:", link)
        data.append((title, link))
    time.sleep(10)
finally:
    driver.quit()
```

在这段代码中,使用 Selenium 模拟用户在搜索框中输入关键字,并提交搜索请求。WebDriverWait 用于等待页面加载完成,随后提取搜索结果的标题和链接,并将它们存储在列表中。使用 Selenium 爬取网页的结果如图 3-10 所示。

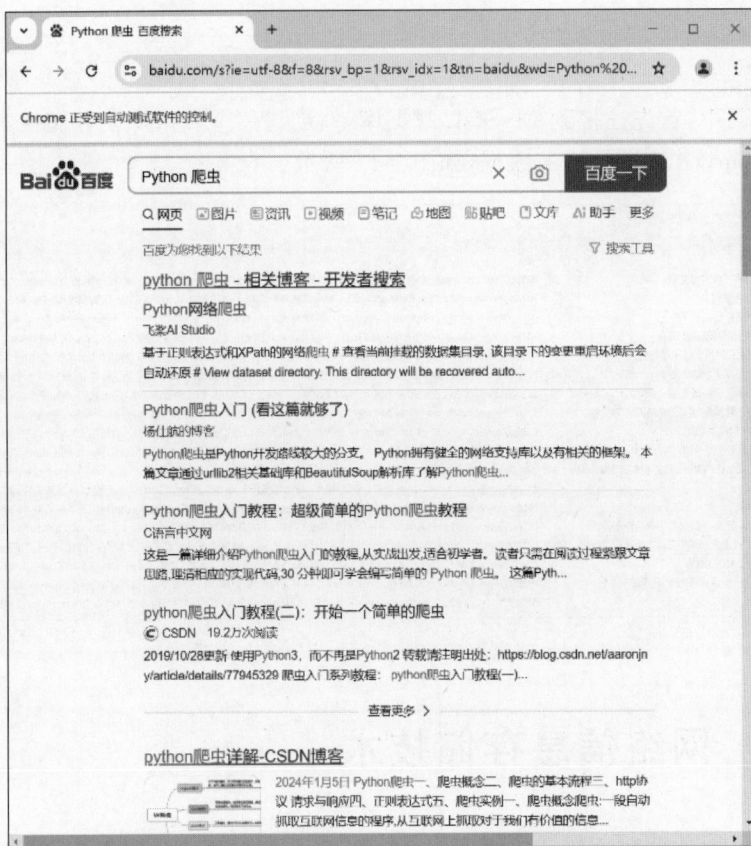

图 3-10　使用 Selenium 爬取网页的结果

3）数据的存储

最后，将抓取的数据保存到 MySQL 数据库中。下面的代码展示了如何使用 pymysql 库将数据保存到数据库：

```
import pymysql
db = pymysql.connect(
    host="127.0.0.1",
    user="root",
    password="123456",
    database="my_spider_db",
    charset="utf8mb4"
)
cursor = db.cursor()
create_table_query = """
CREATE TABLE IF NOT EXISTS search_results (
    id INT AUTO_INCREMENT PRIMARY KEY,
    title VARCHAR(255) NOT NULL,
    link TEXT NOT NULL
) ENGINE=InnoDB DEFAULT CHARSET=utf8mb4;
"""
cursor.execute(create_table_query)
db.commit()
insert_query = "INSERT INTO search_results (title, link) VALUES (%s, %s)"
cursor.executemany(insert_query, data)
db.commit()
cursor.close()
db.close()
```

在这段代码中，首先连接到 MySQL 数据库，并创建一个表格用于存储搜索结果。然后使用 executemany 方法批量插入数据，如图 3-11 所示。

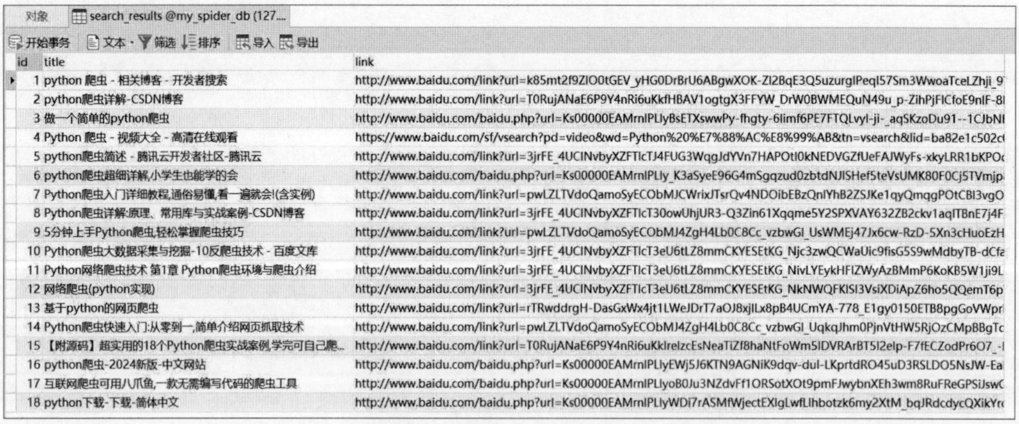
对象 search_results @my_spider_db (127...
开始事务 文本 筛选 排序 导入 导出

id	title	link
1	python 爬虫 - 相关博客 - 开发者搜索	http://www.baidu.com/link?url=k85mt2f9ZIO0tGEV_yHG0DrBrU6ABgwXOK-ZI2BqE3Q5uzurglPeql57Sm3WwoaTceLZhji_9
2	python爬虫详解-CSDN博客	http://www.baidu.com/link?url=T0RujANaE6P9Y4nRi6uKkfHBAV1ogtgX3FFYW_DrW0BWMEQuN49u_p-ZihPjFICfoE9nlF-8
3	做一个简单的python爬虫	http://www.baidu.com/baidu.php?url=Ks00000EAMrnlPLlyBsETXswwPy-fhgty-6limf6PE7FTQLvyl-ji-_aqSKzoDu91--1CJbN
4	Python 爬虫 - 视频大全 - 高清在线观看	https://www.baidu.com/sf/vsearch?pd=video&wd=Python%20%E7%88%AC%E8%99%AB&tn=vsearch&lid=ba82e1c502c
5	python爬虫简述 - 腾讯云开发者社区-腾讯云	http://www.baidu.com/link?url=3jrFE_4UCINvbyXZFTlcTJ4FUG3WqgJdYVn7HAPOtI0kNEDVGZfUeFAJWyFs-xkyLRR1bKPO
6	python爬虫超细详解,小学生也能学的会	http://www.baidu.com/baidu.php?url=Ks00000EAMrnlPLly_K3aSyeE96G4mSgqzud0zbtdNJISHef5teVsUMK80F0Cj5TVmjp
7	Python爬虫入门详细教程,通俗易懂,看一遍就会!(含实例)	http://www.baidu.com/link?url=pwLZLTVdoQamoSyECObMJCWrixJTsrQv4NDOibEBzQnlYhB2ZSJKe1qyQmqgPOtCBI3vgO
8	Python爬虫详解:原理、常用库与实战案例-CSDN博客	http://www.baidu.com/link?url=3jrFE_4UCINvbyXZFTlcT30owUhjUR3-Q3Zin61Xqqme5Y2SPXVAY632ZB2ckv1aqITBnE7j4F
9	5分钟上手Python爬虫,轻松掌握爬虫技巧	http://www.baidu.com/link?url=pwLZLTVdoQamoSyECObMJ4ZgH4Lb0C8Cc_vzbwGl_UsWMEj47Jx6cw-RzD-5Xn3cHuoEzH
10	Python爬虫大数据采集与挖掘-10反爬虫技术 - 百度文库	http://www.baidu.com/link?url=3jrFE_4UCINvbyXZFTlcT3eU6tLZ8mmCKYESEtKG_Njc3zwQCWaUic9fisG5S9wMdbyTB-dCf
11	Python网络爬虫技术 第1章 Python爬虫环境与爬虫介绍	http://www.baidu.com/link?url=3jrFE_4UCINvbyXZFTlcT3eU6tLZ8mmCKYESEtKG_NivLYEykHFIZWyAzBMmP6KoKB5W1ji9L
12	网络爬虫(python实现)	http://www.baidu.com/link?url=3jrFE_4UCINvbyXZFTlcT3eU6tLZ8mmCKYESEtKG_NkNWQFKISI3VsiXDiApZ6ho5QQemT6p
13	基于python的网页爬虫	http://www.baidu.com/link?url=rTRwddrgH-DasGxWx4jt1LWeJDrT7aOJ8xjlLx8pB4UCmYA-778_E1gy0150ETB8pgGoVWp
14	Python爬虫快速入门:从零到一,简单介绍网页抓取技术	http://www.baidu.com/link?url=pwLZLTVdoQamoSyECObMJ4ZgH4Lb0C8Cc_vzbwGl_UqkqJhm0PjnVtHW5RjOzCMpBBgT
15	【附源码】超实用的18个Python爬虫实战案例,学完可自己爬...	http://www.baidu.com/link?url=T0RujANaE6P9Y4nRi6uKkIrelzcEsNeaTiZf8haNtFoWm5IDVRArBT5I2elp-F7fECZodPr6O7_-
16	python爬虫-2024新版-中文网站	http://www.baidu.com/baidu.php?url=Ks00000EAMrnlPLlyEWj5J6KTN9AGNiK9dqv-duI-LKprtdRO45uD3RSLDO5NsJW-Ea
17	互联网爬虫可用八爪鱼,一款无需编写代码的爬虫工具	http://www.baidu.com/baidu.php?url=Ks00000EAMrnlPLlyoB0Ju3NZdvFf1ORSotXOt9pmFJwybnXEh3wm8RuFReGPSiJsw
18	python下载-下载-简体中文	http://www.baidu.com/baidu.php?url=Ks00000EAMrnlPLlyWDi7rASMfWjectEXIgLwfLlhbotzk6my2XtM_bqJRdcdycQXikYr

图 3-11　将爬取的数据存储到 MySQL 数据库中

3.3 网络信息存储技术

本节介绍网络信息存储的相关技术。首先介绍用于存储的数据模型，并简要介绍各数据模型所对应的具体实现形式；然后介绍数据索引技术，即如何存储输入的数据并在收到查询请求时重新找到数据；最后介绍在大数据背景下如何实现互联网数据的存储与计算。

3.3.1　网络信息存储格式

在一个大型的应用程序中，为了满足程序设计的可读性和可维护性等一系列要求，需要将整个应用程序划分层次，每一层次都通过对外提供一个可调用的 API 供更高层次调用，并借助该 API 抽象一个简洁的数据模型以隐藏本层的复杂性。

在实际情况中，存在许多种数据模型可供开发者选择，每一种数据模型都有其最佳实践的条件和场景，选择合适的数据模型可以对隐藏复杂的内部机制、向外提供简洁灵活的调用方式等起到重大的作用。不同的数据模型采用不同的形式对网络信息进行传输与存储。只有了解不同数据模型的共性与特性，才能根据实际应用场景选择最合适的数据模型。

各种各样的数据模型可以根据其组织数据的形式区分为关系模型、文档模型和图状模型。另外，关系模型与文档模型的融合也是近些年来的一个研究趋势。本节将对这 3 种数据模型进行简要的介绍。

1. 关系模型

最著名的 SQL 是在 1970 年由 Edgar Codd 提出的关系模型。在这种模型中，一种关系被建模为一张表（table），在一个表中存在多行的元组（tuple）。例如，建模为表的 Student 关系如表 3-3 所示。

表 3-3　建模为表的 Student 关系

student_id	name	year	gender	class
00001	John	18	1	1
00002	Alice	20	0	2
00003	Tom	20	1	2

经过多年的竞争，关系数据库已经成为存储和查询具有特定结构的数据的首选模型，这类数据库也往往同时具备事务处理和批处理的能力。到目前为止，大部分博客、电商网站、社交平台的内容是由关系数据库支撑的。

但是，关系数据库仍然存在许多问题：

（1）当现实需求发生改变而需要增加或删除某个字段时，需要对关系数据库中的表进行更改，而这往往需要付出巨大的代价，因此在使用过程中往往不够灵活。

（2）应用程序大多采用面向对象的编程语言，为了将存储于关系表中的数据转换为内存中特定编程语言的对象，程序需要一个转换层，它将应用层代码的类映射到数据库模型中的关系模式。但是需要进行映射的两者之间往往存在诸多细小的差异，这种现象也称为对象与关系的不匹配。正是由于存在这种不匹配的现象，程序代码会出现诸多因转换而产生的隐患。

（3）关系模型在建模类似于一个人有多个教育阶段这样的一对多关系时，需要将数据存储到多个表中。而这种情况下一个简单查询都需要涉及多个表之间的联合查询，导致无法快速返回查询结果。

2. 文档模型

正是由于关系模型存在的诸多问题，NoSQL 逐渐诞生，它被解释为 Not Only SQL。驱动 NoSQL 诞生的因素有如下几个：

（1）NoSQL 有比关系数据库更高的写入吞吐量。

（2）关系模型对类似一对多等关系不能快速查询。

（3）NoSQL 有动态的且更具表达力的数据模式层。

面向文档的数据库就是一种 NoSQL 类型的数据库，例如 MongoDB、RethinkDB、CouchDB 和 Espresso 等。这些数据库均支持对 JSON 这样的数据格式的建模。一个用 JSON 文档表示学生个人信息的示例如下：

```json
{
    "student_id": "00001",
    "name": "John",
    "year": 18,
    "gender": "男",
    "class": 1,
    "edu_process": [
        {
            "process": "初中",
            "begin": 1441036800,
            "end": 1561910400
        },
        {
            "process": "高中",
            "begin": 1567267200,
            "end": 1656604800
        }
    ]
}
```

在上面的示例中，edu_process 字段表示学生的教育经历。从这个示例可以看出，JSON 文档格式可以轻易地建模一对多关系。而这种数据如果由关系数据库进行建模，则会将其拆分到多个数据库中，使得对该文档的查询需要涉及多个表的关联。由此可以看出，JSON 这种将一个文档的数据都存在一处的做法利用了程序局部性原理，可以得到更好的查询性能。

文档模型还具备灵活的数据模式。在文档数据库中，几乎都不会对要存储的文档进行数据模式的校验（例如是否存在 name 字段），因此上层应用程序可以对文档结构灵活地加以改变，这在关系模型中是难以做到的。尽管数据库本身不会对文档的数据模式进行强制校验，但读写数据的代码往往会对要操作的文档的结构做出一些假设（例如，这些文档一般均具有 gender 字段），因此文档模型其实存在某种隐式模式，而这种模式只有在读取之后才会被得到解释，因此文档数据库是读时模式。与此形成对比的是，关系模型中表的结构是显式的，它确保了所有写入的数据都必须遵从相应的数据模式，因此关系模型是写时模式。

关系模型和文档模型的适用场景不同。选择文档模型的主要理由有：灵活的数据模式；由良好的程序局部性而带来的较高查询性能；数据组织形式更加适合当前应用程序使用的数据结构(如一对多关系树)。而选择关系模型的主要理由有:支持更完善的连接(join)操作;对多对一关系和多对多关系具有更好的表达方式、存储的数据因具有特定的模式而减少了程序运行出错的概率。

多年的实践证明,关系模型和文档模型各有其适合的场景,它们所具备的优点在一些复杂的情况下可以形成互补,因此这两种模型的融合是近些年来的一种发展趋势。到目前为止,大多数关系数据库都开始增加对 XML、JSON 格式数据的支持,从而实现了对文档模型的数据建模的功能。

3. 图状模型

文档模型适合对一对多关系或者记录之间不存在关系的数据建模,而关系模型能够对多对一关系和多对多关系的数据建模。但这里存在一个问题:当应用程序不断演化而变得越来越复杂时,其中所存储的数据将呈现出错综复杂的多对多关系,尽管关系模型能够处理多对多关系,但面对大规模的异构数据和错综复杂的连接关系,关系模型本身的复杂性在对这种情景下的数据建模时会显得极其不自然,甚至会进一步加大原本就庞大而复杂的系统。此时,将这些互相关联的数据建模为图状模型会更加符合数据组织的形式。

图状模型的数据由节点和边组成,每条边能够连接两个节点。所有的节点既可以是同构类型的数据(例如在社交网中,节点都是人),也可以是异构数据(例如有的节点代表人,而有的节点代表城市)。边也可以是不同类型的(例如有的是"朋友"关系,有的是"所在地"关系)。

目前主流的两种图状模型是属性图(property graph)和 RDF(Resource Description Framework,资源描述框架)模型。下面分别对这两种图状模型进行简要介绍。

1) 属性图

属性图是目前工业界中采用最广泛的一种图状模型,尽管不同的属性图实现有一些核心的共性,但由于缺乏统一的标准,所以各种属性图实现之间都存在一些差异。属性图示例如图 3-12 所示。属性图常见的特征如下:

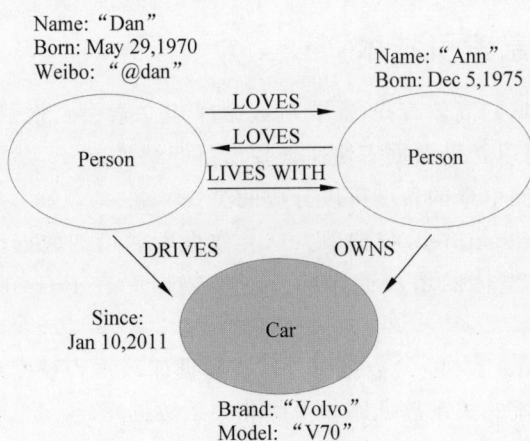

图 3-12　属性图示例

(1) 节点可以有一个或者多个标签(label),并且可以具有属性(property,以键值对的形式表示)。

（2）边可以有类型（type）和方向，并且也可以具有属性。

常见的属性图数据库有 Neo4j、JanusGraph、ArangoDB、TigerGraph 等。Cypher 是一种适用于属性图的查询语言，感兴趣的读者可以查阅相关资料进行更深入的了解。

2）RDF 模型

RDF 模型的相关标准由万维网联盟（W3C）制定与维护，每个支持 RDF 的数据库都应该以同样的方式支持该模型。RDF 模型示例如图 3-13 所示。该模型主要由节点和边两部分组成。

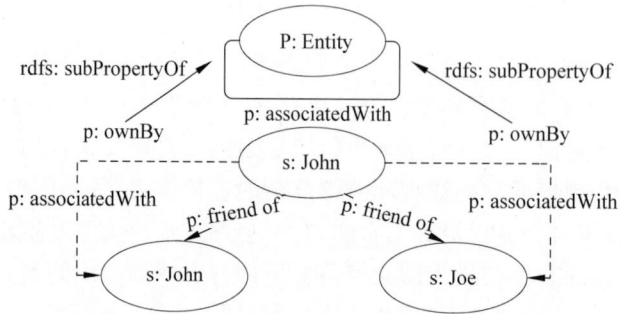

图 3-13　RDF 模型示例

（1）节点可以是 URI（Uniform Resource Identifier，统一的资源标识符），也可以是字符串、整数等字面量，甚至可以是空节点。

（2）边是节点之间的单向连接，也称为谓词（predicate）。

一条边的入节点称为主语（subject），出节点称为宾语（object），由一条边连接的两个节点形成一个"主语-谓词-宾语"的陈述（statement），这也被称为三元组（triple）。

常见的 RDF 模型数据库有 Virtuoso、gStore、AllegroGraph、Datomic、Apache Jena TDB 等，SPARQL 是一种适用于 RDF 模型的查询语言，感兴趣的读者可以查阅相关资料进行更深入的了解。

3.3.2　网络信息索引技术

为了实现对大量数据的高效查找，需要对数据库建立索引。索引是基于原始数据而额外建立的数据结构，它可以帮助数据库快速查找出目标结果。

常见的数据库从存储引擎的角度可以分成两类：

（1）日志结构（log-structured）数据库。这类数据库能追加数据，所有的修改操作都表现为文件的追加和文件整体的增加或删除。这类数据库有 Bitcask、LevelDB、RocksDB、Lucene 等。

（2）原地更新（update-in-place）数据库。这类数据库以页为粒度对磁盘数据进行修改。这类数据库包括所有主流的关系数据库和一些非关系数据库。

数据库中的数据存储形式均可以抽象为键值对的形式。在关系模型中，键可以是主键；在文档模型中，键可以是文档 ID。而抽象出来的记录在关系模型中表现为一行元组，在文档模型中表现为一个文档。因此，接下来的介绍均将数据库抽象为键值对存储形式的数据库进行讲解。

1. 哈希索引

这类索引呈现为键值对的形式,往往借助于哈希表实现,因此称为哈希索引。它是日志结构数据库所采用的一种索引形式。

在日志结构数据库中,数据的存储全部采用文件追加的形式实现,哈希索引对这些数据进行索引的做法是:在一个位于内存的哈希表中,键是数据库中一条记录的主键,值是这条记录在数据文件中的字节偏移量。哈希索引示例如图 3-14 所示。

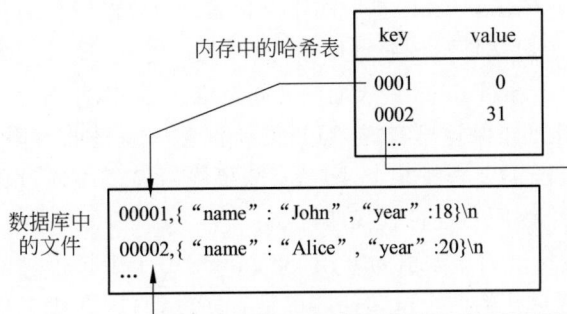

图 3-14　哈希索引示例

当数据库需要增加新的键值对时,要同时更新内存中的哈希表以体现对数据库的更改,这包括对哈希表增加新的键值对或更新已有的键所对应的值等。

Bitcask 存储引擎就采用了这种做法,并对外提供了较高的读写性能。但这种做法的限制是要求所有的键都能够放到内存中以构建一张哈希表。

在数据库中增加数据与修改数据均是通过追加文件实现的。但是,随着数据的不断增加,数据文件将会越来越大。一种解决方法是将数据拆分到多个文件中,这些文件称为段文件。这样,当有新的数据需要追加时,只追加到最后一个段文件中。当一个段文件的大小达到一定阈值后,就创建一个新的段文件并将后续数据写入新的段文件中。

每次创建新的段文件时,存储引擎还需要对旧的段文件执行单个段文件的压缩和多个段文件的合并。单个段文件的压缩指的是将具有重复键的记录仅保留最新的记录。多个段文件的合并指的是将两个旧的段文件合并为一个段文件,同时对于两个文件中具有重复键的记录仅保留最新的记录。这两个过程可以交由一个单独的后台进程完成。段文件压缩示例如图 3-15 所示。

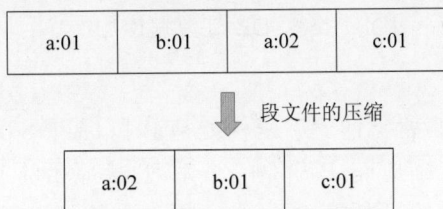

图 3-15　段文件压缩示例

以上介绍的仅是这类存储引擎的核心思想。在具体实现中,还需要考虑删除记录的做法、宕机恢复、突然断电的应对、并发控制等情况。

哈希索引有以下优点:适合每个键的值频繁更新的场景;采用的追加式读写比随机写

入更快,因此性能更高;同时顺序写的实现方式可以让并发控制和宕机恢复变得简单;可以避免随着数据的增长而出现磁盘碎片的问题。

哈希索引有以下缺点:必须将全部键同时放入内存;由于存储不维护键的顺序,因此区间查询效率不高。

2. SSTables 与 LSM-树

在哈希索引中,键值对是按照它们的写入顺序排列的,并且后出现的新值优于先出现的旧值。SSTable(Sorted String Table 排序的字符串表)则要求键值对按照键排序。在有多个段文件的情况下,每个段文件都按照键排序。

(1) 查找操作。由于 SSTables 要求记录之间按键排序,因此内存中的哈希表不再需要像前面介绍的哈希索引那样保存所有键,而只需要保存一组键的界限 startKey 和 endKey 以及对应的区间即可。当需要查找某个键时,只需要在哈希表中通过比较找到这个键所在的区间,然后定位到这个区间再进行查找即可。

(2) 合并操作。相比于哈希索引的方式,SSTables 由于维护了键的顺序而使得合并段文件更加简单。由于待合并的两个段文件内都是有序的键,因此段文件合并算法的实现类似于归并排序中的合并操作。

(3) 构建和维护 SSTables。尽管 SSTable 按照键的顺序组织所有数据,但新数据却是以任意顺序到来的,这样怎么写入新数据同时又维护键的顺序就成为一个关键问题。SSTable 在磁盘中维护排序结构。相比于在磁盘中进行排序,在内存中维护一个有序的数据则是更容易的,其中比较典型的有红黑树和 AVL 树,这些数据结构可以按任意到来的顺序插入键值记录并按照排序后的顺序读取这些记录。因此,可以借助于这些数据结构完成对 SSTables 的构建和维护。具体的工作流程如下(以红黑树为例):

① 当需要插入一个新数据时,先将该记录插入一个位于内存中的红黑树中。

② 当红黑树的大小达到一定阈值时,将该红黑树转化为一个 SSTable 文件并写入磁盘中。

③ 当数据库需要查询某个键时,首先在红黑树中查找这个键,命中则返回;否则再从磁盘中最新的 SSTable 文件中查找,命中则返回;否则继续到次新的 SSTable 中查找;以此类推。

④ 一个单独的后台进程会每隔一段时间执行一次 SSTable 文件(即段文件)的压缩与合并操作。

以上所述的日志结构数据库存储引擎的索引方法被称为 LSM 树(LSM 是 Log-Structured Merge 的缩写,意为日志结构合并),基于此原理而实现的存储引擎就是 LSM 存储引擎。这种算法被用于 LevelDB、RocksDB 等数据库中。

3. B-树

在原地更新数据库中,最常见的索引结构就是 B-树(B-Tree),它是几乎所有关系数据库存储引擎的实现原理。准确地说,B-树是一个系列,最原始的 B-树经过实践中各种不同的改造已经形成了多种多样的 B-树变种,这些不同变种的核心思想都是一样的,下面只对最简单的 B-树进行介绍。

这里讲的 B-树与前面讲述的索引结构有不一样的设计思想,它也维护了数据库中所有键值对记录的键的顺序,由此可以实现高效的键查询和区间查询。数据库可以分成一个个固定大小的块,这些块作为数据库读写的最小单元,每个块可以用其地址唯一地标识,因此

B-树将这些用于标识不同块的标识符组织成一棵树的形式。当需要寻找一个键值对记录时,要先在 B-树中找到这条记录所在的块的标识符,进而找到这个块,然后从这个块中继续寻找这个键值对记录。

一棵 B-树可以看成一棵多叉树,一个节点所能拥有的最多子节点的个数被称为分支因子。例如,一棵 B-树的分支因子是 3,那么这棵 B-树中一个节点最多分出 3 个子节点。

图 3-16 是分支因子为 3 的 B-树示例。在这里,将标识符记为 ref,代表它是对某个块的引用。根据要查询的键大小,程序可以在这根 B-树中找到键所在的块的 ref,进而通过 ref 定位到块的位置,再对这个块进行检索。

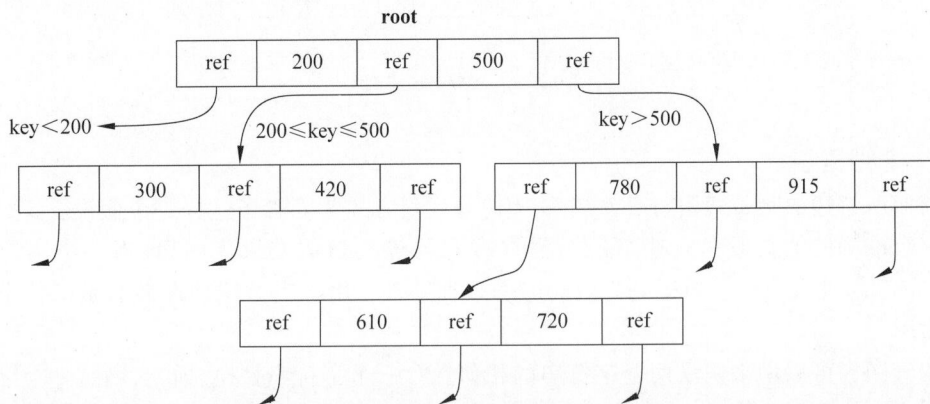

图 3-16　分支因子为 3 的 B-树示例

具体关于 B-树如何插入和删除节点,可以参考数据结构的资料,此处不再详细展开。

在存储引擎的实现中,分支因子往往可以达到上百,借助于 B-树的特性,在一共有 n 个块的数据库中,B-树可以将这 n 个块的 ref 组织成一棵深度为 $O(\log n)$ 量级的树。在实际的存储引擎中,一棵 B-树的往往只有三四层,这极大地降低了数据库查询需要遍历的深度。

以上介绍的 B-树还有更多的变种,例如 B＋树、Bw-树等,它们都对原始的 B-树进行了优化。同时为了支持崩溃恢复等特性,在 B-树的基础上实现的数据库引擎还需要采取其他措施,感兴趣的读者可以查阅相关资料进一步了解。

4. 多列索引

以上讨论的索引方式都是将一个键映射到一个值,这里的键只是一个字段值,是 int 型或者 string 型的,这种情况是单列索引。对于键中有多个字段的情况,就需要多列索引。例如,在一个关系数据库中,有时可能将两个字段共同作为一行元组的主键,这种情况就需要建立多列索引。以下是两种多列索引的情况:

(1) 级联索引。将多个键组合为一个键,这样就转换为单列索引。

(2) 多维索引。这种情况需要建立专门的索引结构,例如广义搜索树索引等,此处不展开介绍。

5. 全文索引

全文索引的目标是能够根据要查询的关键词从所有文档中找出所有包含该关键词的文档。这是实现搜索引擎的核心技术。

Lucene 是 ElasticSearch 和 Solr 等中间件所使用的索引引擎,它实现了倒排表作为全文索引的核心。倒排表在形式上也是键值对的结构,其中的键是单词,值是含有这个单词的所有文档,如图 3-17 所示。Lucene 会将倒排表保存在一个类似于 SSTable 的文件中作为索引。

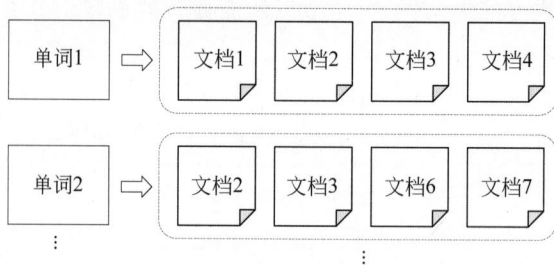

图 3-17　倒排表示例

6. 模糊索引

前面所讲述的哈希索引、LSM-树和 B-树等索引方式都隐含了这样一个假设:要查询的键是一个准确的值。但在有些情况下需要搜索与键类似的结果。例如,当一个用户搜索"python"时,他大概率是想得到"python"的查询结果。用于应对这种查询的索引技术称为模糊索引。

编辑距离可以用来衡量两个字符串的相似性。一个字符串替换、插入、删除一个字符的操作视为一次编辑操作,由一个字符串变为另一个字符串所需的最少编辑操作次数称为编辑距离。

在执行全文搜索时,为了能够得到与键相近似的查询结果,Lucene 事先设定编辑距离的阈值,并在这个编辑距离的阈值内执行查询。例如,如果设定编辑距离的阈值为 1,那么在搜索"python"时,模糊索引就可以找到与"python"相对应的查询结果。

关于模糊索引的具体实现技术可以查阅相关资料,本节不展开介绍。

3.3.3　互联网数据的存储技术

根据互联网数据查询的场景和类型,存储引擎存在两种架构:服务于事务处理的架构和服务于分析处理的架构。这两种架构在访问模式和存储模式上都存在很大的不同。本节将主要围绕这两种架构介绍相关的存储技术。

1. 事务处理与分析处理

在企业中,对数据的操作通常有两种场景:一种是业务系统(如电商平台)的用户与业务系统进行互动(如购物)而产生的数据插入或更新等操作;另一种是专业的数据分析师对系统数据库中的数据进行批量查询并进行统计分析,进而辅助管理层进行商业决策。

第一种场景称为在线事务处理(OnLine Transaction Processing,OLTP),数据的操作往往只涉及少量记录,但要求这些操作是低延迟的,否则会让业务系统的用户产生不好的使用体验。

第二种场景称为在线分析处理(OnLine Analytic Processing,OLAP),一次操作往往就涉及大量记录,数据规模的量级远大于第一种场景,但这种操作对延迟特别宽容,并不要求数据分析立刻产生结果。

这两种场景具有较大的不同,因此这两种操作需要在不同的数据库上进行,否则它们之间有矛盾的特点会产生问题。例如,OLAP 的操作可能占用过多资源,从而导致 OLTP 的操作无法及时响应。常见的 MySQL、PostgreSQL 等数据库采用的是服务于事务处理的架构,通常被用于 OLTP 的数据操作,后面称它们为面向 OLTP 的数据库。用于第二种场景的数据库也被称为数据仓库(data warehouse),它们使用了服务于分析处理的架构。

2. 面向 OLTP 的数据库和数据仓库

面向 OLTP 的数据库和数据仓库往往都使用 SQL 或类 SQL 获取数据,尽管如此,它们的内部架构却差异巨大,它们都针对其适用的场景进行了大量的架构上的优化。

将数据载入数据仓库的过程称为 ETL(Extract-Transform-Load,抽取-转换-加载),图 3-18 展示了数据由面向 OLTP 的数据库载入数据仓库的过程。数据仓库也是通过多个表存储数据的,设计数据仓库的表的一种经典方法是星形模式。如图 3-19 所示,星形模式的中心是一个事实表,它的每一行存储了一个发生在某一时间的事件;星形模式的外围是众多维度表,这些维度表中的每一行是对一个实体的具体描述。

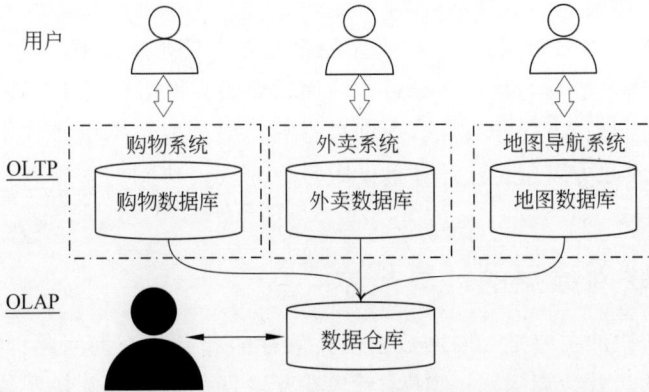

图 3-18 数据由面向 OLTP 的数据库载入数据仓库的过程

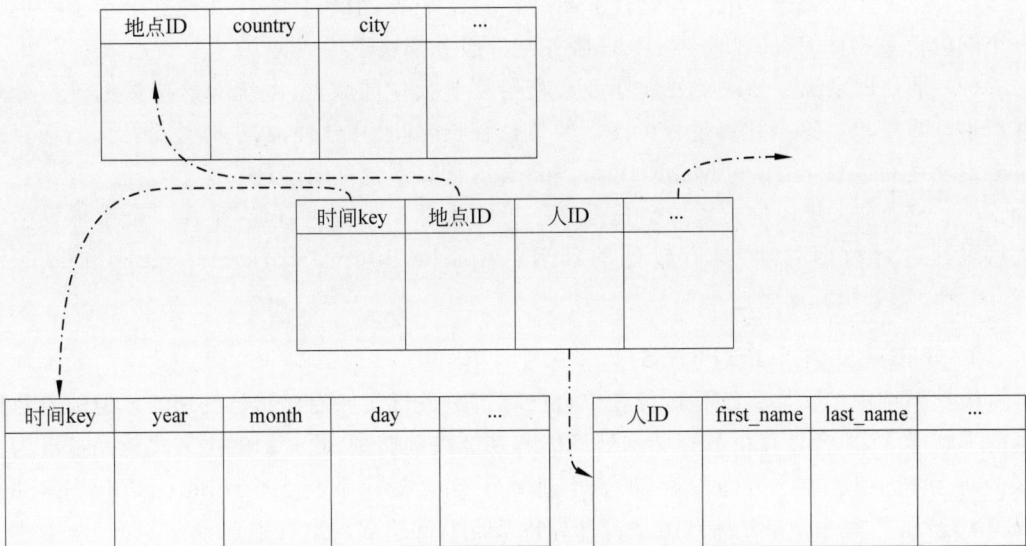

图 3-19 星形模式示例

3. 行式存储和列式存储

在实际情况下,数据仓库中的表都是宽表,一张表通常有上百列。当数据仓库存储数万亿行记录的数据时,对这些庞大的数据进行高效的存储和查询就成为一个关键问题。

一个对数据仓库的典型使用场景是:尽管一张表有上百列,但对它的一次查询仅需要访问其中的若干列。因此,对数据仓库的查询中绝大多数列并不会出现在输出结果中。针对这种场景,数据仓库的架构往往与面向 OLTP 的数据库有着很大的差异。

(1) 在面向 OLTP 的数据库中,一行记录的数据以连续的形式存储在一起,这种存储被称为行式存储。

(2) 在数据仓库中,将每列的所有数据以连续的形式存储在一起,这种存储被称为列式存储。

MySQL、MongoDB 等面向 OLTP 的数据库都采用了行式存储。例如,MongoDB 将整个文档视为一个连续的字节序列存储于磁盘中。在 OLTP 中,由于大多数查询需要同时获取一整行记录或一行记录的大部分列,根据计算机的空间局部性原理,这种行式存储能够大大加快数据读取的速度。

而在 OLAP 的场景中,一次对数据仓库的查询往往只涉及其中的很少几列。而按照行式存储的思想,取出一整行的数据会导致在后面需要丢弃大多数无用数据,从而造成了计算资源的浪费。而按照列式存储的思想,查询过程只需要读取在本次查询中需要使用的列所对应的磁盘空间,因此可以避免让计算机做大量无用功。典型的采用列式存储方式的数据库有 HBase、ClickHouse 等。

3.3.4 互联网数据的计算技术

在前面几节解决的主要是互联网数据的高效存储和高效查询问题。除此以外,还需要解决互联网数据的高效计算问题。事实上,现在互联网的计算服务按照使用场景可以分成如下 3 类:

(1) 在线计算服务。用户发送计算指令给这类服务,服务会尽快处理这个请求并返回一个响应。数据库、Web 服务器、RPC 服务端等服务都属于这一类。

(2) 批处理系统。一次批处理任务会交给系统大量的数据,系统对这些数据进行处理并产生计算结果。这个计算过程可能需要执行较长时间(几分钟、几小时甚至几天),而且通常会定期运行。Hadoop 的 MapReduce、Spark 等计算系统都属于这一类。

(3) 流处理系统。这类系统也是处理一批输入并产生输出,但它是在一个事件发生不久后对其进行数据处理,具有较低的延迟。Apache Storm、Spark Streaming 和 Apache Flink 等计算系统都属于这一类。

1. 分布式文件系统(HDFS)

操作系统中的文件系统是运行在单台计算机上进行文件的存储与处理的。但随着数据量的不断增多,单台计算机的存储和处理能力都会遇到瓶颈,此时的解决方式就是扩展为更多的计算机共同进行文件的存储与处理。分布式文件系统(Distributed File System,HDFS)就是把文件分布存储到由多台计算机节点共同组成的集群中。

Google 公司首先提出了分布式文件系统 GFS,而 Hadoop 的分布式文件系统 HDFS 就是 GFS 的开源实现。

在集群中,不同的计算机节点之间通过网络互连,共同构成了 HDFS 的服务器端。客户端通过特定的通信协议可以与服务器端进行交互,从而访问文件。服务器端的所有计算机分为两类节点:

(1) 数据节点(data node),负责具体数据的存储和读取。所有的文件数据都分布地存储到各个数据节点中。

(2) 主节点(master node),又称为名称节点(name node),管理数据节点与文件块的映射关系,客户端通过访问主节点才可以得到所请求的文件具体存储在哪些数据节点中。

HDFS 在设计上具有良好的访问透明性、位置透明性和伸缩透明性:

(1) 访问透明性。用户可以通过一致的操作访问本地文件资源和远程文件资源。

(2) 位置透明性。用户不需要知道 HDFS 中一个文件具体存储在哪台计算机中,而只需要一个路径名即可完成对该文件的访问。

(3) 伸缩透明性。当集群增加计算节点时,用户不会感知到这种变化。

正是由于以上的良好设计,用户可以像访问单机文件系统一样访问 HDFS。例如,在 Linux 中,可以通过 ls 命令查看当前目录下的所有文件;而在 HDFS 中,可以通过 hdfs dfs -ls 实现相同的功能。例如,在 Linux 中可以通过 mkdir 创建一个目录;而在 HDFS 中,也可以通过 hdfs dfs -mkdir 命令创建一个目录。

在本节介绍的各种数据计算系统的输入数据都可以存放于 HDFS 中,然后由计算系统读取 HDFS 获得要操作的文件。

2. Hadoop MapReduce

Hadoop MapReduce(以下简称 MapReduce)是一种计算模型,它将一次计算任务抽象为两个函数完成:Map 函数和 Reduce 函数。在这种范式下,程序员只需要思考怎样实现 Map 函数和 Reduce 函数即可。

当输入一个大数据集时,MapReduce 首先会将整个大数据集切分成多个独立的小数据集,然后为每个 Map 函数输出一个小数据集,Map 函数计算的结果再作为 Reduce 函数的输入,最终由 Reduce 函数得到这个计算任务的最终结果。

Map 函数和 Reduce 函数的输入都是<key,value>的形式,并按照函数实现的映射关系将其转换为另一组<key,value>的结果。

(1) Map 函数输入$<k_1,v_1>$,输出 List($<k_2,v_2>$),每一个$<k_1,v_1>$会被转换为一个或多个$<k_2,v_2>$。

(2) Reduce 函数输入$<k_2$,List(v_2)$>$,输出$<k_3,v_3>$,这里输入的 List(v_2)是 Map 函数的全部输出中所有$<k_2,v_2>$具有相同的键的值所构成的列表。

图 3-20 给出了一个使用 MapReduce 完成单词统计任务的示例。这个任务是:给定一些文本,统计这些文本中的所有单词的出现次数。例如,<hello,4>表示单词 hello 一共在给定的文本中出现了 4 次。

MapReduce 的输入是<key,value>的形式,其中 key 是一段文本所在的行号,value 是这个文本的内容。Map 函数将一段文本分成多个单词,然后以这个单词作为 key,以数字 1 作为 value,从而形成多个<key,value>作为 Map 函数的输出。然后 Map 函数的输出被归并成<k_2,List(v_2)>的形式并作为 Reduce 函数的输入,Reduce 函数完成最终的计数任务。

实际上,图 3-20 所示的过程简化了多个计算过程,例如 Reduce 函数的输入其实也被分成了多个块,而图 3-20 中只画了一个块。

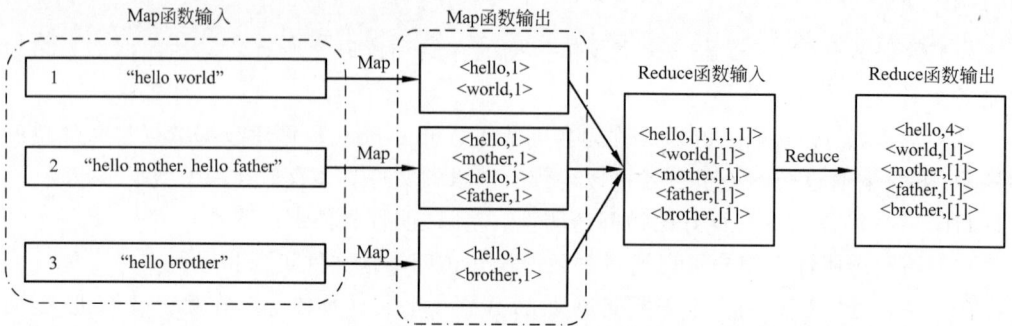

图 3-20　单词统计任务示例

总的来说,MapReduce 的运算过程如图 3-21 所示。

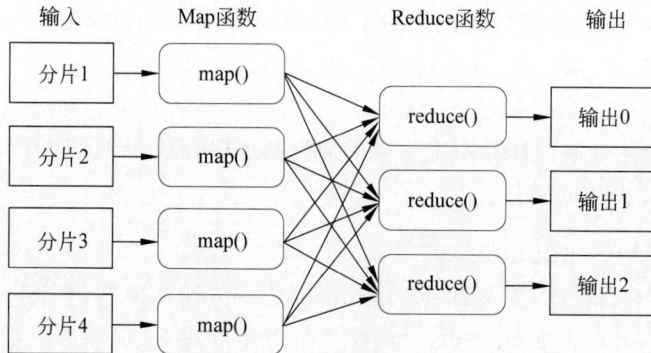

图 3-21　MapReduce 的运算过程

3. Apache Spark

MapReduce 尽管具有强大的数据处理能力,但仍存在如下一些缺点:计算过程被局限为 Map 操作和 Reduce 操作,表达能力受到限制;计算的中间结果需要序列化到磁盘中,I/O 开销巨大;Reduce 函数的执行必须在 Map 函数执行完毕之后,限制了计算过程的并行性。

Spark 在 MapReduce 的基础上进行了改进,它为整个计算过程构建了一个有向无环图,每个节点代表一组计算任务,输入数据经过有向无环图中所有节点的计算后得到最终的结果。Spark 存在多个组件,并提供了多种编程范式,这里以最基础的 RDD 类型的 API 介绍 Spark 的计算过程。

RDD(Resilient Distributed Dataset,弹性分布式数据集)是 Spark 中对分布式内存的一种抽象,里面存有分布在多台主机内存中的数据集。通过这种抽象,编程人员无须考虑底层数据的具体存储方式,而只需考虑不同 RDD 之间的转换操作。Spark 提供了多种 RDD 的 API,程序首先读取输入数据并将这些数据封装为 RDD,然后使用 RDD API 完成 RDD 的转换操作,这些转换操作将一个 RDD 转换为另一个 RDD,并经过多次转换得到最终的结果。图 3-22 展示了 RDD 执行过程的示例,输入数据首先被创建为 RDD 1,然后经过不断的转换操作得到 RDD 6，RDD 6 经过一次动作操作得到最终的计算结果。

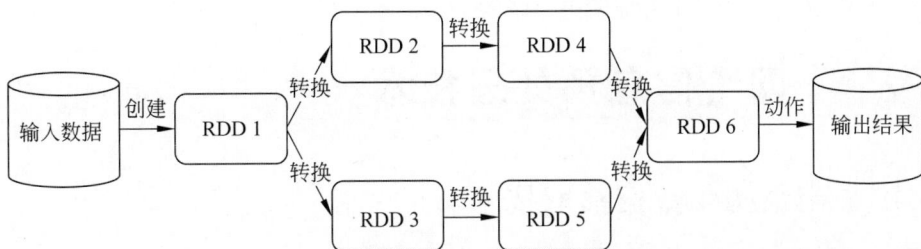

图 3-22　RDD 执行过程的示例

图 3-22 中对 RDD 的操作有两种：转换（transformation）和动作（action）。Spark 对于转换操作只会记录 RDD 之间的转换关系，只有在动作操作这一步才会触发实际的求值运算并得到计算结果，这种思想也被称为惰性求值。借助于惰性求值的特性，Spark 可以对整个计算过程进行优化，从而提高性能。

这里只对 Spark RDD 的设计思想进行了简要的介绍，关于 Spark 的使用细节可以参考其他相关资料。

4. 流计算

前面介绍的数据计算系统处理的都是静态数据，这些数据往往是存储在数据仓库中的历史数据。除此之外，还存在另外一种数据形式——流数据，这些数据持续且快速地到达，具有很强的实时性，例如一个城市的实时交通数据可以用于分析当前城市的交通状况，或者电商平台中用户的实时点击流可以用于向用户实时进行商品推荐。

静态数据适合采用批量计算的方式进行处理。批量计算可以在一个较长的时间里对海量数据进行分析处理，进而得到结果，这种计算方式并不对实时性有过多的要求。例如 MapReduce、RDD 等都是用于实现批量计算的计算系统。

流数据则适合采用实时计算的方式进行处理。流计算就是在大数据背景下产生的用于实现实时计算的理念，流计算系统要求能够高效地对海量数据进行实时计算，具有较高的实时性要求。当一个事件产生后，会被随即交给流计算系统进行数据处理，并实时得到这些数据的处理结果。

流计算的数据处理流程如图 3-23 所示。实时采集模块汇聚来自多个数据源的海量实时数据，并将这些数据交给流计算的实时计算模块。实时计算模块不断接收新的数据进行分析计算，并实时反馈计算结果，这些计算结果将根据要求被存储或丢弃。当流计算系统接收到用户的查询请求后，实时查询服务模块不断地更新查询结果，并将这些结果实时主动推送给用户。

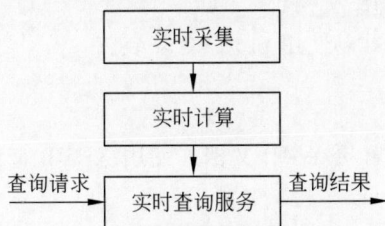

图 3-23　流计算的数据处理流程

流计算系统的具体实现有 Apache Storm、Spark Streaming 以及 Apache Flink 等,感兴趣的读者可以对这些计算系统做进一步的了解。

3.4　网络信息预处理技术

3.4.1　半结构化数据抽取技术

半结构化数据是非关系型的、有基本固定结构的数据,例如 XML 文档、JSON 文件等。

1. XPath 匹配抽取

XPath 是一种用于在 XML 文档中选择节点的语言。它可以使用路径表达式选择 XML 文档中的节点或节点集。路径表达式由节点名称、属性名称、运算符和函数组成。下面是一些常见的路径表达式:

- 选择所有节点:// * 。
- 选择所有名为 node_name 的节点://node_name。
- 选择所有名为 node_name 的子节点:/node_name。
- 选择所有名为 node_name 的后代节点://node_name// * 。
- 选择所有名为 node_name 的父节点:/ * /node_name。
- 选择所有名为 node_name 的兄弟节点:// * /node_name。
- 选择所有名为 node_name 的属性://@node_name。

此外,XPath 还具有丰富的函数库,可以在 XPath 表达式中使用。使用这些函数可以执行各种操作,例如计算节点数量、比较字符串、获取子字符串等。

下面是一些常见的 Xpath 函数:

- count 函数,计算节点数量。例如,count(//node_name)计算所有名为 node_name 的节点数量。
- string 函数,将节点转换为字符串。例如,string(//node_name)获取名为 node_name 的节点的字符串值。
- concat 函数,将多个字符串连接起来。例如,concat('a','b','c')返回"abc"。
- substring 函数,获取字符串的子字符串。例如,substring('abc',1,2) 返回"bc"。
- contains 函数,检查字符串是否包含指定的字符串。例如,contains('abc','b')返回 true。

这些只是 XPath 函数的一小部分,可以在 XPath 文档中找到更多函数的信息。

在 Python 中使用 XPath 时需要使用 XPath 解析器。最常用的 XPath 解析器是 lxml 库,它可以解析 XML 和 HTML 文档。

首先,需要安装 lxml 库,可以使用 pip 命令安装:

```
pip install lxml
```

然后,可以使用以下代码解析 XML 文档并使用 XPath 查询它:

```
from lxml import etree
#解析 XML 文档
```

```
doc = etree.parse("document.xml")
#使用 XPath 查询节点
nodes = doc.xpath("//node_name")
#遍历查询结果
for node in nodes:
#处理节点
print(node.text)
```

以上简单示例输出文档中每个 node 节点的文本信息。下面是更为复杂的示例：

```
import lxml.html
#解析 HTML 文档
doc = lxml.html.fromstring("""
<html>
<head>
<title>My Page</title>
</head>
<body>
<h1>Welcome to my page</h1>
<p>Here is some content</p>
</body>
</html>
""")
#使用 XPath 寻找第一个 title 节点
title = doc.xpath("/html/head/title")[0]
#输出 title 节点的文本内容
print(title.text)
```

这个示例的最终输出结果为"My Page"。

此外，XPath 语法还有很多不同的操作符和功能，用于更精确地查询文档中的元素。可以在 lxml 文档中了解有关 XPath 语法的更多信息，或者查看 W3Schools 的 XPath 教程以了解更多信息。

2. CSS 选择器抽取

CSS(Cascading Style Sheets)即层叠样式表，其选择器(selector)是一种用来确定 HTML 文档中某部分位置的语法。CSS 选择器语法较 XPath 而言更为简单，二者在不同的场景下各有其优势。

在以下 HTML 文档中，使用 h1.framework 将选择第二个和第三个 h1 标题节点，使用 #1 选择 id='1'的节点。

```
<html>
    <body>
        <h1 class='hello''>Hello World</h1>
        <h1 class='framework''>Hello Scrapy</h1>
        <h1 class='framework'>Hello Feapder</h1>
    <ul>
        <li id='1'>C++</li>
        <li id='2'>Java</li>
        <li id='3'>Python</li>
```

```
      </ul>
      </body>
    </html>
```

以上的例子遵循一定的选择器模式。表 3-4 给出了常见的 CSS 选择器模式。

表 3-4　常见的 CSS 选择器模式

模　　式	例　　子	结　　果
.class	.hello	选取 class='hello'的所有节点
♯id	♯2	选取 id='2'的节点
element	li	选取所有 li 节点
element.class	h1.hello	选取 class='hello'的 h1 节点

3. 正则表达式抽取

正则表达式丰富的模式匹配为处理文本提供了强大、灵活且高效的方法。正则表达式的主要用途如下:

(1) 查找特定字符模式,例如查找文本中的手机号码。

(2) 验证文本是否符合预定义模式,如输入密码的大小写要求、电子邮件地址格式要求。

(3) 提取、编辑、替换或者删除文本中的字符串。

使用正则表达式处理文本时至少要向正则表达式引擎提供以下信息:

(1) 要匹配的字符串的正则表达式模式。

(2) 要被正则表达式分析的文本。

假设要在一篇英文小说里查找 my,可以直接使用正则表达式 my,这个简单的正则表达式可以精确地匹配第一个字母是 m 且第二个字母是 y 的字符串。此外,通常正则表达式处理工具会提供忽略大小写的选项,如果选中了这个选项,正则表达式 my 可以匹配 my、My、mY 和 MY 这 4 种情况的任意一种。

但是,很多单词里包含 my 这两个连续的字符,例如 mysterious、myself、myriad 等。用 my 直接查找时,这些单词里的 my 也会被查找出来。为了更加精确地查找 my 这个单词,应该使用\bmy\b 这个正则表达式。\b 代表单词的开头或结尾,即单词分界处。

假如要查找的是 my 后面跟着一个 book 的情况,应该使用\bmy\b.*\bbook\b 这个正则表达式。这里".*"表示匹配除了换行符以外的任意字符,"*"表示前面的内容可以连续重复任意次,因此".*"连在一起表示匹配任意数量的不包含换行符的字符。那么"\bmy\b.*\bbook\b"就先匹配一个单词 my,然后是任意字符(但不能是换行),最后是 book 这个单词。

如果同时使用其他匹配规则,就能构造出符合其他条件的正则表达式,例如,使用 0\d\d-\d\d\d\d\d\d\d\d 匹配以 0 开头,然后是两个数字,然后是一个符号"-",最后是 8 个数字(也就是中国区号是 3 位的电话号码)。在这个例子中,\d 匹配一位数字(0～9),但是需要注意"-"并不是语法规则,只匹配它本身(连字符、减号等)。此外,为了避免正则表达式中出现重复的\d,还可以修改为 0\d{2}-\d{8},这里\d 后面的{2}和{8}意思是前面的\d 分别重复 2 次和 8 次。

通过以上的例子不难发现,构造正则表达式需要了解其规则。

3.4.2　中文文本处理技术

当得到一个中文文本的资料并需要对其进行分析时,往往需要首先对文本进行预处理,相关的技术包括分词、n-gram 以及关键词提取等,在具体使用时需要根据实际需求选择使用哪些技术对文本进行处理。

1. 中文分词

中文文本往往都是连续的,而中文语义的表达是以词为基本单位的。为了将这些连续的文本切分成词的序列,从而便于接下来的分析,需要对中文文本进行分词,例如将"我正在阅读一本书"转换为"我|正在|阅读|一本|书"。

中文分词的主流技术可以分成两类:

(1) 基于词典匹配的分词方法,例如正向最大匹配法、逆向最大匹配法和双向匹配法。这种方法需要有一个词典,借助这个词典从连续文本中找到词并将它们切分出来,从而实现分词。

(2) 基于统计的分词方法。从连续文本到单词序列可以视为是经过一个函数映射完成的。当拥有一定的训练数据时,可以通过对训练数据进行统计分析的方法拟合出一个可以完成这个任务的函数映射,例如隐马尔可夫模型、条件随机场模型以及深度学习的相关技术。

Python 开发中常使用 jieba 词库实现中文分词,使用示例如下:

```
>>> import jieba
>>> seg_list = jieba.cut("我正在阅读一本书")
>>> list(seg_list)
['我', '正在', '阅读', '一本', '书']
```

2. TF-IDF

在寻找一个文档中哪些词比较重要时,最简单的方法是对这个文档进行词频(Term Frequency,TF)统计,词频指的是在一个文档中某个词出现的次数。但是这种方法存在明显的缺点,当对一个文档进行分析时,像"我们""的"这种词往往都会有很高的词频,但由于这类词在大多数文档中都会以较高的词频出现,因此这种词往往无法体现出一个文档的特点。相反,某些词,如"篮球""卧推"等,虽然词频并不是很高,然而如果集中出现在一个文档中,这些词就可以很明显地体现出这个文档的特点。

为了解决上面的问题,引入了逆文档频率(Inverse Document Frequency,IDF)这个概念,将词频与逆文档频率结合就形成了 TF-IDF 这个指标。一个词的 TF-IDF 计算公式为

$$\text{TF-IDF} = \text{TF} \times \text{IDF}$$

其中,TF 的计算公式如下:

$$\text{TF} = \frac{\text{一个词在某文档中出现的次数}}{\text{一个词在所有文档中出现的次数}}$$

IDF 的计算公式如下:

$$IDF = \ln \frac{总文档数}{含有一个词的文档数}$$

可以看出,对于给定的待分析语料库,总文档数是一个固定值,因此一个词的 IDF 取决于含有该词的文档数,所以,含有这个词的文档越多,这个词的 IDF 将越小。

综合来看 TF 与 IDF 两个指标,当一个词在一个文档中出现次数越多时,它的 TF 将越大;但随着它在更多的文档中出现,它的 IDF 将变小。将 TF 与 IDF 结合起来的 TF-IDF 指标就由此实现了突出重要的词而抑制次要的词的效果。

当然,TF-IDF 也有一些缺点。例如,在一些语境下,词的重要性可能并不符合 TF-IDF 指标所做的假设,这时计算得到的 TF-IDF 指标所反映的词的重要性就会出现误差。同时,TF-IDF 没有考虑文档的上下文,无法区分一词多义等情况。

以上所介绍的是一种经典的 TF-IDF 计算方式,在具体实现中可能会在归一化、平滑处理等方面稍有差异,但这些计算方式所蕴含的基本思想是共通的。

3.4.3 文本向量化表示技术

在对文本进行分析时,原始数据往往是一个字符序列或者词序列,但是通常的机器学习模型并不会把原始文本序列作为输入数据,它只能处理数值数据,因此将文本中的字符序列或词序列转换为向量的技术就成了对文本进行分析的关键一步。本节介绍几种常用的文本向量化表示技术。

1. n-gram 模型与词袋

将一个文本序列通过分词得到的单元称为词元(token)。在中文语境下它往往是一个字,例如"我";在英文语境下它往往是一个单词,例如 we。

n-gram 模型是对一个语料库进行提取的 n 个连续词元的集合。图 3-24 展示了一个 2-gram 模型的示例。

词袋(bag-of-words)指的是一种分词方法,这种分词方法生成由词元组成的集合,这些词元之间不存在顺序关系,这样的集合也被称为袋(bag)。图 3-24 所展现的分词过程其实也是一种词袋,得到的 2-gram 集合也被称为二元语法袋(bag-of-2-gram)。

2. 独热编码

独热(one-hot)编码是将一个词元转换为向量的最基本的方法。它的具体做法是:假设一共有 L 个词元,为每个词元赋予一个唯一的整数索引 $idx(0 \leqslant idx < L)$,同时为其构建一个长度为 L 的向量,这个向量只有第 idx 个元素为 1,其余元素均为 0。按照上面的方式为每个词元都构建一个唯一的向量,这样就实现了将词元转换为向量。图 3-25 展示了一个独热编码的示例。

当词表过大时,会导致每个向量的长度过大,因此在实际使用时,通常只考虑语料库中前 n 个最常见的单词来构建独热向量。

3. Word2Vec 模型

在上面所述的独热编码中,一个向量的绝大部分元素为 0,这样的向量称为稀疏向量。词嵌入(word embedding)技术可以将一个词元转换为稠密向量,即这个向量的长度远小于

Time and tide wait no man

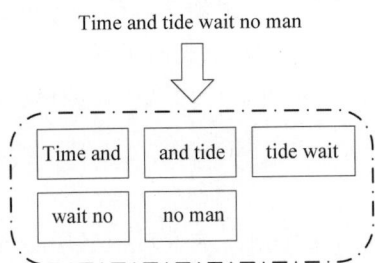

图 3-24　2-gram 模型示例

图 3-25　独热编码的示例

独热向量,同时每个元素的值都是非 0 值。例如,在使用 RGB 方式表示颜色时,一个三维向量就代表一个颜色,这个三维向量的取值范围为 $0\sim255$,如果想用独热编码实现相同的效果,每个颜色就需要长度为 256^3 的向量表示,由此可以看出稠密向量的好处。

在自然语言处理领域,用于表示一个词元的稠密向量往往被称为分布式表示,或者被称为嵌入向量。为了得到一个词元的分布式表示,绝大多数方法基于一个分布式假设(distributional hypothesis),这个假设认为一个词元的含义是由它周围的词元所形成的,也就是说,必须将一个词放到它所在的上下文中,才能理解这个词所表达的含义。

有一类神经网络模型称为 Word2Vec 模型,它就是基于这个分布式假设所构建的一种简单的神经网络。对于一个训练好的 Word2Vec 模型,将一个词元的独热编码输入模型,就可以得到这个词元的分布式表示。

一种 Word2Vec 模型是 CBOW(Continuous Bag-Of-Words,连续词袋),这个模型的训练方法如图 3-26 所示。给出一个词元的上下文,让模型预测这个词元是什么。

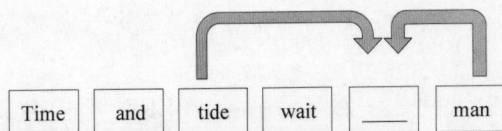

图 3-26　CBOW 的训练方法

通过这种方式,Word2Vec 模型可以最终学习到每个词元的分布式表示,同时人们期望这种分布式表示是具有一定的语义的,一个著名的例子是"king-man＋woman＝queen"。目前已经有许多 Word2Vec 模型部分地实现了这种目标。

4. 上下文化词嵌入

上面介绍的 Word2Vec 模型实现了将一个词元转换成稠密向量,但是这种模型在面对一词多义的情况时就出现了问题,因为模型所期望的目标是通过转换得到的向量能够蕴含词元本身的语义。然而,像 Apple 这种单词既可以代指一个水果也可以代指的苹果公司,而 Word2Vec 却无视这种区别,将它们转换为同一个向量。

为了解决这种问题,人们对一个词元的分布式表示提出了这样的要求:一个词元的分布式表示应当取决于它的上下文。也就是说,当同一个词元处在不同的上下文中时,它转换而成的向量应当是不同的。这种对词嵌入进行强化的技术称作上下文化词嵌入(Contextualized Word Embedding)。

语言模型 ELMo 就是实现了上下文化词嵌入的模型之一,它借助于双向 LSTM(Long

Short Term Memory,长短期记忆)模型实现了这种目标,具体的实现细节可以参考相关资料。通过向 ELMo 模型输入一个词元序列,可以将这个词元序列转换成向量序列,每个向量对应一个词元的分布式表示。这样得到的词元的分布式表示可以应用到机器翻译、人机对话等任务中。

5. 语言模型

给定由 n 个词元组成的一个句子 $W = w_1, w_2, \cdots, w_n$,能够预测这个句子出现的概率 $P(w_1, w_2, \cdots, w_n)$ 的模型称为语言模型(language model)。借助于语言模型,可以得到两个句子中哪一个更合理的结果。语言模型的示例如图 3-27 所示。

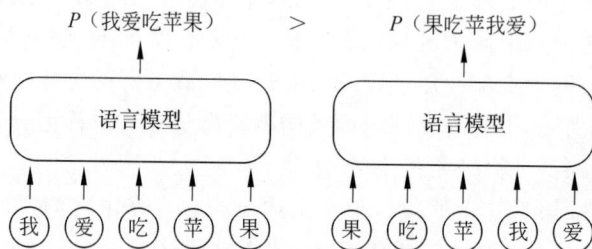

图 3-27　语言模型的示例

目前在自然语言处理领域著名的 BERT、GPT 系列等都是语言模型,这些模型也都实现了上下文化词嵌入。相比于 ELMo 等模型,这些模型都更加庞大,同时也能更好地将一个词元转换为分布式表示。这些模型的训练成本特别高昂,由此衍生成了"预训练＋微调"的范式,即先通过大量的语料对模型进行预训练,然后,当在某个任务中需要使用模型时,只需要使用少量与任务相关的数据对已经预训练好的模型进行微调,使之更加符合当前任务的需要。

以 BERT 为例,它的输入就是一个词元序列。BERT 可以考虑这个序列的全文信息,并将这些词元转换为向量作为词元的分布式表示,如图 3-28 所示。通过 BERT 得到的分布式表示也是上下文化词嵌入技术的实现,同样可以将其应用到下游任务中,例如机器翻译、情感分析等。

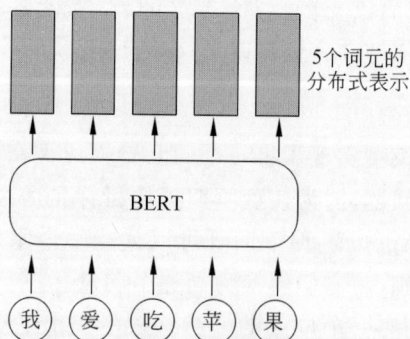

图 3-28　BERT 示例

除了 BERT 以外,还有其他各种各样的语言模型,例如 GPT 系列模型,感兴趣的读者可以阅读相关资料进一步了解。

3.5　本章小结

本章首先介绍了网络信息发布平台的发展，回顾了 Web 三十余年的发展历程。

其次介绍了 Python 爬虫的基础知识，从 Web 网页基础开始，介绍了网页的构成、HTTP、爬虫的基本原理，通过线程和进程的概念引入了分布式爬虫和常用的框架 Scrapy，介绍了常用的技术，如模拟登录、逆向 JavaScript 等，最后引入了一个爬虫实例，使读者了解爬虫的强大功能。

接下来对当前互联网数据的存储与计算技术进行了介绍。数据的存储模型包括关系模型、文档模型和图模型。在不同的场景下利用各种索引技术可以加快数据的查询效率，相关技术包括哈希索引、LSM-树、B-树以及全文索引、模糊索引等。根据数据库的使用场景对面向 OLTP 的数据库和面向 OLAP 的数据仓库进行了介绍，并对比了行式存储和列式存储这两种数据组织方式。此外，还介绍了大数据背景下数据计算的相关技术，包括批处理计算系统和流计算系统。

最后介绍了网络信息预处理技术。传统的数据抽取技术可以得到结构化的数据模型。中文文本的相关处理技术包括中文分词和使用 TF-IDF 寻找文章关键字。将一段文本转换为向量，可供机器学习、深度学习等模型进一步处理，相关技术包括 n-gram 模型、独热编码技术、Word2Vec 模型以及语言模型。

习题

1. Web 3.0 的去中心化特点如何实现用户对数据的拥有和控制权？请描述其基本原理。

2. Web 2.0 和 Web 3.0 之最显著的区别是什么？简述至少 3 方面的差异。

3. 传统的数据存储方式和大数据背景下的数据存储方式有何区别？比较行式存储和列式存储的优缺点。

4. 如何利用多线程和分布式爬虫提高爬取效率？给出一个简要的实例或说明。

5. 举例说明数据存储模型中的图模型在哪些应用场景中具有优势。

6. 哈希索引、LSM-树、B-树以及全文索引是常见的数据查询技术，比较它们的特点和适用场景。

7. 什么是 OLTP 和 OLAP？它们分别用于哪些数据处理场景？

8. 大数据背景下的批处理计算系统和流计算系统有何区别？简述它们的特点和适用场景。

9. 在网络信息预处理技术中，n-gram 模型、独热编码、Word2Vec 模型和语言模型都是常用的文本向量化方法，比较它们的原理和应用场景。

10. 语言模型在自然语言处理中起到什么作用？简要介绍一种常见的语言模型，并说明其应用领域。

第4章

字符串匹配技术

经过高性能数据捕获和协议分析还原,数据可以被转换成相应的内容形式。例如,通过HTTP还原的数据可能成为一个完整的网页,而经过SMTP还原的数据则可能成为一封完整的电子邮件。此后,根据分析需求,可能需要运用字符串匹配技术进行进一步的数据处理和分析。

字符串匹配问题是计算机科学中的一个经典问题,自1977年KMP(Knuth-Morris-Pratt)算法提出以来,学界对此问题进行了大量研究。研究者试图找到更简单、平均时间复杂度最优或能够搜索近似模式串的算法。至今已经出现了很多不同的字符串匹配算法。本章的重点不是罗列各种字符串匹配算法,也不是介绍平均时间复杂度最优或实践中最快的算法,而是介绍一些在字符串匹配算法发展历史中具有里程碑意义的经典算法,即对后续算法产生了重大影响并被广泛借鉴的思想。通过介绍这些算法,希望能帮助读者理解字符串匹配的核心概念,并激发读者对该领域更深入的学习和研究兴趣。在本章中,将分别介绍蛮力算法、KMP算法、BM算法等单模式匹配算法,以及AC算法、WU-Manber算法等多模式匹配算法。

4.1 字符串匹配技术概述

4.1.1 字符串匹配问题的定义

字符串匹配本质上是模式匹配(pattern matching)的一种形式,通常定义为在给定的字符流中搜索满足特定属性的字符串,即在一个符号序列中寻找另一个或多个符号序列的过程。例如,在文本编辑中常见的查找和替换功能就是字符串匹配问题的一个典型应用。

字符串匹配问题也是计算复杂性理论领域中研究得最为广泛的问题之一。它在多个实际领域有着重要的应用,包括文字编辑处理、图像处理、信息检索、自然语言识别、计算生物学和网络安全等。在这些领域中,字符串匹配往往是耗时最多的核心环节,因此,一个高效的字符串匹配算法可以显著提高整个应用的运行效率。

最基本的字符串匹配问题是关键词匹配。在这个问题中,给定一个长度为 n 的字符串 $T[1,n]$ 和一个长度为 m 的模式串 $P[1,m]$,其中 $n \geqslant m$,任务是找出字符串 T 中所有与模式串 P 精确匹配的子串的起始位置。这种匹配方式在数据处理和信息分析中尤为关键,因为它直接关系到信息的提取和处理效率。

4.1.2 字符串匹配的应用

字符串匹配算法之所以受到广泛重视,不仅因为其在众多领域的广泛应用,还因为它在计算机理论和算法研究中占据的基础地位。下面简要介绍字符串匹配问题在各个领域的应用。

在计算生物学中,寻找功能基因组的问题本质上就是一种字符串匹配过程。DNA 和蛋白质序列可以视为基于特定字符集的长文本,例如 DNA 通常是在 $\{A, C, G, T\}$ 字符集上的序列,代表着生命的基因编码。生物基因研究中的许多问题,例如在 DNA 链上查找特定特征或比较两个基因序列的差异,本质上都可以归结为在文本中查找特定的模式的字符串匹配问题。鉴于基因序列的巨大长度,目前的超级计算机很难在很短的时间内完成基因组的查找,所以必须研究更加有效的字符串匹配算法来加快处理速度。

在信号处理领域,语音识别技术的核心任务通常是判断一个语音信号是否符合预设的特定特征。这个过程首先涉及将语音信号转换为一种特定格式的文本信息,这样就可以有效地应用字符串匹配算法识别和处理这些信息。通过这种转换,语音识别技术能够识别出关键词、短语甚至更复杂的语音命令。这种技术的发展在实现先进的人机交互方面发挥着至关重要的作用。现代人机交互技术越来越多地依赖于语音识别提供自然、直观且高效的沟通方式。从智能助手到自动化客服系统,再到交互式学习和游戏,语音识别技术正在逐渐改变人机交互的方式。因此,研究和发展高效的字符串匹配算法对于推动语音识别技术的进步至关重要。

在自然语言处理(Natural Language Processing,NLP)领域,信息检索(Information Retrieval,IR)技术的重要性不言而喻。信息检索的核心任务是在大量的文本数据中快速而准确地找到与查询条件相关的信息,这一过程在本质上是依赖于字符串匹配技术的。例如,当用户在搜索引擎中输入关键词时,信息检索系统需要在庞大的数据库中找到包含这些关键词的文档。字符串匹配技术在自然语言处理中的应用远不止于此。在机器翻译中,字符串匹配技术帮助识别源文本中的短语和句子,以便转换成目标语言。在文本摘要中,字符串匹配技术用于识别文本中的关键信息和主题。在情感分析中,字符串匹配技术有助于文本中情绪表达的识别和分类。对话系统和语音识别技术也依赖于字符串匹配技术理解和响应用户输入。随着自然语言处理技术的发展,字符串匹配算法的效率和准确性对于提升系统性能变得越来越关键。高效的字符串匹配算法能够显著提高信息处理的速度和质量,从而为用户提供更准确、更快速的信息检索服务,同时也推动了自然语言处理技术在各个领域的应用和发展。

在网络安全领域,字符串匹配算法的重要性不容忽视。它是快速识别和防范具有特定特征码的有害信息的关键技术,从而帮助安全专家及时发现并应对潜在的网络威胁。这一技术在多方面都至关重要,包括病毒检测、网络入侵检测(Network Intrusion Detection,NID)、恶意软件防护和不良内容过滤等。在病毒和恶意软件检测中,字符串匹配算法可以用来快速扫描文件和数据流,寻找病毒和恶意软件的特征签名。通过匹配已知的恶意代码模式,安全系统能够有效地识别和隔离威胁。此外,在网络入侵检测系统中,字符串匹配算法可用于识别异常或恶意的网络流量模式,帮助防范黑客攻击和数据泄露。

在信息内容安全方面,字符串匹配算法同样发挥着重要作用。它可以用于识别和阻止不适当或有害的网络内容,如垃圾邮件、网络钓鱼和网络诈骗等。通过分析网络通信中的关键字和模式,字符串匹配技术有助于维护网络环境的安全与健康。可见,字符串匹配算法对于防范网络威胁、保护数据安全和维护网络环境的健康发展起着至关重要的作用。随着网络攻击手段的不断演变,开发更高效、更智能的字符串匹配算法成为网络安全领域的一个持续挑战。

综上所述,字符串匹配问题不仅在实际应用中广泛存在,同时在计算机基础理论研究中也扮演着重要角色。它不断推动计算机科学领域的理论发展,并提出了许多富有挑战性的理论问题。字符串匹配算法的研究深入算法复杂度、数据结构的优化、模式识别等多个基础理论层面,为理解和解决这些问题提供了重要的思路和工具。

字符串匹配问题的研究对理解计算机科学中的核心概念,如算法效率、信息处理、自动化理论等,有着深远的影响。例如,通过研究不同的字符串匹配算法,可以探索如何高效处理和分析大规模数据集,这在处理大数据时显得尤为重要。此外,字符串匹配理论的进步也为开发新的编程语言、优化编译器设计、提高信息检索系统的性能等提供了基础。

在计算机理论的各方面,字符串匹配算法的研究都在不断深化。它们激发了对更加高级的数据处理和分析方法的探索,同时也促进了计算机科学其他领域的理论发展。因此,字符串匹配问题在计算机理论研究中不仅占据了重要的地位,还持续为该领域带来新的研究方向和挑战。

4.1.3　字符串匹配的基本概念

为了便于描述,本章对字符串匹配的一些基本概念做了以下定义:

(1) 文本是由若干字符组成的有限序列,记作 $T=\{y_1 y_2 \cdots y_n\}$,其中 n 为文本长度,即文本中的字符总数。

(2) 模式串也称为关键字,是由若干字符组成的有限序列,记作 $p=\{k_1 k_2 \cdots k_m\}$,其中 m 为模式串长度,即模式串中的字符总数。

(3) 模式串集指所有需要匹配的模式串形成的集合,记作 $\{p_1, p_2, \cdots, p_r\}$,其中 p_i 是模式串集中的第 i 个模式串。

(4) 假设模式串集中各个模式串的长度分别为 $l_1, l_2, \cdots, l_r$,那么最小模式串长度是指所有模式串长度中的最小值,即 $\text{Minlen}=\min\{l_1, l_2, \cdots, l_r\}$。

(5) 对于两个字符串 p 和 x,若存在字符串 v(v 可为空串),使得 $p=xv$ 成立,那么称 x 为 p 的前缀。

(6) 对于两个字符串 p 和 x,若存在字符串 u(u 可为空串),使得 $p=ux$ 成立,那么称 x 为 p 的后缀。

(7) 对于两个字符串 p 和 x,若存在字符串 u, v(u 和 v 可为空串),使得 $p=uxv$ 成立,那么称 x 为 p 的子串。

(8) 字符集是在模式串或文本中所有可能出现的字符形成的集合,记为 Σ,其大小记为 $|\Sigma|$。

(9) 自动机(automaton)是一个包括状态集 S、输入的字符集 Σ、状态转换函数 δ、起始状态 S_0 和终止状态集 S_1 的五元组,记为 $M=\{S, \Sigma, \delta, S_0, S_1\}$。本章中讨论的主要是确定的有限自动机(Deterministic Finite Automaton,DFA)。

4.1.4　字符串匹配的分类

字符串匹配可以按照匹配方式、模式数目、文本的实时性、匹配顺序、实现方式和并行粒度进行分类。

1. 按照匹配方式分类

字符串匹配可以根据匹配方式分为两大类:精确匹配和近似匹配。

(1) 精确匹配。这类匹配的核心任务是在数据序列中准确地找出与一个或一组特定的模式串完全相同的所有子串的位置。它要求模式串和字符串之间的匹配必须是完全一致的,没有任何差异。精确匹配算法在文本检索、数据库查询、网络安全(如入侵检测系统)等领域有广泛应用。例如,它可以在搜索引擎中用于精确匹配关键词,或者在网络安全领域用于检测特定的恶意代码签名。

(2) 近似匹配。与精确匹配不同,近似匹配允许在模式串和文本之间存在一定程度的差异。这类匹配的任务是根据预先定义的相似度标准,在数据序列中找出所有与特定模式串达到一定相似度的所有子串的位置。近似匹配在计算生物学(如 DNA 序列分析、蛋白质结构预测)、语音识别、信号处理等领域中非常重要,因为在这些领域中精确匹配往往很难实现,而近似匹配可以有效处理生物序列的变异、语音的模糊性等问题。

无论是精确匹配还是近似匹配,都在各自的应用领域内发挥着关键作用,是解决实际问题的重要工具。

2. 按照模式数目分类

按照模式数目,字符串匹配可分为单模式匹配、多模式匹配、扩展匹配和正则表达式匹配。在单模式和多模式匹配中,模式有时也被称为关键字。

(1) 单模式匹配。指在一个给定的文本 text(长度为 n)中查找一个特定的模式串(长度为 m)。如果在文本中找到与模式串完全相同的子串,则认为匹配成功,并返回模式串在文本中的出现位置;否则匹配失败。

(2) 多模式匹配。指在一个给定的文本(长度为 n)中查找一组给定的模式串。匹配成功的条件是在文本中找到与任何一个给定的模式串相同的子串,并返回相应的出现位置;如果未找到与任何一个模式串匹配的子串,则匹配失败。

(3) 扩展匹配。在基本的字符串匹配之上增加更多模式串组合的复杂要求。最常见的扩展匹配如下:

- 模式串中的每个位置由一个字符集合而非单个字符组成,匹配成功的条件是文本中的对应字符属于模式串相应位置的字符集合。
- 限长空位,即允许模式串中的某些位置与文本中长度介于给定最大值和最小值之间的字符串匹配,这种匹配方式在计算生物学中尤其重要。
- 可选字符和可重复字符的扩展,其中可选字符表示该字符在文本对应的位置上既可以出现也可以不出现,而可重复字符表示该字符在匹配的文本中可以重复出现一次或多次。

(4) 正则表达式匹配。这是一种基于正则表达式的匹配方式,在字符序列中找出能够被正则表达式接受的所有串的出现位置。正则表达式可以用来表示上面的所有类型的模式串。

3. 按照文本性质分类

按照文本的实时性,字符串匹配可以进一步分为实时匹配和非实时匹配。这一分类侧重于文本数据处理的时效性和应用场景的不同。

(1) 实时匹配。处理的是实时生成或动态变化的文本数据,如网络流量监控、实时通信监听、实时新闻或社交媒体内容分析等。在这些应用中,数据持续不断地生成并需要即时处理。实时匹配的关键在于快速、高效地处理流数据,以便能够及时地捕获和响应重要事件或模式。例如,网络安全中的入侵检测系统需要实时分析网络流量,以便及时发现和阻止潜在的威胁。

(2) 非实时匹配。处理的是静态或存储的文本数据,如数据库中存储的文档、历史记录分析、存档邮件搜索等。这类匹配的目标是在已有的、固定的文本集合中找到与特定模式相匹配的内容。非实时匹配通常不受紧迫的时间约束,允许使用更为复杂的算法提高匹配的准确性或效率。例如,在大型数据库中进行的关键词搜索可以采用复杂的索引和搜索算法提高搜索效率。

实时与非实时匹配各有其特点和应用领域,根据文本的性质和处理的紧迫性,采取不同的匹配策略和技术。实时匹配侧重于速度和即时性,而非实时匹配则更注重深度和准确性。

4. 按照匹配顺序分类

根据字符串匹配算法在检索符号序列时所采用的顺序,主要可以分为 3 种匹配方式:前缀方式、后缀方式和子串方式。这 3 种方式的字符串匹配算法通常通过在一个指定宽度的匹配窗口内检验字符串是否与给定的模式串相匹配,并逐步从左向右移动匹配窗口以遍历和检索整个文本。

(1) 前缀方式。在这种方式下,算法主要在当前匹配窗口内寻找与模式串的前缀相同的最长子串。当发生失配时,算法会采用特定策略计算匹配窗口的安全滑动距离,从而尽可能远地向右滑动匹配窗口,减少重复和不必要的匹配工作。前缀方式的关键在于高效地确定下一个潜在匹配的起始位置。

(2) 后缀方式。与前缀方式相对,后缀方式着重在当前匹配窗口内寻找与模式串的后缀相同的最长子串。这一方式的特点是匹配过程是从匹配窗口的右侧向左侧反向进行的。在失配时,同样采用特定策略计算匹配窗口的安全滑动距离。后缀方式在处理某些特殊类型的文本数据时更为高效。

(3) 子串方式。这可以看作后缀方式和前缀方式的结合。在匹配窗口内部,从右到左进行匹配,类似于后缀方式,而匹配窗口的滑动则遵循前缀方式的原则。通过识别窗口中模式串的最长前缀确定当前的最大安全滑动距离,从而实现匹配窗口的滑动。这种方式在处理更加复杂或变化的文本数据时尤为有效。

5. 按照实现方式分类

按照实现方式分类,字符串匹配算法主要分为硬件算法和软件算法。这一分类侧重于区分算法是在硬件层面实现还是以软件形式在计算机系统上执行。

(1) 硬件算法。是直接在硬件层面实现的字符串匹配算法。这类算法通常被设计为专用的硬件电路或集成在更大的硬件系统中,如网络路由器、交换机、专用加速卡等。硬件算法的主要优势在于其处理速度极快,因为它直接利用硬件资源,减少了软件层面的开销。在需要处理高吞吐量数据或实时数据流的场景(如高速网络流量分析、实时视频处理等)中,硬件算法尤为重要。

(2) 软件算法。是在通用计算机系统上以软件形式实现的字符串匹配算法。这类算法的优势在于其灵活性和可扩展性,可以在不同的计算环境和应用场景下被部署和执行。软件算法通常更容易开发和维护,并且可以利用现代计算机强大的处理能力。在大多数应用场景中,特别是那些对处理速度要求不是极端严格的场景(如文本编辑、信息检索、数据挖掘等),软件算法是理想的选择。

硬件算法和软件算法在字符串匹配领域各有所长,根据具体的应用需求和资源限制选择合适的实现方式至关重要。

6. 按照并行粒度分类

根据字符串匹配算法的并行粒度,可以将其分为位并行算法和串行算法。这一分类基于算法执行时的并行处理程度,即算法在处理字符串匹配时是并行处理多个字符还是逐个字符顺序处理。

(1) 位并行算法。指在执行过程中能同时处理多个字符或位的字符串匹配算法。这类算法通常利用硬件的位操作能力提高处理速度。在位并行算法中,算法通常将字符串匹配问题转换为位操作问题,从而能够同时处理文本中的多个字符。这种方法在处理大规模数据或需要高速匹配的应用中特别有效。位并行算法的一个典型例子是 Shift-Or 算法,它通过位向量并行地处理文本中的每个字符。

(2) 串行算法。指在执行过程中逐个字符顺序处理的字符串匹配算法。这类算法的特点是每次处理单个字符,并且每个字符的处理依赖于前一个字符的匹配结果。串行算法通常较为简单,易于理解和实现,但在处理大量数据时可能不如位并行算法高效。典型的串行算法包括 KMP 算法和 BM(Boyer-Moore)算法等。

位并行算法在处理效率上通常优于串行算法,特别是在大规模或高吞吐量数据处理场景中。然而,串行算法在实现的复杂度和适应性方面可能更具优势,特别是在处理规模较小或对处理速度要求不高的应用中。应根据具体的应用需求和资源限制选择合适的算法。

4.1.5　字符串匹配算法的复杂度

字符串匹配算法作为计算机科学中的经典算法类别,在计算复杂性理论中占有重要位置,并不断提出具有挑战性的理论问题。这些问题不仅关乎提高算法效率的可能性,而且涉及算法效率的理论极限,特别是在时间复杂度方面。

单模式匹配算法的最坏时间复杂度已被著名的计算机科学家 Rivest 证明为 $O(n)$,这意味着在最糟糕的情况下,算法需要至少 $n-m+1$ 次扫描才能找到匹配的模式串,其中,n 为文本长度,m 为模式串长度。对于多模式匹配算法,由于它是单模式匹配算法的扩展,其最坏时间复杂度同样不会超过 $O(n)$。例如,AC(Aho-Corasick)算法已经达到了最差时间复杂度的上限,即 $O(n)$。

在平均时间复杂度方面,KMP 算法的发明者之一 Knuth 提出了一个猜想:所有字符串匹配算法的平均时间复杂度不会低于 $O(n\log_\Sigma(m)/m)$。其中，Σ 是字符集。例如，如果 Σ 是小写字母字符集，则 $\Sigma=26$；如果 Σ 是 ASCII 字符集，则 $\Sigma=128$。$\log_\Sigma(m)$ 表示模式串长度为 m 时的信息量。$\log_\Sigma(m)/m$ 表示模式串中每个字符的平均信息量。这个猜想由计算机科学家姚期智在 1979 年给出了证明。然而，直到 1992 年后缀自动机技术应用到串匹配算法中，才开始有了真正实用的平均时间复杂度最优的算法。

在多模式匹配算法的平均时间复杂度方面，理论研究进展较慢。虽然在 1994 年就出现了具有 $O(n\log_\Sigma(rm)/m)$ 平均时间复杂度的 MultiBDM 算法，但直到 2004 年，Navarro 和 Fredriksson 才证明多模式匹配算法的最优平均时间复杂度不超过 $O(n\log_\Sigma(rm)/m)$。其中，Σ 是字符集，m 通常表示所有模式串的平均长度，r 表示多模式匹配算法中模式串被分解成的块的数量。

尤其值得提及的是，重要的字符串匹配算法 BM 算法确切的时间复杂度一直是研究的焦点。在模式不循环的情况下，Knuth 首先证明了 BM 算法最多进行 $6n$ 次字符扫描。后来，Guibas 和 Odlyzko 改进了这一证明，指出 BM 算法最多进行 $4n$ 次字符扫描。Cole 进一步将这个数字降低到 $3n-n/m$，并指出这是下确界。

虽然理论研究在某些情况下极大地提高了某些重要算法的性能，但这些理论上的优化很少能在实际应用中取得良好效果。在字符串匹配算法研究领域，一个众所周知的事实是"算法的思想越简单，实际应用的效果越好"。例如，KMP 算法虽然在理论上优于简单的蛮力算法，但在实际应用中其时间却可能是蛮力算法的两倍。另一个例子是 BM 系列算法，其中最成功的算法往往是对原始算法进行高度简化后的版本。这些实例表明，在字符串匹配算法的设计中，实用性和效率往往比理论上的最优时间复杂度更为重要。

4.2 单模式匹配算法

如前文所述，单模式匹配指的是在一个文本中查找一个特定的模式串。单模式匹配算法的研究历史悠久，许多单模式匹配算法也为多模式匹配算法的发展奠定了基础。在本节中，将重点介绍两种著名的单模式匹配算法：KMP 算法和 BM 算法。KMP 算法通过充分利用已经比较过的字符信息提高匹配效率，而 BM 算法则侧重于利用匹配失败时获得的信息提高效率。这两种算法是提高模式匹配效率的两条主要途径。

按照匹配顺序，字符串匹配算法可以分为前缀模式、后缀模式和子串模式。在单模式匹配算法中，KMP 和 Shift-And/Shift-Or 等算法是基于前缀模式的匹配算法，而 BM 和 Horspool 算法是基于后缀模式的匹配算法。Bitap、BDM 和 BNDM 算法则是基于子串模式的匹配算法。

为了更好地理解和对比 KMP 算法和 BM 算法，在详细讨论这两个算法之前，首先简要介绍最基本的匹配算法——蛮力算法。该算法虽简单，但它提供了对模式匹配问题最直观的理解，是理解更复杂算法的基础。

4.2.1 蛮力算法

蛮力（Brute-Force，BF）算法又称朴素（naive）算法，是最早出现的单模式匹配算法之一。该算法的思想非常简单：逐个字符比较文本和模式串，直到找到完全匹配的子串或遍历完整个文本。尽管其理论上的时间复杂度较差（最坏情况下为 $O(mn)$，其中 m 和 n 分别是模式串和文本的长度），但在某些情况下，特别是在模式串较短或匹配较早出现时，实际性能仍然是可接受的。例如，ANSI C 标准库中提供的 strstr 函数就是蛮力算法的改进版本。然而，蛮力算法的一个主要缺点是在比较过程中可能需要频繁地回溯，尤其是当文本难以随机访问或匹配位置较靠后时，效率会大大降低。

1. 算法思想

蛮力算法是一种基于前缀匹配方式的算法，其匹配窗口的宽度等于模式串的长度。这种算法的基本思想非常直接明了：在匹配窗口内的匹配过程首先从匹配窗口的最左端字符开始，在匹配成功时匹配窗口向右滑动一个字符，而在匹配失败时则通过一个循环过程逐步滑动匹配窗口并从新的起始位置开始匹配，从而遍历整个文本以寻找模式串的所有出现位置。

可以形象地将蛮力算法比作包含模式的模板沿着文本滑动。对于每一个可能的位移，都会检查模板上的每个字符是否与文本中的相应字符匹配。

其基本处理过程是：设文本为 T，模式串为 P，从 T 的第 i 个字符起（初始时 $i=1$），取长度等于 P 的子串与 P 进行比较。如果找到一个相等的子串，则返回该子串在 T 中的起始位置 i；否则，i 加 1，并重复比较过程。这一过程持续进行，直到 T 中不存在任何一个从 i 开始与 P 相等的子串。

蛮力算法的主要优点在于其简洁性：它不需要任何复杂的预处理过程，除了文本和模式串本身，也不需要额外的数据结构。此外，匹配的比较方向可以灵活选择，无论是从左到右还是从右到左都可行。然而，这种算法的缺点也很明显，特别是在处理大文本或模式串较长时，由于频繁的回溯，其效率可能会非常低。

2. 蛮力算法匹配实例

下面通过例子说明蛮力算法的工作过程。

【例 4-1】 使用蛮力算法对以下文本 T 和模式串 P 进行匹配。

T："GCATCGCAGAGAGTATACAGTACG"

P："GCAGAGAG"

首先，将 P 的第一个字符与 T 的第一个字符对齐，并逐个字符比较。在本例中，前 3 个字符"GCA"匹配成功，但第四个字符不匹配。这一过程如图 4-1(a)所示。

接着，P 向右滑动一个字符，以便 P 的第一个字符与 T 的第二个字符对齐。在这个位置，第一个字符即发生失配。这一过程如图 4-1(b)所示。

蛮力算法继续这样的过程，即逐个字符向右滑动 P，并在每个新位置重新开始比较，直到找到一个完全匹配的位置或遍历完整个 T。在本例中，当 P 向右滑动 5 个字符后，如图 4-1(f)所示，P 与 T 从第 6 个字符起匹配成功，且每个随后的字符都匹配，直到 P 的最后一个字符。

当 P 的每个字符都与 T 的相应字符匹配成功时，即找到了一个匹配的子串。如果目标是找到 T 中第一个匹配的子串位置，那么算法在这里结束。如果需要找出所有匹配的子串位置，算法将继续上述过程，直到 P 的第一个字符与 T 中的第 $n-m+1$ 个字符比较（其中 n 是 T 的长度，m 是 P 的长度），这一过程如图 4-1(g)～(q)所示。

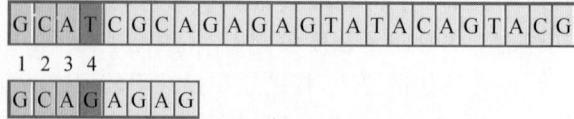

(a) 第1次尝试

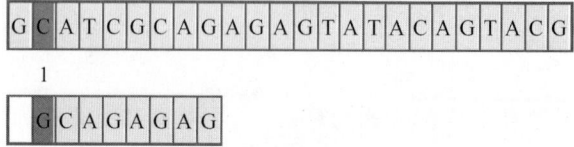

(b) 第2次尝试

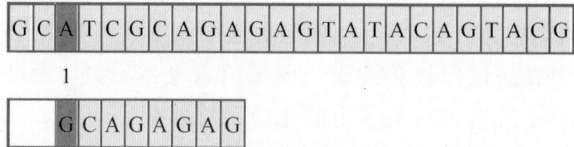

(c) 第3次尝试

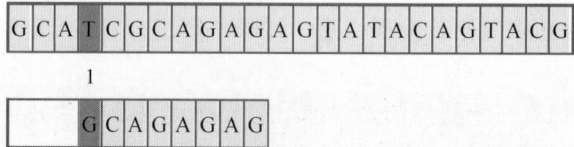

(d) 第4次尝试

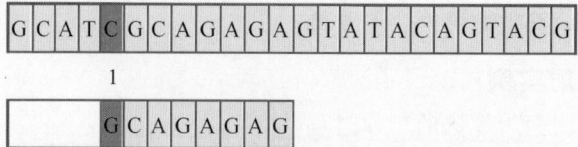

(e) 第5次尝试

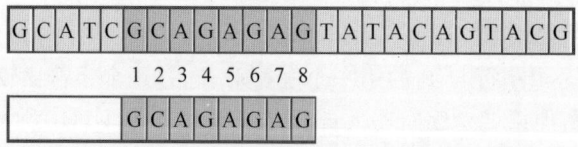

(f) 第6次尝试

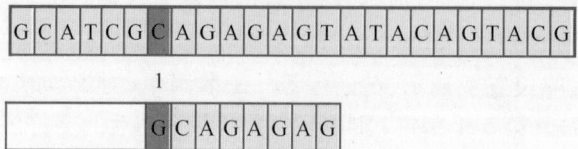

(g) 第7次尝试

图 4-1　例 4-1 的匹配过程

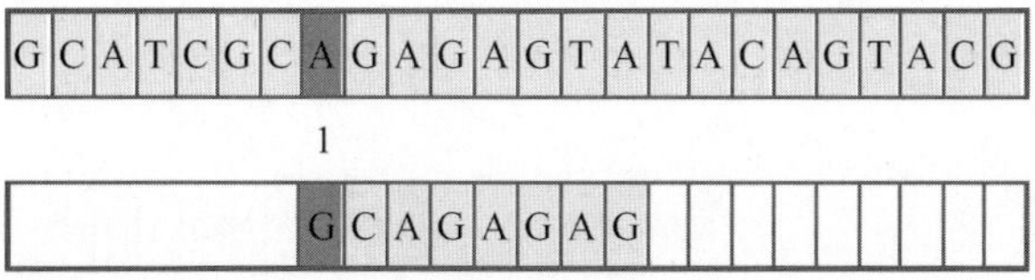

GCATCGCA**A**GAGAGTATACAGTACG

1

GCAGAGAG

(h) 第8次尝试

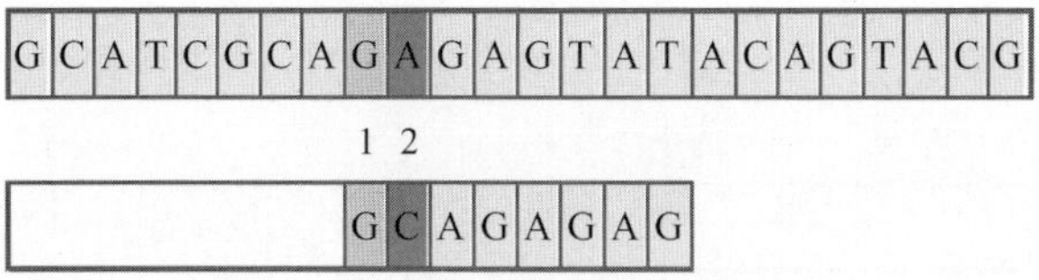

GCATCGCAG**AG**AGTATACAGTACG

1 2

GCAGAGAG

(i) 第9次尝试

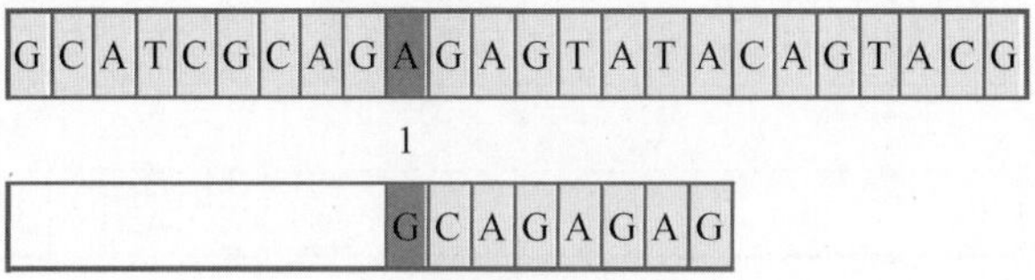

GCATCGCAGA**G**AGTATACAGTACG

1

GCAGAGAG

(j) 第10次尝试

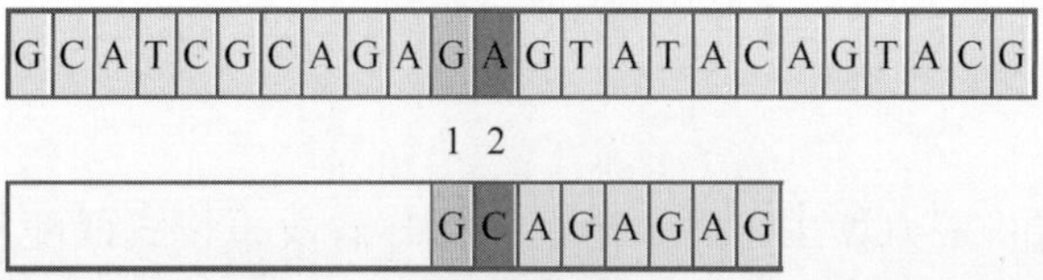

GCATCGCAGAG**AG**TATACAGTACG

1 2

GCAGAGAG

(k) 第11次尝试

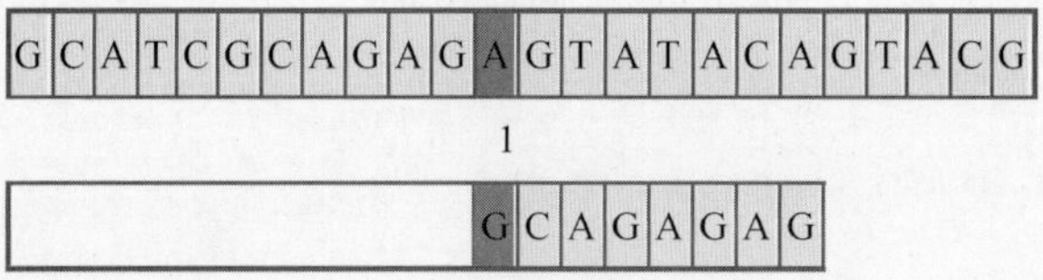

GCATCGCAGAGA**G**TATACAGTACG

1

GCAGAGAG

(l) 第12次尝试

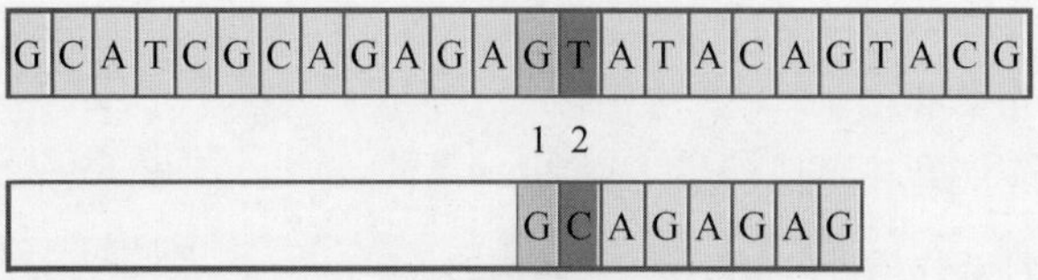

GCATCGCAGAGAG**T**ATACAGTACG

1 2

GCAGAGAG

(m) 第13次尝试

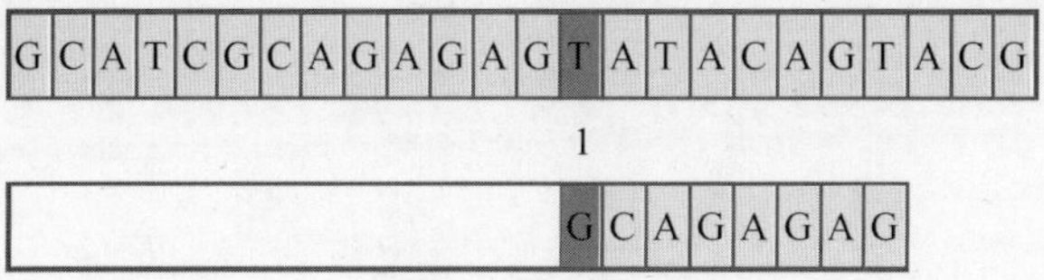

GCATCGCAGAGAG**T**ATACAGTACG

1

GCAGAGAG

(n) 第14次尝试

图 4-1 （续）

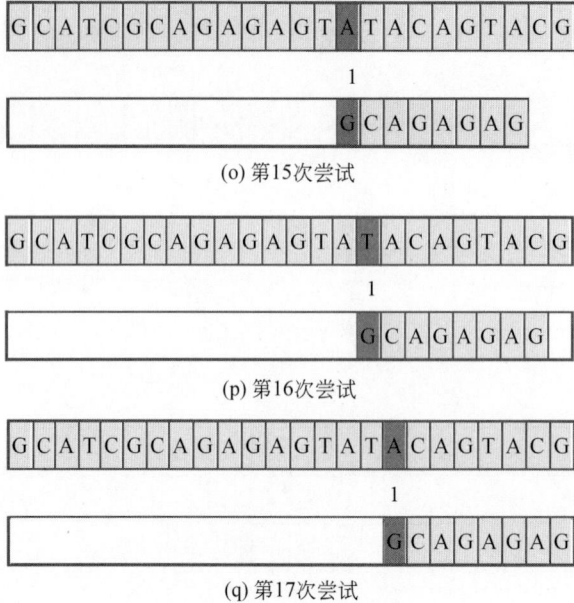

(o) 第15次尝试

(p) 第16次尝试

(q) 第17次尝试

图 4-1 （续）

3. 算法伪代码

由例 4-1 可以看出,蛮力算法通过一个二重循环解决单模式匹配问题。内层循环负责检验当前的匹配窗口(其长度与模式串长度相同)内的字符串是否与模式串相匹配;而外层循环则控制匹配窗口在文本中的滑动,每次向右滑动一个字符,直至遍历完整个文本。

算法可用伪代码描述如下:

```
void BF(char * x, int m, char * y, int n)
{
    //char * x 模式串
    //char * y 文本串
    //int n 文本长度
    int i, j;
    //外层循环遍历文本
    for (j = 0; j <= n - m; ++j)
    {
        //内层循环查找是否存在与模式串相同的子串
        for (i = 0; i < m && x[i] == y[i + j]; ++i);
            if (i >= m)
            OUTPUT(j);
    }
}
```

4. 算法分析

蛮力算法的一个显著的缺点是,在匹配发生失配时,它往往需要回溯,即重复对已经匹配过的字符进行匹配。

蛮力算法的时间复杂度并不稳定,取决于文本和模式串的具体内容。考虑以下两种极端情况,假设文本 T 的长度为 n,模式串 P 的长度为 m。

（1）最佳情况：在每次匹配中失配总是在比较第一对字符时发生，例如 T 为 "aaaaaaaaaabc"，P 为"bc"，这时每次比较只涉及 P 的第一个字符，因此时间复杂度为 $O(n)$。

（2）最坏情况：在每次匹配中失配总是发生在比较到模式串的最后一个字符时，例如 T 为 "aaaaaaaaaaab"，P 为"aaab"，这时每次比较都需要遍历整个 P，因此时间复杂度变为 $O(nm)$。

因此，根据不同的匹配情况，蛮力算法的最优时间复杂度为 $O(n)$，而最差时间复杂度为 $O(mn)$。这种算法效率不高的主要原因在于需要进行频繁的回溯，即使是文本中已经匹配过的部分也需要重新匹配。然而，已匹配过的信息如果能够得到有效利用，就可能避免不必要的重复匹配。在接下来的内容中，将以 KMP 算法和 BM 算法为例，讨论能够有效利用这部分信息的方法，它们都旨在减少回溯次数，从而提高匹配效率。

4.2.2　KMP 算法

在 1970 年，S.A. Cook 在理论上证明了字符串匹配问题可以在 $O(m+n)$ 的线性时间复杂度内解决。在此基础上，D. E. Knuth、J. H. Morris 和 V. R. Pratt 分别独立设计了一种算法，这个算法后来被命名为 Knuth-Morris-Pratt 算法（简称 KMP 算法），它成为第一个线性时间复杂度的模式匹配算法。

KMP 算法的时间复杂度优势显著。它通过巧妙地使用已匹配的部分信息避免在文本中的不必要回溯，实现了线性时间复杂度内的匹配。这种特性使得 KMP 算法在处理实时输入的文本时尤为高效，因为它可以在一次遍历中完成匹配，无须重新检查已经扫描过的字符。

1. 算法思想

KMP 算法主要基于对蛮力算法的改进。蛮力算法在匹配过程中每次只简单地将模式串向前滑动一个字符位置，并未充分利用已匹配成功部分的信息。KMP 算法通过有效利用这些信息优化匹配过程，这些信息被称作前缀模式，即模式串中不同部分存在的相同子串。利用前缀模式，模式串可以一次向前滑动多个字符位置（具体取决于前缀模式的长度），而非仅仅一个字符，从而避免了重复比较，并实现了文本指针的无回溯移动。

例如，如图 4-2 所示，假设在试探文本的第 j 个位置时，失配发生在模式串中的字符 $x[i]=a$ 和文本中的字符 $y[i+j]=b$。此时有

$$x[i+1]x[i+2]\cdots x[m-1]=y[i+j+1]y[i+j+2]\cdots y[j+m-1]=u$$

但 $x[i]\neq y[i+j]$。在这种情况下，当模式串滑动时，可以找到模式串中的某个前缀 v，它与文本中的 u 的某些后缀相匹配。将这个最长的匹配前缀 v 定义为 u 的标记边界（tagged border）。在 KMP 算法中，数组 kmpNext[i] 用于存储 $x[0]x[1]\cdots x[i-1]$ 的最长标记边界的长度，而 kmpNext[0] 则定义为 -1。

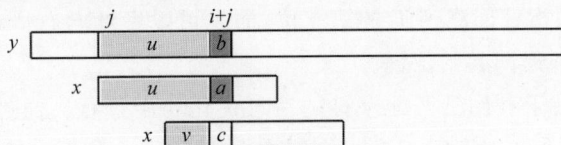

图 4-2　KMP 算法在失配时模式串的滑动

下面对 KMP 算法匹配的详细过程进行分析。

1）文本指针无回溯的可能性分析

以图 4-3 所示的文本 T 和模式串 P 的匹配过程为例。在图 4-3(a)中，T 和 P 的前 5 个字符"abcab"已经成功匹配，但第 6 个字符在 T 中是"c"而在 P 中是"d"，发生失配。如果使用蛮力算法，下一步是将 P 向右滑动一个字符，然后重新比较 P 的第一个字符和 T 的第二个字符。

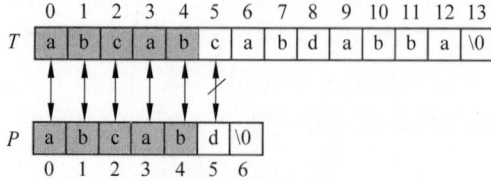

(a) 第6个字符发生失配

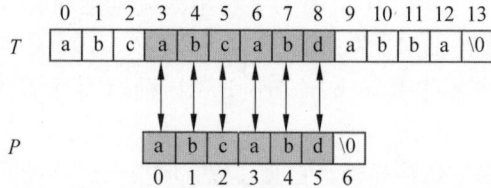

(b) 模式串右滑3个字符

图 4-3 模式串右滑示例

然而，如果按照更高效的比较逻辑（即 KMP 算法的思维方式）思考，就会发现，T 的第 5 个字符和 P 的第 5 个字符都是"b"，而 P 的第 4 个字符是"a"。如果将 P 向右滑动一个字符，那么 P 的第 4 个字符（"a"）将与 T 的第 4 个字符（"b"）对齐，这显然会导致不匹配。因此，可以直接得出结论：向右滑动一个字符不会产生匹配。同样，向右滑动两个字符也不会产生匹配。

如果串匹配算法能够模仿人类的思维过程，变得更加智能化，那么在特定情况下它可以更有效地进行匹配。以图 4-3(a)中的情景为例，当在 T 的第 6 个字符处（T 的第 5 位）发现匹配失败时，算法能够意识到 T 的第 3、4 位与 P 的第 3、4 位是相同的。考虑到 P 的长度较短，可以在匹配开始前就分析出 P 的第 0、1 位与第 3、4 位是相同的。因此，可以直接将 P 的第 0、1 位与 T 的第 3、4 位对齐，然后从比较 T 的第 5 位和 P 的第 2 位开始，如图 4-5(b) 所示。

这意味着，当在 T 的第 6 个字符处发现失配时，可以保持 T 的指针在当前位置 T 的第 5 位，而将 P 的指针从 P 的第 5 位回退到 P 的第 2 位，继续进行匹配。这种方法与蛮力算法不同，不需要将 T 的指针回溯到 T 的第 1 位，而是可以继续向右滑动，不再回溯。同时，P 的指针也不必每次都退回起始位置。

这种方法的关键在于利用已匹配字符的信息优化匹配过程。通过识别 P 中的重复模式，可以在发生失配时准确地确定 P 的指针应该回退到哪个位置，从而避免不必要的重复比较，加快匹配进度。这种思路正是 KMP 匹配算法的基础，它通过预先计算一部分匹配表（也称为失败函数）实现这种智能化的匹配过程。

2) 模式串规律分析

从上述分析中可以看出,在匹配不成功时,可以实现 T 的指针的无回溯。这意味着在发生失配时 T 指针保持不动,P 的指针不会回到其起始位置,而是滑动到一个恰当的位置继续匹配。这是因为,如果简单地将 P 的指针每次都回到起始位置,就可能错过文本中的有效匹配。

因此,确定 P 的指针在失配后应该滑动到的位置成为关键问题。这一位置的确定需要在以下两点之间求得平衡:一方面,不能将模式串向右滑动得太多,从而错过有效的匹配;另一方面,需要利用以前成功匹配的信息,尽可能地将模式串向右滑动,以提高匹配的效率。

通过深入分析可以看出,实现 T 的指针无须回溯且 P 能够向右滑动的关键在于:T 中某几个连续位置的字符与 P 中相应位置的字符相等,而这些字符又与 P 从起始位置开始的几个连续字符相同。例如,在上述例子中,T 的第 3、4 位与 P 的第 3、4 位相等,同时这两位又与 P 的第 0、1 位相同,这样就可以将 P 向右滑动,使其第 0、1 位与 T 的第 3、4 位对应。这样的滑动是基于 P 中存在的重复子串模式。因此,实现无回溯匹配方法需要识别并利用模式串自身的这种重复模式。

更进一步分析表明,如果在 P 的第 5 位发生失配(此时 P 的第 0~4 位与 T 已匹配),P 可以直接向右滑动 3 个字符以进行新的匹配尝试。这种滑动的距离与 P 的具体内容有关,与 T 的内容和当前位置无关。这种模式串在特定位置失配时应该向右滑动多少个字符的对应关系正是 KMP 算法的核心所在,通常被称为 next(j) 关系,即当在 P 的第 j 位发生失配时,P 的指针应该退回第 next(j) 位重新开始匹配。

上述分析可推广到一般情况,具体表述如下:

设有文本 T 为"$t_1 t_2 \cdots t_n$",模式串 P 为"$p_1 p_2 \cdots p_m$"。在匹配过程中,当字符 t_i 与字符 p_j 不匹配时(即 $t_i \neq p_j$,且 $1 \leqslant i \leqslant n-m+1, 1 \leqslant j \leqslant m$),此时前 $j-1$ 个字符已匹配成功,即有

$$"t_{i-j+1} \cdots t_{i-1}" = "p_1 p_2 \cdots p_{j-1}" \tag{4-1}$$

如果在 P 中存在一个最长的可重叠真子串,满足以下条件:

$$"p_1 p_2 \cdots p_{k-1}" = "p_{j-k+1} p_{j-k+2} \cdots p_{j-1}" \tag{4-2}$$

其中,这个真子串的长度至少包含一个字符(即从 p_1 开始),最短可以是"p_1",最长可以是"$p_1 \cdots p_{j-1-1}$",因此可以得出 $1 < k < j$。

根据式(4-1),可以知道模式串中的子串 "$p_1 p_2 \cdots p_{k-1}$" 已经与文本串中的相应部分 "$t_{i-k+1} t_{i-k+2} \cdots t_{i-1}$" 匹配成功。因此,在下一次匹配中,可以直接比较 t_i 和 p_k。如果不存在符合式(4-2)的情况,那么结合式(4-1)可以得出,在 P 的子串 "$p_1 p_2 \cdots p_{j-1}$" 中不存在以 p_1 为起始字符的子串能够与 T 的子串"$t_{i-j+1} t_{i-j+2} \cdots t_{i-1}$"中以 t_{i-1} 为末尾字符的部分匹配。因此,下一次匹配可以直接比较 t_i 和 p_1。这种方式实现了文本串指针无回溯。

总的来说,KMP 算法通过在模式串中寻找可重叠的最长真子串,并利用这些信息指导模式串在匹配过程中的正确滑动,从而避免了文本串指针的不必要回溯,提高了匹配效率。这种智能化的匹配策略使得 KMP 算法在实际应用中与蛮力算法相比具有显著的效率优势。

3) 求解 next 函数

基于上述讨论,关于模式串向右滑动的最大距离,有以下定理。

【定理 4-1】 已知文本 $T = t_0 t_1 \cdots t_{n-1}$ 和模式串 $P = p_0 p_1 \cdots p_{m-1}$。如果 P 出现在 T 中从第 l 个字符开始的子串中，即对所有 $0 \leq k < m$，都有 $t_{l+k} = p_k$，且定义 P 的最长前缀 LongestPrefix 如下：

$$\text{LongestPrefix} = \max\{j \mid \text{对于所有 } 0 \leq k < j < m, \text{有 } p_k = p_{m-j+k} \text{ 且 } p_j \neq p_m\}$$

则根据此定义，T 中从第 $l+1$ 个字符开始的子串到从第 $l+m-\text{LongestPrefix}-1$ 个字符开始的子串都不与 P 中的子串匹配。即：当 $0 < j < m - \text{LongestPrefix}$ 时，对于所有 $0 \leq k < m$，$p_k \neq t_{l+j+k}$ 均成立。

定理 4-1 指出，如果文本和模式串在某一位置失配，那么可以确定文本中从失配位置之后直至 $l+m-\text{LongestPrefix}-1$ 位置的子串均不可能与模式串匹配。在匹配过程中可以跳过这些不可能匹配的子串，从而提高匹配的效率。

基于定理 4-1，可以建立 KMP 算法中的 next 函数的求解算法。next 函数提供了失配后模式串应该向右滑动的位置信息，从而使模式串可以在不必要的位置避免重复比较，实现更加高效的匹配。

模式串 P 的 next 函数的定义如下：

$$\text{next}(j) = \begin{cases} -1, & j = 0 \\ \max\{k \mid 1 < k < j \text{ 且 } "t_0 t_1 \cdots t_{k-1}" = "t_{j-k} t_{j-k+1} \cdots t_{j-1}"\}, & 1 \leq j \leq m \\ 0, & \text{其他} \end{cases}$$

求 next 函数的步骤如下：

(1) 初始值 $\text{next}(0) = -1$。

(2) 设 $\text{next}(j) = k$，这意味着模式串中存在下列关系：$"t_0 t_1 \cdots t_{k-1}" = "t_{j-k} t_{j-k+1} \cdots t_{j-1}"$，且 k 是满足 $0 < k < j$ 的最大的 k 值。此时：

① 若 $t_j = t_k$，则表明 $"t_0 \cdots t_{k-1} t_k" = "t_{j-k} \cdots t_{j-1} t_j"$，所以 $\text{next}(j+1) = k+1$，即 $\text{next}(j+1) = \text{next}(j) + 1$。

② 若 $t_j \neq t_k$，则表明 $"t_0 \cdots t_{k-1} t_k" \neq "t_{j-k} \cdots t_{j-1} t_j"$，此时的问题又变成了新的模式匹配的问题，只是这时的主串和模式串都是原来的模式串，又因为 $\text{next}(k) = k'$，这表明 $"t_0 t_1 \cdots t_{k'-1}" = "t_{k-k'} t_{k-k'+1} \cdots t_{k-1}"$，此时：

- 若 $t_j = t_{k'}$，则表明 $"t_0 \cdots t_{k'-1} t_{k'}" = "t_{j-k'} \cdots t_{j-1} t_j"$，所以有 $\text{next}(j+1) = k'+1 = \text{next}(k) + 1 = \text{next}(\text{next}(j)) + 1$。

- 若 $t_j \neq t_{k'}$，则继续这个过程，直到找到满足条件的 $k'(0 < k' < j)$。如果不存在这样的 k'，则 $\text{next}(j+1) = 0$。

2. KMP 算法匹配实例

【例 4-2】 采用 KMP 算法对如下文本和模式串进行字符串匹配。

文本：GCATCGCAGAGAGTATACAGTACG。

模式：GCAGAGAG。

根据前面分析的 next 函数的求解过程，可得到表 4-1。

在表 4-1 中，$x[i]$ 表示模式串的第 i 个字符，i 的顺序为从左到右，且 i 的取值从 0 开始。根据表 4-1，可以进行字符串匹配的尝试。在第一次尝试时，在第 3 位出现失配，由于 $\text{next}[3] = 0$，所以模式串向右滑动 3 位。图 4-4 给出了 9 次匹配尝试的完整过程。

表 4-1 next 函数

i	0	1	2	3	4	5	6	7	8
$x[i]$	G	C	A	G	A	G	A	G	
$next[i]$	−1	0	0	0	1	0	1	0	1

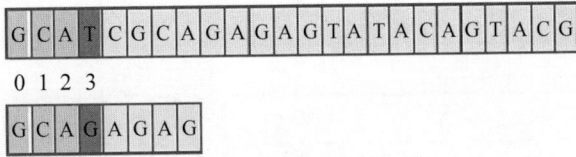

(a) 第1次尝试

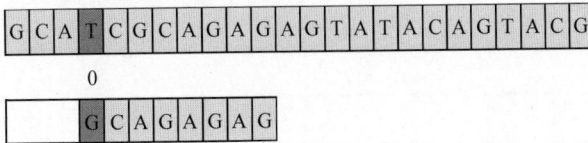

(b) 第2次尝试

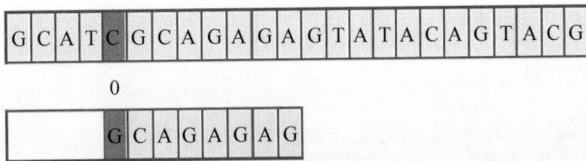

(c) 第3次尝试

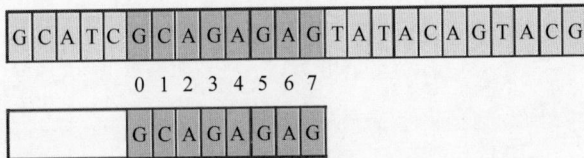

(d) 第4次尝试

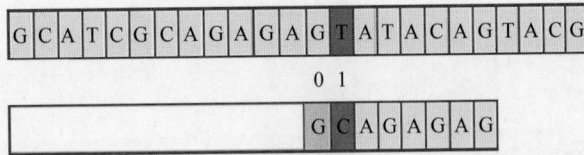

(e) 第5次尝试

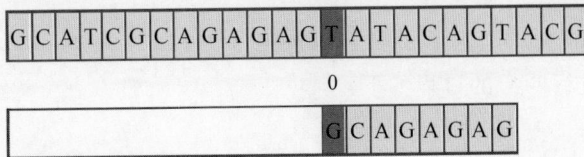

(f) 第6次尝试

图 4-4 例 4-2 的匹配尝试过程

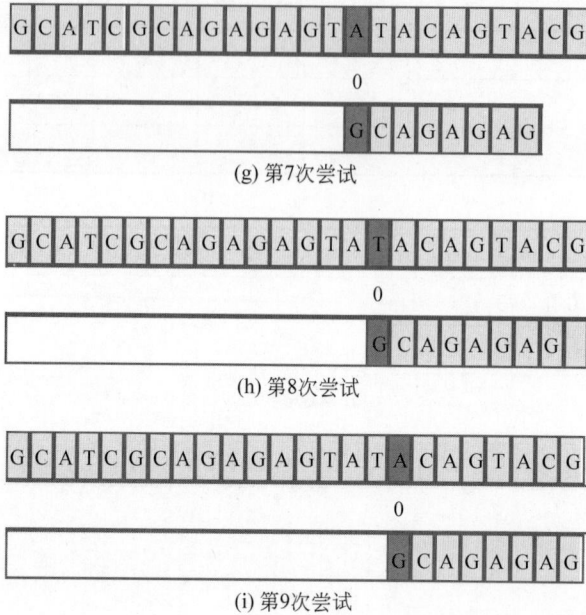

(g) 第7次尝试

(h) 第8次尝试

(i) 第9次尝试

图 4-4 （续）

3. 算法伪代码

下面给出 KMP 算法的伪代码。构造 next 函数的过程如下：

```
void preKmp(char * x, int m, int kmpNext[])
{
    int i = 0, j = -1;
    kmpNext[0] = -1;                    //利用 kmpNext 数组构造 next 函数
    while (i < m) {
        while (j > -1 && x[i] != x[j]) {
            j = kmpNext[j];
        }
        i++;
        j++;
        if (x[i] == x[j]) {
            kmpNext[i] = kmpNext[j];
        } else {
            kmpNext[i] = j;
        }
    }
}
```

基于 next 函数进行匹配的过程如下：

```
void KMP(char * x, int m, char * y, int n) {
    int i = 0, j = 0;
    int kmpNext[XSIZE];
    //预处理
    preKmp(x, m, kmpNext);
    //搜索
```

```
while (j < n) {
    while (i > -1 && x[i] != y[j]) {
        i = kmpNext[i];
    }
    i++;
    j++;
    if (i >= m) {
        OUTPUT(j - i);          //匹配成功时的操作
        i = kmpNext[i];
    }
}
```

在该算法中,preKmp 函数负责计算模式串的 kmpNext 数组,该数组包含了在匹配过程中发生失配时模式串应该滑动到的位置。KMP 函数完成实际的匹配过程,它使用 preKmp 函数提前计算出的 kmpNext 数组高效地进行字符串匹配。当在文本 y 中找到与模式串 x 匹配的子串时,会执行 OUTPUT(j−i)操作。

4. 算法分析

KMP 算法的主要特点是消除了文本指针的回溯,利用已经得到的部分匹配结果将模式串向右滑动尽可能远的距离,然后再继续进行比较。这种方法特别适用于这样的场景:给定一个模式串和多个不同的文本串,需要判断模式串是否是这些文本串中的某些子串。

在搜索阶段,KMP 算法的最差时间复杂度和平均时间复杂度都是 $O(n)$。内层 while 循环的执行次数因 i 值的变化而变化。可以通过摊还分析(amortized analysis)评估这一时间复杂度。摊还分析主要是通过跟踪特定变量或函数值的变化对不规则的执行次数进行累计和分析。在 KMP 算法中,每次执行内层 while 循环都会导致 i 值减小(但不会小于 0),而 i 值的增加只发生在 i++语句中。由于 i 在整个过程中最多只增加 n 次(每次增加 1),因此 i 最多减小 n 次(因为 i 始终是非负整数)。因此,内层 while 循环总共最多执行 n 次。根据摊还分析,将这 n 次执行次数平均分摊到每次外层 while 循环中,每次外层 while 循环的时间复杂度为 $O(1)$,整个过程的时间复杂度为 $O(n)$。

KMP 算法的预处理阶段时间复杂度为 $O(m)$。在预处理阶段,需要进行两方面的计算:首先,对于模式串的每个前缀 u,计算 u 的最长边界 v,使得 $P|u|+1 \neq P|v|+1$;其次,对于模式串本身,计算其最长边界。当逐个读入模式串 $P = p_1 p_2 \cdots p_m$ 的字符并计算 $p_1 p_2 \cdots p_{i+1}$ 的最长边界时,需要找到既是 $p_1 p_2 \cdots p_{i+1}$ 的后缀又是 P 的前缀的最长字符串。因此,可以使用 KMP 算法自身在 P 中搜索这些前缀。由此,KMP 算法的预处理阶段可以通过 KMP 算法自身完成,其时间复杂度为 $O(m)$。

4.2.3　BM 算法

在匹配过程中,KMP 算法能够使模式串向右滑动若干位,但这里存在一个局限性,即模式串的滑动距离通常不会超过一次匹配操作中的字符比较次数。这一局限的根本原因在于 KMP 算法的匹配操作必须按照从左到右的顺序进行。相比之下,BM 算法则可以实现更大幅度的跳跃式查找。

1977 年,R. S. Boyer 和 J. S. Moore 共同设计了 BM 算法,它是一种基于后缀的单模式匹配算法。BM算法的显著特点是在匹配窗口内部从右到左进行匹配。这种方法允许算法在大多数情况下跳过文本中的许多字符,仅扫描文本的一部分就能实现高效匹配。因其高效的性能,BM算法被广泛应用于监控系统和入侵检测系统中的模式匹配。虽然从理论上看,BM算法的时间复杂度并不是最优的,但在实际应用中,它常常是执行速度最快的算法之一。

BM算法因其优越性得到了广泛研究,衍生了许多变种,如Horspool-BM、Tuned-BM和QS算法等。这些变种算法至今仍然是字符串匹配领域中非常活跃和有效的算法。通过各种改进,它们在特定应用场景下能提供更加优化的匹配性能。

1. 算法思想

BM算法的主要特点在于其独特的匹配策略:它从模式串的最右端开始,从右向左进行扫描和比较。在比较过程中,当遇到不匹配的字符时(或在模式串完全匹配的情况下),BM算法使用两个预先计算好的偏移函数——坏字符规则(bad character rule)和好后缀规则(good suffix rule)决定模式串在文本中滑动的距离。

在BM算法中,关键在于尽可能减少不必要的比较次数。通过从模式串的右端开始比较,当遇到不匹配的字符时,算法可以利用坏字符规则直接将模式串向右滑动若干位置,跳过那些无须比较的字符。坏字符规则基于当前不匹配的字符在模式串中的最右出现位置确定滑动距离。若该字符在模式串中不存在,则可以滑动整个模式串的长度。

同时,当模式串的一部分与文本成功匹配后,好后缀规则被用来决定下一步的滑动距离。好后缀规则基于已匹配的后缀子串在模式串中的位置和重复性确定滑动距离。如果匹配成功的次数等于模式串的长度,则说明找到了一个匹配。

1)算法思想分析

BM算法通过从右到左进行匹配,实现了跳跃式查找,这种方法相比于从左到右的传统匹配方法有显著优势。具体的匹配过程可以根据不同情况进行讨论:

(1)当文本中正在比较的字符在模式串中不存在,并且也不存在部分匹配时,模式串应向右滑动的位置数等于模式串的长度。这是因为当前字符在模式串中找不到匹配,因此无须与模式串中此前的字符比较。如图4-5(a)所示,如果在文本中遇到字符"e",而"e"在模式串中不存在,那么模式串直接向右滑动整个模式串的长度。

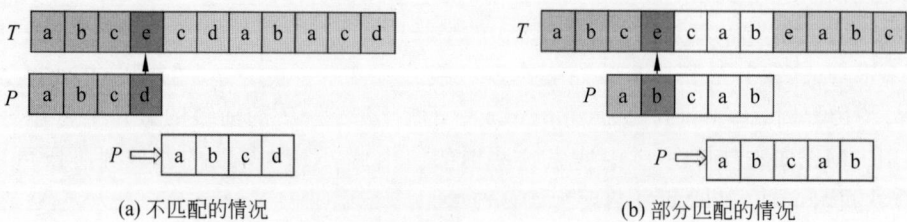

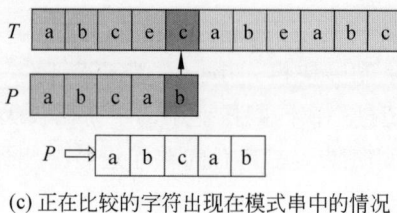

(a) 不匹配的情况

(b) 部分匹配的情况

(c) 正在比较的字符出现在模式串中的情况

图 4-5 BM 算法的 3 种匹配情况

（2）当文本中正在比较的字符不在模式串中，但存在部分匹配时，模式串向右滑动的位置数应等于模式串长度减去部分匹配的字符个数。如图 4-5（b）所示，这种情况下的滑动类似于 KMP 算法的滑动策略，即模式串向右滑动，使模式串最左边的"ab"和已匹配的"ab"字符对齐即可。

（3）当文本中正在比较的字符在模式串中出现时，模式串向右滑动的位置数应为从模式串的最右端到该字符的距离。在这种情况下，BM 算法会找到模式串中最右端的该字符，并将其与文本中的对应字符对齐。例如，在图 4-5（c）中将模式串向右滑动两个字符，将模式串的"c"和文本的"c"对齐，并以此进行下一步的匹配尝试。

在具体实现 BM 算法时，通常会构建一张表，这张表包含了每个可能出现在文本串中的字符元素，每个表项记录了相应字符在模式串中的位置信息，以便快速决定模式串在不匹配时应该向右滑动的位置数。如图 4-6 所示，对于那些未出现在模式串中的字符，这张表中存储的滑动位置数等于模式串的整体长度。这是因为，如果一个字符在模式串中没有出现，那么模式串可以安全地跳过整个长度而不遗漏任何潜在的匹配。对于那些出现在模式串中的字符，滑动位置数则等于该字符在模式串中最右出现位置到模式串右端的距离。这样，在匹配的过程中，如果某个字符与文本中的字符不匹配，只需简单地查询这张表，就可以立即知道模式串需要向右滑动多少个字位置。

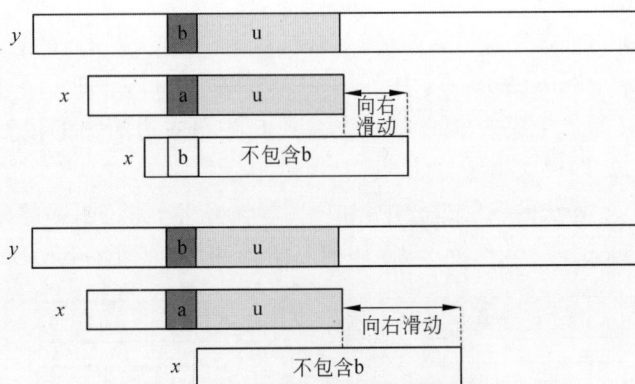

图 4-6　BM 算法模式串右滑示例

BM 算法主要包括两个阶段：预处理阶段和查找阶段。

在预处理阶段，BM 算法首先对模式串进行分析，计算出两个关键的偏移函数：坏字符规则和好后缀规则。这两个偏移函数用于确定在不匹配的情况下模式串应该向右滑动的距离。

在查找阶段，BM 算法将模式串与文本对齐，并从模式串的右端开始向左进行匹配。当遇到文本中的某个字符与模式串中的字符不匹配时，BM 算法会分别根据坏字符规则和好后缀规则计算出偏移量，并取这两个偏移量中的较大者，以此确定模式串下一步应该向右滑动的位置。如果匹配成功，则记录匹配的位置。

BM 算法的核心在于它的两条启发式规则：坏字符规则和好后缀规则。这两条规则用于指导模式串在匹配过程中的滑动，以加快查找速度和提高效率。在实际的匹配过程中，第一个不匹配的字符被视为坏字符，而已经匹配的部分则被视为好后缀。例如，在图 4-7 中，第一个不匹配的字符（"b"和"e"）即为坏字符，而已匹配的部分（"cab"）则为好后缀。通过这种方式,BM 算法能够在不匹配的情况下快速确定模式串的滑动距离,从而提高整个匹配过程的效率。

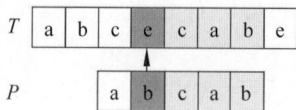

图 4-7 坏字符和好后缀示例

2）坏字符规则

在 BM 算法从右到左扫描时,如果发现文本中的字符 x 与模式串 P 中的对应字符不匹配,则根据以下两种情况处理：

（1）如果字符 x 在模式串 P 中没有出现,那么可以安全地假定从该字符开始的 m 个字符(m 为模式串 P 的长度)都不可能与模式串 P 匹配。因此,模式串 P 可以跳过这个区域,向右滑动 m 个位置。

（2）如果字符 x 在模式串 P 中出现过,则模式串 P 应该向右滑动,直到模式串中最右边的字符 x 与文本中的字符 x 对齐。

下面用数学公式表示。设 $\text{skip}(x)$ 为模式串 P 向右滑动的距离,m 为模式串 P 的长度,$\max(x)$ 为模式串 P 中最右边的字符 x 的位置,则

$$\text{skip}(x) = \begin{cases} m, x \neq P[j](1 \leqslant j \leqslant m), & \text{即 } x \text{ 在 } P \text{ 中未出现} \\ m - \max(x), \{k \mid P[k] = x, 1 \leqslant k \leqslant m\}, & \text{即 } x \text{ 在 } P \text{ 中出现} \end{cases}$$

该式表明,$\text{skip}(x)$ 等于模式串 P 的长度减去 P 中最右边的 x 的位置。如果 x 不在 P 中,$\text{skip}(x)$ 就等于 m,即模式串 P 的长度。

【例 4-3】 在 BM 算法的匹配过程中,如图 4-8(a)所示,深色阴影部分发生了一次不匹配。计算移动距离 $\text{skip}(c) = 5 - 3 = 2$,则 P 向右滑动两位,如图 4-8(b)所示。

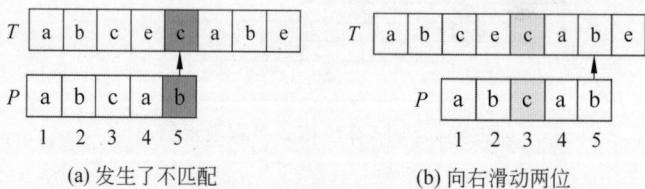

(a) 发生了不匹配　　　　　　　(b) 向右滑动两位

图 4-8 例 4-3 匹配过程

在 BM 算法的坏字符规则中,需要预先计算字符集中每个字符相对于模式串的偏移值,这里记作 $\text{bmBc}[i]$。对于未在模式串中出现的字符,其偏移值设定为模式串的长度 m;对于出现在模式串中的字符,其偏移值则为 $m - i - 1$,其中 i 是该字符在模式串中最右出现位置的索引。这样的计算确保当不匹配的字符在模式串中出现时,模式串向右滑动,直到该字符在文本中的位置与模式串中该字符的最右出现位置对齐。然而,在某些情况下,根据坏字符规则计算出的偏移值可能是负数,这意味着模式串滑动可能出现回溯。为了解决这个问题,当 $m - i - 1$ 为负时坏字符规则只向右滑动一位。

3）好后缀规则

当某个字符匹配失败的同时,已有部分字符匹配成功,即形成了好后缀,则按照以下两种情况处理：

（1）如果已匹配部分 P' 在模式串 P 中除当前位置 t 外的其他位置 t' 也出现了，并且在位置 t' 之前的字符与位置 t 之前的字符不相同，则应将模式串 P 向右滑动，使位置 t' 的字符对齐到刚才与 P' 匹配的文本中的相应位置。

（2）如果模式串 P 中不存在与已匹配部分 P' 相同的其他子串，则在模式串 P 中寻找与 P' 的后缀 P'' 相同的最长前缀 x，并将模式串 P 向右滑动，使 x 与文本中 P'' 所对应的位置对齐。

下面用数学公式表示。设 $\mathrm{shift}(j)$ 为模式串 P 向右滑动的距离，m 为模式串 P 的长度，j 为当前已匹配的字符位置，s 为情况（1）中 t' 与 t 的距离或情况（2）中 x 与 P'' 的距离。那么，$\mathrm{shift}(j)$ 的计算公式为

$$\mathrm{shift}(j) = \min\{s \mid (p_{j+1}p_{j+2}\cdots p_m = p_{j-s+1}p_{j-s+2}\cdots p_{m-s}) \,\&\&\, (p_j \neq p_{j-s}), j > s;$$
$$p_{s+1}p_{s+2}\cdots p_m = p_1 p_2 \cdots p_{m-s}, j \leqslant s\}$$

该式意味着在不同的情况下模式串 P 需要根据已匹配部分 P' 或 P'' 的出现位置和特性确定向右滑动的距离。

对于情况（1），当 P 中的一部分子串（$p_{j+1}p_{j+2}\cdots p_m$）已经匹配，且 P 中的另一个相同子串（$p_{j-s+1}p_{j-s+2}\cdots p_{m-s}$）的前一个字符 p_{j-s} 与当前比较字符 p_j 不同时，寻找满足该条件的最小 s 值，然后将 P 向右滑动 s 个位置。

对于情况（2），当模式串 P 中没有再次出现匹配的部分子串时，寻找 P 中与已匹配后缀 P''（$p_{s+1}p_{s+2}\cdots p_m$）相同的最长前缀（$p_1p_2\cdots p_{m-s}$），并将 P 向右滑动 s 个位置。

【例 4-4】　在 BM 算法匹配过程中，如图 4-9（a）所示，"b" 和 "e" 发生了一次不匹配，"cab" 为好后缀。

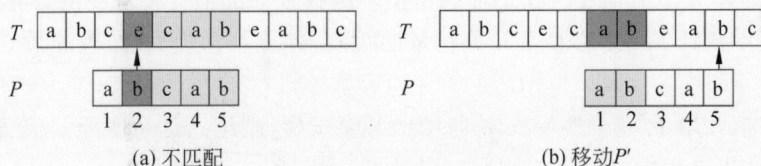

图 4-9　例 4-4 匹配过程

好后缀的后缀 T'（"ab"）与 P 中的前缀 P'（"ab"）匹配，则将 P' 滑动到 T' 的位置。

滑动模式串后的情况如图 4-9（c）所示。通过这种方式，模式串跳过了已经检查过且不匹配的部分。

好后缀规则在 BM 算法中的应用，实际上是借鉴了 KMP 算法中利用已匹配子串信息的思想。在 KMP 算法中，通过前缀数组（也称为失败函数）利用模式串中重复出现的前缀子串，以减少在文本上不必要的比较次数。类似地，在 BM 算法中，好后缀规则利用已匹配的后缀子串信息决定模式串向右滑动的距离。

如图 4-10 所示，如果 BM 算法在从右到左进行比较时遇到不匹配的情况，它会查看已匹配的后缀（好后缀）是否在模式串中的其他位置出现过。如果出现过，则 BM 算法根据这个匹配的位置决定模式串的滑动距离。这种方法可以使模式串在文本上跳过一些已经知道不会匹配的部分，从而提高匹配效率。

不同于 KMP 算法中构造前缀数组，BM 算法中构造的是后缀数组，用于存储与好后缀相关的信息。后缀数组记录了模式串中每个后缀与模式串其余部分的匹配情况，以此决定

在遇到不匹配时模式串应该向右滑动的距离。

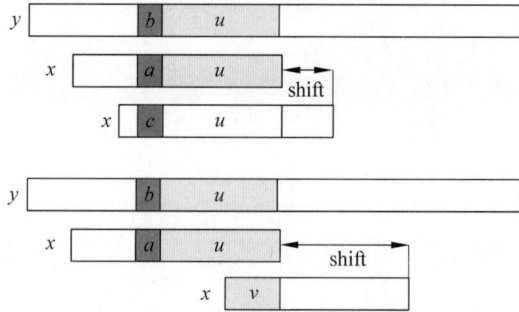

图 4-10　好后缀规则模式串的移动

4）查找阶段算法流程

在 BM 算法的查找阶段，模式串 P 首先与文本 T 在左端对齐。然后，从模式串的最右端开始，与文本进行匹配。每次匹配过程遵循以下步骤：

（1）从模式串 P 的右端向左端进行逐字符比较。设文本中的当前比较字符是 t_{i+j}，而模式串中的相应字符是 p_j。

（2）当 t_{i+j} 与 p_j 匹配不成功时，在 BM 算法中，需要计算跳跃的距离。这是通过比较坏字符规则和好后缀规则得出的偏移量实现的。

- 坏字符规则计算的偏移量是 $\mathrm{BadChar}[t_{i+j}] - m + 1 + j$。
- 好后缀规则计算的偏移量是 $\mathrm{GoodSuffix}[j]$。

其中，m 是模式串的长度。在上面两个值中选择较大的值作为最终的偏移量。

（3）将文本指针 i 向后移动等于偏移量的距离，并重新从模式串 P 的最右端开始进行比较。

（4）如果模式串 P 完全匹配文本 T 中的某个子串，则记录这个匹配的位置。完成匹配后，文本指针 i 再次根据好后缀规则向右滑动 $\mathrm{GoodSuffix}[0]$ 的距离。

（5）重复上述步骤，直到文本 T 的末尾，这样就可以找出模式串 P 在文本 T 中的所有出现位置。

2. BM 算法匹配实例

【例 4-5】　采用 BM 算法对如下文本和模式串进行串匹配。

文本：GCATCGCAGAGAGTATACAGTACG。

模式：GCAGAGAG。

首先，对模式串进行预处理，计算坏字符表（bmBc[c] 数组）和好后缀表（bmGs[i] 数组）。

坏字符表如表 4-2 所示。

表 4-2　坏字符表

c	A	C	G	T
bmBc[c]	1	6	2	8

好后缀表如表 4-3 所示。

表 4-3　好后缀表

i	0	1	2	3	4	5	6	7
$x[i]$	G	C	A	G	A	G	A	G
bmGs$[i]$	7	7	7	2	7	4	7	1

接下来进行匹配尝试。

第 1 次尝试如图 4-11(a)所示，当文本和模式串对齐后，从右到左进行匹配，第一个字符出现匹配失败，分别计算坏字符规则和好后缀规则的移动距离：skip("A")＝bmBc["A"]－0＝1，shift(7)＝bmGs[7]＝1。取最大值 1，模式串向右滑动 1 位。

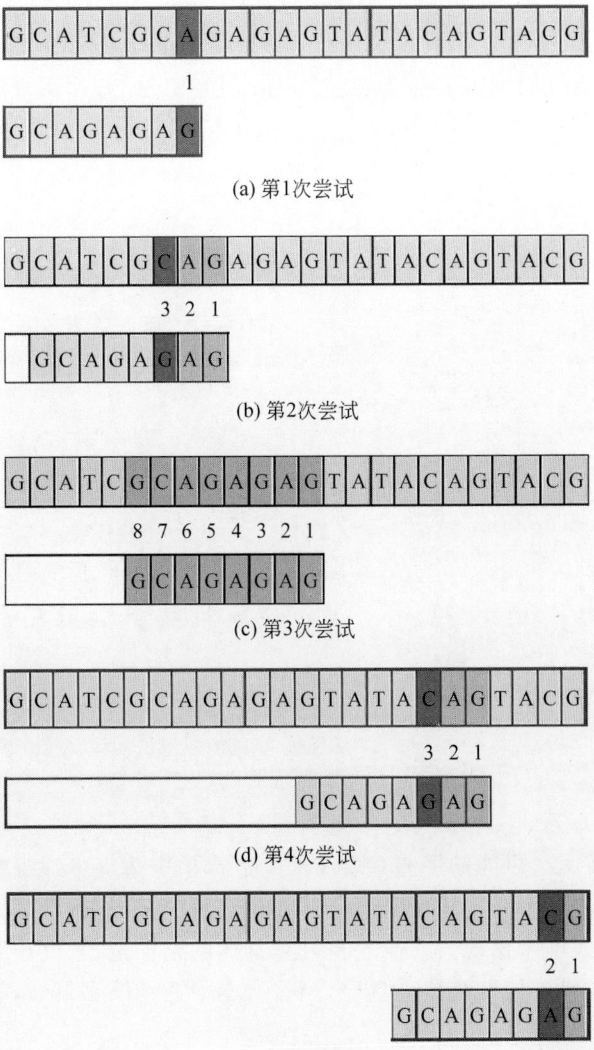

(a) 第1次尝试

(b) 第2次尝试

(c) 第3次尝试

(d) 第4次尝试

(e) 第5次尝试

图 4-11　例 4-5 的匹配过程

第 2 次尝试如图 4-11(b)所示,第 3 个字符匹配失败,计算坏字符规则和好后缀规则的滑动距离:skip("C")=bmBc["C"]−2=4,shift(5)=bmGs[5]=4。取最大值 4,模式串右移 4 位。

第 3 次尝试如图 4-11(c)所示,匹配成功,按坏字符规则应该右移 1 位。这里按好后缀规则将模式串右移 7 位。

第 4 次尝试如图 4-11(d)所示,第 3 个字符匹配失败,计算坏字符规则和好后缀规则的移动距离:skip("C")=bmBc["C"]−2=4,shift(5)=bmGs[5]=4。取最大值为 4,模式串右移 4 位。

第 5 次尝试如图 4-11(e)所示,第 2 个字符匹配失败,计算坏字符规则和好后缀规则的移动距离:skip("C")=bmBc["C"]−1=5,shift(6)=bmGs[6]=7。取最大值为 7,模式串右移 7 位。此时,文本已经到达边界,匹配结束。

3. 算法伪代码

下面给出 BM 算法的伪代码,分为坏字符规则处理算法、好后缀规则处理算法和模式匹配算法。

坏字符规则处理算法如下:

```
void preBmBc(char * S, int m, int bmBc[])
{
  int i;
  for (i = 0; i < ASIZE; ++i)        //ASIZE=256
    bmBc[i] = m;
  for (i = 0; i <= m - 1; ++i)
    bmBc[S[i]] = m - i - 1;
}
void preBmBc(char * S, int m, int bmBc[])
{
    int i;
    //初始化坏字符偏移数组,所有字符的偏移量默认为模式串长度
    for (i = 0; i < ASIZE; ++i)        //ASIZE 通常设置为 256,代表 ASCII 字符集的大小
        bmBc[i] = m;
    //为模式串中的每个字符计算坏字符偏移量
    for (i = 0; i < m - 1; ++i)        //从左到右计算
      bmBc[S[i]] = m - i - 1;          //每个字符的数组值为该字符在模式串最右边的出现
                                       //位置到模式串末尾的距离
}
```

这段代码首先将所有可能的字符(在 ASCII 字符集中为 256 个字符)的偏移量设置为模式串的长度,意味着如果文本中的某个字符在模式串中未出现,就可以直接跳过整个模式串长度。接着,为模式串中出现的每个字符计算具体的偏移量,它是该字符在模式串中最右边的出现位置到模式串末尾的距离。这样,当在文本中遇到该字符时,就可以根据这个偏移量进行跳跃,优化匹配过程。

好后缀规则处理算法的核心是计算模式串中每个子串(好后缀)的偏移量。实际算法拆解为两部分。首先计算模式串的后缀数组,定义为 suffix[]。其中 suffix[i]=s 表示以 i 为边界的模式子串与模式串后缀匹配的最大长度。

```
void suffixes(char * x, int m, int * suff)
{
    int i, q;
    suff[m - 1] = m;                        //最后一个字符的后缀长度是整个模式串的长度
    for (i = m - 2; i >= 0; --i)
    {
        q = i;
        while (q >= 0 && x[q] == x[m - 1 - i + q])
            --q;
        suff[i] = i - q;                    //计算位置 i 的后缀长度
    }
}
```

然后进行好后缀规则处理：

```
void preBmGs(char * x, int m, int bmGs[])
{
    int i, j, suff[XSIZE];
    suffixes(x, m, suff);                   //对模式串进行预处理,计算后缀数组
    //初始化 bmGs 数组
    for (i = 0; i < m; ++i)
        bmGs[i] = m;                        //初始偏移量设为模式串的长度
    j = 0;
    for (i = m - 1; i >= 0; --i) {
        //如果找到一个最大前缀
        if (suff[i] == i + 1) {
            //更新偏移量
            for (; j < m - 1 - i; ++j)
                if (bmGs[j] == m)
                    bmGs[j] = m - 1 - i;    //更新为到模式串末尾的距离(有最大前缀)
        }
    }
    //根据后缀数组更新 bmGs 数组
    for (i = 0; i <= m - 2; ++i)
        bmGs[m - 1 - suff[i]] = m - 1 - i;  //更新为与模式串末尾的距离(有子串匹配好后缀)
}
```

这段代码实现了好后缀规则。首先,通过计算后缀数组确定模式串每个位置的好后缀长度。然后,根据这个信息计算后缀数组 bmGs,它决定了在遇到好后缀时模式串应该向右滑动的距离。

模式匹配算法如下：

```
int BM_Search(char * S ,char * T)
{
    j = 0;
    //文本字符串的索引
    while (j <= strlen(S) - strlen(T))
    {
        //从模式串的最右端开始比较
        for (i = strlen(T) - 1; i >= 0 && T[i] ==S[i + j]; --i)
            //如果模式串全部匹配成功
```

```
        if (i < 0) {
            //匹配成功,可以在这里处理匹配的位置 j
            //然后继续查找下一个匹配
            j += bmGs[0];;
        }
        else {
            //没有匹配成功,根据坏字符规则和好后缀规则滑动模式串
            j += max(bmGs[i], bmBc[S[i + j]] - (m - 1 - i));
        }
    }
}
```

在搜索阶段,从模式串的最右端开始比较。如果在某个位置发现字符不匹配,则根据坏字符规则和好后缀规则计算模式串应该向右滑动的距离;如果模式串完全匹配,则处理匹配位置,并将模式串向右滑动一个好后缀的长度。模式块向右滑动后,搜索继续进行,直到模式串超出文本串的范围。

4. 算法分析

在本章中讨论了 3 种不同的字符串匹配算法:蛮力算法、KMP 算法和 BM 算法。这些算法应用于同一个示例,其中文本 T 的长度为 24,模式串 P 的长度为 8。针对这个示例,蛮力算法、KMP 算法和 BM 算法在模式串对齐后尝试匹配的次数以及字符比较次数分别如下:

- 蛮力算法:对齐 17 次,字符比较 30 次。
- KMP 算法:对齐 9 次,字符比较 20 次。
- BM 算法:对齐 5 次,字符比较 17 次。

从这些数据可以看出,BM 算法在尝试匹配次数和字符比较次数上都较为优秀,表明其效率较高。BM 算法的预处理阶段时间复杂度为 $O(m+s)$,其中 m 是模式串长度,s 是与模式串 P 和文本 T 相关的有限字符集长度。该算法的空间复杂度为 $O(s)$。BM 算法在搜索阶段的时间复杂度为 $O(mn)$,其中 n 是文本长度。在最好的情况下,时间复杂度可以达到 $O(n/m)$,而在最坏的情况下则为 $O(mn)$。BM 算法的高效性主要来自其坏字符规则,这个规则是 BM 算法的核心。它简洁且实用,特别是在自然语言文本搜索中,由于字符比较失败的概率较高,经常可以实现大范围的跳跃,特别是当模式串较长时,可能跳跃的距离也会变长。因此,BM 算法及其变种在实际应用中通常能实现较快的搜索速度。

BM 算法的变种,如 Horspool-BM、Tuned-BM 和 QS 等,主要是在保留坏字符规则的基础上进行简化和优化,以提高跳跃概率。这些优化主要集中在模式匹配中最耗时的减少字符比较操作部分。这些变种算法通过精简和改进,进一步提高了字符串匹配的效率和实用性。

4.2.4　单模式匹配算法比较

在探讨字符串匹配算法的性能时,蛮力算法、KMP 算法和 BM 算法各有特点。BM 算法虽然平均执行效率较高,但在最坏情况下,其执行效率并不理想,最坏情况下的时间复杂度可达 $O(mn)$,如文本串"aaa…"和模式串"baaa"的情况,很难利用 BM 算法的优势。

这些算法的最大字符比较次数均为 $m(n-m+1)$，但在具体应用中，它们的性能表现有显著差异。特别是 KMP 算法，它的字符比较次数永远不会少于 $n-m+1$ 次，通常这个数接近于 n。而 BM 算法的匹配次数与模式串的滑动距离无关，次数通常只有文本长度的 $20\%\sim30\%$。

除此之外，还有其他一些单模式匹配算法值得关注。1980 年，R. Horspool 简化了 BM 算法，提出了 Horspool 算法，这一算法在处理随机文本时表现出 $O(n)$ 的计算复杂度。1981 年，M. O. Rabin 和 R. M. Karp 引入了基于哈希技术的 RK 算法，其预处理时间复杂度为 $O(m)$，平均时间复杂度为 $O(n)$，但算法的空间复杂度随着文本特性的变化而有较大波动。

在单模式匹配领域，BM 算法通常被认为是性能最佳的。然而，在内容过滤和检测领域，常常需要匹配多种关键词模式，这要求对每个模式分别进行匹配。在这种情况下，直接使用 BM 算法进行多模式匹配，其时间复杂度会上升到 $O(kn)$，其中 k 是模式串的数量。因此，尽管 BM 算法在单模式匹配场景中表现出色，但在多模式匹配场景中可能需要更高效的算法或者有针对性的优化。

表 4-4 给出了 27 种单模式匹配算法性能比较。测试时假设字符集中每个字符在文本中以固定的概率出现，即不同文本中同一字符出现的概率相同。实际测试使用的是较长的英文文本，而非短文本，这样的选择基于两个主要考虑。首先，由于这些算法都是经过优化的，当模式长度固定时，它们与文本长度的平均时间复杂度至少呈线性关系。其次，考虑到测试时可能由于多进程等因素导致的时间测量误差，如果测试程序的运行时间较短，则相对误差会较大；相反，如果测试程序的运行时间足够长，这些不确定的相对误差就可以忽略，从而更有效地比较算法的效率。

表 4-4　单模式匹配算法性能比较　　　　　　单位：ms

算　　法	模式串长度							
	2	5	8	10	14	20	25	30
ALPHASKIP	226.283	104.650	73.796	63.656	49.758	38.669	33.228	29.896
AUT	423.019	422.809	422.711	422.588	422.705	422.982	422.827	422.975
AXAMAC	116.550	116.882	118.435	116.750	118.299	117.158	116.983	118.187
BF	273.983	273.102	273.200	274.202	273.181	273.456	272.587	272.770
BM	73.926	39.503	29.681	25.470	22.635	19.654	15.838	14.550
BNDM	86.150	47.136	35.195	30.448	27.304			
BOM	137.673	93.003	77.303	65.550	61.772	56.625	45.106	43.715
BR	101.119	65.117	50.729	44.430	36.367	29.735	26.871	24.070
COLLUSSI	150.046	148.943	149.269	148.983	149.148	148.990	148.902	149.042
GG	169.753	166.835	166.643	166.932	166.618	166.702	166.743	166.312
GS	322.259	315.102	317.835	325.746	317.900	319.373	314.767	312.019
Horspool	62.550	36.394	28.217	24.359	21.734	18.359	15.458	13.969

算　　法	模式串长度							
	2	5	8	10	14	20	25	30
KMP	99.446	92.725	93.348	101.714	92.229	94.614	88.621	89.035
KR	82.998	78.789	78.067	78.174	78.178	78.634	78.203	78.459
MP	99.398	93.161	95.378	103.385	92.502	95.739	90.307	89.487
MS	53.058	36.796	30.232	25.596	21.820	18.939	15.758	14.990
NSN	61.852	70.485	73.836	70.473	73.561	70.744	70.569	73.937
OM	65.974	43.971	35.313	30.156	26.831	23.198	19.312	17.680
QS	121.173	71.723	54.255	46.789	40.104	36.163	27.848	26.431
RAITA	62.670	33.753	25.588	22.521	20.240	18.162	14.823	14.018
RF	245.975	126.985	90.690	76.119	66.719	63.364	43.223	49.672
SMITH	120.833	68.594	49.822	42.967	36.654	31.848	25.384	24.072
SMOA	136.282	110.151	111.327	131.793	111.751	118.240	101.353	102.873
SO	63.947	63.429	63.363	63.358	63.291	63.426	63.558	63.595
TBM	121.825	61.218	43.530	36.191	32.363	27.618	20.945	19.492
Tuned-BM	58.687	35.410	28.183	22.776	20.169	16.649	15.131	13.352
TW	93.615	87.524	91.625	89.609	91.831	91.945	90.208	90.096
最快算法	MS	Tuned-BM	Tuned-BM	Tuned-BM	Tuned-BM	Tuned-BM	Tuned-BM	Tuned-BM

在具体的测试中,所选文本为 2.12MB 英文文本,模式串则是随机选取的几个不同长度的英文单词。其中,长度超过 20 的模式串是通过替换文本中的某些较短的单词生成的。通过这种方法,测试旨在全面评估各种算法在处理实际数据时的性能表现。

在衡量字符串匹配算法性能时,主要依赖以下两个关键参数:

(1) 运行时间。这是指用于模式匹配的算法在处理文本时所消耗的时间,精度达到毫秒级。鉴于多进程运行环境的复杂性,同一算法多次测试的运行时间可能会有所不同。因此,为了获得更可靠的数据,需要对每种算法连续进行多次测试,并取这些测试的平均值作为该算法的实际运行时间。

(2) 字符平均检测次数。这是指文本中每个字符平均被检测的次数。它是算法总的字符检测次数除以文本的总字符数。这里所说的一次字符检测可以是一次字符比较、一次模式串滑动或者自动机中的一次状态转移。

测试中选取了长度分别为 2、5、8、10、14、20、25 和 30 的英文字符串作为模式串。测试的目标是在整个文本中匹配出模式串的所有出现位置。文本和模式串使用的字符集是 ASCII,这是一个固定的有限字符集,其大小为 256。通过这种方法,可以全面评估各种单模式匹配算法在处理实际数据时的性能表现。

从测试结果看,综合性能最佳的算法是 BM 算法的变种 Tuned-BM 算法。这种算法在大多数情况下展现了出色的性能,特别是在处理较长的模式串时依然非常高效。而 KMP 算法虽然在实际应用中的效率并不是最高的,但其性能受模式串长度的影响较小,因此在不同长度的模式串匹配任务中表现出较为稳定的综合性能。相比之下,BM 算法及其衍生版本在不同长度的模式串匹配任务中性能波动较大,尤其是在处理较短的模式串时,其性能可能会有明显的下降。总的来说,每种算法都有其独特的优势和局限性,在选择适合的字符串匹配算法时,应考虑具体的应用场景和需求。

4.3　多模式匹配算法

多模式匹配问题在生物计算、信息检索及信号处理等领域具有极其重要的应用价值。对于这一问题,历史上出现了许多有效的解决算法。

1975 年,Aho 和 Corasick 提出了 AC75 算法,它是首个以线性时间复杂度解决多模式匹配问题的算法,至今仍被广泛使用。AC75 算法通过构建一种特殊的状态机数据结构,可以有效地同时处理多个模式串。

与此同时,单模式匹配领域中的 BM 算法因其高效的跳跃式搜索机制而被广泛认可。这种跳跃思想也衍生了多种变体,被应用于单模式和多模式匹配中。Commentz-Walter 算法就是一种结合了 AC 算法和 BM 算法思想的多模式匹配算法,它融合了 AC 算法的多模式匹配能力和 BM 算法的高效跳跃式搜索机制。1992 年,Wu 和 Manber 提出的 agrep 算法是另一种在多模式匹配领域中表现出色的算法,它具有良好的实际应用效果。

随着后缀树(suffix tree)和后缀自动机(suffix automaton)的引入,多模式匹配算法领域又迎来了新的发展。例如,DAWG-MATCH 算法和 MultiBDM 算法都是在这些新的数据结构基础上发展起来的,它们在处理复杂的多模式匹配问题时显示了优越的性能。

总的来看,多模式匹配算法的发展历程展示了从基础理论到实际应用的不断深入和优化,各种算法在不同应用场景中有着不同的优势和局限。

4.3.1　Trie 树

Trie 树,又称为字典树或前缀树,是一种用于快速检索字符串集合的树状结构。它以高效的方式存储和查找字符串集,尤其适用于多模式字符串匹配问题。在 Trie 树中,根节点通常为空,而每个子节点代表一个字符。从根节点到某个叶子节点的路径代表一个完整的字符串。在 Trie 树的构建过程中,每个节点都可能有多个子节点,这些子节点对应着不同的字符。例如,如果要构建一个包含英文单词的 Trie 树,每个节点最多有 26 个子节点,分别代表 26 个英文字母。当插入一个新的单词时,从根节点开始,沿着单词的每个字母向下寻找或创建对应的子节点。

Trie 树的特点在于,它通过共享公共前缀减少存储空间的需求。例如,单词 tree 和 trie 在 Trie 树中会共享前缀 tr。这种结构使得 Trie 树在处理大量字符串时非常高效,特别是在需要频繁查询和插入字符串的场合。

在多模式匹配的应用中,Trie 树可以迅速判断给定字符串是否为某个模式串的前缀,从而高效地支持模式匹配操作。这使得 Trie 树成为很多经典多模式串匹配算法的核心数

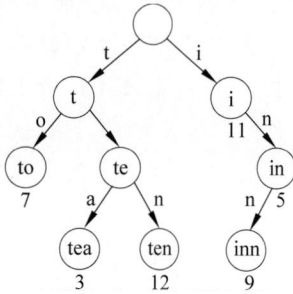

图 4-12　Trie 树示例

据结构,例如 AC 算法就是基于 Trie 树的一个优秀例子。通过在 Trie 树的基础上添加额外的链接(如失败链接),AC 算法能够在线性时间内完成对多个模式串的匹配任务。图 4-12 就是一棵典型的 Trie 树。在这棵 Trie 树中,从根节点到所有叶子节点的路径保存了 t、to、te、tea、ten、i、in 和 inn 这 8 个字符串。

Trie 树的基本性质可以归纳如下:

(1) Trie 树的根节点不包含任何字符信息。这个节点作为所有字符串的统一起点,它本身不代表任何字符。

(2) 在 Trie 树中,从根节点到任意一个叶子节点的路径代表了一个特定的字符串。将这个路径上所经过的每个节点包含的字符按顺序连接起来,就形成了该节点所表示的字符串。例如,如果一个节点的路径是 c-a-t,那么这个节点代表的字符串就是 cat。

(3) Trie 树中的任意一个节点,其所有子节点所包含的字符都是不同的。这意味着,对于一个给定的节点,它的每个子节点都代表了该节点字符串的不同扩展。例如,如果一个节点代表字符串 car,那么它的子节点可能分别代表 cars 和 cart,每个子节点添加了不同的字符。

这些性质共同构成了 Trie 树高效处理字符串集合的基础,使得它在字符串检索、前缀匹配和多模式匹配等应用中表现出色。在多模式匹配中,如果采用 Trie 树保存所有的模式串。设模式集 $P = \{p_1, p_2, \cdots, p_r\}$,则在其对应的 Trie 树中,每个从根节点到叶子节点的路径上的所有标号构成的字符串,都对应于 P 中的某个字符串 p_i;反之,P 中的每个字符串 p_i 都对应于 Trie 树中的一条从根节点到叶子节点的路径。如果状态节点 q 对应一个完整的字符串,那么称 q 为终结状态,并且函数 $F(q)$ 包含了 q 所对应的 P 中的字符串。

通常,Trie 树结构也被称为 Trie 自动机,因为 Trie 也是一种识别相应字符串的确定性有向无环自动机。集合 P 的 Trie 树可以在 $O(|P|)$ 的时间内构建,从根节点开始,逐个插入字符串 p_i,构造相应的状态转移。下面给出构建 Trie 树的伪代码。在该算法中,字符串是逐个字符添加到树中的。

```
Trie(P={p₁, p₂, …, p_r})
    创建一个初始的非空状态 0
    For i∈{1,2,…,r} Do
        Current←初始状态 0
        j←1
        While j≤m_j AND δ(Current,p_i[j])≠θ Do
            Current←δ(Current,p_i[j])
            j←j+1
        End While
        While j≤m_j Do
            创建一个新的非空终态 State
            δ(Current,p_i[j])←State
            Current←State
            j←j+1
        End While
        If Current 是终态 Then
            F(Current)←F(Current)∪{i}
```

```
    Else
        将 Current 标记为终态
        F(Current) ← {i}
    End If
End For
```

这里的 Trie 树是为了存储一组字符串 $P = \{p_1, p_2, \cdots, p_r\}$ 而创建的。

构建 Trie 树的步骤如下：

（1）初始化 Trie 树。创建一个初始的非空状态作为 Trie 树的根节点，并标记为状态 0。

（2）插入字符串。循环遍历所有要插入 Trie 树的字符串。从根节点（状态 0）开始处理每个字符串。初始化 j，并用于追踪当前处理的字符串中每个字符的位置。

（3）处理字符串中的每个字符。第一个 While 循环遍历字符串 p_i，直至到达一个尚未出现在 Trie 树中的字符或者字符串结束。$\delta(\text{Current}, p_{i[j]})$ 用来检查当前节点（Current）是否已经有一个子节点对应字符串 p_i 中的第 j 个字符，如果存在，移动到该子节点并继续处理下一个字符。第二个 While 循环用来为字符串 p_i 中剩余的每个字符创建新节点，并将其链接到当前节点。

（4）标记终态节点。如果当前节点已经是终态节点（即之前已有字符串以这个节点为结束），将这个字符串的标识添加到当前节点的终态集合中；如果当前节点不是终态节点，则标记当前节点为终态并初始化其终态集合。

总体上，这个算法逐个插入字符串，对于每个字符串的每个字符，如果该字符在当前路径上不存在，就创建一个新节点，并逐步构建 Trie 树。每个节点都有可能被标记为终态，表示至少有一个字符串在该节点结束。

创建的 Trie 树的大小取决于状态转移的实现方式。最简单的实现方式是：对于 Trie 树的每个状态 q，用一个大小为 $|\Sigma|$ 的表存储它的转移 $\delta(q^*)$。这种 Trie 树的表示方式耗用的内存空间是最多的，大小为 $|\Sigma| \times |P|$，而它的优点是能够在 $O(1)$ 的时间内进行状态转移。这种表示方法通常用于模式集规模和字母表大小不是很大的情形。

因为总的状态转移次数最多为 $|P|$，所以可以用 $O(|P|)$ 的内存空间进行存储，而与字母表的大小无关。然而，进行状态转移的时间会随之增加。如果用链表存储状态的转移，那么不管是否有序，进行状态转移的最坏时间复杂度和平均时间复杂度都是 $O(|\Sigma|)$；通过使用平衡树可以将其时间复杂度降低为 $O(\log|\Sigma|)$，但这会使代码实现变得复杂。

4.3.2　AC 算法

AC 算法由 Alfred V. Aho 和 Margaret J. Corasick 于 1975 年在贝尔实验室开发，是一种用于多模式字符串匹配的高效算法。该算法通过构建一个有限自动机（通常称为 AC 自动机）实现了快速并且高效地同时匹配多个模式串。由于 AC 算法用到了自动机，这里首先介绍自动机的基本知识。

1. 自动机的基本概念

1）记号

记号是由特定字母表 Σ 中的符号组成的有限长度序列。记号 s 的长度用 $|s|$ 表示。长度为 0 的记号被称为空记号，记作 ε。

2）有限自动机

有限自动机（finite automaton）是一种模拟实物系统的数学模型，具有有限个状态。它可以根据不同的输入从一个状态转移到另一个状态。有限自动机由以下 5 部分构成：

（1）状态集 S。自动机的所有可能状态的有限集合。

（2）输入字符集 Σ。自动机接受的所有可能输入的有限集合。

（3）状态转换函数 δ。该函数定义了从一个状态到另一个状态的转移规则。它使用元素 $\alpha(\alpha \in \Sigma \cup \{\varepsilon\})$ 作为标记，将状态 $q \in S$ 映射到另一个状态的集合 $\{q_1, q_2, \cdots, q_k\}$。

（4）起始状态 s_0。自动机开始工作时的状态，$s_0 \in S$。

（5）终止状态集 S_1。自动机可以接受的输入字符串的结束状态，$S_1 \subseteq S$。

自动机逐个读入输入字符串中的每个字符，并根据当前状态及读入的字符通过状态转移函数 δ 决定下一个状态。如果在输入字符串结束时自动机处于终止状态集 S_1 中的任一状态，则表示自动机接受该字符串；否则，表示自动机不接受该字符串。

有限自动机是理解复杂系统状态变化的有力工具，在字符串匹配、语言识别、硬件设计等多个领域都有着广泛的应用。

图 4-13 为有限自动机的示例。可以看到，该有限自动机包含 4 个状态，分别为 q_0、q_1、q_2、q_3；有两个输入字符，分别为 a、b；状态转移函数如图 4-13 所示，起始状态为 q_0，接受状态为 q_3。

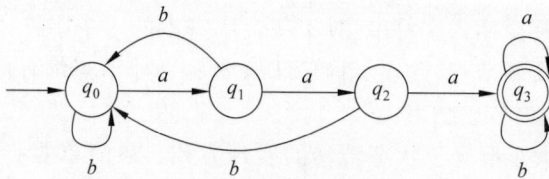

图 4-13　有限自动机示例

非确定的有限自动机（Non-deterministic Finite Automaton，NFA）和确定的有限自动机（DFA）是有限自动机的两种主要类型，它们在状态转移函数的形式上有着根本的区别。

3）非确定的有限自动机

在 NFA 中，对于给定的状态和输入符号，可能存在多种转移路径。也就是说，对于某个状态和一个输入符号，NFA 可以转移到多个状态，甚至包括 0 个状态（即没有任何状态转移）。此外，NFA 还允许对空字符 ε 进行状态转移，这意味着在没有任何输入的情况下也可以改变状态。

例如，考虑一个 NFA，其中状态 q_0 在输入字符 a 时，既可以保持在状态 q_0，也可以转移到状态 q_1。这种能够根据同一输入进入不同状态的能力是 NFA 的非确定性的核心所在。

根据以上定义，图 4-14 是非确定的有限自动机的示例。

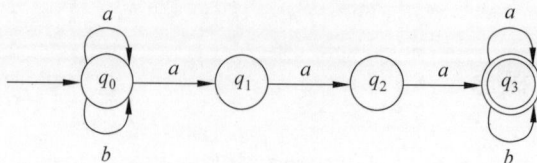

图 4-14　非确定的有限自动机示例

4）确定的有限自动机

与 NFA 不同，DFA 的每个状态对于给定的输入符号都只有唯一的转移状态。换句话说，对于任何状态和任何输入符号，DFA 都能明确地指出下一个状态。DFA 不允许空字符转移，且在每个状态下对每个输入符号都必须有定义的转移。

NFA 和 DFA 在表达能力上是等价的，即对于任何 NFA，都存在一个能接受相同语言的 DFA。但是，NFA 在某些情况下可能更易于构造和理解，特别是在处理复杂的状态转移时；而 DFA 在实现上往往更直观且易于处理，因为它们不包含非确定的状态转移。

DFA 是 NFA 的一个特殊情况。具体来说，DFA 的特点如下：

（1）无空转移。在 DFA 中，不允许空字符 ε 的转移。这意味着状态的改变仅在输入符号的影响下发生，不会自发地发生。

（2）唯一的状态转移。在 DFA 的任何状态，对每个可能的输入符号，都只有一个单一的转移状态。这种性质消除了自动机在处理输入时的所有非确定性。

与 NFA 相比，DFA 的这些特点使其结构更为简单和清晰，但可能会导致所需状态数量的显著增加。

有关有限自动机的等价性，有一个重要的理论基础，即定理 4-2。

【定理 4-2】 对于每一个 NFA，都存在一个等价的 DFA。

该定理意味着，无论一个正则语言是如何被 NFA 所识别的，总有一个 DFA 能够识别相同的语言。该定理的证明基于构造性的方法，即通过转换 NFA 的每个状态组合为 DFA 的单个状态，从而建立等价的 DFA。虽然这可能导致 DFA 有更多的状态，但它确保了任何由 NFA 接受的字符串同样也会被等价的 DFA 接受，反之亦然。这个过程通常被称为 NFA 到 DFA 的子集构造法（subset construction）。

2. 算法思想

AC 算法基于 Trie 树结构和有限自动机的思想构建。该算法的实现包括两个阶段，分别为预处理阶段和查找阶段。

在预处理阶段，AC 算法构建了一个基于关键字集合的 Trie 树，也就是 DFA。这个树状结构包含了 3 个核心的函数：

（1）转向函数。用于在 Trie 树中导航，每个节点代表一个关键字的前缀。转向函数定义了从一个节点到另一个节点的转移，这些转移是基于输入字符串的下一个字符来运转的。

（2）失效函数。当在 Trie 树中某个节点上的字符与文本中的下一个输入字符不匹配时，失效函数用来决定自动机的下一个状态。这个函数将算法导向一个最长可能匹配的前缀节点。

（3）输出函数。用于标记在 Trie 树中某些节点上的输出。当自动机到达这些节点时，将输出一个或多个匹配的关键字。

在查找阶段，AC 自动机以线性时间遍历文本。对于文本中的每个字符，它执行以下操作：

（1）使用转向函数根据当前字符转移到下一个状态。

（2）如果转向函数未定义，即在 Trie 树中没有对应的转移，则使用失效函数回退到较短的前缀，直到找到合适的转移或回退到根节点。

（3）在每个状态下，通过输出函数检查是否有关键字匹配。如果有，则输出相应的关键字。

对 AC 算法更详细的解释将在后面给出，这里先介绍 AC 算法的关键特性：高效性和无回溯性。

AC 算法的一个关键特点是其高效性。它能够在 $O(n)$ 的时间内完成搜索，其中 n 是文本的长度。这意味着算法的运行时间与输入文本的长度呈线性关系，而与关键字的数量或长度无关。这使得 AC 算法非常适合在大量文本中搜索多个关键字的场景，例如网络内容过滤、生物信息学序列分析等领域。

在处理文本时，AC 算法不需要回溯。这是因为失效函数确保了算法总是向前移动，即使在遇到不匹配的字符时也能快速定位到下一个可能的匹配状态，从而避免了回溯的开销。

3. AC 树状有限自动机

AC 树状有限自动机（以下简称 AC 自动机）包含一组状态，每个状态用一个数字代表。AC 自动机读入文本中的字符，然后通过产生状态转移或者偶尔发送输出的方式处理文本。AC 自动机的行为通过 3 个函数指示：转向函数、失效函数和输出函数。

例如，对于模式集{he,she,his,hers}，AC 自动机的这 3 个函数如图 4-15 所示。

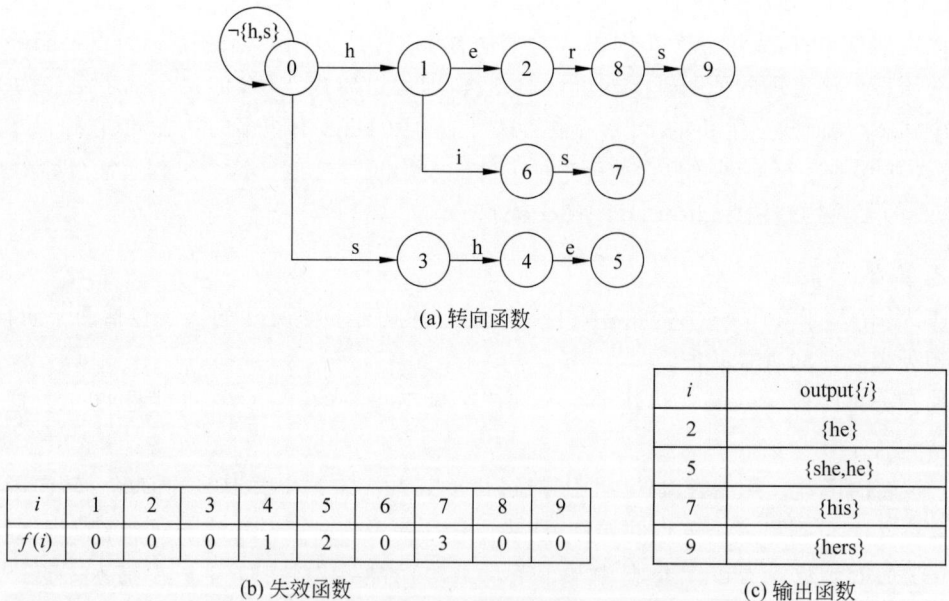

(a) 转向函数

i	1	2	3	4	5	6	7	8	9
$f(i)$	0	0	0	1	2	0	3	0	0

(b) 失效函数

i	output$\{i\}$
2	{he}
5	{she,he}
7	{his}
9	{hers}

(c) 输出函数

图 4-15　AC 自动机的转向函数、失效函数和输出函数

4. 转向函数、失效函数和输出函数的构建

根据关键字集建立 AC 自动机的转向函数、失效函数和输出函数的过程可以分为两部分，在第一部分确定状态和转向函数，在第二部分计算失效函数。输出函数的计算则是穿插在第一部分和第二部分中完成的。

1）构建转向函数

为了构建转向函数，需要建立一个状态转移图。开始时，这个图只包含一个代表起始状态 0 的节点。然后，通过添加一条从起始状态出发的路径，依次向状态转移图中输入每个关

键字 p。这一过程涉及将新的顶点和边加入状态转移图中,从而形成一条能够拼写出关键字 p 的路径。关键字 p 随后会被添加到这条路径的终止状态的输出函数中。只有在新的顶点或边对于表示当前的关键字是必需的情况下,才会在状态转移图中增加新的元素。这样,状态转移图逐步扩展,每个关键字的加入都精确地反映在状态转移图的结构和转向函数中。

【例 4-6】　对关键字集 $\{he, she, his, hers\}$ 建立状态转移图和转向函数。

向状态转移图添加第一个关键字 he,需要创建 3 个状态,得到图 4-16(a)所示的 AC 自动机。

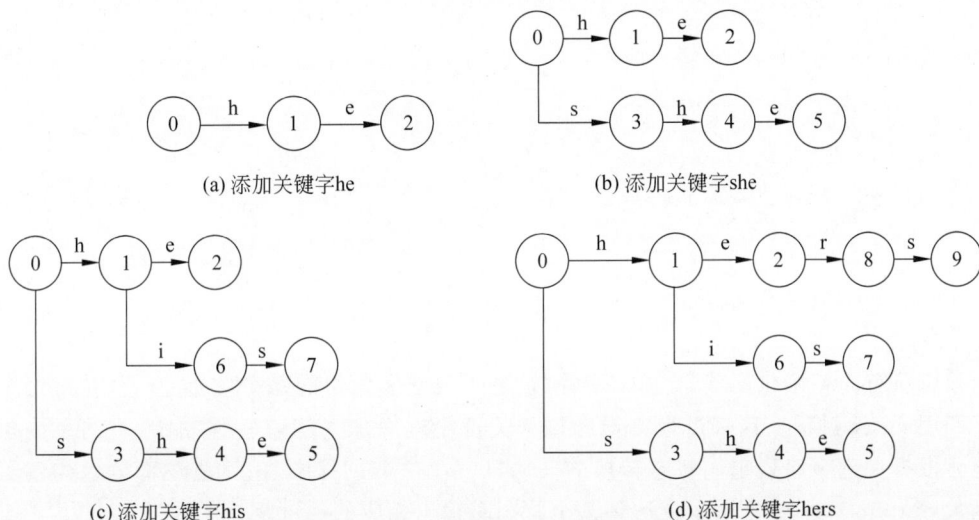

(a) 添加关键字he　　(b) 添加关键字she
(c) 添加关键字his　　(d) 添加关键字hers

图 4-16　例 4-6 建立状态转移图的过程

从状态 0 到状态 2 的路径拼写出了关键字 he,把输出"he"和状态 2 相关联。

如图 4-16(b)所示,添加第二个关键字 she,需要在已有的状态转移图结构上进行修改以包含这个新关键字。首先,从状态 0 开始,沿着路径 s 进入一个新的状态,这里设为状态 3。然后,依次增加状态 4、5。

增加第三个关键字 his,得到图 4-16(c)。注意,当增加关键字 his 时,已经存在一条从状态 0 到状态 1 标记着 h 的边了,所以不必另外添加一条同样的边。接着,从状态 1,需要添加一个新的状态,这里取状态 6,通过一条标记着 i 的边连接状态 1。最后添加状态 7,和输出 his 关联。通过这种方式,有效地利用了现有的路径和状态,使得状态转移图更加紧凑和高效。

添加第四个关键字 hers,得到图 4-16(d),输出 hers 和状态 9 关联。在这里,能够使用已有的两条边:一条是从状态 0 到 1 标记着 h 的边;另一条是从状态 1 到 2 标记着 e 的边。

这样,状态转移图已经成为一棵带根的树。为了完成转向函数的构建,对除了 h 和 s 外的其他每个字符都增加一个从状态 0 到状态 0 的循环,这样就得到了如图 4-15(a)所示的状态转移图,它也代表转向函数。构建转向函数的算法伪代码如下:

输入:关键字集 $y=\{y_1, y_2, \cdots, y_l\}$
输出:转向函数 g 和部分 output 函数
begin

```
        newstate ← 0
        for i ← 1 until k do enter (yi)
        for all a such that g(0, a) = fail do g(0, a) ← 0
end
procedure enter(a₁a₂···aₘ):
begin
        state ← 0
        j ← 1
        while g(state, aⱼ) ≠ fail do
            begin
                state ← g(state, aⱼ)
                j ← j+1
            end
        for p ← j until m do
            begin
                newstate ← newstate + 1
                g(state, aₚ) ← newstate
                state ← newstate
            end
        output(state) ← {a₁a₂···aₘ}
end
```

该算法首先初始化新状态为 0,随后,它遍历关键字集中的每个关键字 y_i,并对每个关键字调用 enter 过程。这一过程负责将每个关键字逐一加入状态转移图中,目的是构建一个能够根据关键字序列定向状态转换的自动机。在这个过程中,该算法还部分地构建了输出函数 output,这个函数用于在达到某个状态时输出相应的关键字。

2) 构建失效函数

失效函数是基于转向函数建立的。首先,在状态转移图中为每个状态 s 定义深度 $d(s)$,这表示从状态 0 到状态 s 的最短路径长度。例如,图 4-15(a)中的起始状态(状态 0)的深度为 0,状态 1 和 3 的深度为 1,状态 2、4 和 5 的深度为 2,状态 6、7 和 8 的深度为 3,状态 9 的深度为 4。因此,所有状态的深度可以表示为

$$d(0)=0, d(1)=d(3)=1, d(2)=d(4)=d(5)=2,$$
$$d(6)=d(7)=d(8)=3, d(9)=4$$

计算失效函数的顺序是:首先确定所有深度为 1 的状态的失效函数值,随后计算深度为 2 的状态的失效函数值,以此类推,直到计算出所有状态(除了状态 0)的失效函数值。

计算失效函数值的方法在概念上相对简单。首先,所有深度为 1 的状态 s 的失效函数值 $f(s)$ 设置为 0。假设已经计算出所有深度小于 d 的状态的失效函数值,那么可以根据这些已知的失效函数值计算深度为 d 的状态的失效函数值。这种方法确保了失效函数值的计算是有序和系统化的,依赖于从浅层状态到深层状态的递进式计算。

为了计算深度为 d 的状态的失效函数值,考虑每个深度为 $d-1$ 的状态 r,并执行以下步骤:

(1) 检查状态 r。如果对所有字符 a,转向函数 $g(r,a)$ 都失败,即 $g(r,a)=\text{fail}$,则不执行任何操作。

(2) 如果存在某些字符 a 使得 $g(r,a)=s$(其中 s 是一个状态),则对每个这样的状态 s

执行以下操作：设定初始状态 state＝$f(r)$（这里 $f(r)$ 是状态 r 的失效函数值）。反复更新 state＝$f($state$)$，直到找到一个满足 $g($state$,a)\neq$fail 的状态。值得注意的是，由于对于任意字符 $a,g(0,a)$ 总是不失败的（即 $g(0,a)\neq$fail），因此总能找到这样的状态。

（3）最后设置深度为 d 的状态 s 的失效函数值 $f(s)=g($state$,a)$。

这个方法的关键在于使用已经计算好的失效函数值为更深层的状态计算失效函数值。通过这种方式，该算法能够逐步建立一个完整的失效函数，它对于 AC 自动机在模式匹配过程中快速跳过不匹配的字符序列至关重要。

【例 4-7】　以例 4-6 的关键字集合为例，构建失效函数 f。

由于状态 1 和 3 是深度为 1 的状态，设置 $f(1)=f(3)=0$。

接下来，计算深度为 2 的状态 2、4 和 6 的失效函数值。

（1）计算 $f(2)$ 时，令 state＝$f(1)=0$。因为 $g(0,'e')=0$，所以 $f(2)=0$。

（2）计算 $f(6)$ 时，令 state＝$f(1)=0$。因为 $g(0,'i')=0$，所以 $f(6)=0$。

（3）计算 $f(4)$ 时，令 state＝$f(3)=0$。因为 $g(0,'h')=1$，所以 $f(4)=1$。

依照这种方法继续计算，最终可以构建出如图 4-15(b) 所示的失效函数 f。

在计算失效函数的过程中，同样更新了输出函数。当计算出某个状态 s 的失效函数值 $f(s)=t$ 时（其中 t 是另一个状态），将状态 t 的输出集合合并到状态 s 的输出集合中。例如，从图 4-15(a) 计算出 $f(5)=2$。这时，将状态 2 的输出集合{he}，加入状态 5 的输出集合中，从而形成了新的输出集合{he,she}。最终，所有状态的非空输出集合构成输出函数，如图 4-15(c) 所示。下面是按照上述流程建立失效函数 f 的伪代码：

```
输入：转向函数 g 和部分输出函数 output
输出：失效函数 f 和完整的输出函数 output
begin
    queue←empty
    for each a such that g(0, a) = s ≠ 0 do
      begin
          queue←queue ∪ {s}
          f(s)←0
      end
    while queue ≠ empty do
      begin
          let r be the next state in queue
          queue←queue - {r}
          for each a such that g(r, a) = s ≠ fail do
            begin
                queue←queue ∪ {s}
                state←f(r)
                while g(state, a) = fail do state ←f(state)
                f(s)←g(state, a)
                output(s)←output(s) ∪ output(f(s))
            end
      end
end
```

5. 模式搜索查找

AC 算法的匹配流程分成预处理和查找两个阶段。

1) 预处理阶段

在预处理阶段构建转向函数、失效函数和输出函数。转向函数把一个由状态和输入字符组成的二元组映射成另一个状态或者一条失效消息。失效函数把一个状态映射成另一个状态。当转向函数报告失效时,失效函数就会被询问。输出状态表示已经有一组关键字被发现。输出函数通过把一组关键字集(可能是空集)和每个状态相联系的方法,使得这种输出状态的概念形式化。

2) 查找阶段

文本扫描开始时,初始状态置为 AC 自动机的当前状态,而输入文本 y 的首字符作为当前输入字符。然后,AC 自动机通过对文本的每个字符都执行一次操作循环的方式处理文本。通过转向函数 goto、失效函数 failure 和输出函数 output 这 3 个函数的交叉使用扫描文本,定位出关键字在文本中的所有出现位置。

该算法有两个特点:一个是扫描文本时完全不需要回溯;另一个是时间复杂度为 $O(n)$,与关键字的数目和长度无关。

【例 4-8】 以例 4-6 和例 4-7 中生成的树状有限自动机(以下简称自动机)为基础,利用转向函数、失效函数和输出函数处理输入文本 ushers。

图 4-17 展示了使用自动机处理这个文本的状态转移情况。

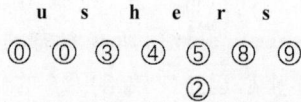

图 4-17 处理文本 ushers 的状态转移情况

这里举例说明操作的过程,例如考虑树状有限自动机在状态 4 且当前输入字符为 e 时的操作循环。由于 $g(4,\text{'e'})=5$,自动机进入状态 5,同时文本指针前进到下一个输入字符,输出为 output(5)。此输出表示自动机已经识别出输入文本的第四个位置是 she 和 he 出现的结束位置。当输入字符 r 在状态 5 时,自动机将在这个操作循环中执行两次状态转移。因为 $g(5,\text{'r'})=\text{fail}$,自动机进入 $f(5)$ 所指的状态 2。然后,由于 $g(2,\text{'r'})=8$,自动机进入状态 8,并前进到下一个输入字符。在这次操作循环中没有产生输出。

记 s 为自动机的当前状态,a 为输入文本 y 的当前输入字符。自动机的一次操作循环可以定义如下:

(1) 转向动作。如果 $g(s,a)\neq\text{fail}$,自动机将执行转向动作。自动机进入状态 $g(s,a)$,同时文本 y 的下一个字符成为当前的输入字符。此外,如果 $\text{output}(g(s,a))$ 不为空,则自动机将输出与当前输入字符位置相对应的关键字集合。

(2) 失效转移。如果 $g(s,a)=\text{fail}$,自动机将询问失效函数 f 并执行失效转移。自动机将转移到 $f(s)$ 指示的状态,并以该状态作为当前状态,当前输入字符 a 继续执行操作循环。如果 $f(s)$ 仍然等于 s,则自动机将重复这个操作循环,直到找到一个有效的转移状态。

下面是基于自动机进行文本处理的算法。

输入:字符串 y={a₁a₂…aₙ}(其中 aᵢ 是一个输入字符),包含上述转向函数 g、失效函数 f 和输出函数 output 的自动机
输出:关键字在 y 中出现的位置
begin

```
state←0
for i - 1 until n do
  begin
  while g(state, aᵢ) = fail do state←f(state)
  state ← g(state, aⱼ)
  if output(state) ≠empty then
    begin
      print i
      print output(state)
    end
  end
end
```

4.3.3　Wu-Manber 算法

在多模式匹配算法领域,除了基于自动机的传统方法外,哈希技术也是一种高效的匹配方法。字符串查找中的哈希方法最早在 1971 年由 Harrison 提出,随后它受到了广泛的关注和深入的分析。特别是在 1992—1996 年,Sun Wu 及 Manber 发表了一系列论文,这些论文详细介绍了他们设计的一种新型匹配算法——Wu-Manber 算法(简称 WM 算法)。基于这一算法,他们开发了一个类似于 UNIX 下的 fgrep 的工具——agrep。

WM 算法是模式匹配领域中最为著名的快速匹配算法之一。它的核心在于采用跳过那些不可能匹配的字符的策略,同时结合哈希方法,从而在处理大规模多关键字匹配问题时表现出色。这种算法不仅高效,而且具有很高的灵活性,使其成为文本搜索和数据处理领域中不可或缺的工具。它的应用范围很广泛,从简单的文本搜索到复杂的数据分析都显示出其强大的实用性。

1. 主要思想

在 Linux 系统中,经典的 mgrep 算法实际上是 BM 算法思想在多模式匹配问题中的应用和推广。为了更好地理解这一点,首先回顾 BM 算法的基本思想。BM 算法是一种高效的单模式匹配算法,其核心思想基于两个关键策略:坏字符规则和好后缀规则。其中,坏字符规则是这样的:假设模式串的长度为 m。匹配过程从模式串的最后一个字符开始,即将模式串的最后一个字符与文本中第 m 个字符 y_m 进行比较。如果发现不匹配(通常不匹配的可能性比匹配的可能性大得多),算法会利用不匹配的字符 y_m 在模式串中出现的最右位置决定模式串应该如何移动。例如,如果 y_m 未在模式串中出现,可以将模式串向前移动 m 个字符位置,即下一次比较的文本字符将是 y_{2m}。如果 y_m 在模式串中匹配到了第 i 个字符(从 1 开始计数),那么可以将模式串向前移动 $m-i$ 个字符。在自然语言文本中,由于字符的多样性,这种策略通常允许算法每次移动 m 个或接近 m 个字符,从而达到快速匹配的效果。

将 BM 算法的思想应用到多模式匹配问题时会面临一个挑战:当存在成千上万个模式串时,文本中的大多数字符可能与某些模式串的最后一个字符相匹配,这导致原本的 BM 算法中基于坏字符规则的移动机制可能不再那么有效。

为了解决这个问题,一种方法是将多个模式串"合并"考虑,换言之,是将所有模式串的长度统一,并采用按块处理的方式,而不是按单个字符处理。这种方法的具体实施步骤如下：

（1）计算最小模式串长度。确定模式串集合 P 中最短的模式串长度 m 后，在处理模式串集时，只关注每个模式串的前 m 个字符。

（2）模式串的统一。在后续的讨论中，仅考虑所有模式串的前 m 个字符组成的模式串，即确保所有匹配的模式串长度是相等的。

（3）分组比较。为了提高比较的速度，对长度为 m 的模式串进行分组处理。每组包含长度为 B 的子串，每次比较都是针对长度为 B 的子串。

（4）确定 B 的值。为了选取合适的 B 值，可以使用公式 $B = \log_c 2M$，其中，$M = km$（k 为模式串数目，m 为最小模式串长度），c 为字符集的大小，即 $c = |\Sigma|$。在实践中，B 的取值通常是 2 或 3。

通过这种方法，可以有效地处理大量模式串的匹配问题，同时保持了较高的效率。这种按块处理的策略减少了每次比较所需的时间，从而使得多模式匹配算法在处理大数据集时更为高效。

2. 预处理过程

WM 算法主要使用了 3 个数据结构，需要在预处理过程中构建，分别是 Shift 表、Hash 表和 Prefix 表。

Shift 表用于在扫描文本串的时候根据读入的字符串决定可以跳过的字符数。如果相应的跳跃值为 0，则说明可能产生匹配，就要用到 Hash 表和 Prefix 表进一步判断，以决定有哪些匹配候选模式串，并验证究竟是哪个或者哪些候选模式串完全匹配。

Hash 表用来快速确定哪些模式串可能与当前的文本块相匹配。它通过计算模式串集中每个模式串的哈希值实现快速匹配，从而减少需要进行详细比较的模式串数量。

在 Hash 表确定了可能匹配的模式串后，Prefix 表用于进一步验证这些模式串。它包含了模式串集中每个模式串的前缀信息。通过比较当前文本块与这些前缀，WM 算法能够确定具体哪个或哪些模式串是完全匹配的候选模式串。

这 3 个表共同作用，使得 WM 算法能够在处理大规模多模式匹配问题时有效地跳过不可能的匹配位置，同时快速确定可能的匹配模式串，从而显著提高匹配效率。

1）Shift 表

Shift 表在 WM 算法中的功能与常规 BM 类算法中的坏字符表在某种程度上相似，都是用于在搜索文本时决定文本指针应该移动（跳过）多少个字符。但它们之间存在着一个关键的区别，就是在 WM 算法中，Shift 表的移动距离计算是基于模式的最后 B 个字符的组合，而不是单个字符。这意味着 WM 算法在每次匹配尝试中会考虑文本中的一个长度为 B 的块，并根据这个块在模式串集中的出现情况决定跳跃距离。

例如，在 WM 算法中，如果文本中当前长度为 B 的子串在所有模式串中（这里假设所有模式串的长度均为 m）未出现，则可以将文本指针向前移动 $m - B + 1$ 个字符。这是因为在这种情况下，当前的文本块不可能与任何模式串匹配，因此可以安全地跳过一定数量的字符，以加快搜索速度。

现在考虑 Shift 表的构建。假设对于每一个长度为 B 的子串，Shift 表中都有一个对应的入口。那么，考虑到字符集的大小为 c，Shift 表的大小将是 c^B。这表明，如果字符集较大

或 B 值较高，Shift 表的大小会急剧增加。

为了解决这个问题，WM 算法中实际使用了一种压缩的 Shift 表。这种压缩方法允许将多个子串映射到 Shift 表的同一个入口，从而节省空间。在实际应用中，每个长度为 B 的子串通过哈希函数映射为一个整数，这个整数作为 Shift 表的索引。Shift 表中的值则决定了在搜索文本时可以向前移动(跳跃)的字符数。

当在搜索过程中遇到当前文本指针所指的 B 个字符组成的子串 $X = x_1 x_2 \cdots x_B$ 时，该子串 X 被映射到 Shift 表的第 i 个入口。根据 X 与模式串的匹配情况，可以区分两种情况：

(1) 子串 X 未在任何模式串中出现。在这种情况下，由于 X 不可能与任何模式串匹配，可以移动 $m - B + 1$ 个字符，这是因为模式串的最小长度为 m，而 B 是子串的长度。因此，Shift 表中第 i 个入口的值 $\text{Shift}[i]$ 被设为 $m - B + 1$。

(2) 子串 X 在某些模式串中出现。这种情况下，需要找到 X 在这些模式串中的最右出现位置。假设 X 在模式串 P_j 中以位置 q 结束，且 X 在其他模式串中的结束位置不会超过 q，则 $\text{Shift}[i]$ 的值应为 $m - q$。这意味着可以跳过 $m - q$ 个字符，直接移动到 X 的最右出现位置。

为了计算 Shift 表的值，首先将 Shift 表的所有值初始化为 $m - B + 1$。接着，依次考虑每一个模式串 $P_i = p_1 p_2 \cdots p_m$。对于模式串 P_i 中的每一个长度为 B 的子串 $p_{j-B+1} p_{j-B+2} \cdots p_j$，将其映射到 Shift 表，并更新该入口的值为当前值(所有初始值均为 $m - B + 1$)和 $m - j$(这是到达该子串所需的距离)中的较小值。

通过这种方式，Shift 表能够有效地指导文本指针的移动，使得搜索过程能够跳过不可能匹配的部分，从而提高了整个模式串匹配过程的效率。这种预处理步骤是 WM 算法能够高效处理多模式匹配问题的关键。

2) Hash 表

当 Shift 表的移动值大于 0 时，可以安全地向前移动文本指针，并继续扫描。实际上，在大多数情况下，Shift 表的移动值确实大于 0。曾经有研究者做过实验，当模式串的数量为 100 个时，Shift 表中值为 0 的概率仅为 5%；而当模式串数量增加到 1000 个时，这个概率上升到 27%；而当模式串数量为 5000 个时，这个概率进一步增加到 53%。

当 Shift 表的移动值为 0 时，意味着文本中当前的子串可能与模式串集中的某个模式串相匹配。为了确定究竟匹配哪一个模式串，而不是与模式串集中的每一个模式串都进行一次比较，WM 算法使用了哈希技术将需要比较的模式串数量减到最小。这就是 Hash 表的作用。

在这个过程中，已经将 B 个字符映射为一个整数，这个整数不仅作为 Shift 表的索引，也作为 Hash 表的索引。Hash 表中的第 i 个入口 $\text{Hash}[i]$ 包含了一个模式串集的指针。这个指针指向的模式串是其最后 B 个字符的哈希值为 i 的那些模式。

通常，Hash 表是非常稀疏的，因为它只包含那些实际出现在模式串集中的模式串。而与此相对，Shift 表则包含了所有可能的长度为 B 的子串。这种设计虽然可能导致内存使用效率不是特别高，但它使得算法可以重用哈希函数的结果，从而节省了大量的计算时间。这种权衡使得 WM 算法在处理大规模多模式匹配问题时既高效又实用。

3) Prefix 表

自然语言文本并不是完全随机的，特别是在像英语这样的语言中，某些后缀(如 ion、ing

等)非常常见。这些常见后缀不仅频繁出现在文本中,也可能出现在多个模式串中。这种情况会导致 Hash 表的冲突,即所有具有相同后缀的模式串都会映射到 Hash 表的同一入口。

当在文本中遇到这样的子串(后缀)时,如果其 Shift 值为 0(假设它是某些模式串的后缀),必须检查所有具有此后缀的模式串,以确定它们是否与文本子串匹配。为了加快这一匹配过程,WM 算法引入了 Prefix 表。

Shift 表映射了所有模式串的最后 B 个字符,而 Prefix 表则映射了所有模式串开始的 B 个字符。当发现 Shift 值为 0,且需要在 Hash 表入口所指的模式串集中检查匹配时,首先检查 Prefix 表中的值。对于每个后缀,Hash 表入口不仅指向具有此后缀的所有模式串的列表,还指向子串前缀在 Prefix 表中的哈希值。

在搜索阶段,首先计算当前文本子串(从向左移动 $m-B$ 个字符位置开始)的前缀哈希值,然后使用这个哈希值过滤那些后缀哈希值相同而前缀哈希值不同的模式串。

在英语中,不同模式串具有相同的前缀和后缀哈希值的情况很少见,因此这种过滤方法非常有效。在中文中,对于某些情况(例如当 $B=2$ 时,模式串的第一个汉字相同),这种方法也同样有效。实际上,Prefix 表的使用是基于实际情况做出的一种工程决策。

当使用 Hash 表和 Prefix 表时,通常需要比对完整的模式串,并且需要找到模式串对应的内存地址。这里,PAT_PTR 表用于提供所有模式串的内存地址指针。这样的设计使得 WM 算法在处理大量模式串时更加高效,尤其是在需要频繁访问和比较模式串时。

总的来说,这几个主要数据结构(Shift 表、Hash 表、PAT_PTR 表、Prefix 表)的关系见图 4-18。

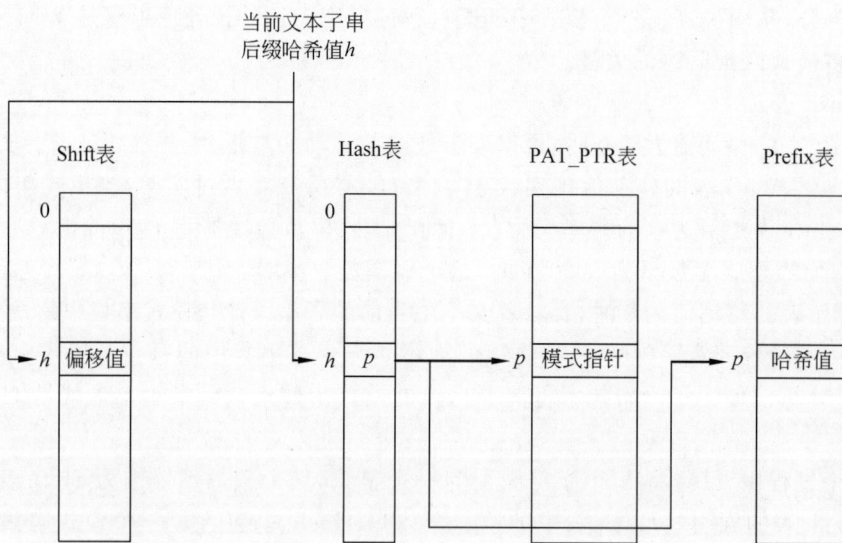

图 4-18　Shift 表、Hash 表、PAT_PTR 表、Prefix 表的关系

3. 文本匹配流程

下面讨论扫描文本进行比较匹配的过程。在 WM 算法中,匹配过程是从文本 $T=t_1t_2\cdots t_n$ 的第 m 个字符开始进行的,且文本的扫描从左到右进行;对于模式串的匹配,则是从模式串的后面向前(即从右到左)进行的。每次扫描长度为 B 的字符 $t_{m-B+1}t_{m-B+2}\cdots t_m$,并按照以下步骤进行:

（1）计算哈希值。计算这 B 个字符的哈希值，得到 h。

（2）查找 Shift 表。查找 Shift 表以找到 Shift$[h]$。如果 Shift$[h]$ 的值大于 0，则根据这个值向后移动文本相应的长度，并返回步骤（1）；如果 Shift$[h]$ 的值为 0，则继续下一步。

（3）计算前缀哈希值。计算当前指针往左 $m-B$ 个字符的长度为 B 的前缀哈希值。

（4）查找 Hash 表。找到 Hash$[h]$ 的指针 p。遍历与这个哈希值相关联的模式链表，找到前缀哈希值也相同的模式串。随后，将文本和这些模式串逐一进行比较，以判断是否匹配。如果发现匹配，则输出匹配的模式串，并将文本指针向后移动一位，然后返回步骤（1）。

这个过程持续进行，直到文本扫描结束。

图 4-19 展示了上面描述的 WM 算法的文本匹配流程。

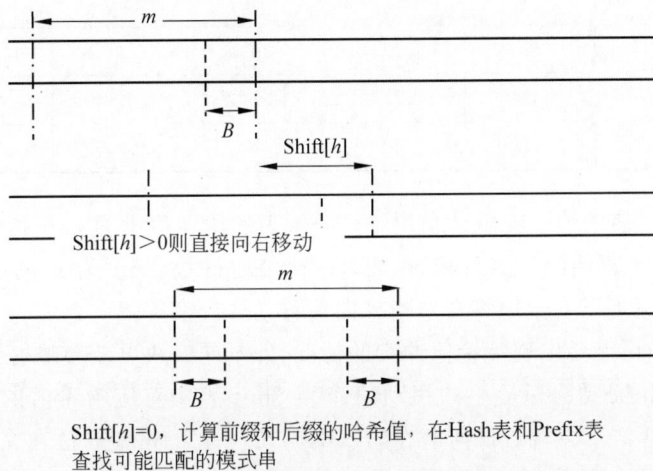

图 4-19　WM 算法的文本匹配流程

4. WM 算法匹配实例

【例 4-9】　使用 WM 算法对给定的文本和模式集进行多模式匹配。

文本：Tomisthinkinghowtobethinner。

模式串集：⟨thinner，shining，church，touching，thinking⟩。

（1）构建字母编码表，为 26 个字母分别赋予一个数字编码，如表 4-5 所示。在这个编码中，字母 a 被赋予编码 0，而字母 z 则被赋予编码 25。通过这种方式，每个字母都映射为唯一的数字，这对于后续的哈希计算和字符串处理至关重要。

表 4-5　例 4-9 的字母编码表

字母	编码	字母	编码	字母	编码	字母	编码
a	0	h	7	o	14	v	21
b	1	i	8	p	15	w	22
c	2	j	9	q	16	x	23
d	3	k	10	r	17	y	24
e	4	l	11	s	18	z	25
f	5	m	12	t	19		
g	6	n	13	u	20		

（2）将所有模式串按照最短模式串长度 $m=6$ 为标准截断。得到的模式串集合为 {thinne,shinin,church,touchi,thinki}。

（3）对这些截断后的模式串进行分块处理,每个块大小为 $B=2$。这意味着将每个模式串的两个连续字母作为一个单元进行处理。对于每个块,采用上面创建的字母编码表中的编码,将这些字母的编码相加,并进行模 29 运算,作为 Hash 函数的计算方法。这样,为每个块计算出一个唯一的哈希值,得到了一个分块编码的哈希值表,如表 4-6 所示。

表 4-6 例 4-9 的模式串集分块编码的哈希值表

块	哈希值	块	哈希值	块	哈希值	块	哈希值
th	26	ne	17	hu	27	ou	5
hi	15	sh	25	ur	8	uc	22
in	21	ni	21	rc	19	nk	23
nn	26	ch	9	to	4	ki	18

（4）计算 Shift 表的值。在默认情况下,Shift 表的移动值设为 $m-1$,即 5,这是基于最短模式串长度 $m=6$ 得到的。这意味着,如果一个特定的块(长度为 B 的字母组合)与任何模式串都不匹配,就可以安全地将文本指针向前移动 5 个字符。

在处理过程中可能会出现哈希值冲突的情况,即不同的块可能会映射到同一个哈希值。当这种情况发生时,需要选择最小的移动值作为 Shift 表中对应哈希值的实际移动值。这是为了确保 WM 算法不会跳过任何潜在的匹配模式。每当 WM 算法在文本中遇到一个哈希值对应的块时,它会查看 Shift 表中这个哈希值对应的移动值,然后根据这个值移动文本指针。最后得到的 Shift 表如表 4-7 所示。

表 4-7 例 4-9 的 Shift 表

哈希值	块	移动值	哈希值	块	移动值	哈希值	块	移动值	哈希值	块	移动值
0		5	8	ur	2	16		5	24		5
1		5	9	ch	0	17	ne	0	25	sh	4
2		5	10		5	18	ki	0	26	th/nn	1
3		5	11		5	19	rc	1	27	hu	3
4	to	4	12		5	20		5	28		5
5	ou	3	13		5	21	in/ni	0			
6		5	14		5	22	uc	2			
7		5	15	hi	0	23	nk	1			

（5）计算 Hash 表的值。Hash 表用于存储每个模式串相应的编号,这些编号范围为 0~4,分别对应截断后的 5 个模式串。例如,模式串 thinner 的编号是 0,在截断后,它变为 thinne。这里只关注这个截断的模式串的最后两个字母 ne,然后计算 ne 的哈希值,为 17。类似地,对模式串集中的每个模式串都进行这个计算,得到如表 4-8 所示的 Hash 表。

表 4-8　例 4-9 的 Hash 表

哈希值	模式串编号	哈希值	模式串编号	哈希值	模式串编号	哈希值	模式串编号
0		8		16		24	
1		9	2	17	0	25	
2		10		18	4	26	
3		11		19		27	
4		12		20		28	
5		13		21	1		
6		14		22			
7		15	3	23			

（6）计算 Prefix 表的值。Prefix 表的作用是存储与每个模式串的前缀相关的信息。与 Hash 表一样，Prefix 表中 5 个模式串的编号范围为 0～4。以模式串 thinner 为例，它的编号是 0。其前缀是 th，计算 th 的哈希值，为 26。对模式串集中的其他模式串进行同样的计算。以每个模式串的前缀的哈希值作为索引，存储在 Prefix 表中。这样，当 WM 算法在文本中遇到符合特定哈希值的模式串前缀时，它可以快速查找 Prefix 表以确定可能匹配的模式串。最后得到的 Prefix 表如表 4-9 所示。

表 4-9　例 4-9 的 Prefix 表

模式串编号	前缀	哈希值
0	th	26
1	sh	25
2	ch	9
3	to	4
4	th	26

（7）在模式匹配阶段，首先将文本指针定位到与最短模式串长度 $m=6$ 相对应的位置。考虑文本 Tomisthinkinghowtobethinner，文本指针最初指向第 6 个字母，即 t，其后两位字母组合为 st。计算 st 的哈希值，为 8。接着，查看 Shift 表，找到与哈希值 8 对应的 Shift 值，发现它是 2。这意味着文本指针可以向右移动 2 位，以跳过不可能匹配的区域。

随后，文本指针移动到第 8 个字母 i，其后两位字母组合为 hi。计算 hi 的哈希值，为 15。查看 Shift 表，发现与哈希值 15 对应的 Shift 值是 0，这表明可能存在匹配。接下来，继续查看 Hash 表，找到与哈希值 15 对应的模式串编号为 3。此时，计算前缀 mi 的哈希值，为 20。然而，当查看 Prefix 表时，发现编号为 3 的模式串前缀的哈希值为 4，这两个哈希值不相等。因此，文本指针向右移动一位，以继续搜索。

这个过程持续进行，直到文本指针移动到第 11 个字母 i，此时后两位字母为 ki。计算 ki 的哈希值，得到 18。查看 Shift 表，发现与哈希值 18 对应的 Shift 值是 0，需要再次查看 Hash 表。在 Hash 表中，与哈希值 18 对应的模式串编号是 4。此时，计算前缀 th 的哈希值，为 26。查看 Prefix 表，发现对应的模式串前缀的哈希值也是 26，这意味着可能存在匹配。随后，逐字母比较原始模式串 thinking 的各字母，最终发现匹配成功。

5. 算法分析

WM 算法在平均情况下的时间复杂度是 $O(BN/m)$。这里，B 代表块的长度，N 是文本的总长度，而 m 是模式串集中的最短模式串长度。需要注意的是，该算法对最短模式串长度较为敏感。由于 Shift 函数的最大值受到最短模式串长度的限制，如果最短模式串长度比较短，那么 WM 算法能够实现的位移值也比较短，这在一定程度上限制了匹配过程的加速效果。

从表 4-10 可以看到，基于 WM 算法的关键字查找命令在对一个 15.8MB 的文本文件进行多模式匹配时，在模式串数量少于 1000 个时，大多数关键字查找命令的性能几乎保持稳定，表明 WM 算法的性能对模式串的数量不是特别敏感。然而，一旦模式串数量超过 1000 个，WM 算法的性能便出现了明显的拐点，其主要原因是开始出现了大量哈希值冲突，导致进行哈希值查找的次数急剧增加。

表 4-10　基于 WM 算法的关键字查找命令多模式匹配性能比较　　　　单位：ms

模式串数量	关键字查找命令				
	egrep	fgrep	GNU-grep	gre	agrep
10	6.54	13.57	2.83	5.66	2.22
50	8.22	12.95	5.63	9.67	2.93
100	16.69	13.27	6.69	11.88	3.31
200	42.62	13.51	8.12	14.38	3.87
1000			12.18	23.14	5.79
2000			15.80	28.36	7.44
5000			21.82	38.09	11.61

图 4-20 展示了 WM 算法在处理大模式串集时的性能测试结果。当模式串集规模为 2000～8000 时，性能消耗随模式串集规模的增加而略有上升。但在超过 8000 个模式串时，性能出现了下降的拐点。这说明 WM 算法非常适合在海量模式串集的情况下进行多模式串匹配。图 4-21 聚焦于 WM 算法在不同最短模式串长度下的性能表现。结果表明，随着最短模式串长度的增加，WM 算法的性能有显著提升，这进一步印证了 WM 算法对最短模式串长度的敏感性。这些测试结果为使用 WM 算法提供了宝贵的参考信息，特别是在处理包含大量模式串的复杂文本时。

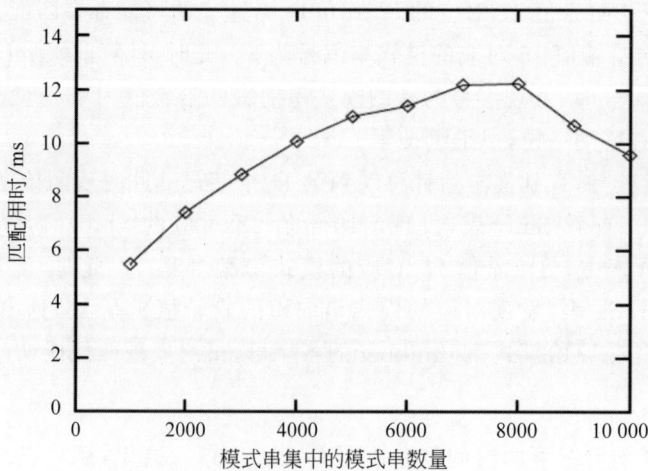

图 4-20　模式串集数量对 WM 算法性能的影响

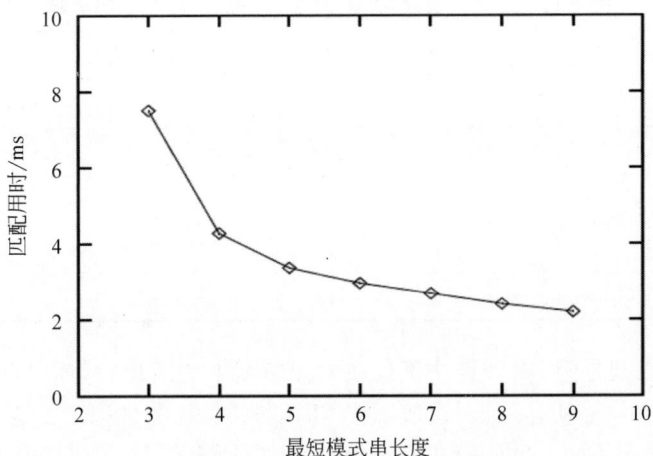

图 4-21　最短模式串长度对 WM 算法性能的影响

6. AC 算法与 WM 算法比较

有研究者对 AC 算法和 WM 算法进行了性能测试,测试使用的中文语料长度为 5 797 998B,英文语料的长度为 4 296 532B。这项研究旨在比较这两种算法在处理不同语言和不同长度文本时的性能表现。

表 4-11 展示了模式串数量对算法性能的影响。在使用英文语料作为测试文本的情况下,分别考查了模式串数量为 1、100、500、1000、5000 时的算法性能。从表 4-11 可以看出,WM 算法在匹配速度上明显快于 AC 算法,在最好的情况下,其速度约为 AC 算法的 42 倍。

表 4-11　模式串数量对 AC 算法和 WM 算法性能的影响　　　　　单位：ms

模式串数量	算　　法	
	AC 算法	WM 算法
1	278	10
100	1593	38
1000	2391	56
5000	2372	1337

特别是对于 Wu-Manber 算法,当模式串的数量增加到 5000 个时,出现了哈希值相同的模式串数量大量增加的情况。这导致了进入前缀匹配阶段的模式串数量明显增多,最终需要进行完全匹配的模式串数目也相应增加,因此匹配过程所需时间出现了急剧上升。这个现象表明,虽然 Wu-Manber 算法在处理较小规模的模式集时表现出色,但在模式数量极大时,性能可能会受到一定影响,特别是在存在大量哈希冲突的情况下。

表 4-12 展示了模式串长度对算法性能的影响。在这项测试中,研究者使用中文语料作为测试文本,并考察了在模式串数量固定为 10 个的情况下模式串长度分别为 1、10、100、500 个汉字时算法的性能表现。通过这种方式,可以更清楚地了解模式串长度变化对算法效率的影响。

表 4-12　模式串长度对 AC 算法和 WM 算法性能的影响　　　　单位：ms

模式串长度	算　　法	
	AC 算法	WM 算法
1	256	28
10	294	6
100	392	3
500	416	6

从表 4-12 可以观察到，WM 算法不仅在匹配速度上表现出色，而且随着模式串长度的增加，其匹配时间并没有明显的增长，表明 WM 算法的性能非常稳定。这一结论相当重要，因为它说明了在处理不同长度的模式串时 WM 算法能够保持较高的性能。

通常情况下，模式串长度越大，算法的匹配速度越快。这是因为较长的模式串意味着更少的潜在匹配位置和更多的快速跳跃机会。在 WM 算法中，这一特性得到了很好的体现，使其成为处理长度变化的模式串时的最佳选择。这些性能测试的结果为使用 WM 算法处理大规模文本提供了宝贵的参考信息，尤其是在模式串长度多样化的情况下。

模式串长度对 AC 算法性能的影响较小。由于 AC 算法的独特设计，它在进行文本扫描匹配时能够同时考虑所有模式串，而这一处理过程与单个模式串的长度关系不大。在 AC 算法中，每个字符的处理都可能导致自动机转移到新的状态，而这些状态转移并不依赖于模式串的长度。因此，无论模式串的长短，AC 算法对每个输入字符的处理速度基本保持一致。这种特性使得 AC 算法在处理含有多个不同长度的模式串的文本时表现出较高的稳定性和效率。

4.3.4　其他多模式匹配算法

1. AC 算法和 QS 算法结合的反向自动机

在多模式匹配算法的研究中，王永成等提出了一种结合了 BM 算法特性的自动机算法，其灵感来源于 FW92 算法。他们提出的算法融合了 QS 算法的特点，形成了一种新的反向自动机多模式匹配算法，特别是针对纯中文文本的处理具有良好的性能。

这种算法的核心在于将 AC 算法的全面性和 QS 算法的快速搜索能力相结合。AC 算法以其能够同时处理多个模式串而著称，非常适用于复杂的文本分析任务；而 QS 算法则以其在搜索过程中的高效率而闻名。通过将这两种算法的优势结合起来，王永成等的算法能够在保持 AC 算法全面性的同时，利用 QS 算法的快速搜索特性提高中文文本处理效率和准确性。这种反向自动机算法对中文语料的处理尤其有效，因为中文文本的结构和特性与西方语言文本有所不同。汉字的连接方式使得传统的多模式匹配算法难以达到较高的效率或准确性。

2. DAWG-MATCH

DAWG(Directed Acyclic Word Graph，有向无环单词图)是一种后缀自动机(suffix automaton)。它是在给定的模式串集上构建的，能够有效地识别出模式串集中所有关键字的后缀，是一种确定型自动机。这种自动机的主要思想是将 AC 算法和 RF 算法的特点结合起来,创造出一种新的模式串匹配方法。

在 DAWG 的构建过程中,每个模式串的所有后缀都被考虑在内,从而构成了一个有向无环图。这使得 DAWG 在处理字符串搜索任务时非常高效,特别是在涉及大量重复子串或后缀时。通过合理地共享重复的子串和后缀,DAWG 不仅节省了存储空间,而且提高了搜索的速度。

DAWG 结合了 AC 算法的多模式匹配能力和 RF 算法的高效字符串哈希技术。AC 算法通过构建自动机可以同时处理多个模式串,而 RF 算法则可以利用哈希函数快速筛选出候选的匹配位置。在 DAWG 中,这两种算法的优点被巧妙地融合,使其在处理复杂的模式匹配问题时表现出较好的准确性和效率。

总的来说,DAWG 作为一种后缀自动机,通过其独特的结构和算法设计成为处理模式匹配任务的一个强有力的工具,尤其适用于需要识别大量重复模式或后缀的场景。

3. MultiBDM

Raffinot 提出的 MultiBDM 算法是基于 AC 算法和 DAWG 两种自动机扫描思想发展而来的多模式匹配算法。该算法针对不同的匹配阶段提出了两种创新的改进方法,以适应多模式匹配过程中的各种需求。

在 Raffinot 的研究中,他特别关注了处理大规模多模式匹配问题时的效率和准确性。MultiBDM 算法通过结合 AC 算法的多模式串同时匹配能力和 DAWG 算法的高效后缀处理特性,实现了对文本的快速、准确扫描。它在不同的匹配时刻采取不同的策略,灵活调整匹配过程,以优化整体的匹配效率。

其中一个改进是:在初步扫描阶段快速识别潜在的匹配位置,然后在下一阶段对这些潜在的匹配位置进行更精确的检查。这种两阶段的处理方式在处理含有大量模式串的文本时显示出明显的优势,特别是在面对复杂或大量数据的多模式匹配任务时。

MultiBDM 算法在处理大规模多模式匹配问题上的表现优于传统的多模式匹配算法,特别是在需要高效率和高准确度的场景中。这使得它成为数据挖掘、文本分析等领域的一个重要工具,尤其适用于需要处理大量数据和复杂模式的应用场景。

4. SumKim99

SumKim99 算法是一种融合了哈希表和位并行(bit-parallel)技术的高效文本处理算法。它在处理文本数据时采用了一系列独特且高效的步骤。

首先,该算法通过数值化的方法对模式串(即待搜索的关键字)进行压缩存储,这不仅显著减少了内存的占用,同时也加快了数据处理的速度。紧接着,该算法利用哈希表技术能够迅速而准确地定位到当前读入字符可能匹配的关键字范围。这一步是算法的关键,有效地缩小了搜索范围,提高了搜索效率。哈希表技术的使用使得算法在面对大量数据时仍能保持较高的处理速度。

然后,该算法采用位运算对可能匹配的关键字进行逐一比较。位运算因其高速和低资源消耗的特性在文本处理算法中尤为重要。在 SumKim99 算法中,通过巧妙地运用位运算,可以同时对多个候选关键字进行快速比较,极大地提升了算法的效率。

通过上述步骤,SumKim99 算法能够高效地判定文本中是否包含特定关键字。该算法特别适用于大规模文本数据的快速搜索与分析,如网络内容过滤、数据挖掘和文本分类等领域。总的来说,SumKim99算法通过其独特的处理流程,实现了对大量文本数据的高效、快速且准确的处理,为文本分析和数据处理领域提供了一个强大的工具。

4.4 其他字符串匹配算法

4.4.1 位并行算法

1. 位并行和位运算

位并行技术是一种高效的计算方法,它依赖于机器字(machine word)的内在并行性。这种技术允许同时对一个机器字中的多个值进行操作,从而只需一次运算便能更新所有这些值。具体来说,利用位并行,一个算法执行的运算次数最多可以减少到原来的 $1/w$,其中 w 代表机器字的位数,称为机器字长。在当前的系统结构中,w 通常为 32 或 64,因此在实际应用中,这种技术能够带来显著的加速效果。

为了更好地理解位并行算法,首先介绍一些描述此类算法的基本符号。例如,对于重复出现的位,可以使用指数形式表示,如 $0^2 1 = 001$。长度为 l 的位掩码可以表示为一个位序列 $b_c b_{c-1} \cdots b_1$,并存储在长度为 w 的机器字中。机器字的位运算可以采用类似 C 语言的语法,例如,"|"代表位或运算,"&"代表位与运算,"^"代表异或运算,"~"代表取反运算,"<<"("$>>$")代表左(右)移位运算,并在右(左)侧用零填充移位后产生的空位,如 $b_l \cdots b_2 b_1 << 3 = b_{l-3} \cdots b_2 b_1 000$。

位运算不限于逻辑运算,还可以进行算术运算,如加法或减法。在进行这类运算时,将位掩码视作数值进行处理。例如,$00010110 + 00010010 = 00101000$,或者 $10010000 - 1 = 10001111$。

在某些情况下,可能需要使用多个机器字存储一个较大的值集合。这时,必须在多个机器字上整体进行上述位运算。对于大多数位运算来说,这是直接且简单的,但在进行算术运算时则需要特别注意进位的影响。例如,考虑模拟 $Z \leftarrow X + Y$ 或 $Z \leftarrow X - Y$ 的运算,其中 $X = X_t X_{t-1} \cdots X_1, Y = Y_t Y_{t-1} \cdots Y_1$,都是使用 t 个机器字表示的。在这种情况下,对于 X 和 Y 的每一部分都必须逐一进行运算,并且在需要时处理进位,以确保算术运算的正确性。

2. Shift-And/Shift-Or算法

Shift-And 算法和 Shift-Or 算法相比于 KMP 算法具有更为直观和简单的思想。这两种算法维护了一个字符串集合,该集合中的每个字符串既是模式串 P 的一个前缀,同时也是已读文本的一个后缀。每当读入一个新的文本字符时,这两种算法就会利用位并行的方法更新该集合。该集合可以通过一个位掩码 $D = d_m d_{m-1} \cdots d_1$ 表示。

在这两种算法中,Shift-And 算法更易于理解,因此首先介绍它。在位掩码 D 中,如果第 j 位被置为 1(此时称 D 的第 j 位是活动的),则意味着 $p_1 p_2 \cdots p_j$ 是 $t_1 t_2 \cdots t_i$ 的前缀。如果模式串 P 的长度不超过计算机处理的机器字长 w,那么位掩码 D 可以存储在一个机器字中。如果 d_m 位是活动的,即表明已经找到了一个成功的匹配。

当读入下一个字符 t_{i+1} 时,就需要计算新的位掩码 D'。D' 的第 $j+1$ 位是活动的当且

仅当 D 的第 j 位是活动的(即 $p_1 p_2 \cdots p_j$ 是 $t_1 t_2 \cdots t_i$ 的后缀)并且 t_{i+1} 与 p_{j+1} 相等。利用位并行技术,D' 的计算很容易在常数时间内完成。

Shift-And 算法开始时会构建一个表 B,用以记录字母表中每个字符的位掩码 $b_m b_{m-1} \cdots b_1$。如果模式串中的字符 p_j 等于某个字符 c,那么掩码 $B[c]$ 的第 j 位被置为 1;否则该位被置为 0。初始时,位掩码 D 被置为 0^m。对于每个新读入的文本字符 t_{i+1},D 可以按照以下公式进行更新:

$$D' \leftarrow ((D << 1) \mid 0^{m-1}1) \& B[t_{i+1}] \tag{4-3}$$

直观来看,左移操作 $<<$ 将 D 的第 i 位的值赋给 D' 的第 $i+1$ 位。由于空字符串 ε 也是文本的后缀,因此 D 左移 1 位后需要在最低位与 $0^{m-1}1$ 进行位或操作。为了找到满足 $t_{i+1} = p_{j+1}$ 的位置,还需要将上述结果与 $B[t_{i+1}]$ 进行位与操作。

Shift-Or 算法可以看作 Shift-And 算法的一种更有技巧性的实现。其核心思想是通过位取反去除式(4-3)中的掩码 $0^{m-1}1$,从而加快 D' 的计算。在该算法中,$B[c]$ 和 D 都用反码表示。由于左移操作会自动在 D' 的右端引入 0,因此空字符串 ε 自然被包含在 D' 中。

Shift-And 和 Shift-Or 算法实质上是用非确定的有限自动机模拟扫描文本的过程。式(4-3)对应于每读入一个新字符时自动机的状态转移:当文本字符与模式串中相应的字符匹配时,自动机就转移到下一个状态。式(4-3)中的 $\mid 0^{m-1}1$ 操作允许匹配过程从当前文本位置开始,相当于自动机初始状态上有一个环回。

3. BNDM 算法

BDM(Bitwise Deterministic Matching,逐位确定性匹配)算法和 BNDM(Backward Nondeterministic DAWG Matching,反向非确定性 DAWG 匹配)算法都是字符串多模式匹配算法。BDM 算法的核心是将模式串的所有后缀以及它们的转换状态表示在一个自动机中。这个自动机能够在给定的文本中高效地识别这些模式串。BNDM 算法的思想基于 BDM 算法,但它通过位并行技术识别子串。与 BDM 算法相比,BNDM 算法更为简单,使用的内存更少,并且具有更好的引用局部性,能够更容易地扩展到处理更复杂的模式串,因此这里主要介绍 BNDM 算法。

在 BNDM 算法中,给定当前搜索窗口内的已读入字符串 u,该算法维护一个集合,记录 u 在模式串 P 中所有出现的位置。与 Shift-And 算法相似,这个集合可以用一个位掩码 D 表示。如果子串 $p_j p_{j+1} \cdots p_{n+|u|-1}$ 等于 u,那么 D 的第 $m-j+1$ 位就会被置为 1,表示模式串 P 的位置 j 是一个活动状态。如果模式串的长度不超过计算机处理的机器字长 w,那么这个集合就可以用一个机器字 $D = d_m d_{m-1} \cdots d_1$ 表示。

当读入一个新的文本字符 σ 时,算法需要从 D 更新到 D'。D' 中的一个活动状态 j 代表子串 σu 在模式串中的一个起始位置,这意味着以下两点:

(1) u 出现在模式串的位置 $j+1$,即 D 的第 $j+1$ 位是活动的。

(2) σ 出现在模式串的位置 j 处。

BNDM 算法预先计算了一个表 B,该表用一个位掩码记录了字符在模式串 P 中的出现位置。利用式(4-4),可以从 D 更新到 D':

$$D' \leftarrow (D << 1) \& B[\sigma] \tag{4-4}$$

然而,在初始化 D 时需要注意一些问题。如果 D 初始化为 1^m,表示模式串的每个位置都能与空串匹配,那么第一次左移操作$(D<<1)=1^{m-1}0$可能导致丢失第一个子串。解决这个问题的一个简单方法是将D的大小设为$m+1$,并初始化为1^{m+1}。但这会将搜索的最大字符串长度限制在$w-1$以内。为了解决这个问题,可以将式(4-4)拆分为两部分:先进行$D'_1 \leftarrow D \& B[\sigma]$并验证可能的匹配,然后进行$D' \leftarrow D'_1 << 1$。这里使用的初始化是$D=1^m$。如果$D'_1$的位置$d_m$是活动的,则意味着已读入的文本字符串也是模式串$P$的前缀。

BNDM算法使用位并行技术进行子串搜索,每当比特位d_m处于活动状态时,窗口中的当前位置就被记录在变量 last 中。BNDM算法的最坏时间复杂度为$O(mn)$,最优的平均时间复杂度为$O(n\log_\Sigma(m)/m)$。

从自动机的角度看,基于位并行的子串搜索方法实际上是模拟了识别模式串P所有后缀的非确定的有限自动机。可以证明:这种非确定的有限自动机对应的最小确定的有限自动机正是 BDM 算法中使用的后缀自动机。因此,BNDM 算法与 BDM 算法的区别类似于 Shift-Or 算法与 KMP 算法的区别。前者通过位并行技术模拟非确定的有限自动机,而后者则是基于相应的确定的有限自动机。

4.4.2 正则表达式算法

1. 基本概念

正则表达式是一种强大的文本处理工具,广泛应用于文本检索、计算生物学以及许多其他领域。它不仅能表示单个字符和字符串集合,还能描述比字符串更复杂的搜索模式,包括各种字符组合和模式重复等。正则表达式的强大之处在于它的表达能力和灵活性,能够精确地描述复杂的文本模式和结构。

下面给出正则表达式及其所表达的语言的形式化定义,然后介绍正则表达式匹配。

1)正则表达式

一个正则表达式是基于符号集合$\Sigma \cup \{\varepsilon, |, ., *, (,)\}$上的一个字符串,它可以通过以下递归方式定义:

(1)空字符串ε是一个正则表达式,代表不匹配任何字符。

(2)集合Σ中的任意字符a(其中$a \in \Sigma$)都是一个正则表达式。

(3)组合规则。如果 RE1 和 RE2 都是正则表达式,则以下组合也是正则表达式:

- 连接。RE1 · RE2 表示 RE1 后紧跟 RE2。通常简写为 RE1RE2。
- 选择。RE1|RE2 表示匹配 RE1 或 RE2。
- 重复。RE1 * 表示 RE1 出现 0 次或多次。

举例来说,正则表达式$(a|b)*c$表示以c结束的、由a和b组成的任意长度的字符串(包括空字符串)。

在这里,"·"、"|"、"*"被称为操作符。

2)正则表达式的语言

正则表达式所表达的语言是基于字符集Σ上的一个字符串集合。根据正则表达式 RE 的结构,其表达的语言可以通过以下递归方式定义。

(1)空串ε。如果 RE 是ε,则$L(RE)=\{\varepsilon\}$,即表达的语言是只包含空串的集合。

(2)单字符。如果 RE 是Σ中的某个字符a(即$a \in \Sigma$),则$L(RE)=\{a\}$,即表达的语言是仅包含这一个字符的串。

（3）同一性。如果 RE 是 RE1 这种形式，则 $L(RE)=L(RE1)$，即正则表达式 RE 和 RE1 表示相同的语言集合。

（4）连接。如果 RE 是 RE1·RE2 这种形式，则 $L(RE)=L(RE1)·L(RE2)$，其中 $L(RE1)$ 和 $L(RE2)$ 分别为 RE1 和 RE2 所表达的语言，$L(RE1)·L(RE2)$ 表示这两种语言集合中字符串的所有可能顺序连接。操作符"·"表示字符串的连接。

（5）选择。如果 RE 是 RE1|RE2 这种形式，则 $L(RE)=L(RE1)\bigcup L(RE2)$，是这两种语言的并集。"|"被称为并操作符。

（6）重复。如果 RE 是 RE1 ∗ 这种形式，则 $L(RE)=L(RE1)∗=\bigcup_{i\geqslant0}L(RE1)^i$，其中 $L^0=\{\varepsilon\}$，并且对任意 $i>0$，有 $L^i=LL^{i-1}$。它表示由 0 个或多个 RE1 表达的字符串连接而成的字符串集合。"∗"被称为星操作符。

3）正则表达式匹配

所谓正则表达式匹配，指的是在文本 T 中寻找所有与给定正则表达式 RE 所定义的语言 $L(RE)$ 中某个字符串相匹配的子串。这可以形式化表示为

$$\mathrm{occur}(RE,T)=\{(i,j)\mid t_it_{i+1}\cdots t_j\in L(RE)\}$$

这意味着我们要在文本 T 中找到所有符合正则表达式 RE 定义的子串的位置。

在正则表达式匹配的过程中，正则表达式首先被分解成一棵表达式树。然后，这棵表达式树被转换为非确定的有限自动机（NFA）。将正则表达式转换为 NFA 有多种方法，本节将介绍两种实践中最常用的构造方法，分别是 Thompson 构造法和 Glushkov 构造法。

直接利用 NFA 进行文本搜索是可行的，目前已有多种方法被提出。这些方法的一个共同点是需要维护一个活动状态列表，并且每次读入新的文本字符时更新这个列表。由于这个原因，这类算法在处理速度上通常较慢。一般而言，搜索过程的最坏时间复杂度为 $O(mn)$，但所需的存储空间较少。

第二种策略是将 NFA 转换为确定的有限自动机（DFA）。在这种情况下，每当一个新的文本字符到来时，都可以直接进行状态转换，从而实现 $O(n)$ 的搜索时间。然而，这种方法的缺点在于构造 DFA 的时间和空间复杂度都可能达到 $O(2^m)$。

第三种策略是先使用多模式匹配或其他相关方法对文本进行初步过滤。当检测到某个特定模式时，通常预示着在附近区域可能存在符合正则表达式的匹配。此时，可以采用前两种策略中的一种对这个区域进行详细的验证。

这些策略可以根据具体情况组合使用，以提高正则表达式匹配的效率。同时，还可以利用位并行技术进一步加速搜索过程。

值得指出的是，为了便于计算和转换，构造自动机的方法在表示正则表达式 RE 时大多采用树状结构。在这种树状结构中，叶子节点通常用来表示属于字母表 Σ 的字符以及特殊的空串符号 ε；而非叶子节点则表示正则表达式的操作符，包括"|"（选择操作）、"·"（连接操作）和"∗"（重复操作）。这样的表示方式有助于清晰地展示正则表达式的结构和组成部分。

被标识为"|"的节点有两个子节点，分别表示子表达式 RE1 和 RE2，代表正则表达式中的选择操作，即 RE1|RE2。

被标识为"·"的节点同样拥有两个子节点，这两个子节点分别代表需要连接的子表达式 RE1 和 RE2。

被标识为"＊"的节点只有一个子节点,对应于需要重复的表达式 RE1。

由于正则表达式中某些操作符具有交换性或结合性,这导致了树状结构表示形式的不唯一性。例如,表达式(RE1|RE2)|RE3 和 RE1|(RE2|RE3)虽然具有相同的含义,但在树状结构中会有不同的表示。这种灵活性使得树状结构表示可以根据具体的转换或计算需要进行适当的调整。

2. 构造 NFA

可以用多种方法从正则表达式构造 NFA,其中有两种最常用。

(1) Thompson 构造法。这种方法以简单著称。使用这种方法构造的 NFA,在状态数量和转移数量方面都是线性的:状态数量最多为 $2m$ 个,转移数量最多为 $4m$ 个,其中 m 是正则表达式的长度。然而,这种方法构造的自动机存在 ε-转移(空转移),这意味着在不读入任何字符和读入空字符串 ε 的情况下都可能发生状态转移。这种特性使得自动机在匹配过程中可能需要额外的步骤处理这些空转移。

(2) Glushkov 构造法。与 Thompson 构造法相比,Glushkov 构造法构造的 NFA 在状态数量上更为固定,总共有 $m+1$ 个状态,其中 m 是正则表达式的长度。然而,这种方法在转移数量上可能更高,在最坏情况下达到 $O(m^2)$。一个显著的优势是,这种方法构造的 NFA 不包含 ε-转移,这可以在某种程度上简化匹配过程。虽然原始的 Glushkov 构造法的时间复杂度为 $O(m^3)$,但后续改进已将其降低到 $O(m^2)$。

综上所述,Thompson 构造法在构造过程中简单、高效,但结果中的 ε-转移可能会带来额外的处理成本。相反,Glushkov 构造法虽然在转移数量上可能更高,但由于没有 ε-转移,在匹配过程中可能更为高效。在实际应用中,可以根据具体的需求和正则表达式的特点选择最合适的构造方法。

4.4.3 近似串匹配算法

近似串匹配又称为允许误差的串匹配,是指在文本 T 中查找与模式串 P 近似匹配的子串,即允许模式串 P 和它在文本中的出现之间存在有限数量(k 个)的差异。这种匹配方式对于处理拼写错误、遗漏或额外字符等问题特别有用。

目前已经有多种模型用于度量这种差异,其中最流行的是编辑距离模型,也称为 Levenshtein 距离模型。编辑距离模型在多个领域,尤其是计算生物学领域得到了广泛应用。该模型的基本思想是:通过一系列编辑操作(插入、删除、替换字符)将一个字符串转换为另一个字符串,并尽量减少操作的数量。

在编辑距离模型中,一个差异等价于一个编辑操作:插入一个字符,删除一个字符,替换一个字符。假设 x 和 y 是两个字符串,它们之间的编辑距离 $\mathrm{ed}(x, y)$ 就是将 x 转变为 y (或将 y 转变为 x)所需的最少编辑操作次数。例如,$\mathrm{ed}(\mathrm{annual}, \mathrm{annealing})=4$。因此,近似串匹配可以描述为:在文本 T 中找出所有的子串 P',使得 $\mathrm{ed}(P, P') \leqslant k$。为了保证匹配过程的输出结果数量是线性的,通常只返回 P' 出现的起始位置或终止位置。

注意,如果模式串的长度为 m,则上述 k 值必须满足 $0 < k < m$,以避免任意长度为 m 的子串都能通过替换 m 个字符转变为 P,从而形成一个成功匹配。当 k 取 0 时,近似串匹配就成为精确串匹配。比值 $\alpha = k/m$ 被称为错误水平,通过它可以度量模式对错误的容忍能

力。在信息检索和计算生物学领域中,近似串匹配算法通常满足 $\alpha < 1/2$。

目前常见的近似串匹配方法主要有 4 类:

(1) 动态规划。这是最古老又最灵活的方法,通过动态规划算法计算编辑距离。

(2) 基于自动机的方法。利用自动机的公式并用各种方法模拟这个自动机。

(3) 位并行模拟。这是所有方法中最成功的一种,使用位并行技术模拟其他方法。

(4) 过滤算法。首先使用一些简单的条件过滤文本中大量不相关的部分,然后对剩余文本使用其他算法进行搜索。在错误水平较低的情况下,这种方法特别有效。

这些方法各有优势和适用场景,可以根据具体的应用需求和环境选择最合适的近似串匹配策略。

4.5　本章小结

字符串匹配是计算机科学中的经典问题,同时也是信息内容安全学科中非常重要的内容,对信息内容的分析和处理都需要高性能的字符串匹配算法的支撑。本章首先介绍了字符串匹配的基本概念和相关算法的分类,其次分别对经典的单模式匹配算法和多模式匹配算法进行了详细的介绍,最后给出了正则表达式匹配和近似串匹配的基本介绍。希望读者通过本章的学习对经典的字符串匹配算法的原理能够熟练掌握,能根据算法思想推导字符串匹配过程,并且能完成相关算法的代码编写。

习题

1. 分别写出用蛮力算法、KMP 算法、BM 算法处理如下字符串匹配的过程。

文本:ASSE ASDSSSDAAADSASD ASDSASDA。

模式串:ASDSASDA。

2. 设正文长度为 n,模式串长度为 m,求 KMP 算法的时间复杂度并加以说明。

3. 设 s 为一个长度为 n 的串,其中的字符各不相同,则 s 中互异的非平凡子串(非空且不同于 s 本身)的个数是多少?

4. 设文本 $T =$ abcaabbabcabaacbacba,模式串 $P =$ abcabaa。

(1) 计算模式串 P 的 next 函数值。

(2) 不写出算法,只画出利用 KMP 算法(采用 next 函数值)进行模式匹配时每一次的匹配过程。

5. 如果使用 BM 算法对如下的文本串和模式串进行分类:

文本:abcbcabcbcabcabc。

模式串:cabcab。

(1) 给出 BmBc 数组和 BmGs 数组。

(2) 给出匹配过程,注意给出每次对齐的位置。

6. 设文本为 HIT_annual_conference_announce,模式串集为{announce, annual, annually},根据 AC 算法给出转向函数、失效函数和输出函数。

7. 假设多模式匹配算法的字符集为{'a','b','c','d','e'}；每个字符映射为整数的映射函数 f 满足：$f('a')=0$，$f('b')=1$，$f('c')=2$，$f('d')=3$，$f('e')=4$；Shift 表中字符块的长度 B 为 2，一个字符块 ij 映射为一个整数的哈希函数 $\text{hash}(ij)=f(i)\times 5+f(j)$，例如字符块"cd"可以映射为：$\text{hash}("cd")=f("c")\times 5+f("d")=13$）。Prefix 表中前缀长度也为 2。有如下的文本和模式集：

文本：dcbacabcde。

模式集：{abcde,bcbde,abcabe}。

根据 WM 算法给出 Shift 表、Hash 表和 Prefix 表结构，并给出文本匹配的推导过程。

第 5 章

信息内容分析

字符串匹配技术实现了关键字是否存在于正文中的研判,下一步需要分析信息内容是否为非法非授权信息,研判是否涉及谣言传播、敏感信息泄露、意识形态渗透、恶意舆论操纵等,为后续精准实施安全管理策略提供决策依据。

本章内容包括基本的分类和聚类算法、情感分析等深层语义理解、热点话题分析、与社交网络群体发现等。这些技术共同为信息内容安全管理提供了重要的技术支撑与分析视角,是实现风险源头精准识别、恶意内容理解、威胁影响范围评估等的核心基础。

5.1 文本分类

5.1.1 分类的基本概念

文本分类(text categorization 或 text classification)起源于人们对信息快速检索和高效管理的需求。

具体来说,文本分类是指在预先定义的分类模型下,自动地将自然语言文本按照其内容归属到一个或多个预定的类别。这个过程本质上是知识学习和应用的过程。首先,分类器通过学习每个类别中的若干样本文本,总结出各个类别的特征规律,并建立相应的判别模型和规则。这一阶段是知识学习过程。随后,当面对新的文本时,分类器根据已总结的规则判断这些文本的类别,这是知识应用过程。

总之,文本分类是一种将文本(例如文章、网页内容、邮件等)根据其内容自动分类到一个或多个预定义类别的过程,在信息内容安全领域有着广泛的应用。下面具体介绍文本分类问题。

假定有以下元素:

(1) 实例的描述($x \in X$)。这里 X 是实例空间,即所有可能文本的集合。x 是其中的一个具体实例,例如一篇文章或一封邮件。

(2) 固定的文本分类体系 $C = \{c_1, c_2, \cdots, c_n\}$。这是预先定义好的一组分类标签,每个标签 c_i 代表一个特定的类别。

(3) 有监督的分类。由于类别是事先定义好的,分类过程是有指导的(即有监督的),这意味着有一组标记过类别的文本作为训练数据指导分类器如何分类。

在这个框架下,目标是确定实例 x 的类别 $c(x) \in C$。其中,$c(x)$ 是一个分类函数,它的定义域是实例空间 X,值域是分类体系 C。

文本分类问题可以具体分为以下 3 类:

(1) 二类问题(binary classification)。每个实例只分为两类之一,例如"属于"或"不属于"某个特定类别。

(2) 多类问题(multi-class classification)。每个实例可以被分类到多个类别中的一个。这种类型的问题可以拆分成多个二类问题。

(3) 多标签问题(multi-label classification)。每个实例可以同时属于多个类别。

分类体系通常由人工构造,以反映特定领域或需求的类别结构。例如:

(1) 广泛的领域分类,如"政治""体育""军事"等。

(2) 更具体的主题分类,如"网络诈骗""恐怖事件"等。

(3) 已经存在的分类体系,例如路透社(Reuters)分类体系、中国图书馆分类法(中图法)分类体系等。

要能够实现文本的自动分类,必须有完整的文本分类系统和一整套的数据处理流程。图 5-1 是一个典型的文本分类系统的结构。一般来说,一个完整的文本分类系统通常包括如下几个主要阶段:文本预处理、文本集合的表示、维数约减、分类器的学习、分类器的测试以及分类器性能评价。每个阶段具体工作如下:

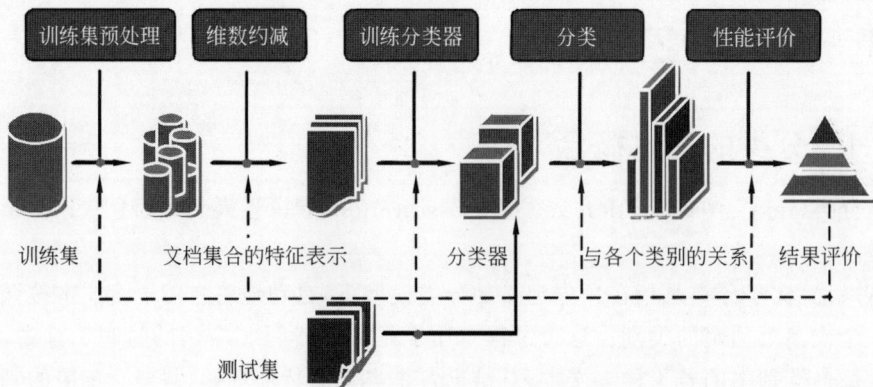

图 5-1　典型的文本分类系统的结构

(1) 文本预处理。包括对文档集合进行格式分析并提取重要内容,进行中文分词、英文词干化、剔除停用词等操作。对于英文文本,预处理技术相对成熟,例如词干化用于还原词汇到基本形式。对于中文文本,分词是一个主要挑战,因为中文文本没有明显的词间分隔符。常用的处理方法包括基于词典的方法、自然语言处理技术和基于统计的方法。

(2) 文本集合的表示。文本被视为出现在其中的关键词的集合,这些关键词成为特征。通常使用向量空间模型(Vector Space Model,VSM)表示文本集合,其中文本被表示为特征组成的向量。

(3) 维数约减。从文本集合提取的特征数量通常很大,过多的特征不仅无助于提高分类效率,反而可能导致维度灾难。因此,需要通过某些方法(如主成分分析、特征选择算法等)从大量特征中抽取最有利于文本分类的特征,并以一定的描述模型对文本进行特征表示。

（4）分类器的学习。这是文本分类系统的核心环节。从文本集合中选取一部分文本作为训练集。利用机器学习算法针对训练集进行学习，确定分类器的参数或阈值，最终构建分类器。常用的分类器包括朴素贝叶斯分类器、支持向量机、决策树等。

（5）分类器的测试。使用分类器对文本集合的测试集进行分类，以获取分类结果。测试分为封闭测试（closed testing）和开放测试（open testing），其中，封闭测试使用训练集中的数据进行测试，而开放测试使用未用于训练的数据。

（6）分类器性能评价。使用精确度、召回率、F1 分数等评价指标对分类结果进行评估。如果分类结果不符合预期，可能需要返回前面的某一步骤进行调整，如重新选择特征、调整分类器参数等。

5.1.2　基于规则归纳的分类方法

CN2 是一种基于规则的机器学习算法，用于从一系列已标记的示例中提取有意义的分类规则。CN2 作为一个有效的规则生成工具，通过学习用户提供的大量已知属性的示例生成用于分类的规则，以便对新的、属性未知的示例进行评估和分类。

具体而言，CN2 通过比较大量的示例识别分类的共同点和区别点。这些共同点和区别点是由示例中的特征值决定的。换句话说，一组特定的特征值组合可以成为分类的依据。例如，假设有许多不同的生物作为示例群体，可以将这些生物分为鱼类和兽类。如何进行分类呢？如果确定"4 条腿且用肺呼吸"是兽类的特征，则可以形成一个规则："如果腿的数量为 4 且呼吸方式为肺呼吸，则该生物属于兽类"。

要应用 CN2 这种工具，首先需要提供一批生物的数据，并且已知哪些是兽类，哪些是鸟类，以及每种生物的腿的数量、呼吸方式、繁殖方式等属性。CN2 通过学习这些示例的特征值和对应的分类归纳出分类规则，即特征组合的表达式。然后，CN2 可以应用这些规则判断具有不同特征组合（例如"腿的数量为 3 且不通过肺呼吸"）的生物属于哪个类别。

如图 5-2 所示，假设训练集中包含一个数据表，表中有 4 个数据项，分别是"李风"、"师傅"、"痴迷"和"Class"。通过对这些数据的训练和归纳，CN2 能够提炼出一个分类规则。例如，规则可能是

```
IF "李风"=1 AND "痴迷"=1,THEN "Class"="no"
```

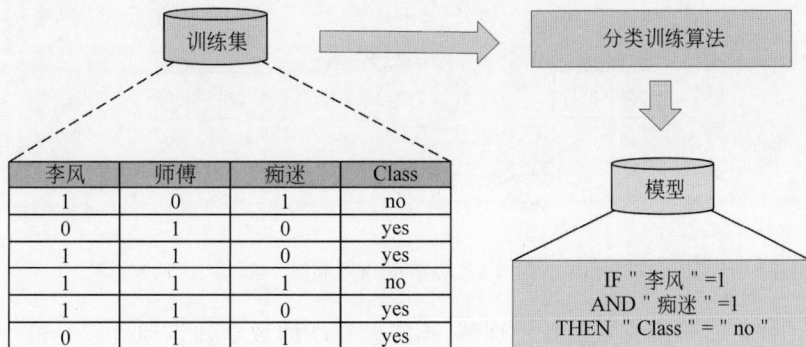

图 5-2　CN2 生成规则示例

训练结束后,就可以用测试集测试模型。如图 5-3 所示,假设有一组未知类别的测试数据:(1,0,1,?),将这组数据输入模型后,模型会根据其学习到的规则预测这组数据的类别,给出分类结果为 NO。

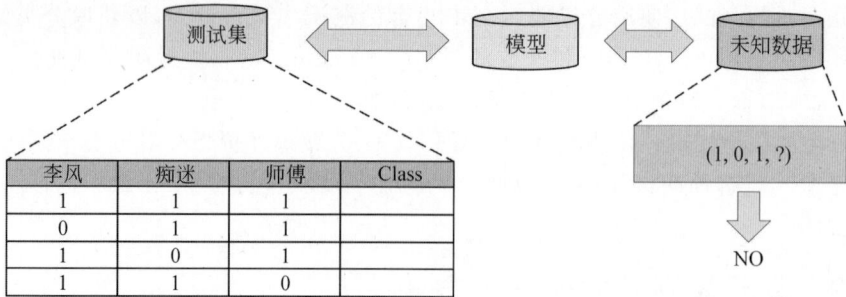

图 5-3　CN2 的模型测试示例

5.1.3　决策树分类方法

决策树(decision tree)是数据建模中常用的一种方法,它通过一系列规则对数据进行分类或预测。决策树的基本思想是:从训练数据中选取一个最能区分不同类别的样本的属性,将其作为树的根节点,并基于这个属性将训练集分成几个子集。接下来,算法从每个子集中选出区分度较大的属性作为下一层的节点。这个过程一直重复,直到达到某个停止条件,例如所有的叶子节点都只包含单一类别的样本,或达到预设的树的最大深度。

决策树的基本组成部分包括决策节点、分支和叶子节点。树中的每个内部节点(非叶子节点)代表一个属性上的测试,这些测试的结果决定了样本将走向哪个分支。每个叶子节点代表一个类别,表示从根节点到该叶子节点的路径对应的决策规则所归纳的类别。

如图 5-4 所示,以购房贷款申请的风险评估为例,决策树可以帮助银行或金融机构快速有效地做出判断。在这种应用中,决策树的每个节点可能代表贷款申请人的不同属性,如年龄、收入、信用历史等。通过对这些属性进行一系列判断,决策树最终将每个申请分类为高风险或低风险。例如,决策树的一个节点可能是"年收入是否超过 5 万美元",根据是或否的答案,样本将被分到不同的子节点。最终,每个叶子节点代表了一种风险评估的结果。

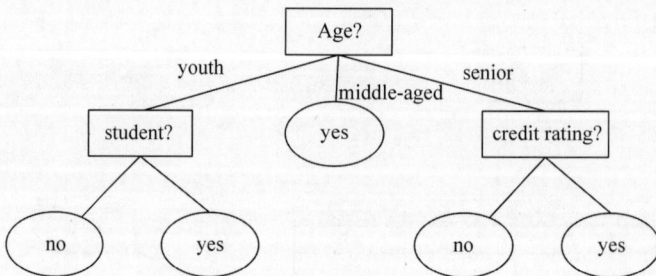

图 5-4　决策树分类示例

决策树的优点是模型直观且易于理解,不需要复杂的数学知识即可解释模型的决策过程。然而,决策树也存在一些缺点,如容易过拟合、对数据中的小变化敏感等,因此在实际应用中通常需要通过剪枝等技术优化模型的泛化能力。

在决策树模型中,最顶端的节点被称为根节点,它标志着整个决策过程的开始。根节点基于选定的属性将数据集分成子集,这些子集由根节点的子节点(或分支)表示。决策树中每个节点可以拥有的子节点数取决于使用的决策树构建算法。例如,在 CART(Classification And Regression Tree,分类与回归树)算法中,每个节点产生两个分支,形成的是一种二叉树结构。而在其他算法(如 ID3 或 C4.5)中,一个节点可能产生多于两个分支,形成的则是多叉树。

在决策树中,每个分支可以是一个新的决策节点,或者是一个叶子节点。叶子节点表示分类决策的最终结果,即数据的类别。当从根节点沿着树向下搜索时,在每个决策节点上都会根据某个属性的不同值选择不同的分支。这个过程一直持续,直到达到叶子节点。到达叶子节点时,就完成了对一个数据实例的分类。在这个过程中,每个决策节点上的问题对应一个属性,而每个叶子节点代表一个可能的类别。

决策树中一个重要的环节是如何选择具有高区分度的属性。在许多决策树算法中,通常认为具有最高信息增益(information gain)的属性是最具区分度的。信息增益是一种基于信息论的度量,用来评估每个属性在分类过程中提供的信息量。选择信息增益最高的属性作为决策节点,可以最大限度地减少分类时的不确定性。因此,通过计算每个属性的信息增益,可以确定属性的重要性排序,进而有效地构建决策树。以下是根据一个数据划分 D 的训练元组产生决策树的算法伪代码:

```
算法: Generate_decision_tree:
输入: 数据划分 D,训练元组和对应类标号的集合;
      attribute_list,候选属性的集合;
      Attribute_selection_method, 一个确定最好地划分数据元组为个体类的分裂准则的过
      程,这个准则由分裂属性和分裂点或分裂子集组成
输出: 一棵决策树
方法:
创建一个节点 N
if  D中的元组都是同一类 C then
    返回 N 作为叶子节点,以类 C标记
if  attribute_list 为空 then
    返回 N 作为叶子节点,标记为 D 中的多数类          //多数表决
    使用 attribute_selection_method(D, attribute_list),找出最好的 splitting_
    criterion用 splitting_criterion标记节点 N
if  splitting_attribute 是离散值并且允许多路划分 then        //不限于二叉树
    attribute_list ← attribute_list — splitting_attribute
                                                    //删除划分属性
for splitting_criterion 的每个输出 j                //划分元组并对每个划分产生子树
    设 Dⱼ 是 D中满足输出的 j 的数据元组的集合        //一个划分
    if   Dⱼ 为空 then
       加一个叶子节点到节点 N,标记为 D中的多数类
    else 加一个由 Generate_decision_tree(Dⱼ,attribute_list)返回的节点到节点 N
  end for
返回 N
```

决策树算法的核心是贪心算法,它采用自上而下分而治之的方法。在构建决策树的过程中,初始时刻,所有的数据都集中在根节点。随后,算法递归地使用选定的属性对数据集进行分割,形成树的各个分支。这一分割过程会持续进行,直到达到某个停止条件。通常这

些条件包括：所有位于当前节点的数据都属于同一类别，没有更多的属性可用于进一步分割数据，或者达到了树的预设最大深度。

在每次分割过程中，算法都会尽力确保生成的子组之间的差异最大化。这种差异可以通过各种统计度量衡量，例如信息增益、增益率（gain ratio）或基尼不纯度（gini impurity）。具体计算公式见表 5-1。不同的决策树算法（如 ID3、C4.5 或 CART）之间的主要区别在于它们衡量差异的方式不同。

表 5-1　决策树统计度量值计算公式

度 量 值	公 式	含 义
信息熵（Entropy）	$E(D) = -\sum_{i=1}^{m} p_i \log_2 p_i$	衡量样本集 D 的纯度，值越小表示越纯。p_i 表示第 i 类样本所占比例
条件熵（Conditional Entropy）	$E(Y \mid X) = \sum_{i=1}^{m} p(X = x_i) E(Y \mid X = x_i)$	衡量在已知某一特征 X 的情况下，随机变量 Y 的不确定性有多大。通过对所有可能的 X 取值的熵进行加权平均来计算
信息增益（Information Gain）	$Gain(Y, X) = E(Y) - E(Y \mid X)$	表示在特征 X 的条件下，随机变量 Y 的信息不确定性减少的程度
信息增益率（Information Gain Ratio）	$Gain\_ratio(Y, X) = \dfrac{Gain(Y \mid X)}{E(X)}$	信息增益率可以对信息增益进行归一化，减少对取值较多属性的偏好。其中，$E(X)$ 表示特征 X 的信息度量值
基尼不纯度（Gini Impurity）	$Gini(D) = 1 - \sum_{i=1}^{m} p_i^2$	衡量数据集不纯度，值越大表示样本混杂度越高

在选择用于分割数据的属性时，通常会基于某种启发式规则或统计度量做出选择。例如，信息增益是一种衡量属性分割数据有效性的统计度量。通常，选取的属性是分类属性（离散的）。如果遇到连续的属性，则需要先进行离散化处理，如通过设定阈值将其划分为不同的类别。

以 C4.5 为例，使用信息增益率来选择当前节点进行分叉的特征，每个节点进行分裂的算法流程为：

```
while(当前节点不纯)
    1 计算当前节点的类别熵 E(D)(以类别取值计算);
    2 计算当前节点的属性熵 E(D|Aᵢ)(按照属性取值下的类别取值计算);
    3 计算各个属性的信息增益 Gain(D,Aᵢ)=E(D)-E(D|Aᵢ);
    4 计算各个属性的分类信息度量值 E(Aᵢ)(按照属性取值计算);
    5 计算各个属性的信息增益率 Gain_ratio(D,Aᵢ)=Gain(D,Aᵢ)/E(Aᵢ);
end while
当前节点设置为叶子节点
```

例 5-1 是基于 C4.5 算法进行决策树分割的实例。

【例 5-1】　表 5-2 给定了一组根据天气状况决定是否举行某项活动的数据样本。数据样本描述天气状况的属性包括天气、温度、湿度、风速，类别标签有两个，分别表示活动是否举行：类别集合 C＝｛进行，取消｝。根据 C.5 算法进行决策树分割。

表 5-2　例 5-1 的数据样本

序号	天气	温度	湿度	风速	活动
1	晴	炎热	高	弱	取消
2	晴	炎热	高	强	取消
3	阴	炎热	高	弱	进行
4	雨	适中	高	弱	进行
5	雨	寒冷	正常	弱	进行
6	雨	寒冷	正常	强	取消
7	阴	寒冷	正常	强	进行
8	晴	适中	高	弱	取消
9	晴	寒冷	正常	弱	进行
10	雨	适中	正常	弱	进行
11	晴	适中	正常	强	进行
12	阴	适中	高	强	进行
13	阴	炎热	正常	弱	进行
14	雨	适中	高	强	取消

首先,从根节点进行决策树分裂,计算第一个分裂的属性。

(1) 计算类别信息熵:表示的是所有样本中各种类别出现的不确定性之和。共有两个类别,表示活动"进行"或者"取消"。其中,样本总数为 14,类别"进行"有 9 个样本,类别"取消"有 5 个样本。

$$E(活动) = -(p_{活动="进行"} \log_2 p_{活动="进行"} + p_{活动="取消"} \log_2 p_{活动="取消"})$$

$$= -\left[\frac{9}{14} \times \log_2\left(\frac{9}{14}\right) + \frac{5}{14} \times \log_2\left(\frac{5}{14}\right)\right]$$

$$\approx 0.940$$

(2) 计算每个属性的信息熵:每个属性的信息熵相当于一种条件熵,表示的是在某种属性的条件下,各种类别出现的不确定性之和。属性的信息熵越大,表示这个属性中拥有的样本类别越"不纯"。

$$E(活动 \mid 天气) = p_{天气="晴"} E(活动 \mid 天气="晴") + p_{天气="阴"} E(活动 \mid 天气="阴") +$$
$$p_{天气="雨"} E(活动 \mid 天气="雨")$$

$$= \frac{5}{14} \times \left[-\frac{2}{5} \times \log_2 \frac{2}{5} - \frac{3}{5} \times \log_2 \frac{3}{5}\right] + \frac{4}{14} \times \left[-\frac{4}{4} \times \log_2 \frac{4}{4}\right] +$$

$$\frac{5}{14} \times \left[-\frac{3}{5} \times \log_2 \frac{3}{5} - \frac{2}{5} \times \log_2 \frac{2}{5}\right]$$

$$\approx 0.694$$

$$E(活动 \mid 温度) = p_{温度="炎热"} E(活动 \mid 温度="炎热") + p_{温度="适中"} E(活动 \mid 温度="适中") +$$
$$p_{温度="寒冷"} E(活动 \mid 温度="寒冷")$$

$$= \frac{4}{14} \times \left[-\frac{2}{4} \times \log_2 \frac{2}{4} - \frac{2}{4} \times \log_2 \frac{2}{4}\right] + \frac{6}{14} \times \left[-\frac{4}{6} \times \log_2 \frac{2}{6} +\right.$$

$$\frac{4}{14} \times \left[-\frac{3}{4} \times \log_2 \frac{3}{4} - \frac{1}{4} \times \log_2 \frac{1}{4} \right]$$

$$\approx 0.911$$

$$E(活动 \mid 湿度) = p_{湿度="高"}E(活动 \mid 湿度="高") + p_{湿度="正常"}E(活动 \mid 湿度="正常")$$

$$= \frac{7}{14} \times \left[-\frac{3}{7} \times \log_2 \frac{3}{7} - \frac{4}{7} \times \log_2 \frac{4}{7} \right] + \frac{7}{14} \times$$

$$\left[-\frac{6}{7} \times \log_2 \frac{6}{7} - \frac{1}{7} \times \log_2 \frac{1}{7} \right]$$

$$\approx 0.789$$

$$E(活动 \mid 风速) = p_{风速="强"}E(活动 \mid 风速="强") + p_{风速="弱"}E(活动 \mid 风速="弱")$$

$$= \frac{6}{14} \times \left[-\frac{3}{6} \times \log_2 \frac{3}{6} - \frac{3}{6} \times \log_2 \frac{3}{6} \right] + \frac{8}{14} \times$$

$$\left[-\frac{6}{8} \times \log_2 \frac{6}{8} - \frac{2}{8} \times \log_2 \frac{2}{8} \right]$$

$$\approx 0.892$$

（3）计算信息增益：信息增益＝熵－条件熵，在这里就是类别信息熵－属性信息熵，它表示的是信息不确定性减少的程度。如果一个属性的信息增益越大，就表示用这个属性进行样本划分可以更好地减少划分后样本的不确定性，当然，选择该属性就可以更快更好地完成我们的分类目标。

$$\mathrm{Gain}(活动, 天气) = E(活动) - E(活动 \mid 天气) = 0.940 - 0.694 = 0.246$$

$$\mathrm{Gain}(活动, 温度) = E(活动) - E(活动 \mid 温度) = 0.940 - 0.911 = 0.029$$

$$\mathrm{Gain}(活动, 湿度) = E(活动) - E(活动 \mid 湿度) = 0.940 - 0.789 = 0.151$$

$$\mathrm{Gain}(活动, 风速) = E(活动) - E(活动 \mid 风速) = 0.940 - 0.892 = 0.048$$

（4）计算属性分裂的信息度量：用分裂信息度量来考虑某种属性进行分裂时分支的数量信息和尺寸信息，我们把这些信息称为属性的内在信息。信息增益率用信息增益/内在信息，会导致属性的重要性随着内在信息的增大而减小（也就是说，如果这个属性本身不确定性就很大，那就越不倾向于选取它），这样算是对单纯用信息增益的补偿。

$$E(天气) = -(p_{天气="晴"}\log_2 p_{天气="晴"} + p_{天气="阴"}\log_2 p_{天气="阴"} + p_{天气="雨"}\log_2 p_{天气="雨"})$$

$$= -\left[\frac{5}{14} \times \log_2 \left(\frac{5}{14}\right) + \frac{4}{14} \times \log_2 \left(\frac{4}{14}\right) + 5/14 \times \log_2 \left(\frac{5}{14}\right) \right]$$

$$\approx 1.577$$

$$E(温度) = -(p_{温度="炎热"}\log_2 p_{温度="炎热"} + p_{温度="适中"}\log_2 p_{温度="适中"} +$$

$$p_{温度="寒冷"}\log_2 p_{温度="寒冷"})$$

$$= -\left[\frac{4}{14} \times \log_2 \left(\frac{4}{14}\right) + \frac{6}{14} \times \log_2 \left(\frac{6}{14}\right) + \frac{4}{14} \times \log_2 \left(\frac{4}{14}\right) \right]$$

$$\approx 1.556$$

$$E(湿度) = -(p_{湿度="高"}\log_2 p_{湿度="高"} + p_{湿度="正常"}\log_2 p_{湿度="正常"})$$

$$= -\left[\frac{7}{14} \times \log_2 \left(\frac{7}{14}\right) + \frac{7}{14} \times \log_2 \left(\frac{7}{14}\right) \right] = 1.0$$

$$E(风速) = -(p_{风速="强"}\log_2 p_{风速="强"} + p_{风速="弱"}\log_2 p_{风速="弱"})$$

$$=-\left[\frac{6}{14}\times\log_2\left(\frac{6}{14}\right)+\frac{8}{14}\times\log_2\left(\frac{8}{14}\right)\right]\approx 0.985$$

（5）计算信息增益率：

$$\mathrm{Gain\_ratio}(活动,天气)=\frac{\mathrm{Gain}(活动\mid 天气)}{E(天气)}=0.246/1.577\approx 0.155$$

$$\mathrm{Gain\_ratio}(活动,温度)=\frac{\mathrm{Gain}(活动\mid 温度)}{E(温度)}=0.029/1.556\approx 0.0186$$

$$\mathrm{Gain\_ratio}(活动,湿度)=\frac{\mathrm{Gain}(活动\mid 湿度)}{E(湿度)}=0.151/1.0=0.151$$

$$\mathrm{Gain\_ratio}(活动,风速)=\frac{\mathrm{Gain}(活动\mid 风速)}{E(风速)}=0.048/0.985\approx 0.048$$

那么,在根节点时,天气的信息增益率最高,选择天气为当前的分裂属性。在第一次分裂之后,会出现三个节点。对于每个节点判断其是否类别唯一,如果类别唯一,则该节点被定义为叶子节点。在例 5-1 中,根节点分裂后,天气为"阴"的条件下,类别唯一,则它定义为叶子节点。其余两个节点为类别不唯一节点,继续按分裂根节点的方法进行分裂。读者可以自行尝试。

由于决策树的构建过程通常只需要对数据集进行有限次数的扫描,因此可以比较快地建立,适合大型数据集的分类任务。这种快速构建的特性,加上决策树模型的易解释性,使得它在各种应用场景中都非常受欢迎。

5.1.4　朴素贝叶斯分类方法

朴素贝叶斯(Naive Bayes)分类是一种基于贝叶斯定理的简单概率分类,它假设在给定类别的情况下各特征相互独立。这种算法特别适用于大量数据的分类,可以有效地预测给定样本属于特定类别的可能性。下面是朴素贝叶斯分类的关键概念解释：

（1）先验概率。这是在没有考虑任何特征的影响前一个样本属于类别 C_k 的概率。它是基于训数据集中的类别分布直接计算得出的,表示为 $P(C_k)$,其中 C_k 表示第 k 个类别。

（2）后验概率。这是在考虑了特征 x 的影响后一个样本属于类别 C_k 的概率。它是结合先验概率和类条件概率,通过贝叶斯公式计算得出的,表示为 $P(C_k|x)$。

（3）类条件概率。这是在已知样本属于类别 C_k 的条件下具有某些特征 x 的概率。这个概率是基于特征在该类别的训练样本中的分布计算的。

（4）贝叶斯公式。贝叶斯定理是整个朴素贝叶斯分类的核心,它的公式为

$$P(C_k\mid x)=\frac{P(x\mid C_k)P(C_k)}{P(x)}$$

其中,$P(C_k|x)$ 是后验概率,$P(x|C_k)$ 是类条件概率,$P(C_k)$ 是先验概率,$P(x)$ 是特征 x 的概率。在具体应用中,每个 $P(x|C_k)$ 和 $P(C_k)$ 需要从训练数据中计算得出,而 $P(x)$ 通常通过对所有类别的 $P(x|C_k)P(C_k)$ 求和获得。

朴素贝叶斯分类器的"朴素"之处在于它假设各特征相互独立,这使得类条件概率 $P(x|C_k)$ 的计算简化为各个独立特征的概率的乘积。

朴素贝叶斯分类的具体步骤如下：

（1）数据准备。收集数据,准备好训练集,其中每个样本都是特征-类别对。

（2）计算先验概率。计算训练集中每个类别的先验概率。

（3）计算类条件概率。对每个类别，计算其下每个特征的概率分布。

（4）分类决策。对于一个新的样本，计算其属于每个类别的后验概率。这涉及将该样本的特征值代入贝叶斯公式中。

（5）结果输出。选择具有最高后验概率的类别作为该样本的预测分类。

朴素贝叶斯分类因其简单性和高效性，在文本分类、垃圾邮件检测等领域得到了广泛应用。使用朴素贝叶斯方法进行数据分类的具体算法流程如下：

（1）每个数据样本用一个 n 维特征向量 $\boldsymbol{X}=[x_1\ x_2\cdots x_n]$ 表示，分别描述对 n 个性质 $A_1,A_2,\cdots,A_n$ 产生的 n 个度量。

（2）假定有 m 个类 $C_1,C_2,\cdots,C_m$。给定一个未知的数据样本 $\boldsymbol{X}$（即没有类标号），分类法将预测 $\boldsymbol{X}$ 属于具有最高后验概率（条件 $\boldsymbol{X}$ 下）的类。即朴素贝叶斯分类将未知的样本分配给类 C_i，这样最大化 $P(C_i|\boldsymbol{X})$。其中 $P(C_i|\boldsymbol{X})$ 最大的类 C_i 称为最大后验假定。

（3）由于 $P(\boldsymbol{X})$ 对于所有类为常数，只需要 $P(\boldsymbol{X}|C_i)P(C)$ 最大即可。如果类的先验概率未知，则通常假定这些类是等概率的，即 $P(C_1)=P(C_2)=\cdots=P(C_m)$，并据此对 $P(C_i|\boldsymbol{X})$ 最大化。否则，最大化 $P(\boldsymbol{X}|C_i)P(C_i)$。注意，类的先验概率可以用 $P(C_i)=s_i/s$ 计算，其中 s_i 是类 C_i 中的训练样本数，而 s 是训练样本总数。

（4）给定具有许多属性的数据集，计算 $P(\boldsymbol{X}|C_i)$ 的开销可能非常大。为降低计算开销，可以做类条件独立的朴素假定。给定样本的类标号，假定各属性值相互条件独立，即在属性间不存在依赖关系。

（5）对未知样本 $\boldsymbol{X}$ 进行分类，对每个类 C_i，计算 $P(\boldsymbol{X}|C_i)P(C_i)$。样本 $\boldsymbol{X}$ 被指派到类 C_i，换言之，$\boldsymbol{X}$ 被指派到其 $P(\boldsymbol{X}|C_i)P(C_i)$ 最大的类 C_i。

在理论上，与其他所有分类算法相比，贝叶斯分类具有最小的出错率。然而，实践中并非总是如此。这是由于对其应用的假定（如类条件独立性）不准确以及缺乏可用的概率数据造成的。尽管如此，种种实验研究表明，在某些领域，贝叶斯分类算法可以与决策树和神经网络分类算法相媲美。

【例 5-2】表 5-3 的样本为一组顾客是否购买计算机的调查数据，样本用属性"年龄"、"收入"、"是否为学生"、"信用评级"描述。类标号属性"是否购买计算机"具有两个不同值，即{yes,no}。根据该样本集，利用朴素贝叶斯分类对一个具有属性{youth,medium,yes,fair}的未知样本 $\boldsymbol{X}$ 进行分类。

表 5-3　例 5-2 的数据样本集

序号	年龄	收入	是否为学生	信用评级	是否购买计算机
1	youth	high	no	fair	no
2	youth	high	no	excellent	no
3	middle-aged	high	no	fair	yes
4	senior	medium	no	fair	yes
5	senior	low	yes	fair	yes
6	senior	low	yes	excellent	no

续表

序号	年龄	收入	是否为学生	信用评级	是否购买计算机
7	middle-aged	low	yes	excellent	yes
8	youth	medium	no	fair	no
9	youth	low	yes	fair	yes
10	senior	medium	yes	fair	yes
11	youth	medium	yes	excellent	yes
12	middle-aged	medium	no	excellent	yes
13	middle-aged	high	yes	fair	yes
14	senior	medium	no	excellent	no

首先，设 C_1 对应于类"是否购买计算机"="yes"，而 C_2 对应于类"是否购买计算机"="no"。每个类别的先验概率 $P(C_i)$ 可以根据训练样本计算：

$$P(C_1)=9/14 \approx 0.643,\quad P(C_2)=5/14 \approx 0.357$$

继续计算下面的条件概率：

$$P("年龄"="youth"|C_1)=2/9 \approx 0.222$$
$$P("年龄"="youth"|C_2)=3/5=0.6$$
$$P("收入"="medium"|C_1)=4/9 \approx 0.444$$
$$P("收入"="medium"|C_2)=2/5=0.400$$
$$P("是否为学生"="yes"|C_1)=6/9 \approx 0.667$$
$$P("是否为学生"="yes"|C_2)=1/5=0.200$$
$$P("信用评级"="fair"|C_1)=6/9 \approx 0.667$$
$$P("信用评级"="fair"|C_2)=2/5=0.400$$

计算类条件概率：

$$P(\boldsymbol{X}|C_1)=0.222 \times 0.444 \times 0.667 \times 0.667 \approx 0.044$$
$$P(\boldsymbol{X}|C_2)=0.600 \times 0.400 \times 0.200 \times 0.400 \approx 0.019$$

根据贝叶斯定理得到后验概率：

$$P(C_1|\boldsymbol{X})=P(\boldsymbol{X}|C_1)P(C_1)=0.044 \times 0.643 \approx 0.028$$
$$P(C_2|\boldsymbol{X})=P(\boldsymbol{X}|C_2)P(C_2)=0.019 \times 0.357 \approx 0.007$$

因此，根据朴素贝叶斯分类预测，该样本的类为"是否购买计算机"="yes"，即该顾客会购买计算机。

5.2　文本聚类

5.2.1　聚类的基本概念

聚类(clustering)是数据挖掘领域中最为常见且关键的技术之一，主要用于发现数据库中未知的对象类。聚类的基本思想是"物以类聚"的原则，即通过考察个体或数据对象间的相似性,将相似的个体或数据对象归为一组,而不相似的则分配到不同的组中。通过聚类过程形成的每个组被称为一个簇(cluster)。

聚类是现实世界中普遍存在的现象。例如,人们从小就能够通过不断改进内在的聚类模型学会区分猫和狗或者动物和植物。聚类分析广泛应用于多个领域,包括模式识别、数据分析、图像处理和市场研究等。通过聚类,能够识别出数据中的密集和稀疏区域,从而揭示全局的分布模式和数据属性间的相关性。

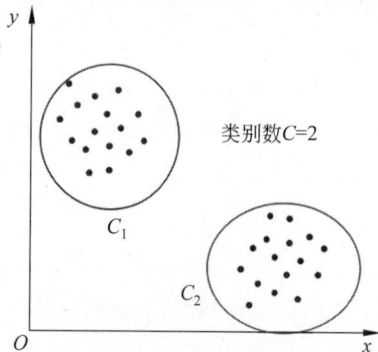

图 5-5 聚类示例

聚类与数据挖掘中的分类有显著的区别。在分类任务中,存在已知类标的样本数据,目的是从这些训练样本中提取出分类规则,以便对其他未知类标的对象进行分类。相比之下,聚类是一种无监督学习过程,即在聚类开始之前,并不知道任何有关目标数据类别的信息。如图 5-5 所示,聚类的目标是根据某种相似度或距离度量标准,将数据对象分配到不同的簇中。因此,聚类分析也被称为无指导的学习或观察式学习。

目前,存在许多不同的聚类算法,其选择取决于数据的特性、聚类的目的和具体应用场景。现有的主要聚类算法可以分为以下几类:

(1)划分方法。如 k-均值(k-means)算法,它试图将数据划分为预先指定数量的簇。

(2)层次方法。如凝聚的层次聚类,它通过逐步合并数据点或分裂更大的簇构建聚类的层次结构。

(3)基于密度的方法。如 DBSCAN 算法,它根据数据点的密集程度形成簇,能够识别任意形状的簇,并处理噪声和离群点。

(4)基于网格的方法。这种方法将空间划分为有限数量的单元(网格),然后快速聚类。

(5)基于模型的方法。如高斯混合模型(GMM),它基于数据拟合出的统计模型确定簇的分配。

5.2.2 聚类准则函数

在介绍具体的聚类方法之前,先介绍聚类准则函数。聚类准则函数是用于评估聚类效果的数学函数,通常基于特定的目标,如最小化类内距离或最大化类间距离。

1)误差平方和准则

误差平方和准则用于将样本分为 C 个子集 $D_1, D_2, \cdots, D_C$。其中,n_i 表示第 i 个子集的样本数;m_i 表示第 i 个子集的样本均值,其计算公式如下:

$$m_i = \frac{1}{n_i} \sum_{x \in D_i} x$$

误差平方和准则是通过计算每个点与其所属簇中心点的距离平方和对聚类效果进行评估。其公式通常表示为

$$J_e = \sum_{i=1}^{C} \sum_{x \in D_i} \| x - m_i \|^2$$

其中,$\| x - m_i \|^2$ 表示样本点 x 到簇中心 m_i 的欧几里得距离的平方。

2）散布矩阵

散布矩阵是在模式识别和统计分类中用来衡量数据分布特性的重要工具，主要分为 3 类：类内散布矩阵、类间散布矩阵和总体散布矩阵。

类内散布矩阵 S_W 衡量同一类别内部样本的散布（即分散）程度。公式表示为

$$S_W = \sum_{i=1}^{C} \sum_{x \in D_i} (x - m_i)(x - m_i)^T$$

其中，D_i 是第 i 个类别的样本集合，m_i 是第 i 个类别的样本均值，x 是 D_i 中的某个样本点。$(x - m_i)^T$ 是 $(x - m_i)$ 的转置，总的类内散布矩阵 S_W 是所有类别的类内散布矩阵之和。

类间散布矩阵 S_B 描述不同类别之间样本的总体散布程度。它是基于类别均值与总体均值之间的差异计算的。公式如下：

$$S_B = \sum_{i=1}^{C} n_i (m_i - m)(m_i - m)^T$$

其中，n_i 是第 i 个类别的样本数，m_i 是第 i 个类别的均值，m 是所有样本的总体均值。

总体散布矩阵 S_T 描述所有样本的总体散布程度。它可以由类内散布矩阵和类间散布矩阵之和获得，也可以直接计算：

$$S_T = \sum_{x \in D} (x - m)(x - m)^T = S_W + S_B$$

其中，D 是整个数据集，m 是数据集的总体均值。

这 3 种散布矩阵在不同的聚类和分类算法中起着关键的作用。例如，在线性判别分析（Linear Discriminant Analysis，LDA）中，目标是最大化类间散布矩阵与类内散布矩阵之比，从而得到最佳的分类效果。

3）聚类准则函数的优化

聚类准则函数的优化有以下两种方法：

（1）穷举优化。由于聚类准则函数的优化是一个组合优化问题，属于 NP 难问题，将 n 个样本分到 C 个类别中有 C_n / C_i 种分法。穷举所有可能的分法进行计算在实际应用中是不现实的，因此通常寻找次优解。

（2）迭代优化。这种方法从随机设置的初始聚类开始，通过迭代的方式优化聚类。在每次迭代中，算法尝试将样本 x 从当前簇 D_i 移到另一个簇 D_j，并计算这种移动是否会使聚类准则函数值减小。如果减小，则执行这种调整；否则保持当前聚类不变。

聚类准则函数的优化过程是为了找到最合适的簇划分，以达到最优的聚类效果。不同的聚类算法可能采用不同的聚类准则函数和优化方法，以适应不同的数据特性和应用需求。

5.2.3　划分聚类

划分方法是一种常用的聚类算法，它通过创建数据集的一个单层划分对数据进行聚类。给定一个包含 n 个对象的数据集和希望构建的划分数目 k，划分方法首先生成一个初始划分，然后采用一种迭代的重定位技术，通过在划分间移动对象来改进划分的质量。换句话说，该方法将数据划分为 k 个组，同时满足以下要求：每个组至少包含一个对象，且每个对象必须属于且只属于一个组，这被称为硬划分。为了达到全局最优，基于划分的聚类理论上

需要穷举所有可能的划分,但这在实际应用中通常是不可行的。因此,实践中的算法,如 k-均值聚类和 k-中值(k-medoids)聚类,通常寻求局部最优解。

基本算法如下:先随机选取 k 个对象作为聚类的中心,将其余的对象分配给离它最近的中心,然后更新各个聚类中心,重复以上过程,直到各类的中心点不再变化。这种算法试图找到数据集的 k 个划分,使得聚类准则函数得到优化,通常使用的聚类准则函数是误差平方和准则,即类中的每个样本点(数据或对象)到该类中心的聚类平方之和。

1. k-均值聚类

k-均值聚类算法由 J. B. MacQueen 于 1967 年提出,是一种经典的聚类算法,在科学研究和工业应用中得到了广泛的应用。k-均值聚类算法的基本过程如下:

(1) 初始化。随机选择 k 个对象作为初始聚类中心。

(2) 分配。将每个对象分配给最近的聚类中心所代表的类。

(3) 更新。重新计算每个聚类的中心,通常是类内所有点的均值。

(4) 迭代。重复分配和更新步骤,直到满足某个停止条件,通常是聚类中心不再发生变化或达到预设的迭代次数。

k-均值聚类算法的目标是优化一个聚类准则函数,该函数通常是误差平方和准则。

k-均值聚类算法简单高效,但它也有一些局限性,例如对初始中心的选择敏感,可能陷入局部最优,且要求预先指定聚类数 k。此外,k-均值聚类算法更适合发现球形或凸形簇,对于非凸形簇或大小、密度差异较大的簇可能不够有效。下面是 k-均值聚类算法的伪代码:

```
初始化:样本数 n,聚类数 C,初始聚类中心 m₁, m₂, …, m_C
begin
    do 按照最近邻的 mᵢ 划分 n 个样本
        重新计算聚类中心 m₁, m₂, …, m_C
    until mᵢ 不再改变
return m₁, m₂, …, m_C
end
```

【例 5-3】 用 k-均值聚类算法进行聚类。假设给定如下要进行聚类的元组:$\{2,4,10,12,3,20,30,11,25\}$,要求簇的数量为 $k=2$。

应用 k-均值聚类算法分为以下 3 步。

第一步,初始时用前两个数值作为簇的中心,这两个簇的中心是 $m_1=2$ 和 $m_2=4$。

第二步,对剩余的每个对象根据其与各个簇中心的距离将它划入距离最近的簇,可得

$$K_1=\{2,3\}, K_2=\{4,10,12,20,30,11,25\}$$

数值 3 与两个均值的距离相等,所以任意选择一个簇作为其所属的簇。

第三步,计算新的簇中心:

$$m_1=(2+3)/2=2.5, \quad m_2=(4+10+12+20+30+11+25)/7=16$$

重新对簇中的成员进行分配可得

$$K_1=\{2,3,4\}, \quad K_2=\{10,12,20,30,11,25\}$$

不断重复这个过程,可得到表 5-4 的结果。

表 5-4　例 5-3 的计算结果

m_1	m_2	K_1	K_2
3	18	$\{2,3,4,10\}$	$\{12,20,30,11,25\}$
4.75	19.6	$\{2,3,4,10,11,12\}$	$\{20,30,25\}$
7	25	$\{2,3,4,10,11,12\}$	$\{20,30,25\}$

注意,在最后两步中簇的成员是一致的。均值不再变化,即均值已经收敛了。因此,该问题的答案为 $K_1 = \{2,3,4,10,11,12\}$ 和 $K_2 = \{20,30,25\}$。

2. 模糊 k-均值聚类

传统的 k-均值聚类算法在每一步迭代中将每个样本完全归属于一个特定的类别。作为一种改进,模糊 k-均值聚类算法引入了模糊集合理论中的概念,即每个样本以不同的隶属度属于各个类别。这意味着一个样本可以按不同程度同时属于多个类别。

样本 x 对第 i 个聚类的隶属度可以定义为

$$\mu_i(x) = \frac{\left(\dfrac{1}{\|x - m_i\|^2}\right)^{\frac{1}{b-1}}}{\displaystyle\sum_{j=1}^{C}\left(\dfrac{1}{\|x - m_j\|^2}\right)^{\frac{1}{b-1}}}$$

其中,m_i 是第 i 个聚类的均值;C 是聚类的总数;b 是一个大于 1 的参数,控制着样本对不同聚类的隶属程度,b 的值越大,聚类间的边界就越模糊。

模糊 k-均值聚类算法具体流程如下:

初始化:样本数 n,聚类数 C,参数 b,初始聚类中心 $m_1, m_2, \cdots, m_C$
begin
　　do 计算 n 个样本对 C 个类别的隶属度

$$\mu_i(x) = \frac{\left(\dfrac{1}{\|x - m_i\|^2}\right)^{\frac{1}{b-1}}}{\displaystyle\sum_{j=1}^{C}\left(\dfrac{1}{\|x - m_j\|^2}\right)^{\frac{1}{b-1}}}$$

重新计算各个聚类的均值 $m_1, m_2, \cdots, m_C$

$$m_i = \frac{\displaystyle\sum_{j=1}^{n}[\mu_i(x_j)]^b x_j}{\displaystyle\sum_{j=1}^{n}[\mu_i(x_j)]^b}$$

until $m_1, m_2, \cdots, m_C$ 变化很小
return $m_1, m_2, \cdots, m_C$
end

k-均值聚类是基于平方误差准则函数的贪心搜索算法,聚类结果对初始聚类中心的选择非常敏感,不同的初始聚类中心可能导致不同的聚类结果。此外,该算法易于实现,计算效率较高,但可能陷入局部最优解。该算法适用于发现凸形簇,且假设簇的大小大致相等。该算法对离群点敏感,离群点可能会对聚类中心的计算产生较大影响。总体而言,k-均值聚类算法因其简单和高效而广泛应用于各种数据集,但在处理非球形簇以及不同大小或密度的簇时,其性能可能不如其他更复杂的聚类算法。

5.2.4 层次聚类

基于划分的聚类算法产生的是单级聚类,其中数据被直接划分成几个不相交的群组。相比之下,层次聚类算法则将数据集分解成多个层次进行聚类,形成一个层级结构,这种结构通常用树状图(也称树状结构)表示。层次聚类算法可以根据层次分解的形成方式分为两类:凝聚型(agglomerative)和分裂型(divisive)。

凝聚型算法也称为自底向上算法,最初将每个对象视为一个单独的聚类,然后逐渐将相近的对象或类合并。在每一步中,最相似或最接近的两个类被选中并合并。这个过程重复进行,直到所有的对象都被合并成一个大的类,或者满足某个预设的阈值条件。

分裂型算法也称为自顶向下算法,初始时将所有对象置于一个大的聚类中。在迭代的每一步中,一个类被分裂为两个更小的类。分裂的标准通常是使得分裂后的不同子类中的对象尽可能地远离对方。这个过程不断重复,直到每个对象各自成为一个类,或者满足某个预设的阈值条件。

层次聚类算法不需要预先指定类的数目,这与基于划分的聚类算法不同。然而,在凝聚型或分裂型的层次聚类算法中,用户可以根据需要定义希望得到的类的数目作为一个约束条件,从而指导聚类过程。层次聚类算法的伪代码如下:

```
begin
    initialize C, C' = n, D_i = {x_i}
    for i = 1 to n
    do
        c' = c' - 1
        找到最接近的两个类,例如 D_i 和 D_j
        合并 D_i 和 D_j 成为一个新的类
    until C' = C
    return C 个类
end
```

无论是凝聚型算法还是分裂型算法,都可以通过树状图直观地表示出聚类过程。如图 5-6 所示,在树状图中,每个节点代表一个类,节点之间的连接表示类之间的关系(合并或分裂)。凝聚型算法的树状图由底部的单一对象逐渐向上合并而成,而分裂型算法的树状图则由顶部的单一类逐渐向下分裂而成。

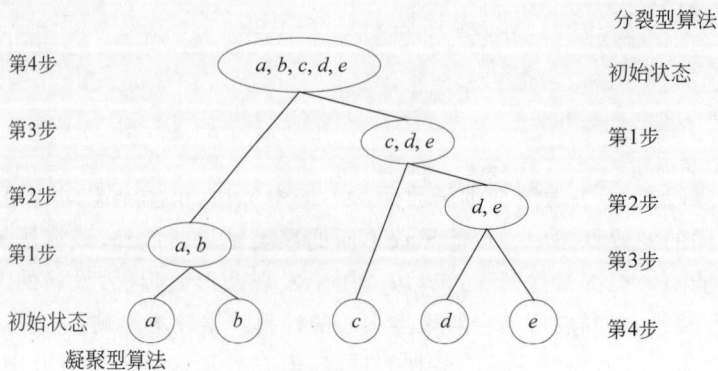

图 5-6　层次聚类的树状图

5.2.5　密度聚类

基于密度的聚类算法的主要思想是：只要某个邻近区域内的密度（即对象或数据点的数目）超过预先设定的阈值，就将该区域加到与之密度可达的聚类中。也就是说，在基于密度的聚类中，一个区域要形成簇的一部分，其给定范围（常以邻域半径 ε 表示）内必须包含足够多（不少于最小点数 minPoints）的点。基于密度的聚类算法代表性算法有 DBSCAN 算法、OPTICS 算法及 DENCLUE 算法等。

其中，DBSCAN 算法（Density-Based Spatial Clustering of Applications with Noise，基于密度的带噪声空间聚类应用算法）是最为典型的密度聚类算法。

其算法步骤如下：

（1）从一个未被访问过的任意起始数据点开始。以该点为中心，用距离 ε 定义邻域（即 ε 距离范围内的所有点都视为邻域点）。

（2）判断该邻域内包含的点数（含中心点自身）是否达到 minPoints：

若达到，则聚类过程开始，当前数据点成为新簇的第一个点（核心点）。

若未达到，则该点暂时被标记为噪声点（注意：后续过程中该点仍可能被纳入某个聚类）。无论是否形成簇，该点都被标记为"已访问"。

（3）对于新簇中的核心点（如步骤（2）中的起始点），其 ε 距离邻域内的所有未访问点也被加入该簇。若这些新加入的点在其自身 ε 邻域内也包含不少于 minPoints 个点（即它们也是核心点），则同样将其邻域内的未访问点加入该簇。此过程递归进行，对所有刚刚添加到簇中的新点（特别是新发现的核心点）重复上述邻域扩展操作。

（4）不断重复步骤（3）的邻域扩展过程，直到簇的扩展完成，即该簇中所有核心点的 ε 邻域内的点都已被访问过或属于该簇。

（5）一旦完成了当前的簇，选取一个新的未访问点进行处理（返回步骤（1）），从而开始发现另一个簇或识别噪声点。重复此整个过程直到所有的点被标记为已访问。最终，每个点要么属于某个簇，要么被标记为噪声。

【例 5-4】　使用 DBSCAN 算法聚类数据点集合：$\{2,4,9,8,5,3,12,13,16,15\}$。已知参数：邻域半径 $\varepsilon=2$，最小点数 minPoints$=2$。

应用 DBSCAN 算法步骤如下：

（1）所有数据点标记为"未访问"。未访问点集：$\{2,3,4,5,8,9,12,13,15,16\}$。

（2）从未访问点集中选取一个点（顺序可能影响处理次序，但不影响最终聚类结果）。

（3）对于当前点 p：

- 计算其 ε-邻域（距离 p 不超过 ε 的点集，包含 p 自身）。
- 若邻域内点数大于或等于 minPoints，则 p 是核心点，创建一个新簇 C，将 p 及其邻域内所有点加入 C，并标记为"已访问"。
- 若 p 是核心点，则递归地将其邻域内所有未访问的点 q 作为新的当前点，重复步骤（3）进行邻域扩展（即将 q 的 ε-邻域中满足密度要求的点也加入 C）。
- 若邻域内点数小于 minPoints，则将 p 暂时标记为噪声点（或边界点），并标记为"已访问"（注意：如果 p 后续被某个核心点的邻域包含，它将被加入该簇）。

（4）重复执行：返回步骤（2），选择下一个未访问点进行处理，直到所有点都被标记为

"已访问"。

表 5-5 是算法的执行过程记录。

表 5-5　例 5-4 的 DBSCAN 算法执行过程记录

步骤	当前对象	ε 邻域	新簇 C	未标记对象
0	空	空	空	2,4,9,8,5,3,12,13,16,15
1	2	[0,4]	{2,3,4,5}	9,8,12,13,16,15
2	9	[7,11]	{9,8}	12,13,16,15
3	12	[10,14]	{12,13,15,16}	停止

最终聚类结果：簇 C_1：{2,3,4,5}，簇 C_2：{8,9}，簇 C_3：{12,13,15,16}，噪声点：无（所有点都被分配到簇中）。

5.3　文本情感分析

文本情感分析致力于从海量文本数据中自动识别、提取和量化用户所表达的情感（如积极、消极、中性）及具体情绪状态（如喜悦、愤怒、悲伤等）。作为信息内容分析的核心任务之一，情感分析为评估舆论风险、理解用户反馈提供了至关重要的数据支撑。

5.3.1　中文内容情绪词

为了对文本内容进行情感分析，了解文本所表达的情感倾向，如积极、消极或中性，需要对中文情绪词进行提取和研究。下面介绍基于 WordNet-Affect 中文情绪词的提取方法以及关于情绪体系类别的层级关系研究方法。

1. 基于 WordNet-Affect 中文情绪词的提取方法

WordNet-Affect 是从 WordNet 发展而来的被广泛认可和成熟应用的英文情绪词典，具备专业性和可靠性，基于此构建中文情绪词表主要包括翻译、过滤和扩展三个步骤。

在翻译阶段，可使用主流的中英在线互译工具，对 WordNet-Affect 中的英文情绪词进行翻译。由于每个词语的全部中文释义被列出，引入了许多非情绪词和语义歧义问题，因此需要进行过滤操作。

过滤步骤基于中文语义构建双语无向图。首先，创建一个没有边的起始顶点 R，然后增加英文同义词集顶点和边，以及英文词语顶点和边，最后增加中文词语顶点和边，并对中文词语顶点进行词语相似度计算，在被判定为同义词的词语之间增加一条边。通过深度优先搜索的过滤算法，保留至少有两条简单路径回到初始顶点 R 且路径经过不同英文词语顶点和同义词集顶点的中文词语，这些词语被认为是情绪词。

经过翻译和过滤步骤后，得到的中文情绪词表规模较小且不够全面，因此需要进行扩展。扩展步骤结合中文同义词词林，将每个种子情绪词所在的同一及其高度相似的同义词词林编号下包含的词语添加到相应情绪类别的词表中。

翻译步骤后，由于噪音词的引入，准确率较低；过滤步骤后，准确率大大提高，但词语数量急剧下降;扩展步骤后,词语数量明显增加,精度下降不大。为了保证词表的质量,采用三名评估者为每个词语进行独立标注,对评估者的标注结果采用宽松选取标准,即只要有至少两个评估者认为一个词语属于相应的情绪类别,那么它就被保留,否则丢弃。

通过以上步骤,能够构建一个高质量的中文情绪词表。该方法充分考虑了中英文语言的差异以及情绪词的特点,有效地提取了中文情绪词,为后续的文本情绪分析和相关研究提供了重要的基础。

2. 情绪体系类别的层级关系研究方法

情绪是人类心理活动的重要组成部分,对人们的思维、行为和决策产生着深远的影响。为了更好地研究和理解情绪,研究者们致力于构建一个合理的情绪体系框架,明确情绪词的基本信息,并进行细粒度的情绪表达方向标注。

在情绪词来源方面,选取了多个中文情绪词典,通过合并、去除重复词语、舍弃生僻词汇等筛选操作,获得候选情绪词语列表,并将其添加到分词系统用户自定义词典中。在大规模语料中统计候选词词频,根据词频排序和合理阈值,保留常用词汇作为最终待标注情绪词。

情绪分类体系框架采用了成熟的情绪模型,将情绪分为 7 个基本类,每个基本类再细分为 21 个小类。这种分类方法已被广泛认可且适合应用于情绪资源构建中。通过按 21 个小类对候选词语进行情绪类别和强度的标注,有助于提升标注结果的准确性和一致性,为后续情绪分类工作的深入研究提供了良好的基础。

词语的情绪表达方式可以进一步划分为 6 个特殊属性,包括心理描述、表情输出、动作输出、评价输出、评价描述和事件输入。这些细分属性高度概括了词语对情绪的描述方法,使标注者能够清晰地认识到词语在情绪表达方面的差异。例如,心理描述直接描述个体情绪心理状态,通常带有强烈的、明确的情绪色彩;表情输出则描述个体带有某种情绪状态时的表情。

在词性和词义区分方面,中文词语的多词性和多义性给语义分析带来了挑战。引入中文词语概念常识性知识库 HowNet,能够消除标注过程中词语多词性、多词义带来的不确定和不一致问题。HowNet 提供了完善的词性划分、清晰的义项解释以及明确的概念关联关系,有助于更准确地理解和标注情绪词。

基于统计方法的常识库扩展是为了解决网络文本迅速增长和新词不断增加导致常识库覆盖不全面的问题。通过对语料进行分词、合并、统计、修正等步骤,发现新词并进行情绪赋值,将正确结果加入常识库,从而扩充常识库的规模。

基于情绪表达与情绪认知分离的常识库构建,将情绪分为情绪表达和情绪认知两部分,并进一步细分为多种情况。同时,提出了对于情绪词的角色属性的划分方法,将情绪词分成 4 种不同的角色属性,有助于标注者理顺思路,提高标注质量和多人标注的一致性。

此外,对情绪词进行具体情绪类别及其强度的标注,可以参照《情感词汇本体》中的划分方法。里面标注了较典型和明确的情绪词,可以借助 HowNet 中正面情感词、负面情感词的标注信息进行挑选,统计各项标注结果的信息,包括情绪属性、情绪类别对应的词语数及平均情绪强度值等。

综上所述,情绪体系类别的层级关系研究通过对情绪词的来源、分类体系、表达方式、词性词义以及情绪表达与认知等方面的深入研究,构建了一个全面、细致的情绪常识库,为情绪分析和相关研究提供了坚实的基础。

5.3.2 文本情绪分析模型

对内容中的情绪进行分析能够更深入地理解文本所表达的情感,把握文本的情感倾向,这对于文本分析、舆情监测等领域非常重要。下面介绍结合预训练语言模型与深度神经网络的文本情绪分类模型、基于多粒度文本片段的结构化情感分析,以及基于关系表示强化的结构化情感分析。

1. 结合预训练语言模型与深度神经网络的文本情绪分类模型

结合预训练语言模型与深度神经网络的文本情绪分类模型是一种有效的文本情绪分类方法,它通过多任务学习框架捕捉两个任务之间的共享特征和各任务的私有特征,以提升各任务的性能。

该模型主要包含两大组件:单任务特征抽取层和共享特征抽取层。单任务特征抽取层包括原因发现任务私有层、情绪分类任务私有层,分别用于抽取情绪原因发现任务特定的特征以及情绪分类任务特定的特征,为各任务提供更加丰富的判断依据。共享特征抽取层用来捕获任务之间的交互信息。

为了使模型能够有效捕捉两个任务之间的共享特征,使用多任务学习框架,从而提升各任务的性能。基于多任务学习的模型训练过程与传统的深度学习算法单任务模型类似,都是依赖于损失函数进行训练。但由于采用了多任务学习方法,其训练过程与传统单任务模型有一定的区别。这里,采用交替训练的方式,即在各任务之间进行随机迭代训练。训练步骤为:

步骤1:随机选择文本情绪原因发现任务或者文本情绪分类任务;

步骤2:从所选任务的语料中随机选择训练样例;

步骤3:将训练样例输入多任务模型中,对该单任务模型进行训练,通过梯度反传反向传播更新参数;

步骤4:返回步骤1,通过不断迭代训练,直至模型收敛或者达到最大的迭代次数。

2. 基于多粒度文本片段的结构化情感分析

基于多粒度文本片段的结构化情感分析是社交媒体情感分析的重要任务之一,它旨在对各类文本信息的情感进行提取、分析和总结,研究文本中表达的情感态度和观点。具体来说,该方法包含两个阶段的抽取框架。在第一阶段,采用实体抽取模块来枚举实体,然后识别每个实体的类型。实体抽取模块采用预训练语言模型 BERT 作为句子编码器。给定一段文本序列,使用预训练模型编码后得到结合上下文的词表示。为了获得候选的文本片段,采用两个二元分类器,分别检测实体的开始和结束位置。然后采用另一个分类器来匹配开始位置和结束位置,确定它们之间的词语能否组成一个实体并且判断实体的类型。

在第二阶段,采用关系抽取模块来确定实体之间的关系。关系抽取模块首先对实体进行剪枝操作,计算该实体为情感持有者、情感方面和情感表达的可能性分数,挑选出候选情感持有者、情感方面和情感表达实体,并获得情感持有者候选库、情感方面候选库以及情感表达候选库。对于大多数数据集,实体间只存在两种关系,即情感表达-情感持有者和情感表达-情感持有者。对于具有不连续情感表达的数据集,还需要检测情感表达和情感表达的关系。

在训练和解码过程中,采用端到端方式进行训练。模型首先利用开始和结束位置分类器得到所有可能的开始位置和结束位置,将这些位置两两组合得到所有候选的文本片段,并对文本片段进行实体类型分类。之后使用识别出的实体进行关系分类任务。模型利用交叉熵函数计算起点和终点位置预测、实体分类、极性分类和关系分类的损失,使这些损失的总和最小。

在解码过程中,模型首先从实体抽取模块的结果中解码出情感表达实体及其情感极性,通过实体剪枝得到情感持有者候选库和情感方面候选库。对于每个情感表达实体,模型判断它是否为某个情感持有者候选,并判断与情感方面候选是否有关系。最后,根据关系分类的结果,产生完整的情感结构。此外,部分数据集存在不连续的情感表达,模型还要根据情感表达片段之间的关系来合并这些片段,从而产生完整的情感表达实体。

通过基于多粒度文本片段的结构化情感分析,能够更全面、准确地理解文本中的情感信息,为社交媒体情感分析提供更有力的支持。这种方法有助于挖掘文本中潜在的情感关系,为后续的情感分析和应用提供了重要的基础。

总之,基于多粒度文本片段的结构化情感分析是一种有效的情感分析方法,它通过两个阶段的抽取框架和端到端的训练方式,能够抽取完整的情感结构,为深入理解文本情感提供了重要的手段。

3. 基于关系表示强化的结构化情感分析

基于关系表示强化的结构化情感分析是一种针对情感分析任务的有效方法,旨在提高实体之间关系预测的准确率。在情感分析任务中,将句法关系引入特征学习可以提高实体之间关系预测的准确率,但精确引入句法关系会带来大量杂音,且人工选择有效的句法关系或建立基于句法关系的规则会耗费大量时间。为解决这些问题,使用预训练的方法使模型学习实体对之间的基本关系表示,而不是明确地引入句法关系。

首先,采用双向传播算法对收集的大量客户文本进行无规则数据标注。该算法根据已知的情感表达词挖掘情感方面词,或根据已知的情感方面词挖掘情感表达词,同时利用情感方面词(或情感表达词)之间的句法关系挖掘对应的情感方面词(或情感表达词)。具体来说,先构建情感表达词和情感方面词词典,用初始的情感表达种子词作为初始词典,通过句法规则挖掘并扩充词典,重复该过程直至词典不再扩充。此外,在情感表达词中加入部分形容词的比较级和最高级,并删除那些没有出现在任何情感表达-情感方面二元组中的方面词,以避免过度标注。

然后,设计了一个基于关系表示强化的深度模型。该模型通过对输入的文本进行笛卡儿积构建二维表,采用基于自注意力的多层表格编码器进一步学习表格的表示。在表格编码之后,从表格表示中抽取情感表达方面-情感方面表达二元对。具体过程为:利用 BERT 作为编码器获得文本上下文表示,根据上下文表示与自身的笛卡儿积进行非线性变换构建初始的表格表示,并嵌入距离信息。使用 Transformer 作为表格编码器,降低计算复杂度。采用基于注意力机制的池化操作从表的表示中恢复序列的表示,然后进行后续的情感方面词提取和情感表达词提取。

此外,关系表示强化的预训练方案由词级别的预训练和关系级别的预训练两部分组成。对于词级别的预训练,采用掩码语言模型的思想,对情感方面词和情感表达词进行屏蔽,并通过恢复的序列表示预测被屏蔽的词。对于关系级别的预训练,采用对比学习来使同一关系的关系向量表征在表示空间中更加接近。

综上所述,基于关系表示强化的结构化情感分析方法通过预训练和深度模型的设计,有效地提高了情感结构抽取的性能,为情感分析任务提供了一种有效的解决方案。

5.4 社区发现

文本情感分析致力于解读个体或群体在内容层面所表达的态度与情绪,为我们理解网络空间中的观点分布和情感脉动提供了关键洞察。然而,社交网络中的用户并非孤立存在,而是基于兴趣、关系、观点等因素,通过紧密的互动自发聚集,形成了具有内部强连接、外部弱连接特征的社区结构。这种社区的划分(Community Structure)深刻影响着信息的流动方向、接收群体以及最终的影响力范围。理解网络的社区结构,不仅能揭示网络自身的组织特性和功能分区,更能为信息推荐、精准广告投放、信息检索优化以及信息传播预测(如前文热点事件分析)等应用提供至关重要的结构基础。本节将聚焦于揭示网络中的这些"自然群体",介绍社区发现(Community Detection)的基本概念和经典算法,为理解复杂网络的社会属性和优化信息应用提供核心方法。

在社交网络中,社区可简单描述为内部连接紧密的个体集合,集合之间的连接相对稀疏,如网络用户自行组建的各种群体。同一社区内的个体常具有相同的社会属性或相似的兴趣爱好,例如,学校的课程群所包含的个体多为同一专业的同学,各种游戏群的成员常关注同一游戏。因此,可基于社区的属性特征实现个性化的信息推荐与广告投放。社区发现旨在识别网络中的所有社区。在研究初期,社区发现也被称为图分割问题,认为同一个网络用户仅属于一个社区,社区间不存在共有节点,这类社区发现方法一般被称为非重叠社区发现。

定义 5.1(非重叠社区发现) 给定社交网络 $G=(V,E)$,非重叠社区发现指将网络的节点集 V 分割为多个内部连接紧密的个体集合,使所有集合的并集等于 V,且任何两个集合不包含共有节点。

相关研究发现,真实网络多包含重叠的社区结构。在社交网络中,一个用户常具有多个角色,从而属于多个社区,例如,一个学生属于自己的班级群、每门课程群,也同时属于自己的家庭群和各种兴趣爱好群等。

定义 5.2(重叠社区发现) 给定社交网络 $G=(V,E)$,重叠社区发现旨在识别网络的重叠社区结构,不要求社区结构覆盖网络的全部节点。

依据识别结果,社区发现任务可分为非重叠社区发现和重叠社区发现。社交网络多包含重叠的社区结构,重叠社区发现难度更高,也常具有更高的时间需求,是当前的研究热点,现介绍常见的重叠社区发现方法。

CPM 算法(PALLA G,DERÉNYI I,FARKAS I,et al.,2005)。CPM 算法将社区定义为连接紧密的完全子图构成的集合,通过识别这种特定结构来获取网络中的社区。算法以完全子图作为基本结构进行构建,将网络中具有 k 个节点的完全子图定义为 $k\text{-clique}$,以此为基础定义了一系列概念:若两个 $k\text{-cliques}$ 包含 $k-1$ 个相同节点,则称它们是邻接的;多个邻接的 $k\text{-cliques}$ 构成的集合称为 $k\text{-clique}$ 链;若两个 $k\text{-cliques}$ 在同一个 $k\text{-clique}$ 链上,则它们 $k\text{-clique}$ 连通;相互 $k\text{-clique}$ 连通的所有 $k\text{-cliques}$ 组成的 $k\text{-clique}$ 链称为网络的 $k\text{-clique}$ 连通部分,也称为网络的 $k\text{-clique}$ 社区。现以图 5-7 为例说明以上概念,参数 k 设定为 3。

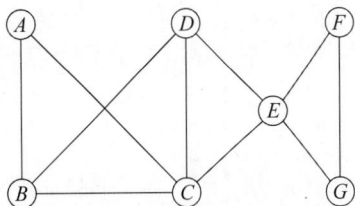

图 5-7　CPM 算法中的概念示例图

在图 5-7 中,3-clique 有 $\{A,B,C\}$、$\{B,C,D\}$、$\{C,D,E\}$、$\{E,F,G\}$ 等,其中,$\{A,B,C\}$ 和 $\{B,C,D\}$ 是邻接的,$\{B,C,D\}$ 和 $\{C,D,E\}$ 是邻接的,$\{A,B,C\}$、$\{B,C,D\}$ 和 $\{C,D,E\}$ 组成了一个 3-clique 链,也是一个 3-clique 社区,$\{E,F,G\}$ 构成了另外一个 3-clique 社区,节点 E 为两个社区的重叠节点。显然,CPM 算法之所以能够得到重叠结构的社区,原因在于网络中的节点可同时属于多个 $k\text{-cliques}$,若这些 $k\text{-cliques}$ 被划分到不同社区,相应的共有节点就成了社区间的重叠节点。

这里将不是其他更大完全子图子集的完全子图称为最大团,给定参数 k,CPM 算法通过搜索网络中所有规模不小于 k 的最大团来识别 $k\text{-clique}$ 社区,算法主要包括以下步骤。

步骤 1:识别网络中的所有最大团,用 q 表示最大团的数量,并定义矩阵 $\boldsymbol{O} \in \mathbb{R}^{q \times q}$:

$$\boldsymbol{O}_{ij} = \begin{cases} |C_i \cap C_j| & i \neq j \\ |C_i| & i = j \end{cases}$$

其中,C_i 和 C_j 分别表示第 i 和 j 个最大团。

步骤 2:将矩阵 $\boldsymbol{O}$ 对角线上小于 k 的元素和非对角线上小于 $k-1$ 的元素置 0,其余非 0 元素置 1。

步骤 3:分析处理后的矩阵 $\boldsymbol{O}$,获取网络的 $k\text{-clique}$ 社区。

【例 5-5】　利用 CPM 算法计算图 5-8 所示网络的社区结构,参数 k 设定为 3。

网络中的最大团包括 $\{A,B,C\}$、$\{B,C,D\}$、$\{C,D,E\}$ 和 $\{E,F,G\}$,对应的矩阵 $\boldsymbol{O}$ 为

$$\boldsymbol{O} = \begin{bmatrix} 3 & 2 & 1 & 0 \\ 2 & 3 & 2 & 0 \\ 1 & 2 & 3 & 1 \\ 0 & 0 & 1 & 3 \end{bmatrix}$$

将矩阵对角线上小于 3 和非对角线上小于 2 的元素置 0,其余非 0 元素置 1,得

$$\boldsymbol{O} = \begin{bmatrix} 1 & 1 & 0 & 0 \\ 1 & 1 & 1 & 0 \\ 0 & 1 & 1 & 0 \\ 0 & 0 & 0 & 1 \end{bmatrix}$$

根据矩阵 O,3-clique $\{A,B,C\}$ 和 $\{B,C,D\}$ 邻接,$\{B,C,D\}$ 和 $\{C,D,E\}$ 邻接,$\{A,B,C\}$、$\{B,C,D\}$ 和 $\{C,D,E\}$ 构成一个 3-clique 社区,$\{E,F,G\}$ 独立构成另外一个 3-clique 社区。因此,CPM 算法的社区发现结果为 $\{A,B,C,D,E\}$ 和 $\{E,F,G\}$,节点 E 为两个社区的重叠节点。

基于边的社区发现。社区发现基于网络结构对节点进行分类,常将节点作为基本元素

构建算法,也有方法将边作为分类对象,优势在于能够自然得到网络的重叠社区结构,原理与 CPM 算法类似:网络中的一个节点可与多条边连接,若这些边被划分到多个社区中,该节点就成为了多个社区的重叠节点。LC(Link Communities)(AHN Y Y,BAGROW J P,LEHMANN S,2010)是基于边的代表性算法,本质上是面向边的聚类方法。对于任意节点 x,定义其包含相邻节点集合为

$$N_+(x) = \{y \mid d(x,y) \leqslant 1\}$$

其中,$d(x,y)$ 表示两个节点之间的最短路径长度。利用杰卡德指标,两条包含共有节点的边之间的相似度定义为

$$S(e_{xk}, e_{yk}) = \frac{|N_+(x) \bigcap N_+(y)|}{|N_+(x) \bigcup N_+(y)|}$$

其中,e_{xk} 表示以节点 x 和 k 为端点的边。在上述相似度定义的基础上,LC 算法主要包括以下步骤。

步骤 1:将目标网络中的每条边定义为一个初始社区。

步骤 2:计算所有不在同一社区内的相邻边之间的相似度,将相似度最高的两条边所在的社区进行合并。

步骤 3:重复步骤 2,直到网络仅包含一个社区为止。

步骤 4:将上述层次化聚类过程保存到一个树状图中,并选择社区结构最优的一层作为算法的社区发现结果。

局部扩展方法。局部扩展方法一般基于网络结构信息选取一定数量的初始节点,然后将每个节点扩展为一个社区,形成网络的社区结构。其中选择的初始节点常被称为种子节点,每个社区的扩展过程常不考虑其他社区结构,可自然形成网络的重叠社区结构。LFM 算法是局部扩展方法的代表性工作之一,主要包括以下步骤。

步骤 1:随机选择目标网络中的一个节点,将其扩展为一个社区。

步骤 2:在没有被分配到已知社区的节点中随机选择一个,将其扩展为一个社区,该过程不考虑已知社区结构。

步骤 3:不断重复步骤 2,直到网络中不存在不在任何社区内的节点为止。

为完成对一个种子的扩展,局部扩展方法一般定义一个社区质量函数作为优化目标,LFM 算法将目标函数定义为

$$f(C) = \frac{d_{\text{in}}(C)}{(d_{\text{in}}(C) + d_{\text{out}}(C))^{\alpha}}$$

其中,$d_{\text{in}}(C)$ 表示社区 C 内节点相对于该社区的内部度之和,节点相对于社区的内部度定义为节点与该社区内节点之间的连边数量,$d_{\text{out}}(C)$ 表示社区 C 内节点的外部度之和,节点的外部度定义为节点与社区外节点之间的连边数量,参数 α 控制发现社区的大小。显然,较大的目标函数值表明社区内部连边较多,社区与外部连边较少,对应高质量社区。在此基础上,节点 x 相对于社区 C 的适应度为

$$f_x(C) = f(C + \{x\}) - f(C - \{x\})$$

若节点 x 在社区 C 中,$C+\{x\}=C$,$C-\{x\}$ 表示移除节点 x 的社区 C;若节点 x 不在社区 C 中,$C+\{x\}$ 表示加入节点 x 的社区 C,$C-\{x\}=C$。给定种子节点 x,LFM 算法的社区扩展过程主要包括以下步骤。

步骤 1：将目标社区初始化为节点 x，即 $C = \{x\}$。

步骤 2：在与社区内节点直接相连的社区外部节点中，若存在适应度非负的节点，则选择适应度最大的节点加入社区，否则算法终止。

步骤 3：重新计算社区内每个节点的适应度。

步骤 4：若存在适应度为负值的节点，则移除该节点，并返回步骤 3，否则返回步骤 2。

【例 5-6】　在 LFM 算法（见图 5-8）中，计算图 5-8 所示网络中左侧社区的目标函数值，并计算节点 E 和节点 F 相对该社区的适应度，参数 α 设定为 1。

图 5-8 中社区包含 5 个节点，每个节点相对于社区的内部度分别为，$d_{in}(A) = 3, d_{in}(B) = 3, d_{in}(C) = 4, d_{in}(D) = 4, d_{in}(E) = 2$，每个节点相对于社区的外部度分别为，$d_{out}(A) = 0, d_{out}(B) = 0, d_{out}(C) = 0,$

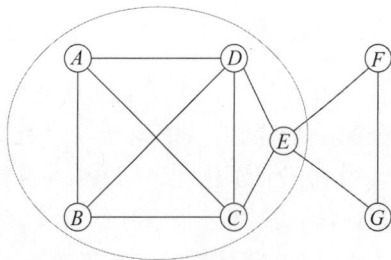

图 5-8　LFM 算法示例图

$d_{out}(D) = 0, d_{out}(E) = 2$，根据 LFM 算法目标函数的公式有，$f(C) = d_{in}(C)/(d_{in}(C) + d_{out}(C)) = 8/9$。

节点 E 属于该社区，适应度为 $f(C + \{E\}) - f(C - \{E\}) = f(C) - f(\{A, B, C, D\}) = 8/9 - 6/7 = 2/63$；节点 F 不属于该社区，适应度为 $f(C + \{F\}) - f(C - \{F\}) = f(\{A, B, C, D, E, F\}) - f(C) = 9/10 - 8/9 = 1/90$。

LFM 算法利用随机节点进行社区扩展，种子选择具有很高的效率，每个社区的扩展过程完全基于网络的局部结构信息，同样具有较低的时间需求，因此算法具有很低的时间复杂度，适合大规模社交网络的重叠社区发现任务。同时，从上述步骤中可以看到，算法得到的社区结构能够完全覆盖网络的节点集，使网络中不存在不在任何社区中的孤立节点。

标签传播方法。基础的标签传播算法（Label Propagation Algorithm，LPA）面向非重叠社区结构，算法的基本流程如下：

步骤 1：为网络中的每个节点分配一个各不相同的标签。

步骤 2：为网络中的节点生成一个随机序列 $L \in \mathbb{R}^n$。

步骤 3：依序列顺序访问每个节点，将节点的标签更新为其最大数量邻节点所具有的标签，若存在多个标签对应最大数量的邻节点，则随机选择一个标签。

步骤 4：若网络中每个节点的标签都与其最大数量邻节点具有的标签相同，则算法结束，否则返回步骤 2。

可以看到，LPA 算法不包含任何参数，仅根据网络的拓扑结构获取社区结构，同时，算法具有近似线性的时间复杂度，时间成本很低，能够处理大规模社交网络。然而，为保证收敛，算法在每轮迭代中都随机生成节点的访问顺序，这将导致算法对同一网络的社区发现结果可能不唯一。

【例 5-7】　在图 5-9 所示简单网络中，计算 LPA 算法得到的一种社区结构。

步骤 1：将每个节点的标签初始化为节点的序号。

步骤 2：生成一个随机序列 $L = (1, 4, 2, 3, 6, 5, 7)$。

步骤 3：依次访问序列 L 中的节点，对于节点 1，三

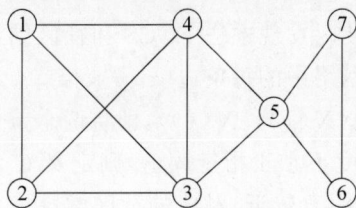

图 5-9　LPA 算法示例图

个邻节点的标签各不相同,假设随机选择标签3作为自己的标签,对于节点4,最大数量邻节点所具有的标签为3,标签更新为3,同样,节点2的标签更新为3,节点3标签不变,节点6标签更新为7,节点5标签更新为7,节点7标签不变。

步骤4:节点1,2,3,4具有标签3,节点5,6,7具有标签7,标签传播达到稳定状态,算法停止。

因此,{1,2,3,4}和{5,6,7}为LPA算法的一种社区发现结果。

LPA算法的一个主要缺点是无法识别网络的重叠社区结构,原因在于算法为每个节点仅分配一个标签,从而属于唯一社区。COPRA算法(GREGORY S,2010)面向该问题对LPA算法进行了优化。COPRA算法允许一个节点具有多个标签,并将每个标签定义为二元组(c,b),其中,c表示社区标签,b为标签权重,用于刻画节点与社区间的强弱关系。另一方面,LPA算法的标签更新方式一般称为异步更新,COPRA算法采用同步更新,即在每轮标签传播过程中,将每个节点的标签更新为所有邻节点在上一轮具有的标签集合的并集。具体地,对于节点x与标签c,标签权重b通过以下公式计算。

$$b_t(c,x)=\frac{\sum_{y\in N(x)}b_{t-1}(c,y)}{|N(x)|}$$

其中,$N(x)$表示节点x的邻节点集合,$b_t(c,x)$表示在第t轮迭代中节点x相对于标签c的从属权重。在COPRA算法中,若一个节点在每轮迭代中都保留所有邻节点的所有标签,则节点的标签数量将十分巨大。为符合真实的社区结构,算法在每轮迭代结束后,都删除标签权重小于指定阈值的标签,阈值设定为$1/v$,参数v限定了一个节点社区隶属关系数量的上限。

前面介绍的方法面向静态网络,即假设网络的拓扑结构不变,而社交网络的结构常高频变化,例如在抖音平台上,每时每刻都有新用户的加入,老用户的注销,好友关系的建立与撤销,网络的社区结构也随之变化。识别社交网络的动态社区结构对网络演化机制的研究和网络中众多实际应用具有重要意义。

动态社区发现。动态网络的拓扑结构常被抽象为一系列有序的静态网络快照,即$G^T=(G_0,G_1,\cdots,G_T)$,其中,每个快照$G_t=(V_t,E_t)$对应t时刻的网络结构。动态社区发现的主要任务是发现每个网络快照的社区结构,可简单通过对每个快照执行静态社区发现实现。然而,社交网络规模庞大且结构高频变化,包含海量大规模网络快照,反复执行静态方法将对应过高的时间需求。注意到动态网络中的社区在相邻时间点常仅发生少量节点的增删变化,可通过局部更新的方式获取下一时刻的社区。因此,给定动态网络G^T,仅须对网络初始快照G_0执行完整的静态社区发现,通过不断更新获取后续快照的社区结构,AFOCS算法是其中的代表性工作之一。

AFOCS算法包括识别动态网络初始社区结构的静态社区发现方法FOCS和社区结构的更新方法。给定初始网络拓扑G_0,FOCS算法依次访问网络中的每条边(x,y),若节点x和y不属于同一个已知社区,则构建节点集合$C=\{x,y\}\bigcup(N(x)\bigcap N(y))$,即将两个节点与共有邻节点组成的集合作为候选社区,若集合C的边密度不小于指定阈值,则定义C为一个发现社区。由于网络中边与边之间可包含公共节点或距离较近,对应的社区常高度相似,算法基于社区之间重叠部分所占比例对相似社区进行了合并。

给定网络在 t 时刻的社区结构 C^t，AFOCS 算法基于网络在 t 时刻和 $t-1$ 时刻结构的变化情况对 C^t 进行更新，获取 $t+1$ 时刻的社区结构 C^{t+1}。算法将网络拓扑结构的变化分为下面 4 类基本事件。

（1）新增节点：网络中增加一个新节点和与之相连的边。

（2）新增边：网络中增加一条新边，连接网络中两个原有节点。

（3）移除节点：网络中移除一个节点和与之相连的边。

（4）移除边：网络中移除一条原有边。

AFOCS 算法的社区更新主要基于以下观点：移除社区之间的边或增多社区内部的边将提高网络社区结构的质量；增多社区之间的边或移除社区内部的边将降低社区结构的质量，甚至破坏原有社区；对于关系密切的两个社区，增加或移除边可能增加它们之间的紧密程度，并形成社区间的重叠甚至合并为一个社区。

新增节点。对于网络中的新增节点，若节点为孤立节点，即没有关联边，则保留原有社区结构；若新增节点与一个或多个原有社区相连，则通过计算新增节点是否可增加原有社区的密度，确定是否将节点加入某个原有社区，这里允许新增节点同时加入多个原有社区，形成社区之间的重叠；算法同时判定新增节点是否形成新增社区。

新增边。算法将网络中的新增边分为 4 个类别。

（1）若新增边仅属于一个已知社区，则新增边提升该社区的边密度，认为网络的社区结构不变。

（2）若新增边属于多个社区的重叠部分，则新增边提升每个社区的边密度，认为网络的社区结构不变。

（3）新增边连接两个非重叠社区。

（4）新增边连接两个重叠社区。

对于类别（3）和（4），处理方式较为复杂，新增边可能对原社区结构没有影响，也可能形成新的社区。

移除节点。对于网络中的移除节点，与该节点关联的边也随之移除。若网络中移除的节点不在任何原有社区内，则认为网络的社区结构保持不变；若移除节点属于某个原有社区，则该社区的结构可能保持不变，仅移除该节点，也可能发生社区分裂或社区合并。对于第二种情况，算法以边密度作为判定条件，若社区在移除该节点后的边密度仍不小于指定阈值，则社区结构保持不变；否则对社区内剩余结构执行 FOCS 算法，并对社区进行合并。

移除边。算法将网络中的移除边分为 4 个类别。

（1）移除边连接两个非重叠社区，移除该边使网络的社区结构更加清晰，认为原社区结构保持不变。

（2）移除边在某社区内部。

（3）移除边属于多个社区的重叠部分。

（4）移除边连接两个重叠社区。

对于类别（2），对应社区可能结构不变，也可能分裂为多个社区，算法计算移除边后的社区密度，若仍不小于指定阈值，则认为社区结构不变，否则对社区内的剩余结构执行 FOCS 算法，并对社区进行合并。类别（3）和（4）与类别（2）类似，这里不再介绍。

5.5　本章小结

本章系统介绍了信息内容分析的核心技术,旨在从海量网络数据中提取价值。内容由基础到应用层层递进。文本分类与文本聚类构成了信息组织的基础。文本分类利用监督学习模型将文本归入预定义类别,服务于信息检索与过滤。文本聚类则通过无监督学习,依据相似性自动发现数据内在的群组结构,用于揭示潜在主题和用户分群。文本情感分析深入挖掘文本的情感维度,涵盖从基础中文情绪词库构建到分析模型,量化用户态度及具体情绪,为舆情分析提供关键依据。社区发现揭示网络中基于紧密连接形成的自然群体(社区)结构。理解这种结构是优化信息推荐、广告投放、传播预测及认识网络社会属性的基础。

习题

1. 决策树是怎样进行分类的?

2. 聚类和分类有何区别和联系?

3. 对样本$\{2,8,4,5,11,7,13,18,21\}$用 DBSCAN 算法进行聚类,设邻域半径 $\varepsilon=2$,最小点数 minPoints$=2$。

4. 假设有如下关于判断垃圾邮件的数据集,元组数表示相同条件和结果元组的个数,请根据朴素贝叶斯分类方式判断满足如下条件:$\{$特征 $1=2$,特征 $2=1$,特征 $3=3\}$的元组是否为垃圾邮件? 给出详细的计算过程。

特征 1	特征 2	特征 3	垃圾邮件?	元组个数
1	1	1	是	2
2	2	1	否	2
1	1	2	是	3
1	2	2	否	3
2	1	2	是	1
1	1	3	否	3
1	2	3	是	4
2	2	3	否	2

5. 用 k-means 算法进行聚类,元组:$\{2,4,10,12,3,20,30,11,25\}$,设要求聚类的类别 $k=2$,初始质心为 $m_1=2$ 和 $m_2=8$。

第 6 章 信息内容安全管理

信息内容安全管理问题的解决,既需要健全的法律法规,又需要完善的管理制度,更离不开高水平的监测和响应技术。要不断加强法律法规建设,制定完善的网络安全法律体系和规章制度,明确对非法非授权信息内容传输行为的法律规定和处罚;要建立完善的管理制度和行业规范,明确相关部门和单位的信息内容安全管理职责,健全责任制和考核评估机制,推进全社会共同维护信息安全;要不断提升技术防护能力,加强内容安全技术研发,提高防护、监测、预警、处置等技术能力,构建先进实用的内容安全防护系统。

信息内容安全管理的宗旨有二:一是遏制非法、非授权、不合规信息的传播或传输,确保网络信息的可控性;二是保护合法授权信息内容,确保信息内容的完整性和可鉴别性。为了遏制非法非授权信息内容的传输和传播,本章主要介绍两种信息内容管理技术:一是基于 TCP/IP 特性的网络传输阻断技术;二是基于 P2P 信息发布机理的非法非授权信息内容管理技术。

6.1 信息内容安全管理概述

通过网络信息获取、识别、分析后,需要针对所发现的非授权和非法信息内容,及时采取必要措施,依法依规地遏制其进一步传输或传播。

信息内容安全问题的解决,需要厘清网络空间四要素,即主体、客体、行为和平台。首先,要确定生产、传输或传播非授权和非法信息内容的责任主体,包括生产内容的逻辑主体和物理主体、传播或传输内容的平台主体和网络运营商主体等;进而,在行政管辖范围内,依法采取行政手段,责令责任主体清除非法非授权信息内容。同时,根据平台的结构特点和信息发布过程,采取应急响应技术,遏制非法非授权信息内容的传输和传播。正所谓"以互联网的方式解决互联网的问题",只有充分了解网络信息系统中信息发布、传输与传播方式,才能对信息内容进行有效管理。

在传统的通信系统中,信源、信道和信宿是通信的三个基本组成部分,分别负责信息的产生、传输和接收。在网络信息系统中,这三者也对应着信息内容被存储、转发、读取访问的基本过程。

(1) 信源对应信息内容的产生环节,是内容进入系统和网络的起点,信息保存在发送方的节点。

（2）信道对应信息内容的传输或传播过程，是内容在不同节点间流动的通道，信息被信道节点逐一转发。

（3）信宿对应信息内容的接收环节，是内容到达用户或终端系统的终点，信息被接收方读取访问。

从信息内容安全角度，这三者也是进行内容安全管理的基本作用点。

（1）信源（发布端检测）：信源是信息的发布端，即信息内容产生与上传的起点。在信源进行安全管理，可以在内容进入网络之前进行审核、过滤和验证，从源头防止非法信息传播。典型手段包括发布前内容检测、敏感信息识别、发布者资质审核等。

（2）信道（旁路监测）：信道是信息传输或传播的路径，是从信源到信宿的网络链路。在信道进行安全管理，通常通过旁路监测系统对流量进行实时分析，一旦发现非法内容立即采取阻断措施，例如基于防火墙的信息过滤方式、基于 TCP 连接重置的阻断方式等。

（3）信宿（接收端防护）：信宿是信息的接收端。在信宿进行安全管理的重点，是防止非法信息进入终端系统、被用户获取和访问。常用方法包括终端防护软件、内容过滤系统、接收端访问控制等。

在实际应用中，通过技术手段遏制非法内容传输只属于应急响应措施，提前通过制定内容安全管理规范或法律法规等，引导网络主体自律和自我约束，加强依法监督和管理，尤为重要。

（1）管理支撑：建立完善的内容审核制度与标准、信息内容安全管理流程、应急响应机制和责任追溯体系，确保技术措施能够在组织内部落地执行，并对异常事件作出及时响应。

（2）法律支撑：制定和执行信息内容安全的法律法规，明确信息内容安全的法律责任，提供执法依据，并在跨地域信息传播时实现合规约束和司法协作。

在制定部署信息内容安全管理方案时，还需综合考虑以下 4 个关键因素。

（1）成本：包括系统建设、硬件采购、软件开发、运行维护以及相关人力投入的费用。成本控制需要在安全性能与预算约束之间取得平衡，避免出现"高投入低产出"或"投入不足防护缺位"的情况。

（2）范围：指安全管理所覆盖的网络区域、用户以及信息类型等。

范围的设定应结合实际业务需求与潜在威胁面，既不能遗漏关键节点，也要避免不必要的资源浪费。

（3）有效性：体现为检测与处置的准确率、及时性与适应性。高有效性的系统应能够快速识别并响应新型威胁，同时保持低误报率和低漏报率。

（4）难度：指技术实现与部署的复杂程度，以及对现有业务系统可能带来的影响。在方案设计中需要评估技术集成的可行性，并尽量降低对现有业务流程的干扰。

6.2　基于 TCP 连接重置的内容安全管理

在信息内容安全管理技术中，基于 TCP 连接重置的阻断方法主要通过主动方式终止特定的网络连接，在发现违规或恶意数据传输时，迅速切断会话，阻断非法信息的继续传播。其常与流量监测、内容识别、行为分析等技术结合使用，形成从检测到处置的闭环管理流程，实现高效、精准的内容安全管理。

6.2.1　TCP 通信基础

传输控制协议(TCP)是一种面向连接的、可靠的、基于字节流的传输层通信协议。其核心在于建立、维护和终止连接的过程,以及确保数据可靠传输的机制。以下简述其关键的连接管理机制。

1. 三次握手(Three-Way Handshake)

TCP 通过三次握手建立连接,其目的是确保通信双方(客户端 Client 和服务器 Server)都准备好进行数据传输,并同步初始序列号。

具体过程:

(1) SYN:客户端向服务器发送一个 SYN(Synchronize Sequence Numbers)报文,指定客户端的初始序列号 seq=x。客户端进入 SYN_SENT 状态。

(2) SYN-ACK:服务器收到 SYN 后,如果同意连接,则回复一个 SYN-ACK 报文。该报文包含:服务器的初始序列号 seq=y 以及对客户端 SYN 的确认号 ack=x+1。服务器进入 SYN_RECEIVED 状态。

(3) ACK:客户端收到 SYN-ACK 后,向服务器发送一个 ACK(Acknowledgement)报文,确认号 ack=y+1。此报文通常可携带应用层数据。客户端进入 ESTABLISHED 状态。服务器收到此 ACK 后也进入 ESTABLISHED 状态。连接建立成功。

2. 四次握手(Four-Way Handshake)

TCP 通过四次握手终止连接,允许通信双方独立、有序地关闭各自的数据传输通道。

具体过程(假设客户端先发起关闭):

(1) FIN:客户端应用进程决定关闭连接,发送一个 FIN(Finish)报文(seq=u),表示不再发送数据。客户端进入 FIN_WAIT_1 状态。

(2) ACK:服务器收到 FIN 后,发送一个 ACK 报文(ack=u+1)确认。服务器进入 CLOSE_WAIT 状态。此时客户端到服务器的数据传输通道关闭(半关闭状态),但服务器仍可向客户端发送数据。

(3) FIN:当服务器应用进程也决定关闭连接时,它发送自己的 FIN 报文(seq=v)给客户端。服务器进入 LAST_ACK 状态。

(4) ACK:客户端收到服务器的 FIN 后,发送一个 ACK 报文(ack=v+1)确认。客户端进入 TIME_WAIT 状态(等待一定时间以确保服务器收到 ACK)。服务器收到此 ACK 后立即进入 CLOSED 状态。客户端在 TIME_WAIT 超时后也进入 CLOSED 状态。连接完全关闭。

3. FIN 与 RST 报文

(1) FIN(Finish):用于正常、有序地终止连接。如上所述,它是四次握手过程的核心报文。表示发送方已没有数据要发送,希望优雅地关闭连接。接收方必须用 ACK 确认 FIN。连接关闭是双向协商的过程。

(2) RST(Reset):用于异常、强制地终止连接或拒绝连接请求。通信的任何一方当接收到一个无效的报文段(如指向不存在的连接、错误的序列号、安全策略拒绝等)时,接收方会发送 RST。

RST 报文的使用场景包括：

① 拒绝连接：对收到的 SYN 直接回复 RST 表示拒绝连接(替代 SYN-ACK)。

② 终止连接：立即中止一个已建立的连接或半关闭的连接。收到 RST 的一端会立即释放连接资源，无须等待或发送确认。

③ 处理异常：清除处于错误状态的连接(如收到不属于当前连接的报文)。

与 FIN 报文相比，RST 报文不需要被确认。收到 RST 后，连接会立即被重置(Reset)到 CLOSED 状态。

6.2.2 TCP RST 原理

在 TCP 中，除了通过 FIN 报文实现的正常连接终止外，还可以通过 RST(Reset)报文实现连接的异常中断。与 FIN 报文优雅关闭连接不同，RST 报文会立即终止连接，无须等待数据传输完成，也不要求遵循四次挥手的过程。

在信息内容安全管理中，利用 TCP RST 方法可以在发现违规内容或异常流量时，快速切断特定的 TCP 会话，从而阻止不合规信息的继续传输。这种方式常被用于入侵防御系统(IDS/IPS)、内容过滤网关、网络防火墙等设备中，以在传输层直接干预通信。

在 TCP 通信过程中，连接的任一端(如通信双方 A 与 B)均可发起 RST(Reset)报文以强制重置连接。常见情形包括：

(1) 端口未监听时的连接请求。

当 A 向 B 发起连接请求，但 B 的目标端口上并未有应用程序监听时，B 操作系统的 TCP 栈会立即返回一个 RST 报文，通知 A 连接无法建立。

(2) 已建立连接的异常中断。

在 A 与 B 正常建立 TCP 连接并进行数据通信的过程中，如果 A 向 B 发送了 FIN 报文请求关闭连接，B 回复 ACK 后，网络突然中断。此后，A 由于进程重启等原因放弃了该连接。当网络恢复后，B 继续向 A 发送数据，A 的 TCP 栈会因无法识别该连接而返回 RST 报文，强制终止会话。

在上述情况下，接收方在应用层通常会看到 connection reset by peer 的提示信息，表示连接被对端通过 RST 报文中断。

图 6-1 展示了在通过旁路监听进行安全管理的系统中，管理端可以通过注入 TCP RST 报文强制终止客户端与服务器的通信。管理端位于信道的旁路位置，能够对经过的流量进行实时检测与分析，但不影响通信双方的正常通信。当管理端检测到非法信息时，会触发阻断机制。管理端根据会话的 IP 地址、端口号和序列号等信息，构造 TCP RST 报文。该报文可以发往客户端和服务器端的任何一侧，或同时发往双方，以确保连接立即终止。收到 RST 报文的一方会立即释放连接资源，并在应用层提示 connection reset by peer。数据传输被强制中止，违规内容无法继续传播。

一个完整的 TCP RST 程序的流程通常需要按以下步骤依次执行。

① 初始化：准备运行环境，加载必要的网络库与配置参数，包括网络接口、分析阻断目标的 IP、端口和序列号等。

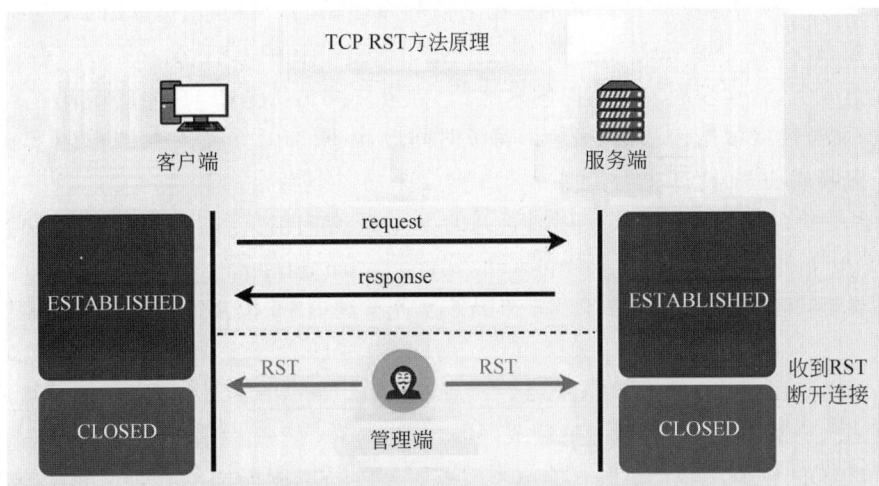

图 6-1　TCP RST 方法原理

② 构造 IP 头部：根据阻断目标信息，伪造通信双方的报文内容，生成符合 IPv4 或 IPv6 协议格式的 IP 头部，包含源地址、目的地址、协议类型等字段。

③ 计算 IP 校验和：按 IP 规范，对 IP 头部进行校验和计算，以保证报文在传输过程中能被正确识别与接收。

④ 构造 TCP 头部：在 IP 头部之后生成 TCP 头，设置源端口、目的端口、序列号（需精确计算以落入对端滑动窗口）、ACK 号、标志位（此处设置为 RST）等。

⑤ 计算 TCP 校验和：按 TCP 要求，结合伪首部（pseudo-header）与 TCP 数据，对 TCP 报文段计算校验和，确保数据完整性。

⑥ 发送阻断报文：将构造好的 IP＋TCP 报文发送到网络上，通知接收端立即重置连接，从而完成阻断操作。

从某种意义上来说，伪造 TCP 报文段是很容易的，因为 TCP/IP 都没有任何内置的方法来验证服务端的身份。尽管伪造 TCP 报文段很容易，但伪造正确的 TCP 重置报文段并完成管控却并不容易。

在使用 TCP RST 方法进行连接阻断时，阻断报文的成功率很大程度取决于 TCP 头部中的序列号（Seq）和确认号（Ack）的计算。TCP 要求接收方在收到 RST 报文后，必须验证其序列号是否位于接收窗口范围内，否则会直接丢弃该报文。因此，准确计算 Seq 和 Ack 是实现有效阻断的关键步骤。

以客户端 C 请求服务器 S 数据为例，假设捕获到的正常通信报文中：序列号（Seq）＝seq1；确认号（Ack）＝ack1。

如果在旁路中间节点伪造一个返回给客户端的 RST 报文，则应满足以下关系：

① seq2＝ack1。

伪造报文的 Seq 应等于客户端期望接收的下一字节位置，即原报文中的 Ack 值。

② ack2＝seq1＋datalen。

伪造报文的 Ack 应等于服务器发送的下一字节位置，其中，datalen 是原报文的 TCP 负载长度，不包括 IP 头和 TCP 头的长度。

阻断服务器 S 向客户端 C 方向的数据通信的原理相同,只须根据捕获的反向报文重新计算 Seq 和 Ack。

通常情况下,管理端需要一定时间来捕获、解析并发送伪造报文,因此这种方式对长连接更有效;而短连接数据包数量少、会话持续时间短,阻断难度更大。

为了提高成功率,RST 程序在实际应用时常采用以下措施。

(1) 多次猜测序列号:不仅使用捕获到的 Seq,还会向前偏移若干可能的序列号,构造多份 RST 报文。

(2) 双向同时发送:同时向客户端和服务器各发送 RST 报文,确保双方连接状态同步关闭。

(3) 利用接收缓冲区特性:TCP 接收端缓冲区可以暂存乱序报文段,但容忍度有限,序列号差距过大会被直接丢弃,因此猜测范围需合理。

通过精确的 Seq/Ack 计算并结合这些策略,TCP RST 阻断能够有效切断特定连接,实现精准的信息内容安全管理。

6.3　P2P 网络概述

TCP RST 方法的连接阻断技术在传统的客户端—服务器(C/S)架构下应用广泛,尤其适合集中式系统的内容安全管理。然而,随着网络应用形态的不断演进,2003 年以来,P2P(点对点)网络以其去中心化、节点直接互连的特性在文件共享、视频传输、实时通信等场景中逐渐被广泛采用。这种架构突破了传统 C/S 模式的中心化控制,使得数据分发路径更加复杂多样,同时也给信息内容安全管理带来了新的挑战,不仅信道路径难以追踪,节点角色也动态变化。为了更深入地理解 P2P 架构下的信息内容安全问题,本节将从信息内容安全管理的视角,深入探讨 P2P 网络的测量、识别与安全防护技术,分析这种分布式环境下的威胁类型,并介绍针对 P2P 的内容管理策略与实现方法。

6.3.1　P2P 网络的起源与发展

IBM 公司对 P2P 的定义如下:P2P 系统由若干互联协作的计算机构成,且至少具有如下特征之一:系统依存于边缘化(非中央式服务器)设备的主动协作,每个成员直接从其他成员而不是从服务器的参与中受益;系统中的成员同时扮演服务器端与客户端的角色;系统应用的用户能够意识到彼此的存在,构成一个虚拟或实际的群体。

真正促进 P2P 概念快速发展的推动力来自第一代 P2P 网络的典型代表——Napster,其采用中央索引服务器记录所有用户共享的资源,并为用户提供检索服务。中央索引服务器的存在使其检索极为高效,但也使 Napster 后续发展中受到版权问题的困扰,并最终被迫关闭。为了应对版权诉讼威胁,第二代 P2P 网络应运而生,如早期的 Gnutella,其设计者试图采用无中心的方式组织节点以避免单点失效,但其简单的洪泛(flooding)查询方式极大地降低了 P2P 网络的可用性。在前两代 P2P 的基础上,第三代 P2P 网络主要从两方面进行了改进:一方面,节点组织采用动态分层方式,部分节点被动态选取扮演局部中心节点,如KaZaA;另一方面,节点组织采用分布式哈希表(distributed hash table,DHT)技术,节点以结构化方式组织以提高查询效率,如 Kadmilia。而第四代 P2P 网络不仅关注自身的优化,也开始考虑 Internet 底层基础设施因素,尝试与 ISP(Internet Service Provider,Internet 服务提供商)相互协作,进一步优化 P2P 网络,降低 P2P 网络对底层基础设施的冲击。

从 P2P 的发展历程可以看出,P2P 网络经历了盲目发展、激烈对抗、和谐共存 3 个发展阶段,无论是 P2P 网络的整体行为还是客户端的个体行为,在这个过程中均产生了不同的变化。如今,一个客户端的网络边界已趋于模糊,单个客户端可以跨越多个不同类型的 P2P 网络,P2P 网络的行为变得更加复杂、有趣。

6.3.2　P2P 系统的结构与分类

拓扑结构是 P2P 网络设计过程的核心问题,直接决定了整个网络的基本形态,并且影响到系统中大量对等节点的命名、组织管理、节点加入/退出方式、容错机制和资源定位机制的设计。由于 P2P 网络的拓扑维护和路由是在叠加于 IP 层之上的应用层进行的,因此也被称为覆盖网络(overlay network)。P2P 网络的发展史实际上就是 P2P 网络拓扑结构的发展史,其发展过程伴随着节点间的链路连通方式以及共享资源的定位技术的不断变革。P2P 网络的拓扑结构发展大致经历了以下几个阶段:中心式 P2P 网络、无结构的 P2P 网络、结构化 P2P 网络以及混合式 P2P 网络。

1. 中心式 P2P 网络

最初的 P2P 程序 Napster 诞生于 1998 年,由当时还是美国波士顿大学一年级学生的肖恩·范宁编写,其拓扑结构如图 6-2 所示。服务器对用户共享的资源建立索引并提供查询服务,下载资源的用户从服务器获得文件所有者的信息后直接与相应节点进行数据传输。由于资源的查询过程和传输过程是分离的,与传统的 C/S 模式相比大大降低了服务器的负载。随后发展起来的很多 P2P 文件共享系统都沿用了 Napster 的拓扑结构,包括当前著名的 BitTorrent、eDonkey 2000 和 FS2You 等。虽然中心式拓扑结构很好地保证了网络的性能,但是由于中心组件(中央索引服务器)的存在制约了整个系统的扩展性和鲁棒性,同时也容易产生与版权有关的法律问题。

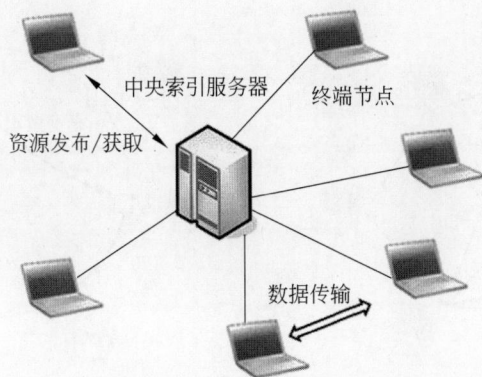

图 6-2　中心式 P2P 网络拓扑结构

2. 无结构 P2P 网络

为了消除中心组件造成的系统瓶颈,随后出现的 Gnutella 系统去掉了中央索引服务器,将资源文件的索引信息分散到所有网络节点上,形成了无结构 P2P 网络,其拓扑结构如图 6-3 所示。在这种拓扑结构中,P2P 网络中的所有节点在功能和访问权限上是完全对等的,当一个节点需要查询其需要的资源时,会向所有的邻居节点发送查询请求,收到请求的节点会以泛洪、BFS(Breadth First Search,宽度优先搜索)或随机漫步的方式将消息向下转发。为了限制消息的转发次数,在每个查询消息中携带了 TTL 参数,当 TTL 的值减为 0 时,查询停止。用户会基于每次的查询结果选择合适的文件进行下载。无结构 P2P 网络虽然消除了中心式 P2P 网络中的中心组件,提高了系统的鲁棒性,但由于网络中节点仅知道自己邻居节点的信息,只能采取盲目扩散的搜索方式,速度慢且对网络带宽消耗很大,因此网络扩展性差,查询结果不完全,无法提供服务性能保障。这些都是无结构 P2P 网络不适合商业化的原因,目前典型的无结构 P2P 系统的实现有 Gnutella 和 Freenet。

3. 结构化 P2P 网络

为了消除无结构 P2P 网络搜索盲目性的缺点,提高资源定位的准确性,DHT 技术被应用到 P2P 网络的拓扑设计中。这种网络被称为结构化 P2P 网络,它具有相对稳定和规则的拓扑结构,如图 6-4 所示。DHT 是由网络中所有节点共同维护的一个巨大的哈希表,每个节点被分配了一个逻辑地址标识自己,同时全局哈希表也按照逻辑地址区域分配给不同节点。每个节点只对哈希值落入自己负责的区域的资源提供存储和查询服务,搜索过程也按照相应的路由算法在整个网络中进行。在结构化 P2P 网络中,节点的哈希值就像街道和门牌号一样,将不相关的节点组织在一起,使在网络中的任何操作都有地址可查。结构化 P2P 网络能够保证查询结果在一定跳数内收敛,可以自适应地维护节点进出和均衡节点负载,具有良好的可扩展性和鲁棒性。但是,由于资源和节点间的精确映射关系使 DHT 只适用于精确资源对象的定位和查找,而不适用于一般性的语义查询,这也阻碍了结构化 P2P 网络的大规模商业化。目前研究者提出的有代表性的结构化 P2P 网络有 CAN(Content-Addressable Network,内容可寻址网络)、Chord、Pastry、Tapestry、P-Grid 和 Kademli 等。

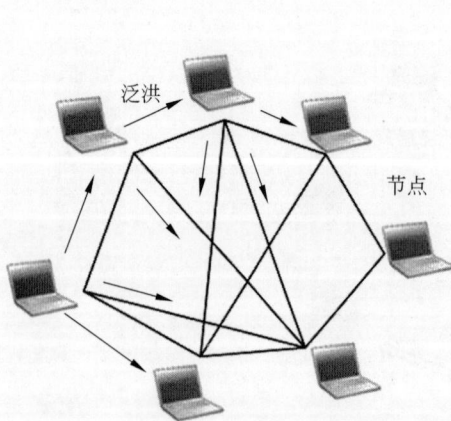

图 6-3　无结构 P2P 网络拓扑结构

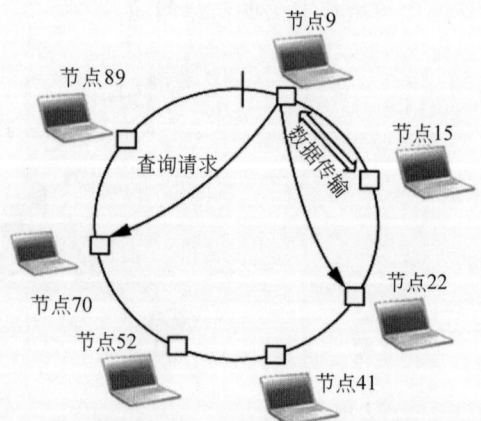

图 6-4　结构化 P2P 网络拓扑结构

4. 混合式 P2P 网络

混合式 P2P 网络结合了中心式拓扑与结构化拓扑的特点,通过在完全分布式的结构化

P2P 网络中引入超级节点(supernode)实现,其拓扑结构如图 6-5 所示,节点被分为叶子节点和超级节点,其中,叶子节点同超级节点之间通过星形结构相连,而超级节点之间则采用无结构的随机组织方式相连。超级节点负责存储所辖叶子节点的索引信息,处理和转发叶子节点的查询请求。在这种结构中,节点之间不再是完全对等的实体,超级节点负责了大部分工作,大大降低了叶子节点的负载,使网络流量大幅度减小,查询速度加快。但是,混合式P2P 网络的鲁棒性一定程度上依赖于超级节点,当超级节点受到攻击时,网络可能部分瘫痪。但与中心式拓扑相比,在混合式拓扑中这种威胁的强度已经被大大降低了。当前大多数 P2P 软件都采用了混合式拓扑结构,包括 KaZaA、Skype 和 eMule 等。

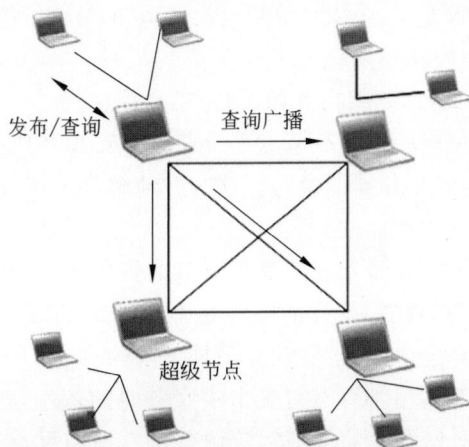

图 6-5　混合式 P2P 网络拓扑结构

表 6-1 是对中心式 P2P 网络、无结构 P2P 网络以及结构化 P2P 网络 3 种拓扑结构的对比。如何利用不同拓扑结构的优点同时避免其缺点,是 P2P 网络拓扑结构发展的主线。而P2P 网络也正是这样经历了一个从绝对集中到绝对分散再到混合结构的演变过程。

表 6-1　3 种拓扑结构的对比

拓 扑 结 构	优　点	缺　点
中心式 P2P 网络	• 可以进行模糊查询 • 终端节点消耗低 • 网络节点易于管理	• 服务可持续性差 • 服务器成本高 • 服务器有可信性问题
无结构 P2P 网络	• 全分布式网络 • 不存在单点失效问题 • 支持复杂查询 • 受节点频繁进出影响小	• 洪泛式搜索限制了可扩展性 • 通信代价非常高 • 网络可控性差
结构化 P2P 网络	• 全分布式结构 • 可扩展性好 • 网络同构性高 • 网络节点可寻址	• 不支持模糊查询 • 网络可控性差

P2P 网络从字面上可以理解为参与到网络中的所有主体都是平等的。具体到某一通信过程而言,就是指交互双方为了达到某种目的而进行的双向的、直接的信息和服务交换,所

有个体既可以是服务的提供者,也可以是服务的获得者。从网络模型上来看,节点地位对等这一P2P网络模型的基础思想也是与Internet设计的初衷一致的,在最基本的TCP/IP中,并没有明确的客户机与服务器的概念,可以说P2P并不是一个新的概念,而是互联网整体架构的基础。但是,由于早期的互联网受限于计算机性能和网络资源等因素,大多数互联网节点不具备服务提供能力,于是逐步形成了以服务器节点为中心,连接众多客户机的C/S架构。近年来,随着主机和网络性能的不断提升以及网络用户对更直接、更广泛和更自由的信息交流越来越强烈的需求,P2P架构重新成为人们关注的焦点。P2P的概念也得到了较大的延伸,互联网的计算和存储模式正在由集中式向分布式偏移,由中心服务器向网络边缘的终端设备扩散。无论是服务器、个人计算机还是移动终端设备都能直接加入P2P网络当中,极大地推动了Internet的发展。

与传统的C/S架构相比,P2P架构有如下特点:

(1)对等性。在P2P网络中的所有节点都身兼服务器和客户机两个职责,对等连接,并直接交换资源,不需要集中式服务器的参与。这有效地解决了传统网络的单点瓶颈问题,同时也提高了网络的可扩展性和鲁棒性。

(2)可扩展性。由于网络中每个节点都是服务的提供者,所以随着系统中节点数目的增加,系统的服务能力也不断增强,始终能够满足不断增加的用户需求。从理论上讲,P2P系统就像一个无限大的信息仓库,其扩展性几乎是无限的。

(3)鲁棒性。由于P2P网络不存在对集中式服务器的依赖,所以不存在由于单一节点性能引起的系统瓶颈。P2P网络中的数据和资源分散在所有网络节点上,具有天生的高容错的优点。由于P2P网络具有自组织的能力,网络始终能够保持高连通性,即便少数节点失效,对整个网络的影响也是微乎其微的。在节点不断动态加入和离开网络的同时,网络还能够保证极高的性能。

(4)高效性。随着硬件水平的不断提高,个人计算机的计算和存储能力以及网络带宽也在不断提高。P2P网络充分利用了个人计算机闲置资源,以更低的成本消耗换取了更高的计算和存储能力。

表6-2是P2P架构与C/S架构对比。可以看出,P2P架构在很多方面都具有优势。

表6-2 P2P架构与C/S架构对比

性　　能	P2P架构	C/S架构
网络基础设施成本	低	高
系统容错能力	高	低
终端设备是否参与网络服务	是	否
系统负载分布	分散	集中
系统可扩展性	非常好(无限扩展)	差
网络可管理性	低	高
服务质量可控性	低	高
安全性	低	高

6.3.3　常见 P2P 系统简介

1. BitTorrent

BitTorrent(简称 BT)是一种内容分发协议,是 2002 年由布拉姆·科恩开发的。经过二十几年的发展,BitTorrent 已经成为互联网领域不可或缺的重要工具,每天都有大量的数据通过 BitTorrent 传输。

BitTorrent 采用高效的软件分发系统和点对点技术共享大体积文件(如一部电影或电视节目),并使每个用户像网络重新分配节点那样提供上传服务。一般的下载服务器为每一个发出下载请求的用户提供下载服务。而 BitTorrent 的工作方式与之不同,分配器或文件的持有者将文件发送给其中一个用户,再由这个用户转发给其他用户,用户之间相互转发自己所拥有的文件部分,直到每个用户的下载任务都全部完成。这种方法可以使下载服务器同时处理多个大体积文件的下载请求,而无须占用大量带宽。

以下是 BitTorrent 协议中重要的概念:

(1) 种子文件。BitTorrent 是通过一个扩展名为.torrent 的种子文件进行下载部署的,它由文件最初发布者创建,发布到互联网上,供感兴趣的用户下载。种子文件记录了负责管理该文件所在分发网络的 Tracker 服务器的地址、文件名、文件长度以及每个文件分块的SHA-1 校验值。

(2) 种子节点。在一个共享网络中拥有完整文件副本的节点。这类节点只提供上传服务,而没有下载请求。

(3) 下载节点。共享网络中相对于种子节点的是下载节点,它只拥有文件副本的一部分,在提供这部分内容的同时,还会向其他节点请求自己缺少的那部分内容。

(4) 跟踪服务器。它是一个中心服务器,负责跟踪系统中所有的参与节点,收集和统计节点状态,帮助参与节点互相发现,维护共享网络中文件的下载。一个跟踪服务器可以同时维护和管理多个共享网络。

(5) 共享网络。拥有和传输同一个文件资源的所有节点所构成的一个 P2P 网络,包括共享该文件的种子节点、下载节点和跟踪服务器。

(6) 分片机制。BitTorrent 像其他文件共享软件一样对文件进行分片。片(piece)是最小的文件共享单位,每个下载节点在下载完一个完整的片后才会进行完整性校验,校验成功后通知其他节点自己拥有这部分数据。为了加快文件传输的并行性,每个片还会分成更小的块(block)。块是最小的文件传输单位,数据请求者每次向数据提供者请求一个块的数据。

(7) 片选择机制。为了保证共享网络的鲁棒性,延长一个共享网络的生命周期,BitTorrent 通过局部最稀缺块优先(rarest-first)策略在节点间交换数据。下载节点根据邻居节点拥有的数据块信息,选择最稀缺的块优先下载,从而维护局部的数据块相对平衡。

(8) 节点选择机制。服务提供节点在收到上传请求后会通过 Choking/Unchoking 机制决定是否对文件请求节点提供上传服务,可以拒绝服务(Choking)或者允许服务(Unchoking)。该机制决定了两个相连的节点是否共享彼此的资源。为了防止部分节点只下载不上传的自私行为,Choking/Unchoking 机制优先选择为自己提供过上传数据并拥有高下载速率的节点,前者可以鼓励节点上传以获取下载资源,后者有助于最大化系统资源利用率。此外,Choking/Unchoking 机制每隔 30s 随机选择一个节点进行上传(不考虑过去的贡献),这一方面有利于发现可能存在更高下载速率的节点,另一方面可以避免新节点因从未进行过上传而无法获得有效的下载连接。

图 6-6 给出了 BitTorrent 节点的生命周期。首先,一个新节点通过论坛或网站获得种子文件。随后该节点通过种子文件中的 URL 链接与对应的跟踪服务器通信,获得由跟踪服务器提供的一个包含 30~80 个节点的随机邻居节点列表。成功加入共享网络后,该节点成为一个新的下载节点,并与其邻居节点建立 TCP 连接,请求数据分片。当拥有了有效的数据分片后,该下载节点会通过 Choking/Unchoking 机制同其他节点交换数据。当拥有了所有数据分片后,下载节点成为种子节点,为其他节点提供数据。在整个生命周期过程中节点会定期与跟踪服务器通信,以获得活跃的邻居节点列表,并更新自身的下载状态。

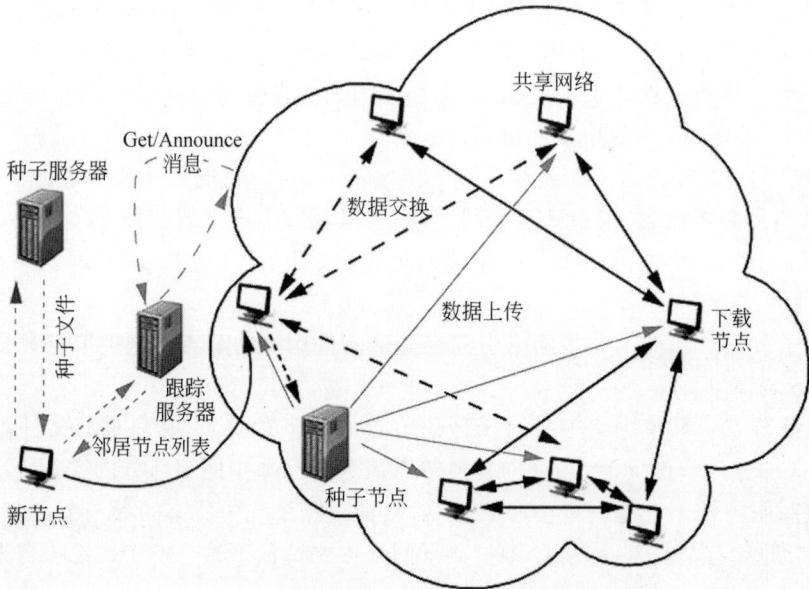

图 6-6　BT 共享网络中节点的生命周期

随着 BitTorrent 的发展,相继产生了基于结构化 P2P 的 Mainline DHT 协议以及基于节点间邻居节点交换的 PEX(Peer Exchange,对等交换)协议。Mainline DHT 为 BitTorrent 共享网络提供了结构化拓扑,是减轻跟踪服务器负担的一种扩展协议,其协议大致基于 Kad 协议开发。PEX 也是一种被广泛应用于 BitTorrent 以减轻跟踪服务器压力的扩展协议。目前,多数 BitTorrent 客户端和 95%以上的节点均支持 PEX 协议,当前的 PEX 协议主要有 3 种典型的实现:AZ PEX、UT PEX 和 BC PEX。在所有的 PEX 协议中,节点周期性地向其他节点发送 PEX 消息,这些消息中包含一组新连接的节点和一组新断开的节点。目前主流的客户端(如 Vuze 和_Torrent)均支持这 3 种 PEX 协议,并与其他客户端兼容。PEX 协议极大地提高了系统效率,增强了系统健壮性。

2. eMule

eMule 是一款开源免费的 P2P 文件共享软件,基于 eDonkey 2000 的 eDonkey 网络,并遵循 GPL 协议发布。最早的 eMule 版本只运行在 Windows 系统下,是 2002 年由本名 Hendrik Breitkreuz 的 Merkur 开发的。Merkur 不满意当时的 eDonkey 2000 客户端,于是便开发了这款新的 P2P 共享软件。

eMule 用 Microsoft Visual C++ 编译，使用了 MFC。由于 eMule 开放源代码，其代码基础也被 Linux 平台下的客户端 xMule 和跨平台客户端 aMule、JMule 所使用。同时，eMule 也派生了很多修改版，即 eMule Mod(s)。

由于 eMule 保留了最初的 eDonkey 2000 客户端的一些功能，因此也称作 eD2k 网络。eMule 网络由服务器和客户端组成，但这个服务器和客户端与传统的 C/S 架构并不相同，eMule 网络中的服务器并不提供文件内容的下载，而只保存共享文件的索引信息和客户端信息，同时该结构与 Napster 的中央索引服务器结构也有所区别，网络中存在着大量的 eMule 服务器，任何人都可以构建自己的 eMule 服务器，服务器之间通过 eDonkey 2000 协议进行通信，构成了 eMule 服务器的一个通信网络。

每个 eMule 客户端都预先设置好了一个 eMule 服务器列表和一个本地共享文件列表。eMule 客户端通过一个单一的 TCP 连接到 eD2k 服务器进行网络登录，得到想要的文件信息和可用 eMule 客户端信息。eMule 客户端用几百个 TCP 连接与其他的 eMule 客户端进行文件的上传和下载。每个 eMule 客户端为它的共享文件维护一个上传队列。正在下载的 eMule 客户端加入这个队列的底部，然后逐渐地前进，直到它们达到队列的顶端开始下载文件。一个 eMule 客户端可能从多个其他的 eMule 客户端下载同一个文件，从不同的 eMule 客户端取得不同的部分。eMule 客户端也可以上传一个没有完全下载的文件的部分数据。

eMule 服务器使用一个内部数据库保存 eMule 客户端和文件的信息。eMule 服务器不保存任何文件，它是文件位置信息的中心索引。eMule 服务器的另一个功能一直受到质疑，它将作为通过防火墙连接的 eMule 客户端之间的桥梁，这样的 eMule 客户端不能接受引入的连接。桥接功能让 eMule 服务器承受了过分的负担，大大降低了 eMule 服务器的能力，目前应用中大部分 eMule 服务器关闭了这个功能。eMule 使用 UDP 增强 eMule 客户端与 eMule 服务器和其他 eMule 客户端的通信能力。但是 eMule 客户端收发 UDP 信息的能力不是 eMule 客户端日常操作强制要求的，即使防火墙阻止 eMule 客户端收发 UDP 信息，eMule 客户端仍能工作。

eMule 的网络拓扑如图 6-7 所示。

eMule 作为 eDonkey 的继承者，对 eDonkey 进行了大量的改进。而其中最大的改进就是增加了对 Kad 共享网络的支持，这是一个基于 Kad 协议的全新的 DHT 网络。由于 DHT 网络是将所有的节点连接在一起的，所以这使 eMule 系统能够获取的资源数目大大增加，同时也增强了 eMule 系统的稳定性，因为即使没有 eMule 服务器，eMule 系统也能够正常运行。所以，通常现在的 eMule 客户端加入了两个覆盖网络，即 eMule 共享网络和 Kad 共享网络。此外，eMule 并不是将这两个共享网络隔离开来，而是通过 eMule 客户端软件将它们联系起来。例如，当 eMule 客户端要登录 Kad 共享网络时，它需要获取几个初始邻居节点，这时它就可以通过 eMule 共享网络获取其他邻居节点的信息，从而发现这些初始邻居节点，eMule 客户端在共享网络边缘将这两个共享网络连接起来，如图 6-8 所示。

3. Kad

Kad 全称 Kademlia，是一种结构化 P2P 网络，是由美国纽约大学的 Petar Maymounkov 和 David Mazieres 在 2002 年发布的。

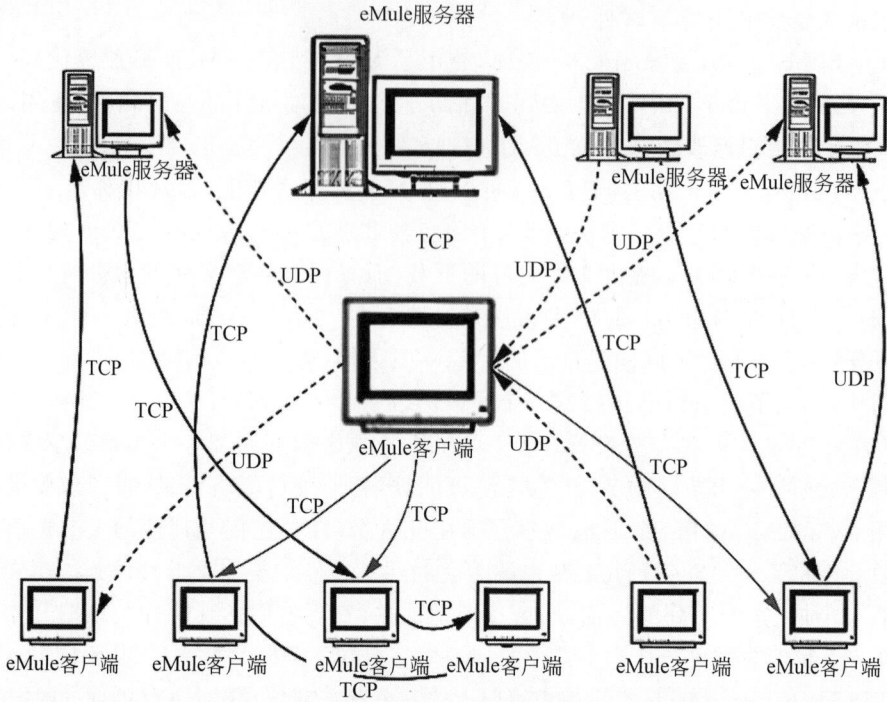

图 6-7　eMule 的网络拓扑

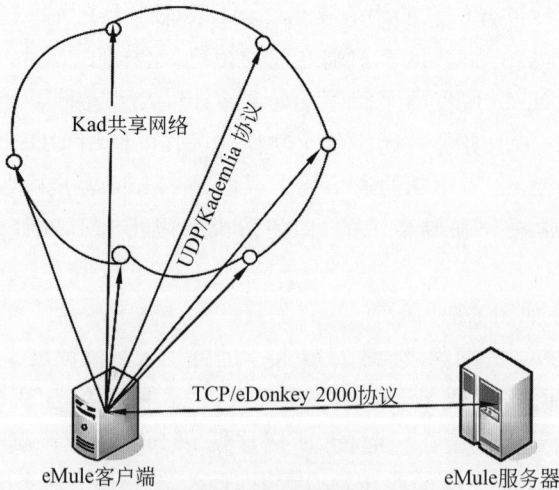

图 6-8　eMule 中的覆盖网络结构

　　简单地说,Kad 是一种 DHT 技术,不过和其他 DHT 实现技术(如 Chord、CAN、Pastry)等比较,Kad 以异或(XOR)算法为距离度量基础,建立了一种全新的 DHT 拓扑结构,相比于其他算法,大大提高了路由查询速度。

　　在 BitTorrent 4.1.0 实现了基于 Kad 协议的 DHT 技术后,很快 BitComet 和 BitSpirit 也实现了和 BitTorrent 兼容的 DHT 技术,实现了无跟踪服务器(trackerless)下载方式。另外,eMule 中也很早就实现了基于 Kad 协议的类似的技术,称为 Kad 网络。

　　由于 eMule 对 Kad 协议的实现更为完整,下面就以 eMule 中的 Kad 网络为例介绍 Kad

协议。

1）Kad 网络中的概念

（1）节点 ID。Kad 网络中的每一个节点都有唯一的节点标识（以下简称为 ID），一般为 128 位二进制数字，也就是每个 ID 占 16 字节。

（2）路由表。由于 Kad 网络中的每一个节点都维护一个小的路由表，路由表中的每一条由一个键值对组成。其中，键就是索引信息；值就是拥有对应文件的用户，这里保存的是用户的 IP 地址和端口号。

（3）节点间距离。以节点 ID 按位异或的结果作为节点间距离，为无符号型整数。按位异或的结果越小，表示二者距离越近；反之，表示二者距离越远。

（4）K 桶。路由表被划分为一个一个的桶，每个桶包含一部分节点，一个桶最多能够保存 K 个节点的信息。每个节点的路由表都是一棵二叉树，叶子节点为桶。每个桶保存的是具有相同 ID 前缀的节点的信息。同时，这个前缀也表明了该桶在二叉树中的位置。

2）Kad 网络消息格式

Kad 协议中实现了 4 种消息，分别为 PING、STORE、FIND_NODE、FIND_VALUE。

（1）PING 消息用于检测一个节点是否在线。当检测的节点以 PONG 消息回复 PING 消息时，则表明该节点在线；反之，则表明它不在线。

（2）STORE 消息通知节点存储信息，一般为键值对。

（3）FIND_NODE 消息实现查询操作。当一个节点需要请求一个目标 ID（target_id）时，它会向请求的节点发送包含 target_id 的 FIND_NODE 报文。接收节点会检查自己的 K 桶，如果存在 target_id 的键值对，则直接回复；反之，则回复与 target_id 距离最近的 m 个节点的信息，然后由这些节点递归地请求，直到找到目标 ID。

（4）FIND_VALUE 消息只回复一个节点的信息，与 FIND_NODE 消息相似。

3）Kad 网络的实现

首先来看 K 桶的更新机制。当 Kad 节点从其他节点处接收到消息，它将会更新发送节点所在桶的信息。

- 如果发送节点已经在接收节点的 K 桶中存在，那么接收节点将发送节点移到 K 桶的尾部。
- 如果发送节点不在接收节点的 K 桶中，且接收节点的 K 桶中的节点数目小于 K，则直接将发送节点插入 K 桶的尾部。
- 如果发送节点不在接收节点的 K 桶中，且接收节点的 K 桶中的节点数目大于或等于 K，那么就向 K 桶中最晚看到的节点发送 PING 消息。如果最晚看到的节点有回应，则将它放到 K 桶的尾部，且丢弃发送节点；否则，将最晚看到的节点丢弃，然后将发送节点插入 K 桶的尾部。

这样的方式可以防止 DoS 攻击，因为只有当老节点失效后，Kad 才会更新 K 桶的信息，这就避免了攻击者通过新节点的加入洪泛路由信息。

Kad 路由查询机制是 Kad 技术的另一大特点，它可以快速查找节点，并且可以通过参数调节查找速度。假如节点 x 要查找 ID 值为 t 的节点，Kad 按照如下递归操作步骤进行路由查询。

（1）计算 x 到 t 的距离，假设为 d（使用上述异或距离）。

（2）从 x 的第 lg$d$ 个 K 桶中取出 8 个节点的信息，同时进行 FIND_NODE 操作。如果这个 K 桶中的节点少于 8 个，则从附近的多个 K 桶中选择距离最接近 d 的 8 个节点。

（3）接收到查询的节点如果发现自己就是 t，则回答自己是最接近 t 的；否则测量自己和 t 的距离，并从自己对应的 K 桶中选择 8 个节点的信息回复给 x。

（4）x 对新接收到的每个节点都再次执行 FIND_NODE 操作，此过程不断重复执行，直到每一个分支都有节点响应自己是最接近 t 的。没有响应的节点将被排除出候选列表。

（5）通过上述查找操作，x 得到了 k 个最接近 t 的节点信息。当 x 不能获得新的更接近 t 的节点信息时，查找结束。注意，很有可能查找不到节点 t，也许 t 并不在当前网络中。

在 Kad 网络中，如果新的节点 y 要加入，它至少要知道一个 Kad 网络中的在线节点，例如 z。y 首先把 z 插入自己的 K 桶中，然后对自己的节点 ID 执行一次 FIND_NODE 操作，最后根据接收到的信息更新自己的 K 桶内容。通过对自己邻近节点由近及远的逐步查询，y 就完成了对自己的 K 桶信息的构建，同时也把自己的信息发布到其他节点的 K 桶中。

在 Kad 网络中，每个节点的路由表都表示为一棵二叉树。路由表的生成过程如图 6-9 所示。最初，节点 u 的路由表为一个 K 桶，覆盖了整个 128 位的节点 ID 空间。当学习到新的节点信息后，则 u 会尝试把新节点的信息根据其 ID 前缀插入对应的 K 桶中。如果该 K 桶没有满，则新节点直接插入这个 K 桶中；如果该 K 桶已经满了，分为以下两种情况：

- 如果该 K 桶覆盖范围包括了节点 u 的 ID，则把该 K 桶分裂为两个大小相同的新 K 桶，并对原 K 桶内的节点信息按照新的 K 桶前缀值进行重新分配。
- 如果该 K 桶覆盖范围不包含节点 u 的 ID，则直接丢弃该新节点信息。

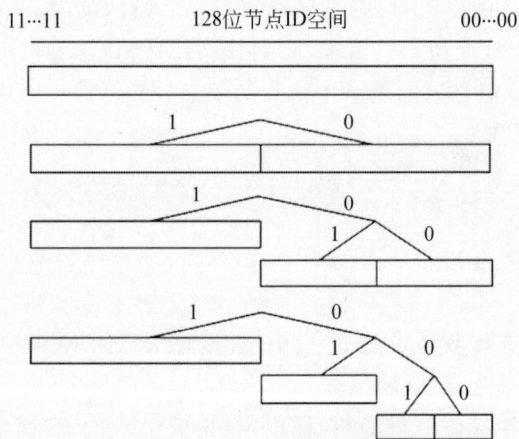

图 6-9　路由表的生成过程

上述过程不断重复，最终形成一个完整的节点路由表。

6.4　P2P 网络测量技术

6.4.1　P2P 网络测量概述

测量的一般概念是以确定量为目的的一组操作，通常是对特定对象属性的量的估计。

在计量学中,测量是能够减少一个量的不确定性的观察。网络测量是指获取与网络运行状态相关数据的过程,具体数据包括各层次拓扑、路由动态性、可达性、带宽利用率、分组流量、RTT(Round Trip Time,往返时间)、分组丢失率、电路性能等。网络拓扑数据通常是难以直接得到的,各电信运营商为保护各自的商业隐私和网络安全,严格限制有关数据的获取。不过,为了满足最基本的网络可达性与连通性需求,网络维护者不得不向与路由相关的应用提供一部分拓扑信息,这就成为一个"突破口",由此能够以公开的、温和的、非攻击性的方式实施网络拓扑测量。在进行大规模网络的拓扑测量时,通过收集来自被测网络的蕴含拓扑信息的路由行为数据推断网络拓扑本身,因而本质上是依赖路由协议行为的一种间接测量。

拓扑测量的意义在于它回答了"网络拓扑是什么样的"这个问题,它能够为整个Internet 拓扑研究提供基础数据,同时,对拓扑测量技术的探索也能够帮助人们更深入地理解网络协议行为及其与物理设备的关联性。Internet 拓扑研究方法与物理学、化学、生物学等实证科学相类似,对未知事物的研究应建立在充分和细致的观察(拓扑测量)之上,真实数据是提出和验证假设模型(拓扑建模)的唯一标准。例如,传统的对 Internet 的理想假设,如流量规模在大时间尺度上是平滑的以及拓扑节点度分布是非高度变化的,都被后来的实际测量数据证明是错误的。测量研究负责开发测量实验技术和获取真实拓扑数据;建模研究负责提取数据的外在特征与内在规律。前者是后者产生新发现与验证新模型的实证基础,后者则建立理论来为以后的实践提供前提。可以说,网络测量将网络研究从工程、技术提升到科学的高度。

P2P 网络作为 Internet 的上层应用的覆盖网络,其拓扑结构继承了 Internet 拓扑的特点。同时,由于其本身的匿名性、开放性、动态性等特点,使得对其进行全面认识和评估变得更加困难。总的来说,当前 P2P 网络测量中仍存在着各种各样的难题。

第一,Internet 的异构性和复杂性仍将长期存在。由于 Internet 采用松散的组织结构,网络间差异明显,并且各种网络技术,如防火墙、网络地址转换、动态地址等,也会导致测量路径中断或主机身份无法认定,产生缺失或错误的测量结果,影响测量结果的准确性。

第二,部分网络或系统的自我封闭,如协议非公开、报文加密等,大大降低了网络测量的可行性和适用范围。

第三,P2P 网络自身的 Churn(频繁变动)特性要求测量系统必须拥有快速访问网络的能力,但测量系统的速度不仅受限于自身的网络访问能力,还与测量过程中查询路径对应的物理链路的传输能力以及交互节点的网络访问速度有关,数据或多或少存在失真。而良好的测量方法学不仅可以有的放矢地考察关键的系统参数,获取更为关键、全面、有代表性的数据,而且能在测量结果准确性和数据完整性两方面取得合理折中。

P2P 网络测量方法通常分为主动测量和被动测量。前者侧重于端到端以及响应延迟等用户行为分析,后者则侧重于流量识别、统计和带宽分析,而实际中也可能将两种方法结合。

主动测量属于介入式测量,一般需要高带宽的网络接入。通常采用模拟客户端的方式实现轻量级的测量终端,并主动参与网络,通过与其他主机的交互收集数据。但由于 P2P 网络结构上的差异,主动测量方法亦不尽相同。根据 P2P 网络的结构,主动测量方法可分为以下 4 种。

(1) 面向中央索引服务器的主动测量方法,该方法适用于类 Naspter 等具有中央索引服务器的 P2P 网络。Saroiu 等曾通过构造大量热点流行资源向近 160 个中央索引服务器发送文件查询请求,用于收集节点信息。此外,他们同时向中央索引服务器查询每个节点的带宽、共享文件数量、IP 地址等信息,一次测量过程需 3～4min。可见,该方法仅能获取整个网络的部分文件或节点(受限于查询),对整个网络的认识需要一定的假设和推断。

(2) 面向无结构 P2P 网络的主动测量方法,该方法适用于类 Gnutella 等无结构 P2P 网络。有研究通过模拟 Gnutella 协议持续不断地访问 gnutellahosts.com 和 router.limewire.com 等知名节点,收集 Gnutella 节点,并周期性地发送带有较大 TTL 的 PING 消息,在接收到 PONG 消息后,把新发现的节点加入现有节点队列,直到再无新节点加入,2min 内可收到 8000～10 000 个节点。Stutzbach 等设计了 Cruiser 的 Gnutella 拓扑获取系统,其使用了多种方法提高系统获取速度,如爬行友好的握手机制、仅爬行上层拓扑、分布式架构、异步通信和适当超时,其效率可达 7min 获取百万级节点规模。王勇等对两层 Gnutella 网络进行了详尽的测量,对比了 Gnutella 网络的测量性能,提出基于正反馈分布式拓扑获取系统快速获取 Gnutella 网络节点。其核心思想是:通过分析 Gnutella 网络拓扑上层节点间的概率密度以及节点排名,动态调整初始节点集合,节点度高的优先抓取。其节点地址信息的获取速度为 100～160KB/min。

(3) 面向结构化 P2P 网络的主动测量方法,该方法适用于类 Kad 等结构化 P2P 网络。文献[35]和[36]均对当前最为流行的结构化 P2P 网络进行了测量,但并未对测量方法进行详细描述和讨论。文献[35]采用了类似网页爬虫的朴素测量方法,通过本地路由表内的节点指针,按照广度优先搜索和迭代搜索方式发现新节点,当无新节点加入时则终止测量。为了加快搜索,其在内存中保存了所有节点。Zhou 等设计了一种可扩展的 DHT 网络爬虫系统,主要考察了路由表的 K 桶结构。该研究指出,只要合理地构造若干特定 ID 向被测量节点发起查询,通常经过几轮查询即可获得被测量节点的所有路由表项。在此基础上只要给定一个测量节点集合,就可以有效地测量 DHT 网络。但是,上述两种方法都是利用节点间的邻接关系发现节点,可能导致部分节点丢失。

(4) 面向混杂网络的主动测量方法,该方法适用于类 BitTorrent 等混杂 P2P 网络。混杂 P2P 网络的构成较为复杂,系统组件一般分散在多个网络上。例如,在 BitTorrent 网络中,种子文件发布在 Web 站点,节点索引分别存储在跟踪服务器和 DHT 网络中,每个节点既是下载同一资源的共享网络节点(既下载也上传),同时也是 DHT 网络的节点(为其他节点提供路由查询)。因此,完整的数据获取需要多种测量方法相结合,共同完成任务。

主动测量是精细化的测量方法,它根据不同的协议定制测量终端,能够有针对性地获取相关数据,测量范围广泛,测量粒度可控。但主动测量方法需要对系统有详尽的了解,并依据不同网络设计测量终端,通用性较差。而且主动测量一般会引入较大的网络流量,对网络本身造成冲击,一定程度上也会影响网络行为或其他节点的行为,造成测量误差。

被动测量属于无介入式测量。通常采用旁路监听方式捕获并分析流经若干测量点的网络流量,并依据端口、协议特征或统计信息识别 P2P 流量,最后将数据聚合,形成会话、用户和社区等上层应用信息。被动测量还有另一种形式,即测量终端部署在网络中,仅接收数据报文,并不发送数据,这在 P2P 网络测量中较为常见。

6.4.2　BitTorrent 系统测量与分析

P2P 文件共享系统普遍采用两级索引维护文件的发布、检索与共享。两级索引是指

P2P 系统将包含描述的文件元信息和文件的共享节点信息作为独立索引保存或检索。实际上,共享节点间进行选择性传输时也要交换标识某一内容片段有无的位图消息,本质上也属于一种索引。因此,一个典型的 P2P 文件共享过程通常使用元信息作为输入,在选择文件索引后才能实现共享。所以一个完整的 P2P 网络测量系统需涵盖索引测量、节点测量和内容分布测量 3 方面。

(1) 索引测量。以关键词或类型等描述信息收集文件名称、标识、大小、类型等文件元信息。

(2) 节点测量。以文件标识(通常为有效的文件散列)查询共享节点索引。

(3) 内容分布测量。以共享节点索引为基础,获取文件片段的分布。

与其他 P2P 文件共享系统相比,本节所研究的 BitTorrent 系统可分为种子文件、节点索引、种子节点、下载节点 4 部分,如图 6-10 所示。

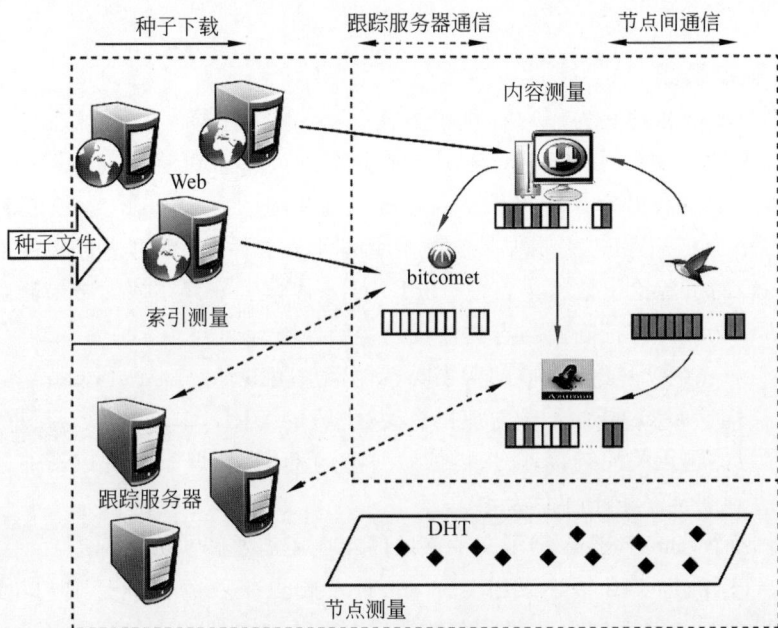

图 6-10　BitTorrent 系统组成

　　种子文件通常由资源发布者制作并发布于种子站点,是 BitTorrent 系统共享资源的信息摘要,包含了用于资源描述和节点自举的必要的元信息。在种子文件中,<announce>或<announce-list>字段存储跟踪服务器地址,<nodes>字段存储节点信息,<info>字段存储文件信息。种子站点通常是传统的 Web 服务器,如门户、论坛等,其负责种子文件的发布和聚合。当用户想通过 BitTorrent 系统共享资源时,可将种子文件上传到种子站点以供他人下载。

　　节点索引是共享同一资源的节点集合。节点索引跟踪并维护所有节点的状态,并为所有节点提供节点索引服务,即为节点提供其他节点的地址信息。节点索引是 BitTorrent 系统的核心,为提高其可用性,解决对跟踪服务器的单点依赖,节点索引方式逐渐丰富。当前 BitTorrent 系统已发展出 3 种类型的节点索引:跟踪服务器、DHT 和 Gossip。不同类型索引的运行机制并不相同:跟踪服务器是一组独立运行的服务器,每个跟踪服务器独立维护索引,跟踪服务器间无信息交换;DHT 是基于 Kad 协议构建的分布式哈希表网络,由网络中多个动态节点共同维护索引;Gossip 则基于节点间的来源交换,每个节点形成一个局部的动态跟踪服务器。多种索引方式的结合使节点尽可能多地连接其他节点,极大地提高了BitTorrent 系统的性能和扩展性。

综上所述,与其他 P2P 文件共享系统相比,BitTorrent 系统设计更为简单、高效,既充分利用了当前已存在的 Web 服务,又开发了 DHT 等新型的网络服务,具有明显的跨网络特性。但是,这种性质为测量研究增加了不小的困难:

(1) 种子文件分布在 BitTorrent 系统外的 Web 站点,其检索也在系统外进行。

(2) 节点索引既集中存储在跟踪服务器上,也分布于 DHT 网络中。

(3) 文件片段则分布在广大的共享节点上。

为了更加准确、全面地介绍 BitTorrent 测量系统,下面将分别介绍以上问题的相应解决方法。

1. 种子采集系统

P2P 技术的流行和发展为用户提供了方便、高效的文件检索和下载途径。BitTorrent作为一种流行的 P2P 文件共享系统已经被越来越多的人关注和使用,也成为学术界研究的热点。大多数 P2P 文件共享系统提供了内容检索机制,但 BitTorrent 对此支持有限。用户通常需要从多个 BitTorrent 发布站点查找相应的种子文件,然后再进行文件下载,极大地降低了基于内容的资源检索效率。目前,BitTorrent 搜索引擎存在搜索结果涵盖范围小、下载链接易失效和文件内容正确性与合法性难以得到保障等问题。

面向 BitTorrent 种子文件获取的爬虫与其他聚焦爬虫(focused crawler)具有相同的原理,即从一个或若干 URL 开始下载对应网页,从中解析 URL 和相关信息,根据一定的网页分析算法过滤与主题无关的链接,随后再依照一定的 URL 抓取策略生成新的待抓取队列,重复该过程,直到满足停止条件时为止。

除此之外,面向 BitTorrent 种子文件获取的爬虫还需要解决如下问题:

(1) 抓取目标的定义和描述。BitTorrent 种子爬虫获取的目标是 BitTorrent 种子文件,如何从抓取的大量网页中识别种子文件是爬虫需要解决的首要问题。

(2) 初始 URL 的选择。BitTorrent 种子可能存在于任何一个网页中,但主要存在于BitTorrent 发布站点,可以选择其主页作为初始 URL,同时爬虫在初始 URL 偏离主题时能够自动调整。

(3) URL 抓取队列选择。根据一定的策略计算 URL 或网页与种子下载的相关度并排序,优先抓取种子链接以确保种子的新鲜度。

(4) 网页相关度的判断。鉴别出与获取 BitTorrent 种子相关的网页(如索引页面和下载页面等)并过滤与获取无关的页面(如广告、新闻和讨论等)是提高系统效率和准确性的关键。

(5) 网站限制的突破。国内主要以论坛的形式发布 BitTorrent 种子,加入了登录、回复等验证机制,使现有爬虫很难获种子文件。国内外很多 BitTorrent 种子发布站点都采用Ajax 技术,传统爬虫一般无法抓取。部分站点为防止盗链和爬虫加入了验证码机制,这对BitTorrent 种子爬虫能否有较高的覆盖率是一个严峻的挑战。

（6）种子文件去重。网络中有大量种子文件，同一个种子文件也可能对应多个下载链接，如何对种子文件去重以减少爬虫存储开销也是值得考虑的问题。

（7）海量数据抓取。互联网中有大量的站点和网页，即使只对 BitTorrent 种子发布站点进行爬取，数据量也是巨大的，需要分布式并行抓取以提高系统性能。

BitTorrent 种子测量中有很多关键的技术，下面逐一具体介绍。

1）提高种子获取效率的技术

提高种子获取效率应从如下 3 方面来考虑：提高种子和网页的处理速度，减少无关页面和重复页面的抓取和并行抓取以提高性能。本小节将分别介绍相关技术。

（1）种子通信文件识别。

识别种子文件通常是根据文件扩展名或对种子进行 Bencode 解码，前者会造成遗漏或误判，后者效率不高。有研究者通过对 20 个热门的 BitTorrent 发布站点抓取的 780 553 个页面进行分析，总结出如下特点：

① 从网站下载文件时，服务器 HTTP 响应的 Content-Type 为 application/x-bittorrent 的一定是种子文件，也有一些种子下载时 Content-Type 为 text/plain 或 application/octet-stream。

② 正确的种子文件通常以"d8:announce"开头，且包含 announce 字段和 info 字段。基于上述特征，就可以从大量网页中快速、准确地识别种子文件。

对 Content-Type 的判断可以在网页抓取时进行，对内容解析可以在网页分析时进行，两者并行处理可以提高爬虫效率。用以上方法在 BT@China 联盟链接的 43 个站点上进行测试，发现抓取到网站上 131 829 个种子文件，其中仅有 12 个文件被误抓，识别准确率高于 99.99%。

（2）基于正则表达式规则的 URL 过滤技术。

网站通常包含大量与种子获取无关的链接，如广告或说明信息等，需要过滤这些链接以提高效率。关于网页过滤和主题相关度评价已经有人做了许多研究。对国内外近百个 BitTorrent 发布站点的组织结构进行分析发现，网页链接结构通常如图 6-11 所示。

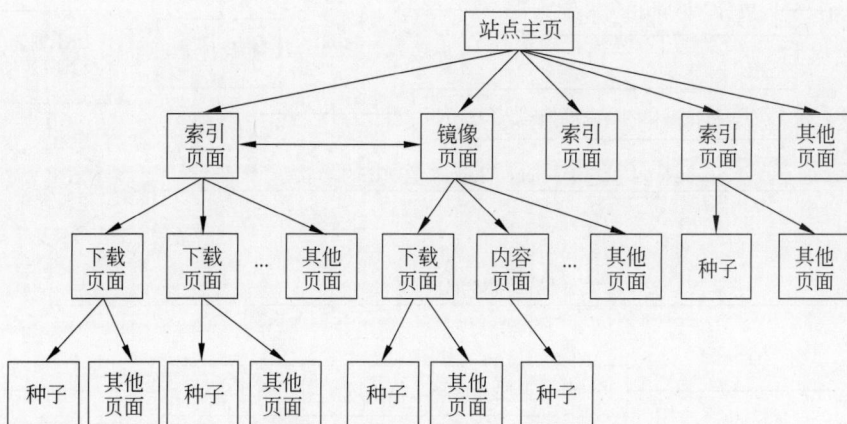

图 6-11　BitTorrent 发布站点的网页链接结构

这种结构关系体现为：同一站点相同类别的 URL 除 Query 部分外基本相同，可用一个或多个正则表达式表示。因此，可以通过 URL 匹配过滤无关网页。将采集到的网页进行划分和聚类,抽取正则表达式,由这些正则表达式过滤规则决定是否抓取一个网页,这就是基于正则表达式规则的 URL 过滤技术。这些过滤规则不但要有一定的泛化能力,而且可根据已抓取的网页和种子的数量和状态对过滤规则进行动态调整,实时反馈给爬虫以指导后续抓取过程。通过对 5Q 地带(http://bt9.5qzone.net/)等 20 多个 BitTorrent 站点进行测试,采用基于正则表达式规则的 URL 过滤技术可以减少 30%～50% 的无关网页抓取,使爬虫抓取效率大幅提高。

(3) 基于散列的去重机制。

同一个种子的下载链接可能存在于不同的网页中,爬虫重复下载这些链接会造成系统资源的浪费。其他因素(如断电、系统故障等)也可能造成爬虫抓取状态的丢失,重爬或者续爬时对已抓取的种子重复抓取或重复存储也会浪费磁盘空间。为此,需要对下载链接和种子文件进行去重处理。

基于哈希值的去重机制分为基于哈希值的内容去重和基于哈希值的 URL 去重,如图 6-12 所示。基于哈希值的内容去重是对每一个抓取的种子和网页都计算一个摘要。若当前摘要已经存在,则只更新状态;否则,保存该摘要,并对种子进行存储或者对页面进行解析。基于哈希值的 URL 去重是在爬虫解析出网页中的 URL 后,根据一定的哈希值算法计算 URL 的哈希值并检查该值在 Crawldb(抓取数据库)中是否存在。如果存在,则更新状态,使以后生成抓取队列时不包含该 URL;否则,将 URL 及其哈希值写入 Crawldb。哈希算法可以选择 MD5 或 SHA-1 等。

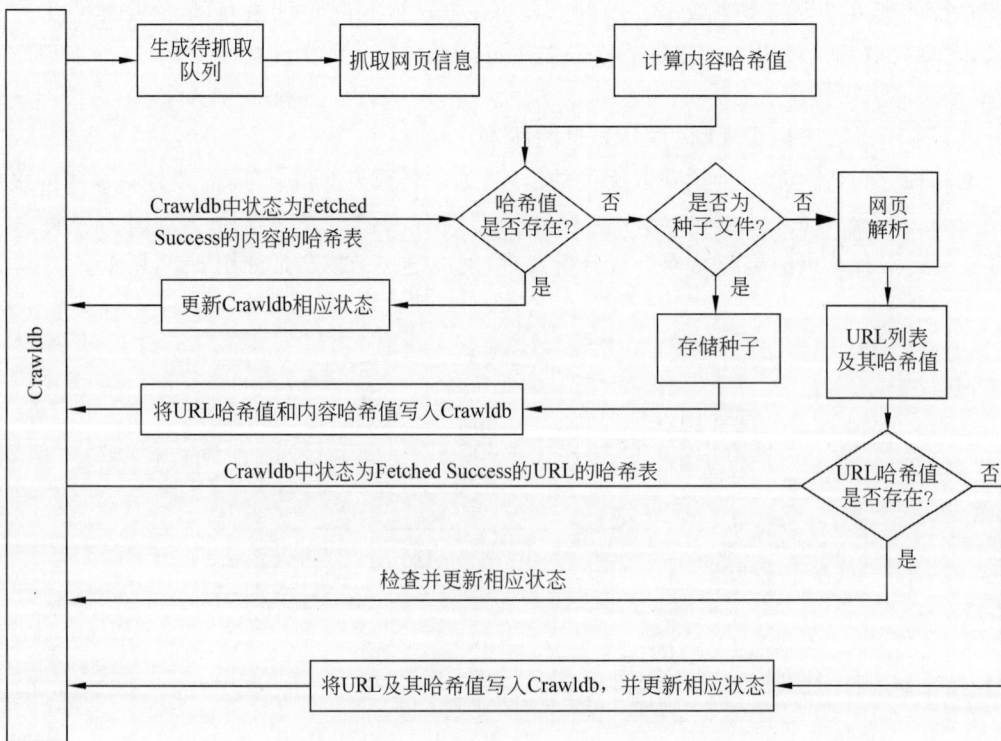

图 6-12　基于哈希值的去重机制

由于哈希值的计算和比对可以与网页抓取并行进行,因此不会对爬虫抓取网页的性能产生影响。去重减少了对重复网页的抓取和存储,提高了爬虫的整体效率。经过验证,通过此方法对同一种子会出现在不同网页链接中的站点(如 Mininova)抓取种子时,可以减少 10％左右的种子 URL 重复下载。对种子链接动态生成的站点(如 BT@China 联盟),通过基于哈希值的 URL 去重并不能够减少种子的重复下载,但基于哈希值的内容去重则能够减少 50％以上的种子重复下载,系统获取种子的速度可以提高 30％左右。

总之,种子通信文件识别、基于正则表达式规则的 URL 过滤技术以及基于哈希值的去重机制能够有效地提高系统效率。除此,提高爬虫抓取效率还可以采用并行抓取,这涉及多机协同、任务调度和负载均衡等。

2)提高种子覆盖率的技术

提高种子覆盖率的技术也是提高种子爬取效率的关键技术。覆盖率即抓全率,是衡量 BitTorrent 种子爬虫获取种子全面程度的指标。爬虫对网站的覆盖率 CR(Coverage Rate)为

$$CR = \frac{CI}{NI} \tag{6-1}$$

其中,CI 是爬虫从该网站获得的种子数,NI 是该网站按种子特征值(infohash)去重后的种子数。提高种子覆盖率需要解决两类问题:一是如何发现新增 BitTorrent 发布站点或网页;二是如何突破网站的限制下载到种子文件。下面着重给出两种从技术上突破网站限制的方法:爬虫自动登录技术和 Ajax 网页解析引擎。

(1)爬虫自动登录技术。

由图 6-13 所示的人工登录和自动登录的过程对比看出,人工登录可通过语义判断登录状态,而爬虫在自动登录过程中则需要完成登录表单识别、登录表单自动填写、表单提交和登录结果判断和 Cookie 维护。

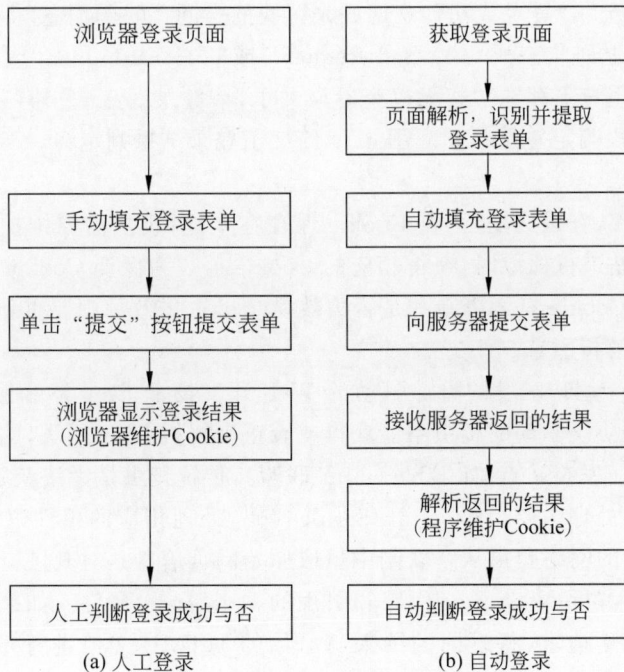

图 6-13　人工登录和自动登录的过程对比

① 登录表单识别。

登录表单可由对登录页面进行 DOM(Document Object Model,文档对象模型)解析获得。一个登录页面包含的表单可能有多个,但是登录表单却只有一个,显然对各个表单逐个尝试填写和登录的做法效率不高。通过对大量登录页面的分析发现,登录表单共同的特点如下:

- 登录表单的文本一般有"登录""用户名""密码"等关键字,有些还会有"安全问题""登录模式""登录有效期"等。
- 登录表单的 method 一般采用 post 方法,action 对应的目标页面通常都是 logging.php、logging.asp 等。
- 登录表单应至少包含一个类型为 text 的<input>标签和一个类型为 password 的<input>标签分别用来填写用户名和密码,还应有一个类型为 button 的<input>标签或者一个<button>标签用来提交表单。

② 登录表单自动填写。

找出表单中待填项和其对应值,并将每一对待填项和对应值记为<name,value>的形式。登录表单中待填项至少包含用户名、密码、method 属性和 action 属性。用户名和密码在向网站注册时得到,method 属性和 action 属性通过对登录页面进行 DOM 解析很容易得到。

③ 表单提交和登录结果判断。

表单自动填写后即得到<name,value>的列表以及表单的 method 和 action 属性值,用这些信息构造 URL 请求,并向服务器发送 HTTP 请求报文。服务器收到请求报文后,会向客户端返回 HTTP 响应报文。一般情况下,登录成功的特征主要是服务器返回的状态码是"200 OK"并且页面显示"登录成功""欢迎回来""我的空间""我的消息"等字样;登录失败的主要特征是服务器返回状态码"400 Bad Request"或"403 Forbidden"或页面显示"登录失败""用户名错误""用户不存在""您无权查看该帖子,请登录"等。另外,还可用响应报文头部的 Set-Cookie 字段判定登录状态。图 6-14 给出了登录结果判定树。

④ Cookie 维护。

为提高抓取效率,登录成功后,将 Cookie 保存在本地,爬虫需要维护网站和 Cookie 的对应关系。当对网站进行抓取时,获得相应的 Cookie 值。为保证 Cookie 有效性,与服务器进行交互后应检查 Cookie 有无更新和是否失效。Cookie 失效后则要重新登录。

(2) Ajax 网页解析引擎。

Ajax 是一种基于用户触发的事件驱动的 Web 开发技术,浏览器和服务器异步并行处理,这使传统的基于协议驱动的爬虫不能获得或者正确解析 Ajax 网页,因而对采用 Ajax 技术实现的 BitTorrent 发布站点(如 BT@China 联盟),传统爬虫是无法获取种子的。

对 Ajax 网页的处理主要是解析 JavaScript 代码、处理相应的事件以及抽取动态内容。支持 Ajax 网页解析的网络爬虫从互联网中抓取原始网页信息并对其进行解析,不但需要分析链接标签,还需要解析 JavaScript 代码和引用的 JavaScript 文件。如果代码中包含 Ajax 调用,则向服务器发送请求,将返回的结果与原始的 HTML 文档进行整合以得到目标网页,再从中提取新的链接和文本信息。实现 Ajax 网页解析引擎的关键是实现一个 JavaScript 解析器。

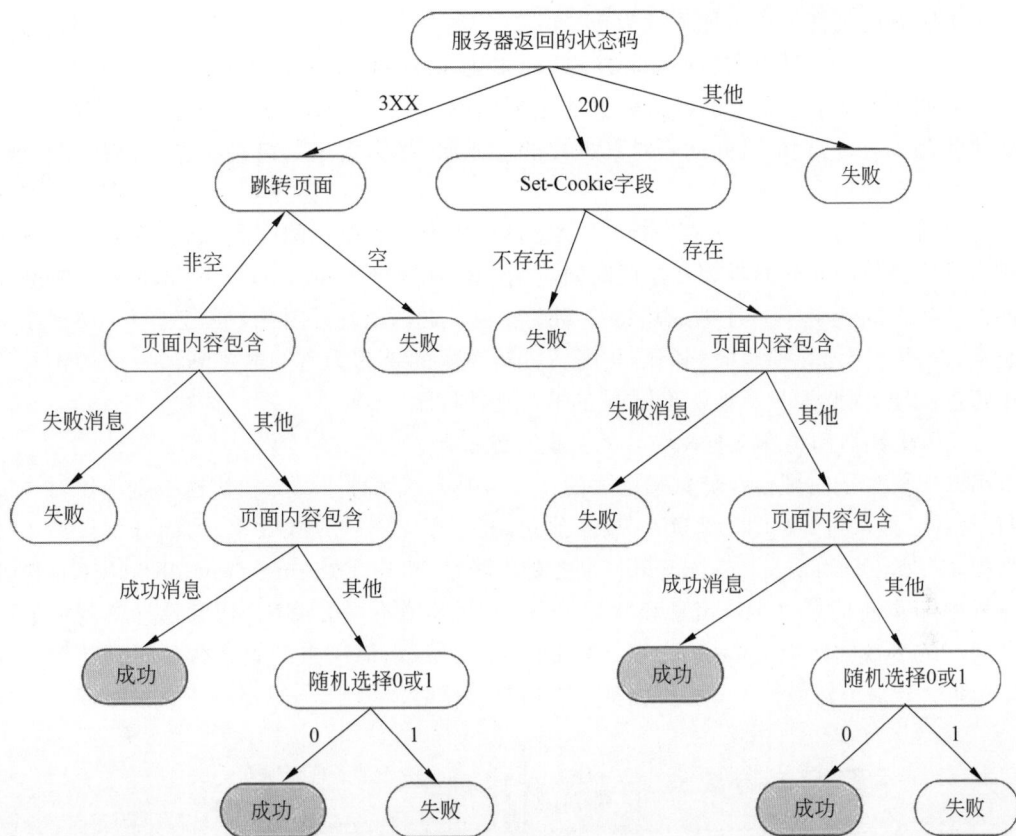

图 6-14　登录结果判定树

也可以用 HTML 渲染引擎完整地解析 Ajax 网页,但这样抓取效率不高。目前也有一些开源的 JavaScript 解析引擎,如 Google 的 V8 JavaScript Engine 和 Mozilla 的 Rhino。前者速度较快,但是资源占用率很高;后者速度较慢,并且功能不强。

3) 历史种子和新增种子

种子获取延时是指从网站的种子更新到爬虫获取到该种子的时间间隔,它可以反映种子的新鲜程度,获取延时越小,种子的新鲜程度越高。无论是设计 BitTorrent 搜索引擎还是对种子进行探测和对等分析,种子的新鲜程度都是重要的。

通过分析网站的组织结构,可以总结出如下规律:一个历史页面包含的链接更有可能是一个更久以前的网页,而网站的主页或者重要的索引页包含的链接则更有可能是一些新加入的链接。

BitTorrent 种子爬虫的目标是尽可能早地抓取新增种子文件(爬虫开始抓取之后网站新增加的种子),尽可能全面和快速地抓取到历史种子(爬虫开始抓取之前已经存在的种子)。为实现这个目标,要区别对待历史种子和新增种子。

(1) 批量抓取和增量抓取相结合的数据抓取机制。

为保证数据的新鲜度,对历史种子和新增种子需要采用不同的抓取策略。对于历史种子,采用批量抓取方式,从获得的网页中解析出链接并写入爬虫抓取数据库,再根据一定的 URL 抓取任务生成策略生成新的抓取列表,每个网页只抓取一次,继续如上的抓取过程,直到网站中所有网页都已经被抓取过为止。

对于新增种子,采用增量抓取方式,抓取起点选择网站主页和变化较快的网页,BitTorrent 种子发布站点可选择其首页或主要索引页,BitTorrent 发布论坛则可选择论坛各版块前几页,以一定的时间间隔对其进行增量抓取,将解析出的链接与已有链接相比较,若为新增链接则抓取并解析。

对更新频繁的 BitTorrent 发布网站设置较短的增量抓取时间间隔,而对更新较慢的网站则可设置较长的时间间隔。在这段时间内,新增链接数量一般是有限的,即使是更新较快的网站,如 Mininova,其一小时新增链接数一般也不超过 2000,因此,可限定每一层抓取的网页数,以稍大于增量抓取时间间隔与网站更新频率的乘积为宜。通常新增种子的链接深度不超过 4 层,因此增量抓取深度限制在 3~5 层即可。

(2) 历史数据和更新数据相结合的数据存储机制。

抓取历史种子时则会存储数量巨大的 URL,抓取新增种子时需要快速检索和比对当前 URL 是否已抓取过,鉴于两者 URL 相互独立,统一存储影响查找效率,因而分别设计了历史数据库(History Torrents Crawldb)和更新数据库(New Torrents Crawldb),用来存储抓取过程中的页面信息、URL 信息和状态信息,分别采用不同的 URL 任务选择机制生成爬行队列。两个数据库中 URL 的时序关系如图 6-15 所示,以爬虫开始运行的时刻作为 0 时刻,D 和 L 分别是新增种子 i 和历史种子 j 的获取延时。

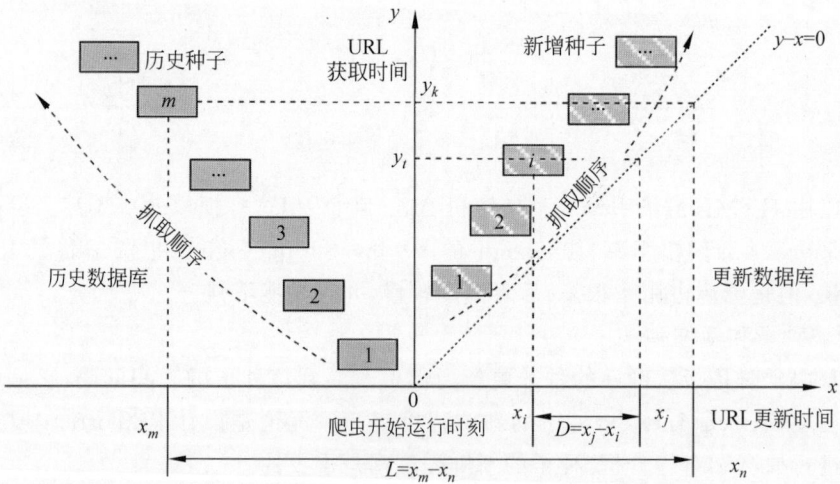

图 6-15　历史数据库和更新数据库中 URL 的时序关系

为了减少因种子更新较多、较频繁和爬虫性能无法满足对更新数据抓取的需求而造成的较大抓取延时,在增量抓取的基础上增加定时数据更新,即经过一定的时间间隔强制爬虫将增量抓到的网页写入更新数据库并检查网站主页和主要索引页。

定时更新可能导致一些新增种子未被爬虫获取,为解决该问题,将更新数据库定期融合到历史数据库中,将漏抓的种子作为历史种子抓取。

(3) BitTorrent 爬虫的 URL 抓取队列选择策略。

由图 6-17 及前文所述的规律,将历史数据库和更新数据库中同一个网站的 URL 按时间排序。为尽快获取新增种子,应从更新数据库中选择获取时间最晚的 N 个 URL 构成抓取队列,交由抓取新增种子的线程抓取;而为更多地获取历史种子,则应从更新数据库中选择获取时间最早的 M 个 URL 构成抓取队列并由抓取历史种子的线程进行抓取。

（4）动态任务调整策略。

理想情况下,BitTorrent 爬虫对一个网站的爬行过程通常是:开始一段时间内爬虫获取种子的速率会有一个急速上升的过程并逐渐趋于稳定,该稳定值是由爬虫性能、网络带宽和网站组织结构所决定的;随着网站中已抓取网页数量的增加,未抓取的种子变得越来越少,最终爬虫的获取速度将稳定于网站的种子更新速度。因此,初始时需要分配更多的资源抓取历史种子,而随着获得的种子越来越多,历史种子越来越少,为进一步缩减抓取更新延时,需要更多的资源用来抓取新种子,同时相应减少定时更新的时间间隔以尽快发现新增种子。

2. 节点采集系统

BitTorrent 系统节点索引采用随机返回策略响应查询,其目的是平衡共享节点间的负载,但是这给节点测量带来了不小的难题。一方面,单次测量通常无法得到 BitTorrent 系统的全部节点,甚至在两次或多次连续查询中节点索引结果并不保证相异性,极端情况下两次连续查询的结果完全相同,因此,一次完整的测量需要重复探测,直至结果集合不再增加为止。另一方面,随机返回策略使测量方法本身无法收敛或收敛时间过长,将直接影响结果的有效性。因此,好的测量方法需要在误差和收敛效率上取得均衡。

为了限定误差和选定合理的收敛条件,做如下分析:假设节点索引每次返回的节点数为 n,节点索引总数为 N,前 $m-1$ 次探测已发现节点数记为 $T(m-1)$。若 $n>N$,第一次探测即可获得全部节点,即 $T(1)=N$;若 $n<N$,则第一次探测已发现节点数目为 $T(1)=n$。在第 m 次探测中,返回未发现节点的概率为

$$\frac{N-T(m-1)}{N} \tag{6-2}$$

因此,在第 m 次探测后已发现节点数为

$$T(m) = T(m-1) + \frac{N-T(m-1)}{N} \times n, \quad m>1 \tag{6-3}$$

定义节点覆盖率为已发现节点数占节点索引总数的比例,记为 $P(m)$,其表明了数据的完整性。在第 m 次探测后节点覆盖率 $P(m)$ 为

$$P(m) = \frac{T(m-1)}{N} + \frac{N-T(m-1)}{N} \times \frac{n}{N}, \quad m>0 \tag{6-4}$$

表 6-3 给出了不同参数条件下达到相应节点覆盖率需要的探测次数。例如,在每次返回 50 个节点的情况下,要完成探测 5000 个节点规模的种子需要 230 次才能达到 90% 的节点覆盖率。整个过程可能需要 8~10min,测量时间较长。为了加快测量过程,需要在 BitTorrent 系统中注册虚假身份,伪装成不同节点进行并行探测。

表 6-3　不同参数条件下达到相应的节点覆盖率需要的探测次数

节点覆盖率/%	$N=500$				$N=5000$			
	$n=20$	$n=50$	$n=100$	$n=200$	$n=20$	$n=50$	$n=100$	$n=200$
80	40	16	8	4	402	161	80	40

节点覆盖率/%	N＝500				N＝5000			
	n＝20	n＝50	n＝100	n＝200	n＝20	n＝50	n＝100	n＝200
85	47	19	9	4	474	189	94	47
90	57	22	11	5	575	230	114	57
95	74	29	14	6	748	299	149	74
98	96	38	18	8	977	390	194	96

为了保证 90％的节点覆盖率，由式(6-2)和式(6-3)可以推导出每次探测返回的未发现节点数目至少为

$$\frac{N-\dfrac{9N}{10}}{N}\times n=\frac{n}{10} \tag{6-5}$$

因此，当每次探测返回的未发现节点数目小于 $n/10$ 时，说明节点覆盖率已达到 90％。为了消除随机返回策略带来的影响，采用连续 5 次探测后返回的未发现节点数目均小于 $n/10$ 作为探测的收敛条件，实际测量过程中一般可达到 95％以上的节点覆盖率。

3. 内容测量系统

对于某个资源而言，参与共享的节点均含有其对应内容的文件片段分布(或索引)。获取文件片段分布主要采用两种方法，如图 6-16 所示。

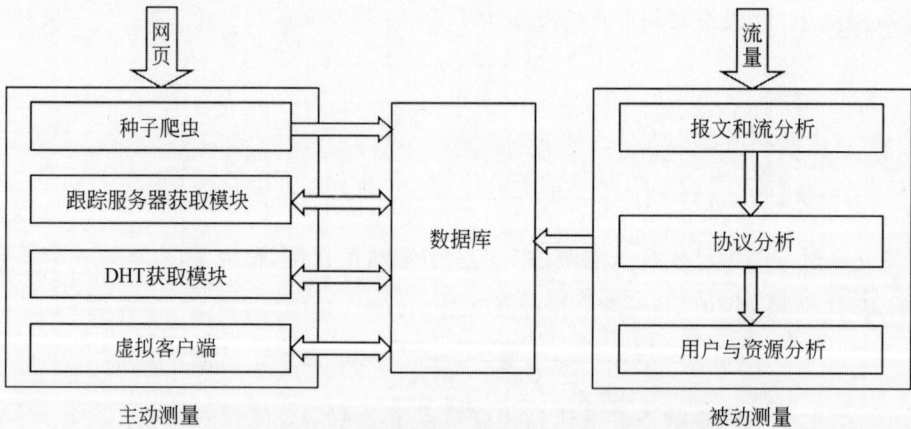

图 6-16　内容测量系统获取文件片段分布的两种方法

(1) 主动测量。在节点索引测量的基础上，模拟客户端向其他共享节点主动进行交互以获取文件片段。

(2) 被动测量。为了解决部分节点(如位于 NAT 或防火墙之后的节点)无法被连接的问题，采用在跟踪服务器或 DHT 网络中注册大量虚假身份，被动等待其他节点连接的方法。由于大量虚假身份的存在，其他节点能以高概率主动连接到测量系统，从而实现被动方式的文件片段收集。

6.4.3　eMule 网络测量与分析

eMule 文件共享网络是一个典型的 P2P 文件共享网络系统,兼容众多的 eMule 变体,如 eDHybrid、eDonkey、aMule、Mldonkey、Shareaza 和 eMCompat 等。eMule 系统融合了 eMule 网络和 Kad 网络,其中,eMule 网络采用基于中央索引服务器的拓扑结构,而 Kad 网络采用基于分布式散列表的结构化拓扑结构,本小节和 6.2.4 节分别介绍 eMule 网络和 Kad 网络下的网络测量与分析。

由于 eMule 网络中的共享文件信息存储在 eMule 服务器上,为了分析 eMule 网络中共享文件和 eMule 服务器的特征,需要大规模探测 eMule 服务器,并对返回的数据进行分析。

1. eMule 服务器状态探测

为了高效、全面地获取 eMule 服务器上的信息,需要改造 eMule 客户端,模拟多个 eMule 客户端对 eMule 网络进行探测,并采集 eMule 服务器的信息。某机构通过网络爬虫系统进行了两次较为系统性的探测:第一次是 2009 年 12 月 5 日至 2010 年 1 月 5 日,在广州某运营商处运行;第二次是 2010 年 5 月 27 日至 2010 年 6 月 10 日,共运行了约两周的时间,网络环境为校园网络。在两次探测过程中,共得到 259 个 eMule 服务器 IP 地址。其中,有效 eMule 服务器 IP 地址数量为 174,占 67.18%;无效 eMule 服务器 IP 地址数量为 85,占 32.82%,这些 eMule 服务器失效的原因为长时间不在线或者被防火墙拦截,因而得不到响应。

259 个 eMule 服务器分布在欧洲、北美洲、亚洲、大洋洲的 21 个国家。其中,荷兰 85 个,占 32.82%;美国 80 个,占 30.89%。它们对 eMule 网络的繁荣和稳定起到了很重要的作用。欧洲的 eMule 服务器占了全球的 59% 以上。表 6-4 列出了 eMule 服务器分布情况。

表 6-4　eMule 服务器分布情况

国　别	数量/个	比例/%	国　别	数量/个	比例/%
荷兰	85	32.82	瑞典	13	5.02
美国	80	30.89	以色列	5	1.93
法国	19	7.34	乌克兰	5	1.93
德国	17	6.56	英国	4	1.54
中国	15	5.79	其他	16	6.18

经分析表明,国内的公网 IP 地址如果不是直接连接到国外的服务器上面,那么在分配 ID 的过程中就会分到低 ID。低 ID 在 eMule 网络中会受到很多限制,并最终影响下载效率。这也成为影响 eMule 网络效率的一个重要因素。

表 6-5 显示了客户端高 ID、低 ID 分布情况。可以看到,高 ID(high ID)客户端占了大部分,但是这并不代表网络中高 ID 客户端更多。

表 6-6 显示了文件索引分布情况。服务器登记文件索引总数为 20 亿个,其中高优先级服务器拥有的文件索引数目为 11.2 亿个,普通优先级服务器拥有的文件索引数目为 8.3 亿个,低优先级服务器拥有的文件索引数目为 0.5 亿个。

表 6-5 客户端高 ID、低 ID 分布情况

客户端 ID 类型	数量/万个	所占比例/%
高 ID	1635	78.1
低 ID	458	21.9
总量	2093	100

表 6-6 文件索引分布情况

文件索引位置	数目/亿个	文件索引位置	数目/亿个
总文件索引	20	普通优先级服务器拥有的文件索引	8.3
高优先级服务器拥有的文件索引	11.2	低优先级服务器拥有的文件索引	0.5

2. eMule 网络开销探测

为了探测 eMule 网络开销,需要记录发送文件请求报文次数、服务器查询报文次数和文件来源交换报文次数。测量系统采用每隔 60s 发送一次请求报文,每隔 60s 发送一次服务器查询报文。在探测过程中,依据返回的信息判断有效的网络开销。经统计,服务器开销占 0.35%,来源交换开销占 2.28%,文件请求开销占 97.37%,这符合实际的网络情况。

3. eMule 文件状态探测

根据前面对服务器的探测,在 eMule 系统中,网络文件索引总量超过 20 亿个,分布在 4 个洲的 21 个国家。eMule 网络支持共享文件标签机制,在客户端共享文件时,可以更明确文件属性,便于更精确地搜索定位,依据标签对文件进行分类。

eMule 文件共享系统和 BitTorrent 不同,eMule 网络中的共享文件不是依靠种子文件提供给下载者的。在 BitTorrent 文件共享系统中,文件通过一个种子文件提供给下载者。如果用户想要下载一个文件,那么就必须首先获取一个种子文件。一个种子文件中会包含比较多的信息,如源和服务器地址等。这为下载者提供了便利,不用登录服务器就可以搜索到源节点。但是也为下载设置了依赖条件。eMule 克服了这方面的束缚,eMule 是通过服务器索引和共享文件夹的方式提供文件共享服务的。一个 eMule 客户端可以查询另一个 eMule 客户端的共享文件夹内容。通过探测发现,在一个没有关闭查询共享的 eMule 客户端上,70% 以上是共享的其他相关内容。而在下载其他共享内容的时候,用户激励机制就有可能发挥作用了。是否真正发挥作用,还要看双方实际的网络下载量。

6.5 P2P 网络内容安全管理

在 P2P 系统中,最突出的内容安全问题是盗版。由于缺乏有效的集中控制与审核机制,P2P 网络中充斥着大量未经授权的电影、音乐等资源。相关统计显示,在许多国家和地区,经由 P2P 网络共享的内容中,超过 90% 属于盗版;而在 BT 网络的测量研究中,侵权内容比例甚至高达 99.7%。盗版行为不仅严重侵害了版权所有者的合法权益,也成为制约 P2P 技术健康发展和广泛应用的重要障碍。

尽管 P2P 网络体系结构在经历多轮演进后已趋于成熟,但由于 P2P 应用种类繁多,且架构和运行模式具有高度的分布式与动态性,其内容安全管理仍面临极大挑战。

6.5.1 面向"信源"的内容安全管理方法

索引污染是 P2P 系统中典型的内容安全管理手段之一。其原理是在 P2P 系统中,由于发布的索引信息缺乏真实性保障,且节点在下载之前无法对内容进行有效验证,管理方可以在网络中发布大量虚假索引信息,从而降低违规内容的可获取性。这些虚假索引可能指向并不存在的内容,以干扰或延缓不当数据的下载;也可能指向与描述不符的内容,用来给出安全风险提示信息。

在 DHT 网络中,索引污染通常通过构造虚假的索引节点集来实现。DHT 网络中,负责某一资源的节点构成一个索引节点集(IndexPeerSet)。管理方可通过测量方法,首先定位所有指向这些索引节点集的前一跳节点,并将这些节点集合定义为关键节点集(CriticalPeerSet)。

具体实施步骤如下:

(1)节点采集:利用 DHT 爬虫获取大量随机节点,确保这些节点在 ID 空间中分布随机且足够分散。

(2)索引节点发现:以采集到的节点为起点,向其发送包含目标 infohash 的 Get_peers 消息。若返回索引信息,则该节点为索引节点;接着向该节点发送 Find_node 消息,寻找更接近目标的节点。若返回更靠近目标的节点信息,则向这些新节点继续发送 Get_peers 请求。

(3)节点集构建:通过上述迭代过程,可获得一个完整的索引节点集以及与之相连的关键节点集。

(4)虚假信息发布:向这两个集合中的节点发布大量伪造的节点信息,实现索引污染的目的。

索引污染方法通过直接作用于"信源"环节,从内容发布端减少违规资源的可获取性,有效提升 P2P 网络中的内容安全管理能力。

6.5.2 面向"信道"的内容安全管理方法

面向"信道"的内容安全管理方法包括资源消耗和路由管控方法。

1. 资源消耗

资源消耗管控方法相对原理简单,但在实施过程中需要管理方投入较多的节点与带宽资源。管理方可以在不合规内容的下载过程中,通过占用目标节点的有效连接,或大量请求并下载文件内容,来消耗对方节点的连接数量与带宽资源,从而延缓违规内容的传输速度。

在此过程中,管理方还可通过构造并部署大量的虚拟身份节点,进一步增加对目标节点资源的占用压力,从而提升管控效果。在实际网络中,这类方法有时会结合应用程序或协议本身的特性,实现更高效的资源占用与带宽消耗,从而在不影响整体网络稳定性的前提下,有效限制违规内容的快速传播。

2. 路由管控

路由管控方法通常应用于结构化的 P2P 网络,可结合节点身份控制机制,通过少量管理节点的部署形成较多的管控节点,并通过协同工作,对网络流量进行监测与调控,从而在必要时实现对部分乃至整个网络路由的管理。

常见的路由管控手段包括身份标识伪造、节点隔离(Eclipse 管控)以及路由表污染等。在结构化 P2P 系统中,节点 ID 通常是随机生成的,系统默认每个主机只拥有一个 ID,并在整个 ID 空间中均匀分布。但由于没有严格的节点 ID 核验,实际环境中,管理方可在路由过程中声称自己部署的节点就是要查找的节点,伪造大量管控节点。在节点隔离管理中,管理方可通过合理部署大量管控节点,使某一违规内容发布节点周围的绝大多数邻居节点为受控节点,从而在路由层将该节点孤立,对该节点的进出路由信息进行统一审查和引导,实现对其路由行为的可控化。此外,鉴于 DHT 网络需要不断更新路由表以适应网络波动,管理方可在此过程中对路由表进行污染,在一些能路由到违规节点的路由表中插入受控节点路由信息,这样管理者可以通过转发查询消息控制到目标节点的路由。这种方式可使查询消息在传输路径上受到有效引导,实现对全网路由的安全管理。

以 BT 的 DHT 网络为例,路由污染会生成靠近目标 Infohash 的节点 ID,由于节点只须尽量靠近目标 Infohash 即可,管控节点选取和目标具有 20～50 个公共前缀的散列值作为 ID。路由污染包括主动污染和被动污染两部分。主动污染过程通过爬虫爬行网络中距离目标散列一定范围内的节点,通过与这些节点通信以图污染其路由表。被动污染通过响应外来的查询消息来获得更好的污染效果,其中,对 PING、Find_node 和 annouce_peer 消息处理和真实客户端类似,只有对 get_peers 消息的处理比较复杂。如果将一些节点分配更接近目标散列的 ID 值,则查找目标 Infohash 的查询消息会落入这些节点,作为回应的返回消息会携带 8 个更近的管控节点 ID 以进一步污染查询节点的路由表。当然,要想收到足够多的 get_peers 请求需要充分的主动污染过程。

6.5.3 面向"信宿"的内容安全管理方法

假块污染方法是典型的面向"信宿"的内容安全管理方法。本节还是以 BT 网络为例介绍假块污染方法。

BT 文件的共享和下载过程可以分成种子文件的搜索、节点选择、块选择以及数据传输 4 个阶段,假块污染发生在数据传输阶段,管理者伪造大量虚假客户端加入共享网络中,接受其他节点下载请求,提供虚假的数据上传。被管理节点下载到分块后,由于校验失败会不断丢弃下载到的数据,并重新下载。管理者通过提高被其他节点请求的概率来达到占用被管理节点的下载带宽,达到降低其下载速度的目的。

假块污染是在文件交换过程中针对分块机制的一种管控方式,管理者的目的是减缓整个共享网络的下载速度。P2P 系统一个重要的特征就是并行性,BT 系统通过对文件分片来提高数据传输的并行性。根据 BT 协议的分片机制,文件资源被分割成大小相等的分片(一般为 256KB),分片又被进一步分割为块,一个分片通常包含 16 个块。分片是数据组成中最小的表示和校验单位,对应于 Bitfield 消息中的一个二进制位。而分块是数据传输过程中的最小传输单位,一次成功的数据交换至少要包含一个分块。在开始文件传输之前,节点间会通过 Bitfield 消息交换各自拥有的文件分片视图,由上传客户端按照 Rarest-first 策略选择对端节点需要而系统中稀缺的分片优先上传。为了保证数据的完整性和有效性,torrent 文件中一般包含所有分片的散列校验值,下载客户端每下载完一个分片,都会计算该分片的 SHA-1 散列值,并同种子文件中对应分片的校验值进行比对,如果两个值不相同的话,客户端会丢弃这个分片的数据,并重新下载这一分片。由于现有 BT 传输机制不能指出具体的出错分块,当客户端得到的分片中有任何一个分块是错误的,都会导致该分片的校验失败,并丢弃整个分片。另外,在分片传输的上传节点选择时,为了保证传输的并行性,提高下载速度,同一分片中的分块通常是并行的从多个节点获取,这就使 BT 系统下容易实施假块污染的管控方法。

管理者可以伪造管控客户端加入要管理的共享网络中,声明自己拥有所有分片,以诱使被管理的 Leecher 节点来请求数据。被管理节点将视管控节点为一个种子节点并向其请求一个数据块,在接到上传请求后,管控节点立即给请求节点上传伪造的数据分块。由于虚假数据块的存在,请求节点在该分片所有分块下载完成后,进行的 SHA-1 校验一定会失败,从而丢弃整个分片并重新下载,这样就减缓了用户下载的速度。由于一个分块的数据可能从不同的节点获得,这些节点既可能是真实节点也可能是伪造的管控节点,在理想的情况下,如果用户下载完成的每一个块中都有管控节点提供的至少一个分片,那么这个用户将永远无法下载到整个文件。

具体实施假块污染前需要构造足够多的轻量级客户端,并在 Tracker 服务器上注册,以便建立与其他节点的 TCP 连接,包括主动连接与被动连接。为了保证其他节点接受伪造节点发起的主动连接,分片位图的第一片会被设置为 0,表示伪造节点还有一个分片未下载完成,不是种子节点。为了降低带宽消耗,管控节点只试图污染每个分片中的一个分块,针对不同客户端类型,具体实现方法有所不同。例如,对于 uTorrent 客户端,由于其下载策略是尽量从一个下载源下载整个分片,需要记录数据请求中的分块号,从而只响应 1 号分块的数据请求,丢弃其他分块的请求。对于倾向于多节点并发请求的 BitSpirit 客户端,需要根据给定时间片内的上传历史记录,判断是否响应数据请求,具体的操作是通过 choke/unchoke 消息实现的。

在实际环境中,复杂的网络拓扑、接入带宽的差异以及地理位置等因素都会对假块污染的效果造成较大影响。有实验表明,对于较大的 Swarm 网,假块污染管控的效果不理想,被管理客户端能够获得较好的下载带宽,文件下载时间更少,难以管控。

6.6　本章小结

本章围绕信息内容安全管理展开,基于信息内容获取、识别与分析的前置环节,重点探讨了如何通过技术手段、管理措施与法律制度,剔除非授权信息,保护授权信息,从而保障信息系统的稳健运行与合规性。在具体技术方面,本章介绍了基于 TCP RST 的会话阻断原理及其在信道管理中的应用。这一方法能够在不中断整个网络运行的前提下,有效终止特定连接,减少非法信息的传输。

此外,本章还探讨了 P2P 网络作为一种典型的去中心化内容分发模式,在内容安全管理方面面临的特殊挑战。由于其匿名性、动态性和缺乏中心控制节点,传统的阻断与检测技术需要结合分布式测量与识别手段,才能实现有效管理。总体而言,信息内容安全管理需要在全链路、多环节实现协同防护,并综合考虑技术可行性、管理制度建设和法律合规保障。

只有这样,才能在复杂多变的网络环境中,有效防控非法信息、泄密信息、垃圾邮件等非授权内容的传播,同时维护知识产权等授权信息的安全,支撑互联网空间的健康发展。

习题

1. 在信息内容安全管理角度,针对信源、信道和信宿的安全防护重点有哪些?

2. TCP RST 内容管控方法的主要原理是什么?

3. TCP RST 管控程序中如何计算伪造的序列号(Seq)和确认号(Ack)?

4. P2P 网络主动测量方法有哪些?

5. P2P 网络测量的难点有哪些?

6. P2P 网络中主要的内容安全管理方式有哪些?

7. 什么是 P2P 网络中的假块污染?其主要效果是什么?

8. DHT 系统中的内容安全管理手段有哪些?

第7章 隐私保护技术

在这个数字技术无处不在的时代，保护个人隐私变得异常重要，这也是信息内容安全领域的重要研究方向。随着大数据、人工智能、物联网等技术的普及，人们的个人信息被收集和处理的过程变得前所未有地简单，同时这也意味着我们面临着更大的隐私泄露风险。因此，寻找有效的隐私保护措施，保障个人信息的安全，已经成为迫切需要解决的问题。本章首先介绍隐私的概念和主要的隐私安全风险，说明个人数据在匿名社交软件、在线平台等环境中的脆弱性。接下来介绍隐私度量这一评估隐私保护水平的重要工具，涵盖基于数据和模型的多种度量方法，用于定量分析隐私保护技术的有效性。然后针对隐私保护的实现方法介绍常用技术，包括基于变换、分治、隐匿和混淆的方法，以及同态加密、联邦学习等高级技术。每种方法在保证数据隐私的前提下，兼顾数据共享和分析的需求，为现代信息处理与数据保护提供了坚实的技术基础。最后对位置隐私保护相关的技术方法进行介绍。

7.1 隐私保护概述

7.1.1 隐私的概念

从字面意义上讲，隐私就是隐秘的、不愿为人所知的、保密的个人信息或事情。1890年，美国学者 Wallen 和 Brandeis 最早在《隐私权》一书中将隐私界定为一种"免受干扰而独处"的权利。维基百科将隐私定义为"个人或团体将自身或自身信息隔离开来，从而有选择地表达自己的能力"。这里的"独处"和"隔离"都含有远离公共领域而封闭于私人空间的意思。但是，随着信息时代和互联网浪潮的到来，隐私问题已经从传统的私人领域延伸到公共领域，主要指以电子方式或者其他方式记录的、能够单独使用或者与其他信息结合使用的、用于识别特定自然人的身份或者反映特定自然人活动情况的各种信息。

在网络和通信技术的推动下，各种数字化信息在互联网、移动互联网、社交网络等平台上以更加多元化、动态化的方式进行传播、存储、交换、处理，从而形成了新的隐私形式——数据隐私。美国学者 Westin 将数据隐私定义为"个人控制、编辑、管理和删除关于自身的信息，并确定何时、何地、以何种方式公开这种信息的权利"。美国的《隐私法案》将隐私数据定义为"任何有关于个人的信息条款和信息记录"，包含但不仅限于姓名、个人识别号码、标记或其他个人专有的特别标识（例如指纹、声音记录或照片）、财务交易、医疗记录、犯罪记录或雇佣经历等。在加拿大的《个人信息保护与电子文件法案》中,个人信息被定义为"关于可识别个体的任何信息记录"。该法案将个人信息划分为13项详细的内容,例如有关种族的信息、所有的识别号码、地址、对他人的观点等。日本的《个人信息保护法》给出的定义是"可以用来识别某个特定人的姓名、出生日期或其他描述性信息,包括可以参考其他信息并因此识别出特定个人的信息"。根据欧盟《通用数据保护条例》,个人信息被定义为"任何与已识别或可识别的自然人有关的信息"。所谓"可识别的自然人"是指可以直接或间接被识别出身份的人,特别是通过姓名、社保号码、电话号码、位置数据或对该自然人而言特定的物理、生理、遗传、精神、经济、文化、社会认同等信息可以唯一认定的个体。

综上所述不难发现,隐私的含义随着国家、文化、政治环境、法律框架的不同而存在一定的差异。隐私是一个主观性很强、内容很宽泛的概念,不同的个人或团体会因为时间、地点、职业、文化等因素的限制具有不同的隐私。即便是同一个体,隐私也会随着时间、地点、环境、生活经验等因素的变化而变化。综合上面各种对隐私的认识,本书对隐私从狭义和广义两个角度给出解释。

在狭义上,隐私特指个人不愿意公开的信息,这些信息以自然人为主体,例如个人的电话号码、身份证号码、健康状态等。而在广义上,隐私不仅涵盖了个人的秘密信息,也扩展到了机构的商业秘密等范畴。不同的人、不同的文化背景对于隐私的理解和价值判断也有所不同。通常来说,隐私被理解为个人、机构或组织等主体不希望外界知晓的信息。

在实际应用上,隐私被视为数据所有者希望保密的敏感信息,这不仅包括敏感数据本身,还包括这些数据所代表的特征信息,如个人的爱好、健康状况、宗教信仰、公司的财务状况等。对于不同的数据及其所有者,隐私的含义也存在差异。例如,有的病人可能会将自己的疾病信息视为隐私,而另一些病人则可能对此持开放态度。

从隐私所有者的角度出发,隐私可分为个人隐私和共同隐私两大类。

由于人们对隐私的限定标准不同,因此对个人隐私的定义也就有所差异。一般来说,任何可以确定是个人的,但个人不愿意披露的信息都可以认定为个人隐私。在个人隐私的概念中主要涉及4个范畴:

(1)信息隐私。收集和处理个人数据的方法和规则,如个人信用信息、医疗和档案信息,信息隐私也被认为是数据隐私。

(2)人身隐私。涉及侵犯个人物理状况相关的信息,如基因测试等。

(3)通信隐私。信件、电话、电子邮件以及其他形式的个人通信的信息。

(4)空间隐私。关于有地理位置和地点,包括办公场所、公共场所,通常涉及搜查、跟踪、身份检查等。

共同隐私与个人隐私相对应,一般是指多个个体共同表现出来但不愿被暴露的信息,如公司员工的平均薪资、薪资分布等信息。

7.1.2 隐私安全风险及泄露事件

网络技术的普及使得人们的日常生活、工作、交往等活动越来越依赖于互联网,大量个人信息(如地理位置、通讯录、网上足迹)等被记录并存储。同时各行业也都在通过采集海量数据开展大数据分析,试图从中发现有价值的模式和规律。但同时数据分析也构成了对个人隐私的巨大挑战,近年来隐私安全风险及泄露事件层出不穷。

下面列举了几个典型的隐私泄露事件。

泄露事件一：大数据平台员工计算机遭受木马攻击，造成数据泄露。

在该事件中，黑产出售了某大数据平台的数据，包含超过 50 万条 JSON 格式的数据，涉及姓名、手机号、部门等字段。分析和溯源发现该数据泄露事件由 Stealer log 木马病毒导致。Stealer log 是日志文件，记录了木马病毒从计算机中窃取的敏感信息，包括各类软件、浏览器登录企业后台系统、FTP、数据库的账号密码、Cookie 等隐私数据。该问题泄露起因是员工个人计算机中过木马，连接过公司数据库，被 Stealer log 记录了下来，因该数据库可被公网访问，黑产直接连接数据库窃取相关数据。员工个人计算机在 2021 年已被植入木马，直到黑产在 2023 年售卖相关数据时才暴露了问题。

泄露事件二：招标平台 API 返回过多的敏感信息，遭黑产攻击。

在该事件中，某招标平台的 API 遭受黑产攻击，原因是该接口返回过多的敏感信息。通过攻击 API 获取该公司员工明文的姓名、身份证号、手机号、住址、密码等信息。同时该公司的 OA 系统暴露在公网，黑产甚至可以通过接口泄露的账号和密码直接登录 OA 系统，窃取企业内部信息或实施其他恶意行为。

泄露事件三：保险代理供应商存在漏洞，合作甲方数据遭泄露。

在该事件中，某保险代理公司为帮助甲方推广保险业务，推出了"完善个人信息，领取保险"等活动。网页展示的是脱敏后的个人用户信息。然而，该保险代理公司只在前端展示时对个人用户信息进行了脱敏处理，API 返回的其实是明文数据。该漏洞被黑产利用，估计泄露的用户数据高达 3000 万条以上。

7.1.3　数据隐私保护相关政策与法规

数据隐私保护是当今社会的一大重点关注议题，因此各国政府都出台了相关的法律法规来规范数据隐私的保护。其中影响较大的便是 2018 年 5 月 25 日欧盟出台的《通用数据保护条例》(*General Data Protection Regulation*，*GDPR*)。GDPR 是欧盟制定的最全面的数据隐私法，用来保护欧盟境内的个人数据，也为主权国家的数据隐私保护开了先河。

GDPR 规定，世界上任何一家处理欧盟用户数据的公司都要披露其收集、存储和处理用户数据的方式，也就是收集欧盟的公民的数据就要遵守 GDPR。欧盟用户也可以从任何公司申请获得其个人数据的副本，并可以要求该公司删除个人数据。不遵守 GDPR 的企业可能需要面临着 2000 万美元或 4% 年营业额的罚款。

GDPR 规定，处理个人数据必须有合法正当理由，GDPR 对数据主体的权利规定较为细化，包括知情权、访问权、反对权、数据可携权、遗忘权等。同时服务提供者须采取合适的技术和措施保护个人数据，违规者会有高额处罚。GDPR 的目的在于帮助欧盟的公民更好地控制他们的个人数据。数据在存储和流动过程中提供的方式应符合对数据安全的合规性要求，从根本上可以归结为两个主要关注点："防止受保护数据流出"和"阻止非授权者进入"。对于数据跨境问题，GDPR 数据跨境传输规定需直接向通过欧盟进行充分性认定的第三国传输数据，同时需要证明数据接收方能满足数据跨境流动的安全性：通过实施被认可的行为准则，签署符合相关要求的格式合同，执行有约束力的公司准则，通过相关认证。其他满足数据跨境传输要求的场景主要包括征得数据主体明示同意、基于公共利益、履行有利于数据主体的合同、基于组织正当利益等。

随后，一些非欧盟国家，如阿根廷、巴西、伊朗、印度、泰国等，也调整了其数据保护法规。2018 年 4 月，巴西向世界贸易组织提交文件，敦促对互联网数据流动规则展开讨论。2018 年 7 月，日本和欧盟达成协议，将实现双方数据自由流动。2018 年 10 月，欧盟议会通过《欧盟非个人数据自由流动条例》。2019 年 1 月 21 日，法国数据保护监管机构 CNIL 根据 GDPR 对 Google 公司处以 5000 万欧元的罚款，理由是 Google 公司在处理个人用户数据时存在缺乏透明度、用户获知信息不充分以及缺乏对个性化广告的有效同意等问题。2019 年 7 月 8 日，英国航空公司因为违反 GDPR 被英国信息监管局罚 1.8339 亿英镑。

我国高度重视公民个人信息和隐私保护，制定了多项法律法规。近年来，我国围绕网络安全法不断推出法律法规，网络安全产业环境不断优化。《中华人民共和国网络安全法》《中华人民共和国数据安全法》《中华人民共和国个人信息保护法》等相关法律为个人信息的收集、使用、存储等制定了明确规范。同时，我国还明确禁止非法收集、出售个人信息，并追究相关违法行为的责任。

对于数据安全相关问题，国家立法层面高度重视，并坚持以安全促发展的原则，鼓励数据依法合理有效利用，保障数据依法有序自由流动，促进以数据为关键要素的数字经济发展，保护个人、组织在网络空间的合法权益，维护国家安全和公共利益。2016 年发布的《中华人民共和国网络安全法》首次提及"重要数据"和"数据安全"。2017 年《信息安全技术 数据出境安全评估指南》发布。2021 年发布的《中华人民共和国数据安全法》从法律层面明确了数据安全的顶层设计。2021 年发布的《中华人民共和国个人信息保护法》确定了敏感个人信息，规范了个人信息跨境流动。2021 年发布的《网络数据安全管理条例（征求意见稿）》对数据跨境安全网关正式作了定义。2022 年发布的《数据出境安全评估办法》规定了数据出境规范。《中华人民共和国数据安全法》中规定个人数据主要包括以下 4 类：

（1）文本类信息，包括主体身份信息、地址、电话、邮件等。

（2）生物学信息，包括基因学信息、人脸识别数据、指纹信息等。

（3）生活类信息，包括银行卡信息、位置信息等。

（4）社交网络信息，包括社交网络账号、观点等。

在数据合规性检测过程中，根据不同类别的个人数据制定了不同的规则。其中的主要工作包括以下 3 个：

（1）个人数据遮蔽。通过技术手段对个人数据进行遮蔽。

（2）数据活动合规性检查。需要明确数据访问者是谁、数据的用途、数据的使用范围、违规检查与事件响应等信息。

（3）数据传播范围合规性检查。规定禁止向境外传输个人数据，除非接收国家可以证明其能够提供充足的数据保护。

7.2 隐私度量

随着数字化时代的不断发展，个人数据的隐私保护变得越来越重要。在这样的背景下，隐私度量作为一种评估数据隐私保护水平的方式引起了广泛关注。本节旨在对隐私度量的概念进行讨论，包括隐私度量的定义以及典型的隐私度量方法。

7.2.1 隐私度量的定义

隐私度量是一个综合性的概念,旨在通过一系列精心设计的方法、指标和算法,定量化个体数据的隐私保护水平及隐私保护技术的有效性。这一过程不仅评估了个体隐私保护水平,还量化了隐私保护措施的成效,提供了关于数据处理过程中的潜在隐私风险及采取的保护措施的有效性等重要信息。具体来说,隐私度量定义为利用定量的手段评价数据处理环节中个体隐私泄露的风险及隐私保护措施的成效的方法论。它包括评估未经授权的个体或实体通过分析公开或可获取的数据推断个体敏感信息的概率,以及分析不同隐私保护技术在降低这种风险方面的效率和效果。隐私度量的目标是为数据处理者、决策者、研究人员以及政策制定者提供一个客观、量化的视角,帮助他们更深入地理解和控制与数据处理相关的隐私风险,从而制定和执行更有效的隐私保护措施和策略。这种方法的发展,旨在实现一种更加实用和可靠的方式,以保护个人和团体在数字化时代的隐私权益。

从技术角度看,隐私度量方法可以大致分为两类:基于数据的度量方法和基于模型的度量方法。基于数据的度量方法主要关注于对公开数据集中的隐私信息进行量化分析,而基于模型的度量方法则通过构建模型预测和评估隐私泄露的风险。尽管目前存在多种隐私度量方法,如基于匿名化技术、差分隐私、信息熵和互信息等,但它们各自适用于特定的场景和需求,目前还没有一种万能的度量方法能够适用于所有隐私保护技术。

实际上,当前隐私度量研究领域仍面临诸多挑战。首先,由于目前的度量方法有时难以准确反映实际的隐私保护状况,如何提高隐私度量方法的精确性和可靠性是一个亟待解决的问题。其次,当前的方法往往依赖于特定类型的数据和特定的应用场景,扩大隐私度量方法的适用范围也是一大挑战。最后,计算成本的高昂也限制了隐私度量方法的普及和应用。为了解决这些问题,未来的隐私度量方法研究可能需要引入更多领域的知识,使用机器学习和数据挖掘技术提升度量方法的准确性和适用性,同时也需要研究更高效的算法以减少计算成本。

在大数据时代,很多机构需要面向公众或研究者发布其收集的数据,例如医疗数据、地区政务数据等。这些数据中往往包含个人用户或企业用户的隐私数据,这要求发布机构在发布前对数据进行脱敏处理。基于匿名的隐私度量方法是比较通用的一种数据脱敏方法,这类方法中对数据匿名化一般采用以下两种基本操作:

(1)抑制。抑制某数据项,即不发布该数据项。

(2)泛化。对数据进行更概括、抽象的描述,例如将整数泛化成它所在的一个区间。

同时,对用户数据的隐私级别也进行了分类。例如,表 7-1 是用户的会员注册信息表,表 7-2 是对外发布的医疗信息表。表 7-1 中用户的个人信息明显被泄露了。表 7-2 中,虽然已经把用户姓名、身份证号等个人关联信息抹去,但如果直接发布这样简单匿名处理的数据,同样会带来数据泄露的风险。因为通过对两张不同数据来源的表进行关联,对年龄、性别、邮政编码的值进行匹配,可以定位出张三患有心脏病的隐私数据。这种通过某些属性与外部表连接的攻击称为连接攻击。

在表 7-1 和表 7-2 中,每一行代表用户的一条记录,在本书中称之为元组;每一列表示一个属性。每一个元组与一个特定的用户/个体关联,同时包含多个属性。如果元组中的属性包含用户的隐私数据,就称之为隐私信息元组。对应的属性也可以分为 3 类:

表 7-1 用户的会员注册信息表

姓　　名	年　　龄	性　　别	邮 政 编 码
张三	29	男	476771
李四	25	女	554101
王一	32	女	476075
刘二	47	男	102174

表 7-2 医疗信息表

年　　龄	性　　别	邮 政 编 码	疾 病 类 别
29	男	476771	心脏病
22	女	476020	心脏病
27	女	476875	心脏病
43	女	479052	骨折
52	男	479096	流感
47	男	479065	流感
30	女	476053	心脏病
36	男	476739	糖尿病
32	女	476075	骨折

(1) 显式标识。能够唯一标识一个用户身份的属性,如姓名、身份证号等。

(2) 准标识。不能唯一标识一个用户身份的属性,需要多个属性组合才能唯一标识一个用户身份,如地址、性别和生日等。

(3) 敏感属性。用户不希望被人知道的涉及隐私信息的属性,如薪资、健康状况和财务信息等。

与隐私信息元组所对应的隐私泄露类型可以分为 3 类:

(1) 个人标识泄露。当攻击者通过任何方式确认数据表中某条数据属于某个人时称为个人标识泄露。个人标识泄露最为严重,因为一旦发生这类泄露,攻击者就可以得到具体人的敏感信息。

(2) 属性泄露。当攻击者从数据表中了解到某个人新的属性信息时称为属性泄露。个人标识泄露肯定会导致属性泄露,但属性泄露也有可能单独发生。

(3) 成员关系泄露。当攻击者确认某个人的数据存在于数据表中时称为成员关系泄露。成员关系泄露风险较小,但仍可能单独发生。而个人标识泄露和属性泄露必然意味着成员关系泄露。

通过对元组进行这样的定义,可以指导数据脱敏方法向更有效、更安全的方向发展。隐私数据脱敏的第一步通常是对显式标识列进行移除或脱敏处理,使得攻击者无法直接标识用户。但是攻击者还是有可能通过多个准标识列的属性值识别个人。攻击者可能通过包含个人信息的开放数据库获得特定个人的准标识列属性值(例如知道某个人的邮政编码、年龄、性别等),并与大数据平台的数据进行匹配,从而得到特定个人的敏感信息。为了避免这种情况的发生,通常也需要对准标识列进行脱敏处理,如数据泛化等。数据泛化是将准标识列的数据替换为语义一致但更通用的数据。以上述医疗信息为例,对年龄和邮政编码泛化后的数据如表 7-3 所示。

表 7-3　泛化后的医疗信息表

年　　龄	性　　别	邮 政 编 码	疾 病 类 别
2 *	男	476 *	心脏病
2 *	女	476 *	心脏病
2 *	女	476 *	心脏病
≥40	女	4790 *	骨折
≥40	男	4790 *	流感
≥40	男	4790 *	流感
3 *	女	476 *	心脏病
3 *	男	476 *	糖尿病
3 *	女	476 *	骨折

通过脱敏和数据泛化技术,可以有效地保护隐私信息不被泄露。这种方法防止了数据使用者将任何一条数据与特定个人直接关联起来。具体而言,数据脱敏技术包括移除或转换那些能直接识别个人身份的显式标识列,如姓名、电话号码等,同时也调整那些可能间接识别个人的准标识,例如年龄或邮政编码。这样处理后的数据既能为数据分析师提供进行数据分析所需的信息,又在一定程度上防止了通过数据逆向识别个人身份,实现了数据安全与数据价值挖掘之间的平衡。如何判断是否实现了数据安全与数据价值挖掘之间的平衡呢? 1998 年,Samarati 和 Sweeney 提出的 k-匿名隐私保护模型提供了一种衡量方式。该模型使用 3 种度量标准评估数据的泛化程度,从而确保在保护用户隐私的同时使数据的价值得到最大化的挖掘。

7.2.2　基于匿名的隐私度量标准

基于匿名的隐私度量标准的核心是 k-匿名模型。k-匿名模型是一种评估数据隐私保护水平的方法,这种方法的核心思想是确保在一个数据集中任何个体的信息都不能被单独识别出来,而只能与至少 $k-1$ 个其他个体的信息相混淆。k-匿名模型旨在达到保护个人隐私和保持数据实用性之间的平衡。

k-匿名要求:对于任意一条记录,至少有 $k-1$ 条记录的准标识属性值与该条记录相同。将这 k 条记录称为等价集。由于每个等价集中的记录个数至少为 k 个,那么当针对大数据的攻击者在进行连接攻击时,对于任意一条记录的攻击同时会关联到等价集中的其他至少 $k-1$ 条记录。这种特性使得攻击者无法确定与特定用户相关的记录,从而保护了用户的隐私。

k-匿名的实施通常通过概括(generalization)和隐匿(suppression)技术实现。概括指对数据进行更加一般化的、抽象的描述,使其无法区分具体数值,例如将年龄具体数值泛化为年龄范围。而隐匿指不发布某些信息,如去除某些显式标识,例如姓名和身份证号。通过降低发布数据的精度,使得每条记录至少与数据表中其他的 $k-1$ 条记录具有完全相同的准标识属性值,从而降低连接攻击所导致的隐私泄露风险。

k-匿名模型提出了 3 种对数据脱敏方法的评估标准,分别是 k-匿名(k-anonymity)、l-多样性(l-diversity)和 t-近似性(t-closeness)。在详细介绍这 3 种标准之前,先来看看典型的隐私泄露攻击——连接攻击。

例如,表 7-4 是某医院收集的患者数据,其中已经抹去了姓名、身份证号等信息。但是,直接发布这样简单处理的数据并不安全。利用表 7-5 中的内容,可以通过比对生日、性别和邮政编码的值得知安德患有流感。这种攻击称为连接攻击。

表 7-4 患者数据表

生　日	性　别	邮政编码	疾病类别
1/21/76	男	537150	流感
4/13/86	女	537150	肝炎
2/28/76	男	537030	支气管炎
1/21/76	男	537030	手臂骨折
4/13/86	女	537060	脚踝扭伤
2/28/76	女	537060	甲刺

表 7-5 选民数据表

姓　名	生　日	性　别	邮政编码
安德	1/21/76	男	537150
杨珍	1/10/81	女	554100
白丽	10/1/44	女	902100
邓伦	2/21/84	男	021740
叶岚	4/19/72	女	022370

当公开数据表时,应避免用户的敏感数据被公开,即不能让观察者将某个元组和一个确定的用户联系起来。信息公开通常可以分为两类:

(1) 身份公开。指可以将用户和特定元组联系起来。

(2) 属性公开。指新公开的信息可以使观察者更准确地推测用户的特征。

在使用用户的数据时,应当尽量使观察者无法将元组与用户联系起来,而不是使观察者获得错误的信息,因为即使错误的信息也可能给用户带来安全上的困扰。

下面详细介绍 k-匿名模型提出的 3 个隐私度量评估标准。

1. k-匿名性

k-匿名性有如下假设:数据持有者可以识别其所持有的数据中可能出现在外部数据中的属性,因此可以准确地识别准标识集合。

显然这个假设可能不成立。例如,数据持有者误判了哪些属性是连接敏感的并将其公开。然而,由于数据持有者并不清楚观察者知道哪些信息,这个问题并不能在算法上予以解决。对于这个问题,可以依赖算法以外的约束,如政策、合约等。

在 k-匿名性标准中,要求同一个准标识至少要有 k 条记录。因此观察者无法通过准标识连接元组信息。

例如,表 7-6 是原始数据,表 7-7 是满足 3-匿名性的数据。其中,准标识集合 QI＝{邮政编码,年龄},敏感数据是"疾病类别"。

表 7-6　患者数据表

序　号	邮 政 编 码	年　龄	疾 病 类 别
1	476770	29	心脏病
2	476020	22	心脏病
3	476780	27	心脏病
4	479050	43	流感
5	479090	52	心脏病
6	479060	47	癌症
7	476050	30	心脏病
8	476730	36	癌症
9	476070	32	癌症

表 7-7　表 7-6 的 3-匿名性版本

序　号	邮 政 编 码	年　龄	疾 病 类 别
1	476***	2*	心脏病
2	476***	2*	心脏病
3	476***	2*	心脏病
4	4790**	≥40	流感
5	4790**	≥40	心脏病
6	4790**	≥40	癌症
7	476***	3*	心脏病
8	476***	3*	癌症
9	476***	3*	癌症

拥有相同准标识的所有元组称为一个等价集。例如,表 7-7 中的数据分为 3 个等价集。k-匿名性也就是要求同一等价集中的记录不少于 k 条。把等价集的大小组成的集合称为频率集。等价集是一个多重集,即其中可以有相同的元素。频率集应该也是多重集,k-匿名性使得观察者无法以高于 $1/k$ 的置信度通过准标识识别用户。

但是,k-匿名性也有它的缺陷,该方式虽然可以防止身份公开,但无法防止属性公开。

例如,其无法抵抗一致性攻击和背景知识攻击。

- 一致性攻击(homogeneity attack)。例如,在表 7-7 中,第 1～3 条记录的敏感数据是一致的,因此这时 k-匿名性就失效了。观察者只要知道表 7-7 中某一用户的前 3 位是 476,年龄是 20 多岁,就可以确定该用户有心脏病。
- 背景知识攻击(background knowledge attack)。例如,如果观察者通过邮政编码和年龄确定用户卡尔在表 7-7 的第 3 个等价集中,同时知道卡尔患心脏病的可能性很小,那么就可以确定卡尔患有癌症。

2. l-多样性

k-匿名性可用于抵御个人标识泄露的风险,但是无法抵御属性泄露的风险。由此引出了 l-多样性的定义。

如果一个等价集里的敏感属性至少有 l 个不同的取值,那么则称该等价集具有 l-多样性。如果一个数据表里的所有等价集都具有 l-多样性,则称该数据表具有 l-多样性。

对于 l-多样性的表示有多种定义方式:

(1) 可区分的 l-多样性(distinct l-diversity)。

l-多样性要求同一等价集中的敏感属性要有至少 l 个可区分的值。但是,如果某个值的频率明显高于其他值,观察者可以以较高的概率认为这一等价集中的敏感属性都取这个值。在如图 7-1 所示的示例中,观察者有 80% 的概率正确判断某患者患有 HIV。

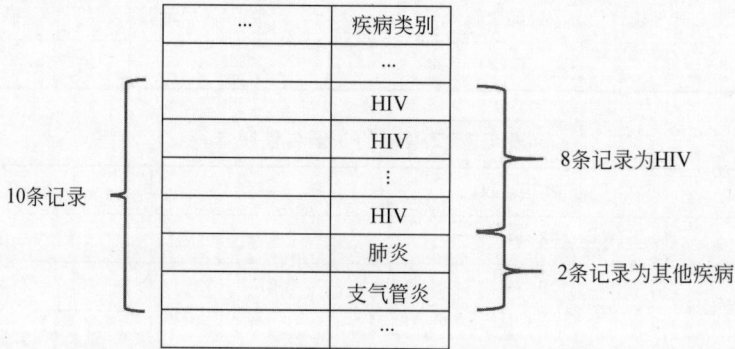

图 7-1 高频敏感属性值示例

(2) 熵 l-多样性(entropy l-diversity)。

记 S 为敏感属性的取值集合,$p(E,s)$ 为等价集 E 中敏感属性取值 s 的概率,熵 l-多样性要求下式成立:

$$\text{Entropy}(E) = -\sum_{s \in S} p(E,s)\log_2 p(E,s) \geqslant \log_2 l$$

若每一等价集都满足熵 l-多样性,那么整个数据表的熵也必然不小于 $\log_2 l$。但是,这个要求太严格了。例如,如果敏感属性的取值集合中某些取值的频率较高,就将导致整个数据表的熵比较低。

(3) 递归 (c,l)-多样性(recursive (c,l)-diversity)。

设等价集 E 中的敏感属性有 m 种取值,记 r_i 为出现次数第 i 多的取值的频次。如果 E 满足

$$r_l < c(r_l + r_{l+1} + \cdots + r_m)$$

则称等价集 E 具有递归 (c, l)-多样性。如果数据表中所有等价集都具有递归 (c, l)-多样性，则称数据表具有递归 (c, l)-多样性。

l-多样性这种隐私度量方式同样有它的缺点：

（1）可能难以实现且无必要实现。

例如，在某个疾病检测报告中，如果假设敏感属性只有"阳性"和"阴性"，在 10 000 条记录中分别占 1％和 99％。阴性人群并不在乎被人知道其检测结果为阴性，但阳性人群对此可能很敏感。这时如果一个等价集中均为阴性，是没有必要实现可区分的 2-多样性的。同时，由于其整体的熵很小，因此要实现良好的熵表示也是很难的，l 必须取很小的值。

（2）不足以阻止属性公开。

下面列举两种攻击。

① 倾斜攻击（skewness attack）。继续考虑疾病检测报告的例子。假设一个等价集中恰好一半阳性、一半阴性，那么此时这个等价集满足可区分的 2-多样性、熵 2-多样性和递归 (c, l)-多样性。但是，此时，相比于整体 1％阳性的概率，该等价集中的个体都有 1/2 的概率被认为是阳性。

另一种情况是：一个等价集中有 49 个阳性和 1 个阴性，这符合可区分的 2-多样性。同时，由于其熵大于整体的熵，必然也将满足任何可以实现的良好的熵表示。但是，在这个等价集中，每个个体都有 98％的概率被认为是阳性，远高于整体的 1％，这代表了一种很严重的隐私风险。

另外，上述情况和 49 个阴性、1 个阳性具有完全相同的 2-多样性，但是这两种情况却具有完全不同的隐私风险。

② 近似攻击（similarity attack）。l-多样性并没有考虑语义信息，这将带来风险。例如，如果敏感属性是"工资"，某一等价集中的取值都是 3000～5000 元，那么观察者只要知道用户在这一等价集中就可以知道其工资水平，却并不需要关心具体数值。

3. t-近似性

t-近似性认为，在数据表公开前，观察者有对客户敏感属性的先验信念；在数据表公开后，观察者获得了后验信念。这二者之间的差别就是观察者获得的信息。t-近似性将信息获得又分为两部分：关于整体的和关于特定个体的。下面是对这一隐私度量方式的建模。首先考虑如下思想实验：

记观察者的先验信念为 B_0。数据拥有者先发布一个抹去准标识信息的数据表，这个数据表中敏感属性的分布记为 Q。根据 Q，观察者得到了 B_1。然后数据拥有者发布含有准标识信息的数据表，那么观察者可以由准标识识别特定个体所在等价集，并可以得到该等价集中敏感属性的分布 P。根据 P，观察者得到了 B_2。l-多样性其实就用于限制 B_2 与 B_0 的差别。然而，数据拥有者发布数据是因为数据有价值，这个价值就是数据整体的分布规律，可以用 B_0 与 B_1 的差别表示。二者差别越大，表明数据的价值越大。这一部分不应被限制，即整体的分布 Q 应该被公开，因为这正是数据的价值所在。而 B_1 与 B_2 的差别才是需要保护的隐私信息，应该被尽可能限制。

t-近似性通过限制 P 与 Q 的距离对 B_1 与 B_2 的差别进行限制。根据 t-近似性，如果

$P=Q$，那么应有 $B_1=B_2$。P、Q 越近，B_1、B_2 也应越近。

t-近似性原理(t-closeness principle)表述如下：如果等价集 E 中的敏感属性取值分布与整个数据表中该敏感属性的分布的距离不超过阈值 t，则称 E 满足 t-近似性。如果数据表中所有等价集都满足 t-近似性，则称该数据表满足 t-近似性。

可以看出，t-近似性的一个关键在于如何定义两个分布的距离。有学者采用了推土机距离(Earth Mover's Distance，EMD)表示这个距离。EMD 的好处在于其考虑了属性之间的语义关系。

显然，t-近似性限制了准标识和敏感属性之间的联系，损失了一些信息。但这正是发布者需要抑制的，如果观察者知道太多准标识和敏感属性间的信息，那么很可能发生属性泄露。通过阈值 t 的设置可以平衡隐私保护和数据价值的实现。

7.2.3　基于差分隐私的隐私度量方法

另一种常用的隐私度量方法是基于差分隐私的方法。在具体讨论该方法之前，首先介绍差分攻击的概念。

先看如下的例子。如表 7-8 所示，假设某医疗诊断数据表为了保护用户的某个隐私，仅为用户提供了统计查询的服务(例如计数查询)，但不泄露具体记录的值。设用户输入的参数是 S_i，调用查询函数 $f(i)=\text{count}(i)$ 得到数据表前 i 行中满足"诊断结果"$=1$ 的记录数量，并将函数值反馈给用户。

如图 7-2 所示，差分攻击(differential attack)是指假设攻击者欲推测 Alice 是否患有癌症，并且知道 Alice 在数据表的第 5 行，那么可以用 $\text{count}(5)-\text{count}(4)=1$ 推出正确的结果。

表 7-8　医疗诊断数据表

姓名	诊断结果
Tom	0
Jack	1
Henry	1
Diego	0
Alice	1

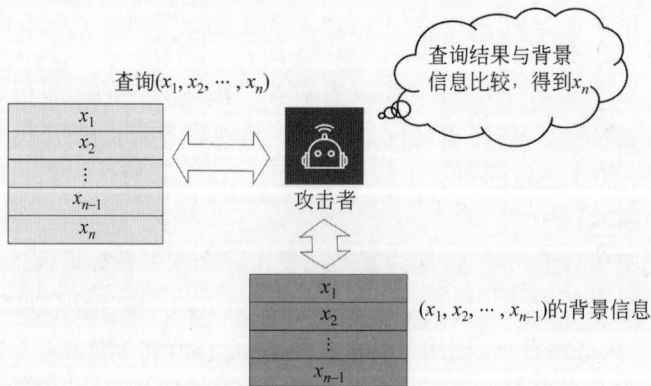

图 7-2　差分攻击示例

对于此问题可以通过差分隐私方法解决，即用一种方法使得查询 n 条记录和查询 $n-1$ 条记录得到的结果是相对一致的，因此攻击者无法通过比较(差分)查询结果得到第 n 条记录的信息。进一步说，对于差别只有一条记录的两个数据表 D 和 D'，查询它们获得相同结果的概率非常接近。

差分隐私模型作为一种先进的隐私保护技术，主要用于防范差分攻击。这一模型由微软研究院的 Dwork 在 2006 年首次提出，其核心思想在于通过向原始查询结果（包括连续型数值和离散型数值）中巧妙地融入干扰数据（即噪声），从而确保在将结果返回给第三方机构时使用户的隐私信息得到有效保护。

在此定义下，对数据表的计算处理结果对于具体某条记录的变化是不敏感的，一条记录在数据表中或者不在数据表中，对计算结果的影响微乎其微。一条记录因其加入数据表中所产生的隐私泄露风险被控制在极小的、可接受的范围内，攻击者无法通过观察计算结果获取准确的个体信息。

通过添加这种干扰数据，能够在不影响统计分析结果准确性的同时确保无法精准定位到具体人，进而有效地防止个人隐私数据的泄露。差分隐私模型的核心工作机制在于确保在统计查询的数据集中增加或减少任何一条记录时所得的输出结果保持高度一致性。换言之，任何一条记录的存在与否对最终查询结果的影响微乎其微，因此无法从输出结果中逆向还原出任何一条原始的记录，从而有效保护了个人隐私数据的安全。

为了实现这一目标，差分隐私方法引入了一个称为隐私预算的概念，通常表示为 ε。这个参数用于控制添加到原始数据集的噪声或随机性的量。在实际应用中，添加噪声的算法比简单的随机性更为复杂，这些算法基于 ε 参数，该参数需要在隐私和数据效用之间进行权衡：ε 值越高，数据越准确，但隐私保护程度则越低。

差分隐私模型具有计算速度快、应用范围广以及对已有算法或应用耦合度低的优势。然而，它也存在一些局限性，例如添加的噪声可能会对数据的准确性产生影响，甚至导致数据无法使用。

差分隐私模型在多个领域有着广泛的应用，包括机器学习领域的数据共享、隐私保护模型训练以及隐私保护数据分析。例如，在数据共享方面，差分隐私可以在不泄露个人数据的情况下让多个组织或个人共享数据，促进合作和知识共享；在隐私保护模型训练方面，通过在训练过程中引入噪声，差分隐私模型可以有效地防止攻击者通过模型逆推出原始数据，保护个人隐私。

下面给出（差分隐私）的定义。给定任意两个邻近数据表 D 和 D'（二者之间至多相差一条记录），给定一个随机算法 M，其输出结果范围为 $\mathrm{Range}(M)$，如果算法 M 在 D 和 D' 的任意输出结果 $O(O \in \mathrm{Range}(M))$ 满足

$$\Pr[M(D) = O] \leqslant e^{\varepsilon} \Pr[M(D') = O]$$

则称算法 M 满足 ε-差分隐私。

其中，概率 $\Pr[\cdot]$ 由算法 M 的随机性控制，也表示隐私被披露的风险。隐私预算 ε 用来控制算法 M 在两个邻近数据集上获得相同输出的概率比值，体现了 M 所能够提供的隐私保护水平。ε 通常取很小的值，例如 0.01、0.1 或者 $\ln 2$、$\ln 3$ 等。ε 越小，表示隐私保护水平越高；当 ε 等于 0 时，保护水平达到最高。因此，ε 的取值要结合具体需求在输出结果的安全性与可用性之间取得平衡。

差分隐私技术限制了任意一条记录对算法 M 输出结果的影响，用户隐私泄露的概率有一个数学的上界。相比传统的 k-匿名性，差分隐私使隐私保护模型更加清晰。

一个复杂的隐私保护问题通常需要多次应用差分隐私保护算法才能得以解决。在这种情况下，为了保证将整个过程的隐私保护水平控制在给定的预算 ε 之内，需要合理地将全部

预算分配到整个算法的各个步骤中。可以采用如下两种组合方式之一：

（1）序列组合性。设有算法 $M_1,M_2,\cdots,M_n$，其隐私预算分别为 $\varepsilon_1,\varepsilon_2,\cdots,\varepsilon_n$，那么对于数据集 D，由这些算法构成的组合算法 $M(M_1(D),M_2(D),\cdots,M_n(D))$ 提供 ε 差分隐私保护，其中 $\varepsilon=\sum_{i=1}^{n}\varepsilon_i$。

（2）并行组合性。设有算法 $M_1,M_2,\cdots,M_n$，其隐私保护预算分别为 $\varepsilon_1,\varepsilon_2,\cdots,\varepsilon_n$，那么对于不相交的数据表 $D_1,D_2,\cdots,D_n$，由这些算法构成的组合算法$(M_1(D_1),M_2(D_2),\cdots,M_n(D_n))$ 提供 $\varepsilon=\max(\varepsilon_i),(i=1,2,\cdots,n)$ 差分隐私保护。

序列组合性及并行组合性下的差分隐私保护如图 7-3 所示。

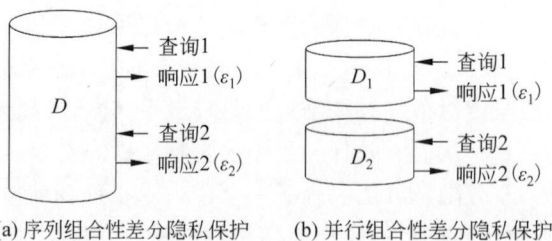

(a) 序列组合性差分隐私保护　　(b) 并行组合性差分隐私保护

图 7-3　序列组合性及并行组合性下的差分隐私保护

还是使用前面介绍的差分攻击的例子（图 7-2）。

如果 f 是一个提供 ε-差分隐私保护的查询函数，例如 $f(i)=\mathrm{count}(i)+\mathrm{noise}$，其中 noise 是服从某种随机分布的噪声。假设 $f(5)$ 可能的输出来自集合 $\{2,2.5,3\}$，那么，$f(4)$ 也将以几乎完全相同的概率输出 $\{2,2.5,3\}$ 中的任一可能的值，攻击者无法通过 $f(5)-f(4)$ 得到想要的结果。这种针对统计输出的随机化方式使得攻击者无法得到查询结果间的差异，从而能保证数据表中每个个体隐私的安全。

差分隐私保护方法的优点是在数据的可用性和隐私性之间达到了平衡，使用者可以通过设定隐私预算调整数据的可用性和隐私性。差分隐私用严格的数学证明度量隐私，是隐私保护的一个发展方向。

但是差分隐私保护也不是万能的，其中加入噪声的很多算法需要在大规模的数据表上才实用。除此之外，隐私预算的合理设定也是一个重要问题。由于差分隐私对于背景知识的要求过强，所以需要在结果中加入大量随机噪声，导致数据的可用性急剧下降。特别对于那些复杂的查询，有时候随机化结果几乎掩盖了真实结果。这也是导致目前 ε-差分隐私技术应用不多的一个原因。

7.3　常用的隐私保护方法

7.3.1　隐私保护方法概述

随着大数据、云计算、移动互联网快速发展和广泛应用，隐私保护面临新的挑战。在传统的被动式隐私保护技术中，数据生成者并没有主动参与隐私保护。仅仅依靠数据收集者的隐私保护技术是不完整的。具体问题如下：

（1）存储和计算的外包使得所有权和控制权相互分离，将会使云租户失去对数据的直接控制,导致云租户数据的隐私信息泄露,例如个人电子医疗信息、金融交易或商业文件等。

(2) 多个数据集之间存在着一定的关联性,大数据的多样性带来的多源数据融合使得隐私泄露风险大大增加。

(3) 缺乏针对大数据隐私泄露造成的巨大损失而采取的妥善的事后补救措施,导致隐私泄露事件时有发生。

针对上述问题,当前主要的隐私保护方法大体可分为 4 类:变换、分治、隐匿、混淆。

1. 基于变换的隐私保护方法

基于变换的隐私保护方法是指通过对原始数据进行某种变换(或编码)实现隐私保护的技术方法。通过对数据进行变换,在一定程度上实现了隐私保护与数据可用性之间的平衡。其代表性技术手段如下:

(1) 数据变换。这种技术通过对原始数据进行某种变换以掩盖敏感信息,从而实现隐私保护。由于其以一定的规则对数据进行变换,只有授权用户才能还原真实数据。

(2) 同态加密(Homomorphic Encryption,HE)。这种技术允许在加密数据上直接进行某些计算操作,而无须先解密数据。根据支持的同态性质不同,同态加密可分为完全同态加密(Fully HE,FHE)和部分同态加密(Partially HE,PHE)两种。采用同态加密技术,可以在不泄露原始数据隐私的情况下对加密数据执行必要的计算和处理,得到一个输出。对这一输出进行解密,其结果与用同一方法处理未加密的原始数据得到的输出结果是一样的。

(3) 可搜索加密。它能够在信息资源加密存储的前提下,通过对其构建密文全文索引提供高效安全的检索方法,使用户可以在加密数据上执行特定的搜索查询操作,而无须先解密。常见的方案包括对称可搜索加密和公钥可搜索加密。可搜索加密广泛应用于云存储、电子邮件隐私保护等领域,允许用户在云端存储加密数据的同时仍可方便地检索和查找所需文件。

基于变换的隐私保护方法是轻量级、扩展性好的加密变换,更符合大数据的发展方向。

2. 基于分治的隐私保护方法

基于分治的隐私保护方法是指对原始数据进行分割,分别对各数据子集执行计算和处理,然后将结果合并,从而在一定程度上实现隐私保护的技术方法。

通过将原始数据集分割为多个不相交的子集,使得每个数据子集只包含部分个体信息,从而降低了单个数据子集泄露时的隐私风险。在对分割后的数据子集分别执行计算或处理时,由于每个数据子集都只包含有限的个体信息,因此可以在一定程度上保护个体隐私。最后通过对各数据子集的计算结果进行合并,即可获得全局计算结果。其代表性技术手段主要是数据分割。

数据分割是基于分治的隐私保护方法的关键技术。通过对准标识属性集进行垂直分割,割裂其中的关联关系,使得以对数据做笛卡儿积的方式还原数据的精度不高于 $1/k$。这里的 k 是一个关键参数,通常用于表示数据分割的粒度。k 的值越大,表示数据分割的粒度越细,隐私保护程度越高,但同时计算代价也会显著增加。数据分割的目标是将原始数据集划分为若干隐私程度较高的数据子集,使得每个数据子集单独泄露时所造成的隐私损失都在可控范围内。划分粒度越细,隐私保护程度越高,但计算代价也就越大。

3. 基于隐匿的隐私保护方法

基于隐匿的隐私保护方法是指通过隐藏或掩盖个体身份敏感信息的方式实现隐私保护的技术方法，其核心思想是对个体的身份识别信息进行隐匿处理，使个体信息在发布或使用时难以被识别和关联，从而达到保护隐私的目的。这种方法旨在切断个体身份与其相关敏感信息之间的关联关系，其代表性技术手段如下：

（1）匿名。在数据发布时，隐匿用户 ID 的指示信息（如身份证号、姓名等）已经成为业界的惯例，且在欧洲一些国家已经颁布了相关的法律条文。

（2）假名。在数据发布时，以假名代替用户的真实 ID。由于长时间使用同一假名并不能有效保护用户的隐私，研究者进一步提出基于 Mix-Zone 的假名交换方法。

这类方法的特点在于相对简单、直观，成本较低，易于实施。但这类方法受制于已知背景知识攻击等因素，隐私保护强度有限。隐匿处理后的数据可被有限度地追溯到原始记录，但无法直接识别个人身份。

4. 基于混淆的隐私保护方法

基于混淆的隐私保护方法的核心思想是通过人为地增加噪声或模糊处理等手段使得原始数据在语义层面发生一定程度的混淆，从而掩盖或隐藏个体的敏感隐私信息，达到保护隐私的目的。其代表性技术手段如下：

（1）数据泛化。一种将精确信息替换为模糊信息的技术，当数据中所包含的相同属性值的记录个数少于隐私要求时，将相应属性的属性值泛化到其上一个层次，以此方式递归进行，直至待发布数据满足隐私要求。例如，"雅戈尔羽绒衣"→"羽绒衣"→"衣服"，这样的信息处理就是数据泛化的典型实现方式。

（2）数据加噪。指在原始数据中以一定的策略（如差分隐私）加入一些噪声数据以满足用户的隐私要求。例如，在位置隐私保护中，在发布用户真实位置时同时发布若干噪声位置。加噪方法可以在一定程度上保护隐私，同时尽可能地保留数据的整体统计特征。

（3）位置模糊。针对位置隐私保护的一种混淆技术，通过人为引入位置扰动或模糊化，使个体的准确位置信息难以辨识，从而达到保护隐私的目的。常用于 LBS（Location-Based Service，基于位置的服务）中，以一个位置区域代替用户的真实位置。

（4）隐私信息检索（Privacy Information Retrieval，PIR）。将用户的查询请求通过一个矩阵变换构造出 $N-1$ 个与其不可区分的伪查询，使得攻击者无法精确地知道用户的真实意图。

基于混淆的隐私保护方法具有以下特点：成本较高；需要永久改变数据；存在一定的信息损失；原始数据加噪存储空间开销大；查询时加噪时间开销大；有时需要保持加噪一致性。

7.3.2 同态加密

同态加密是一种允许在加密数据上直接执行计算的技术。1978 年，Ron Rivest、Leonard Adleman 和 Michael L. Dertouzos 受银行业务的启发，首次提出了这一概念。多年来，尽管理论上有所进展，但实现完全同态加密的效率一直是一个挑战。直到 2009 年，Craig Gentry 在其博士论文中给出了首个可行的完全同态加密构造，从而开启了同态加密的新纪元。自此以后，该领域不断取得重大进展，包括改进的加密方案和优化技术。

HElib 是一个开源的同态加密库,由 Shai Halevi 等开发,实现了 Brakerski-Gentry-Vaikuntanathan(BGV)和 Cheon-Kim-Kim-Song(CKKS)等加密方案,支持同态加减乘除和移位等丰富的运算。该库致力于提高同态计算的效率,尤其是通过密钥技术和 Gentry-Halevi-Smart 优化等技术实现这一点。

HElib 为研究人员和开发人员提供了探索和利用同态加密技术潜力的方便工具。当然,当前生成密钥的效率仍是一个挑战,只有当计算量足够大时,使用 HElib 等同态加密库才具有实际价值。未来,随着算法和硬件的持续优化,同态加密有望在金融、医疗等领域发挥重要作用。

1. 同态加密算法的原理

一般的加密方案关注的都是数据存储安全。例如,要给其他人发送数据,或者要在计算机或者其他服务器上存储数据,都需要对数据进行加密后再发送或者存储。没有密钥的用户不可能从加密结果中得到有关原始数据的任何信息。只有拥有密钥的用户才能够正确解密,得到原始的内容。在这个过程中,用户是不能对加密结果做任何操作的,只能进行存储和传输。对加密结果做任何操作都将会导致错误的解密结果甚至解密失败。

同态加密方案最有趣的地方在于其关注的是数据处理安全。同态加密提供了一种对加密数据进行处理的功能。也就是说,其他人可以对加密数据进行处理,但是处理过程不会泄露任何原始内容。同时,拥有密钥的用户对处理过的数据进行解密后,得到的正好是处理后的结果。以下就是典型的同态加密方式:

$$a + b = c \Rightarrow D(E(a,\text{pk}) \boxplus E(b,\text{pk}),\text{sk}) = c$$

其中,pk 为公钥,sk 为私钥。

2. 同态加密的相关概念

下面给出同态加密的相关概念。

1) 同态性

给定一个加密系统的加密函数为 $E:M \rightarrow C$,解密函数为 $D:C \rightarrow M$,其中 M 与 C 分别为明文空间与密文空间;令 $\boxplus$ 和 $\oslash$ 分别为定义在明文空间和密文空间上的代数运算或算术运算。则加密方案的同态性定义如下:

给定任意的两个 $m_1,m_2 \in M$,如果一个加密系统的加密函数与解密函数满足代数关系

$$m_1 \boxplus m_2 = D(E(m_1) \oslash E(m_2)) \quad \text{或} \quad E(m_1 \oslash m_2) = E(m_1) \boxplus E(m_2)$$

则称该加密系统具有同态性。

2) 加法同态、乘法同态和异或同态

一个具有同态性的加密系统,若明文空间上的运算为加法(+),则该加密系统被称为加法同态加密系统;若明文空间上的运算为乘法(×),则该加密系统被称为乘法同态加密系统;若明文空间上的运算为异或(⊕),则该加密系统被称为异或同态加密系统。

3) 部分同态、类同态和全同态

(1) 部分同态(PHE)。只满足一种代数(或算术)同态运算的加密系统称为部分同态加密系统。

部分同态加密通过提供部分同态计算能力,使得在不解密的情况下对加密数据执行特定的计算成为可能,极大地提高了加密数据的可用性,为实现隐私保护与高效计算之间的平

衡提供了一种有效手段。部分同态加密方案按照明文空间上能实现的代数或算术运算分为加法同态、乘法同态和异或同态 3 种。

① 加法同态加密方案。其同态性表现为

$$m_1 + m_2 = D(E(m_1) + E(m_2))$$

Paillier 加密系统基于高阶合数度剩余类困难问题,并且满足 IND-CPA,属于加法同态加密系统。

② 乘法同态加密方案。其同态性表现为

$$m_1 \times m_2 = D(E(m_1) \times E(m_2))$$

RSA 是最早的具有乘法同态性的加密方案,它基于因子分解困难问题,属于确定性加密,不能抵御选择明文攻击。ElGamal 是基于有限域上的离散对数困难假设设计的加密算法,该加密方案同样具有乘法同态性,并且满足选择明文攻击下的不可区分性(INDistinguishability under Chosen Plaintext Attack,IND-CPA)。

③ 异或同态加密方案。其同态性表现为

$$m_1 \oplus m_2 = D(E(m_1) \oplus E(m_2))$$

只有 GM 加密系统属于异或同态加密系统,该加密系统基于二次剩余困难问题,虽满足 IND-CPA,但每次只能加密单比特,因此加密效率比较低。

(2) 类同态(SomewhatHE,SHE)。

同时满足加法和乘法同态运算且只能进行有限次加法或乘法运算的加密系统称为类同态加密系统。

类同态加密方案能同时进行有限次密文加法和乘法运算。典型的类同态加密方案有 BGN、FV 和 YASHE。BGN 方案能够进行无限次密文加法运算和一次密文乘法运算;FV 方案能够进行无限次密文加法运算和若干次密文乘法运算。YASHE 方案能够进行无限次密文加法运算和若干次密文乘法运算。

类同态加密技术的发展奠定了随后出现的全同态加密技术的基础,后期许多全同态加密方案是由类同态加密方案改造而来的。

(3) 全同态(FHE)。

同时满足加法和乘法同态的加密系统称为全同态加密系统。

全同态加密技术是一种特殊形式的加密方案,允许在不解密密文的情况下直接对密文进行函数计算,获得该函数输出的加密后的结果,这样就可以保护隐私。在全同态加密的场景下,函数的数学构造是公开的,因此从输入密文到输出结果的处理流程也是公开的,可以在云端执行而不会泄露任何隐私。在云计算环境中,全同态加密可以让用户在不解密的情况下将加密数据外包给云服务提供商进行任意复杂的计算和处理,从而充分利用云端的强大计算能力,同时又能保护数据的隐私和机密性,避免敏感信息泄露。

全同态加密的发展大致可分为 3 代:

① 基于格上困难问题构造的第一代全同态加密方案。其核心思想是:设计一个能够执行低次多项式运算的类同态加密算法,控制密文噪声增长,即依据稀疏子集和问题对解密电路执行压缩操作。然后再执行自己的解密函数实现同态解密,从而能够达到降噪的目的。同时依据循环安全假设(即假定用方案的公钥加密自身密钥作为公钥是安全的)实现纯粹的全同态加密。

② 基于带误差学习或环上带误差学习困难问题构造的第二代全同态加密方案。归约的基础是带误差学习或环上带误差学习困难问题,用向量表示密钥与密文,用密钥交换技术约减密文的膨胀位数,以达到降噪目的。该类方案的优点是不再需要电路自举技术,突破了Gentry 的设计框架,在效率方面实现了提升;它的缺点是在使用密钥交换技术时需要增加大量用于密钥交换的矩阵,从而导致公钥长度的增长。

③ 基于带误差学习或环上带误差学习困难问题构造的第三代全同态加密方案。其安全性最终归约到带误差学习或环上带误差学习的困难问题上,使用近似向量方法表示私钥,即用户的私钥实际上就是密文的近似特征向量。密文的同态计算使用的是矩阵的加法与乘法运算。这类方案被认为是目前最为理想的方案,它们不再需要密钥交换与模转换技术。

7.3.3　联邦学习

随着人工智能技术的广泛应用,由于各方面原因造成的数据孤岛阻碍了训练人工智能模型所必需的大数据的使用,所以人们开始寻求不必将所有数据集中到一个中心存储点就能够训练机器学习模型的方法。一种可行的方法是由每一个拥有数据源的组织训练一个模型,然后让各组织在各自的模型上彼此交流沟通,最终通过模型聚合得到一个全局模型。为了确保用户隐私和数据安全,各组织间交换模型信息的过程将会被精心地设计,使得没有组织能够猜测到其他任何组织的隐私数据内容。同时,当构建全局模型时,各数据源仿佛已被整合在一起,这便是联邦机器学习(federated machine learning,简称联邦学习)的核心思想。

联邦学习旨在建立一个基于分布数据集的模型。联邦学习包括两个过程,分别是模型训练和模型推理。在模型训练的过程中,模型相关的信息能够在各参与方之间交换(或者以加密形式进行交换),但数据不能。这一交换不会暴露每个站点上数据的任何受保护的隐私部分。已训练好的联邦学习模型可以置于联邦学习系统的各参与方,也可以在多个参与方之间共享。在推理时,模型可以应用于新的数据实例。例如,在 B2B 场景中,联邦医疗图像系统可能会接收一位新患者,其诊断来自不同的医院。在这种情况下,各参与方将协作进行预测。最终,应该有一个公平的价值分配机制来分配协同模型所获得的收益。激励机制设计应该以这种方式进行下去,从而使得联邦学习过程能够持续。

具体而言,联邦学习可分为以下 3 类:

(1) 横向联邦学习。参与联邦学习的各参与方数据特征相同,但贡献数据的客户不同。此时,如果从数据样本和数据特征两个维度考虑联邦学习使用的数据,数据是按照客户的维度横向分割的,参与方的数据特征重叠较多,客户 ID 重叠较少。该类方法通过增加可利用数据的数量的方式进行联邦学习。横向联邦学习如图 7-4 所示。

(2) 纵向联邦学习。在金融等领域中,往往会遇到参与联邦学习的各方数据特征不同的场景。例如,在不同的企业中、不同的场景下,相同的客户可能留下了不同的数据,如果能够将这些数据集中起来,将有助于对客户行为的预测。此时,如果从数据样本和数据特征两个维度考虑联邦学习使用的数据,数据是按照数据特征的维度纵向分割的,参与方客户 ID 重叠较多,数据特征重叠较少。该类方法通过增加可利用数据的特征维度的方式进行联邦学习。纵向联邦学习如图 7-5 所示。

(3) 联邦迁移学习。参与联邦学习的各方数据不同,客户不同,数据特征也不同,各参

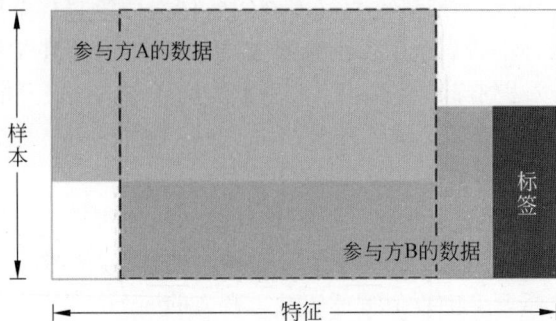

图 7-4　横向联邦学习

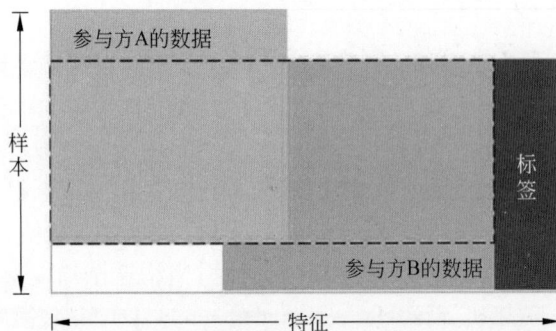

图 7-5　纵向联邦学习

与方持有的数据重叠较少。此时,需要引入迁移学习对原始的训练和任务进行补充和增强。联邦迁移学习如图 7-6 所示。

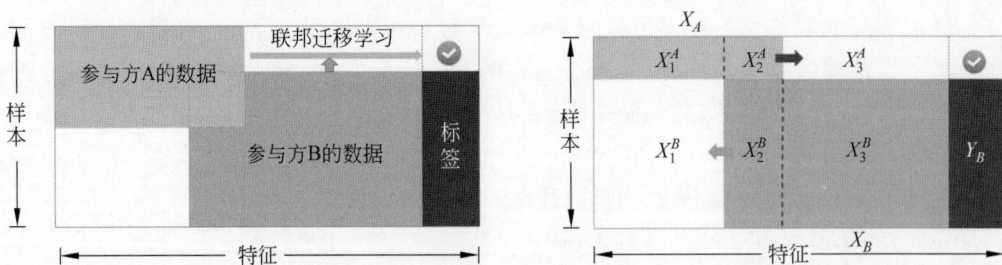

图 7-6　联邦迁移学习

1. 横向联邦学习

横向联邦学习也称为按样本划分的联邦学习,可以应用于联邦学习的各参与方的数据集有相同的特征空间和不同的客户空间的场景,类似于在表格视图中对数据进行水平划分的情况。横向指横向划分。横向划分广泛用于传统的以表格形式展示数据库记录内容的场景,表格中的记录按照行被横向划分为不同的组,且每行都包含完整的数据特征。举例来说,两个地区的城市商业银行可能在各自的地区拥有不同的客户群体,所以它们的客户交集非常小,它们的数据集有不同的客户 ID。然而,它们的业务模型非常相似,因此它们的数据集的特征空间是相同的。这两家银行可以联合起来进行横向联邦学习,以构建更好的风险控制模型。可以将横向联邦学习的条件总结为

$$x_i = x_j, \quad y_i = y_j, \quad I_i \neq I_j, \quad \forall D_i, D_j \text{ 且 } i \neq j$$

其中,D_i 和 D_j 分别表示第 i 个参与方和第 j 个参与方拥有的数据集。假设两方的数据特征空间和标签空间对,即 (X_i, Y_i) 和 (X_j, Y_j),是相同的。同时假设两方的客户 ID 空间,即 I_i 和 I_j,是没有交集的或交集很小。

关于横向联邦学习系统的安全性,通常假设一个横向联邦学习系统的参与方都是诚实的,需要防范的对象是一个诚实但好奇(honest-but-curious)的聚合服务器。即通常假设只有服务器才能使得数据参与方的隐私安全受到威胁。

两种常用的横向联邦学习系统架构分别为客户/服务器(Client/Server,C/S)架构和对等(P2P)网络架构。

典型的横向联邦学习系统的 C/S 架构也被称为主从架构或者轮辐式架构。在这种系统中,具有同样数据结构的 K 个参与方(也叫作客户)在服务器(也叫作聚合服务器)的帮助下协作地训练一个机器学习模型。如图 7-9 所示,横向联邦学习系统的训练过程如下:

(1) 各参与方在本地计算模型梯度,并使用同态加密、差分隐私或秘密共享等加密技术对梯度信息进行掩饰,并将掩饰后的结果(称为加密梯度)发送给聚合服务器。

(2) 聚合服务器进行安全聚合操作,例如使用基于同态加密的加权平均算法。

(3) 聚合服务器将聚合后的结果发送给各参与方。

(4) 各参与方对收到的梯度进行解密,并使用解密后的梯度结果更新各自的模型参数。

横向联邦学习系统的训练过程如图 7-7 所示。

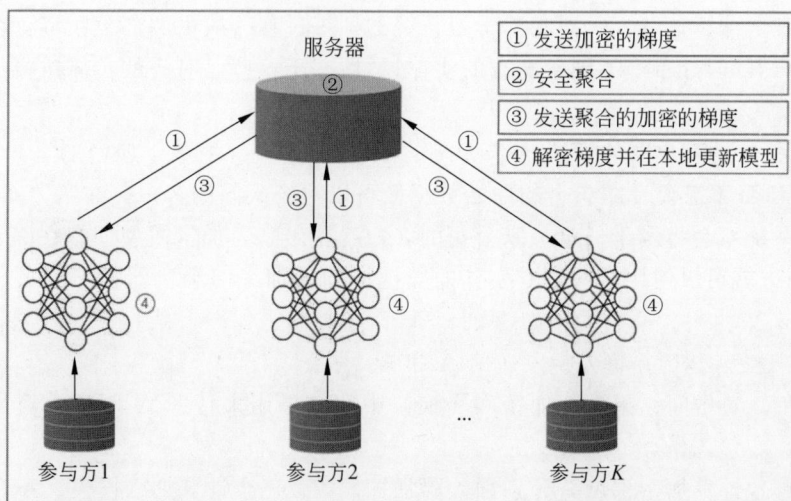

图 7-7　横向联邦学习系统的训练过程

上述步骤将会持续迭代进行,直到损失函数收敛或者达到允许的迭代次数的上限(或允许的训练时间)。C/S 架构独立于特定的机器学习算法(如逻辑回归和深度神经网络),并且所有参与方将会共享最终的模型参数。

横向联邦学习系统也能够利用 P2P 网络架构。在这种架构中,横向联邦学习系统的 K 个参与方也被称为训练方或分布式训练方。每一个训练方负责只使用本地数据训练同一个机器学习模型(如 DNN 模型)。此外,各训练方使用安全链路相互传输模型参数信息。为了保证任意两方之间的通信安全,需要使用基于公钥的加密方法等安全措施。与 C/S 架构相比,P2P 网络架构的一个明显优点便是去除了中央服务器(也可称为协调方),而这类服务器在一些实际应用中可能难以获取或建立。但这一特征也可能带来一些问题。例如,在循环传输模式中,由于没有中央服务器,权重参数并不分批量更新,而是连续更新,这将导致训练模型耗费更多的时间。

2. 纵向联邦学习

出于不同的商业目的,不同组织拥有的数据集通常具有不同的特征空间,但这些组织可能共享一个巨大的客户群体。通过使用纵向联邦学习,可以利用分布于这些组织的异构数据搭建更好的机器学习模型,并且不需要交换和泄露隐私数据。在这种联邦学习体系下,各参与方的身份和地位是相同的。联邦学习帮助各参与方建立共同获益策略。可以将纵向联邦学习的条件总结为

$$x_i \neq x_j, \quad y_i \neq y_j, \quad I_i = I_j, \quad \forall D_i, D_j \text{ 且 } i \neq j$$

纵向联邦学习的目的是利用由各参与方收集的所有特征协作地建立一个共享的机器学习模型。

下面用一个例子说明纵向联邦学习的架构。假设有两家公司 A 和 B 要协同地训练一个机器学习模型。每一家公司都拥有各自的数据,此外 B 还拥有进行模型预测任务所需的标注数据。出于用户隐私和数据安全的考虑,A 和 B 不能直接交换数据。为了保证训练过程中的数据保密性,加入了第三方协调者 C。在这里,假设 C 是诚实的且不与 A 或 B 共谋,但 A 和 B 都是诚实但好奇的。被信任的第三方是一个合理的假设,因为它可以是权威机构(如政府)或安全计算节点。纵向联邦学习系统的训练过程一般由两部分组成:首先对齐具有相同的客户 ID 但分布于不同参与方的实体;然后基于这些已对齐的实体执行加密的模型训练。

由于 A 和 B 的客户群体不同,纵向联邦学习系统使用一种基于加密的客户 ID 对齐技术以确保 A 和 B 不需要暴露各自的原始数据便可以对齐共同的客户。在实体对齐期间,纵向联邦学习系统不会将属于任意一家公司的客户暴露出来。加密模型训练在确定了共有实体后,各参与方就可以使用这些共有实体的数据协同地训练一个机器学习模型。训练过程如下:

(1) C 创建密钥对,并将公钥发送给 A 和 B。

(2) A 和 B 对中间结果进行加密和交换。中间结果用来帮助 A 和 B 计算加密梯度和加密损失。

(3) A 和 B 计算加密梯度并分别加入附加掩码。B 还会计算加密损失。A 和 B 将加密的结果发送给 C。

(4) C 对加密梯度和加密损失信息进行解密,并将结果发送回 A 和 B。A 和 B 解除梯度信息上的掩码,并根据这些梯度信息更新模型参数。

纵向联邦学习系统的训练过程如图 7-8 所示。

3. 联邦迁移学习

迁移学习是一种为跨领域知识迁移提供解决方案的学习技术。在许多应用中,只有小规模的标注数据或者较弱的监督能力,这导致可靠的机器学习模型并不能被建立起来。在这些情况下,仍然可以通过利用和调适相似任务或相似领域中的模型建立高性能的机器学

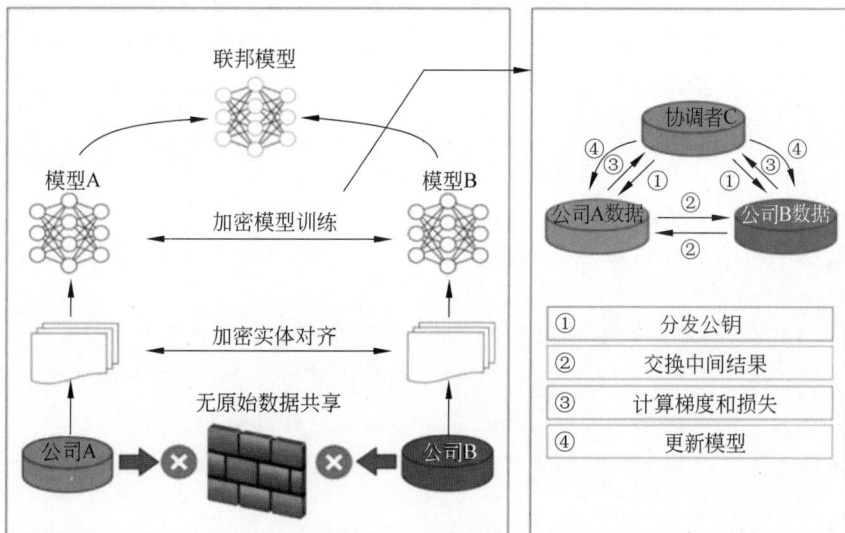

图 7-8　纵向联邦学习系统的训练过程

习模型。近年来,从图像分类、自然语言理解到情感分析,越来越多的研究将迁移学习应用于各种各样的领域中。迁移学习的性能依赖于源域和目标域之间的相似度,目前人们提出了许多用来测量领域相似度的理论模型。

迁移学习的本质是发现资源丰富的源域和资源稀缺的目标域之间的相似性,并利用相似性在两个领域之间传输知识。迁移学习主要分为 3 类:基于实例的迁移学习、基于特征的迁移学习和基于模型的迁移学习。联邦迁移学习将传统的迁移学习扩展到面向隐私保护的分布式机器学习范式中。下面概要地描述如何将这 3 类迁移学习技术分别应用于横向联邦学习和纵向联邦学习。

1) 基于实例的联邦迁移学习

对于横向联邦学习,参与方的数据通常来自不同的分布,这可能会导致在这些数据上训练的机器学习模型的性能较差。参与方可以有选择地挑选训练样本或对其进行加权,以减小分布差异,从而可以将目标损失函数最小化。对于纵向联邦学习,参与方可能具有非常不同的业务目标。因此,对齐的样本及其某些特征可能对联邦迁移学习产生负面影响,这被称为负迁移。在这种情况下,参与方可以有选择地挑选用于训练的特征和样本,以避免产生负迁移。

2) 基于特征的联邦迁移学习

参与方协同学习一个共同的表征空间。在该空间中,可以缓解从原始数据转换而来的表征之间的分布和语义差异,从而使知识可以在不同领域之间传递。对于横向联邦学习,可以通过最小化参与方样本之间的最大平均差异(Maximum Mean Discrepancy,MMD)学习共同的表征空间。对于纵向联邦学习,可以通过最小化对齐样本中属于不同参与方的表征之间的距离学习共同的表征空间。

3) 基于模型的联邦迁移学习

参与方协同学习可以用于迁移学习的共享模型,或者参与方利用预训练模型作为联邦学习任务的全部或者部分初始模型。横向联邦学习本身就是一种基于模型的联邦迁移学习。因为在每个通信回合中,各参与方会协同训练一个全局模型,并且各参与方把该全局模型作为初始模型进行微调。对于纵向联邦学习,可以从对齐的样本中学习预测模型,或者利用半监督学习技术推断缺失的特征和标签,然后可以使用扩大的训练样本训练更准确的共享模型。

联邦迁移学习旨在为以下场景提供解决方案:

$$x_i \neq x_j, \quad y_i \neq y_j, \quad I_i = I_j, \quad \forall D_i, D_j \text{ 且 } i \neq j$$

联邦迁移学习的最终目标是尽可能准确地对目标域中的样本进行标签预测(或回归预测)。

从技术角度看,联邦迁移学习和传统的迁移学习主要有以下两个不同:

(1) 联邦迁移学习基于分布于多个参与方的数据建立模型,并且各参与方的数据不能集中到一起或公开给其他参与方。传统迁移学习没有这样的限制。

(2) 联邦迁移学习要求对隐私和数据(甚至模型)安全进行保护。这在传统迁移学习中并不是一个主要关注点。

7.4 位置隐私保护技术

7.4.1 基于位置的服务

随着移动互联网的普及,用户的终端设备可以方便地获得用户的位置,并根据获得的位置提出与位置相关的查询,即基于位置的服务(LBS)。LBS 是将一个移动设备的位置或者坐标和其他信息整合起来,为用户提供增值服务。从 LBS 的定义可以看出,用户位置是该服务中一个重要因素。

LBS 最初应用于军事领域,美国国防部利用全球卫星定位系统对锁定目标进行跟踪、监控。其真正得到发展是在 1996 年,美国联邦通信委员会(FCC)发布了行政性命令——E911,要求网络运营商必须能对发出紧急呼叫的移动设备用户提供定位服务。后来,欧洲和日本也提出了类似的要求,最终促成了 LBS 的出现。随后,定位系统、通信和地理信息系统领域的快速发展推动了 LBS 的应用,各商业公司开始广泛利用该项服务,依照移动用户的地理位置为其提供量身定制的服务,包括定位、追踪和导航等。

LBS 对社会、经济的影响日益突出。与传统的互联网不同,移动互联网具有实时性、便携性、可定位化的特点,这使得 LBS 在移动互联网中得到广泛应用。LBS 的应用场景主要包括以下类型:

(1) 基于位置的 POI 检索服务。大众点评和百度糯米等都提供基于位置的 POI(Point of Interest,兴趣点)检索服务,用户使用该类软件可搜索任何感兴趣的位置信息,除了具体的地理位置之外,该类软件还会向用户简要介绍 POI 的其他信息,如网友点评等,以提升用户体验。在这类服务场景中,由于用户只是偶尔地提出位置服务请求,服务提供商获取的信息通常是关于孤立位置的请求。目前,大量的 LBS 隐私保护方案都是基于这类场景设计的。

(2) 基于位置的精确导航服务。高德地图、百度地图和滴滴出行等都提供基于位置的精确导航服务。用户使用这类软件时,持续地发送实时位置信息,服务提供商通过计算向用户返回实时路况信息,并推荐最佳路线完成导航。在这类服务场景中,服务提供商获取的信息是用户的精确位置和运动轨迹。

(3)基于位置的社交网络服务。Facebook 和微信等都提供基于位置的社交网络服务,包括近邻检测服务和签到(check-in)服务。近邻检测服务是指用户向服务提供商上传位置信息,服务提供商根据两个用户的物理位置判断他们是否为近邻。签到服务是指用户在某个语义位置签到,服务提供商返回该位置附近的信息,并将该位置信息通知其朋友。在这类服务场景中,服务提供商和用户的朋友获取的信息是孤立位置。

(4)基于位置的运动检测服务。Nike+和咕咚运动等应用都提供基于位置的运动检测服务,用户使用该类软件可统计其每天运动的步数、距离和路径等信息,为分析用户的运动情况提供依据。在这类服务场景中,服务提供商获取的信息是用户的运动轨迹。

(5)基于位置的广告推送服务。今日头条、小米新闻等都提供基于位置的广告推送服务。当用户位于某些商店附近时,该类软件向用户推送商店的广告信息。在这类服务场景中,服务提供商获取的信息是孤立位置。

此外,按照服务面向的对象,LBS 可以分为面向用户和面向设备两类。这两类服务的主要区别在于:在面向用户的 LBS 中,被定位用户对服务拥有主控权;而在面向设备的 LBS 中,被定位用户或物品属于被动定位,其对服务无主控权。按照服务的推送方式,LBS 应用还可以分为 Push(推送)服务和 Pull(拉取)服务。前者是被动接受,后者是主动请求。

7.4.2　位置隐私泄露的威胁

尽管 LBS 给人们带来了很多便利,然而,这一和普通用户个人隐私息息相关的服务也会带来隐私泄露的问题。面向位置隐私的保护有其独有的特点。

第一,隐私保护与代价是一对矛盾。隐私保护以付出一定代价为前提,其代价可能是数据可用性、网络带宽、用户或服务提供商付出的努力。例如,在基于数据失真的位置隐私保护技术中,代价体现为数据可用性。数据的精确性越高,可用性就越强,但隐私度就越低。再如,受到隐私保护的位置或冗余的查询结果会带来多余的网络通信,这种代价也是需要考虑的。因此,隐私保护技术需要在隐私保护和代价之间保持平衡。

第二,位置是时序多维信息。与一般的一维数据不同,在位置隐私中,移动对象的位置信息是多维的,各维互相影响,无法单独处理。因此,需要根据位置信息的多维性特点设计隐私保护方法。此外,位置信息经常发生动态更新,更新位置之间在时间上相互依赖。攻击者可以根据已知位置或运动模式预测未知或未来的位置。相互依赖的位置信息为攻击者获得用户在某特定时刻的位置提供了更多的背景知识。在单点位置上有效的位置隐私保护技术,在面对连续查询的隐私保护或轨迹隐私保护需求时不再适用。

第三,位置隐私保护中的即时性特点。LBS 是一种在线应用,处理器通常面临着海量的移动对象、连续的服务请求以及频繁更新的位置,服务提供商要处理巨大的数据量而且数据会频繁地变化。在位置大数据的背景下,如何提供高效的位置隐私保护方法,如何在保证攻击者不可区分用户提出的查询情况下最大化 LBS 的查询性能,成为需要解决的关键问题。在设计和使用不同的索引技术实现不同查询的高效处理在线环境下,处理器的性能和响应时间是用户满意度的重要衡量指标。

7.4.3 位置隐私保护的目标

在 LBS 中,敏感数据可以是有关用户的时空信息,可以是查询请求内容中涉及的医疗或金融信息,可以是推断出的用户的运动模式(如经常走的道路以及经过频率)、用户的兴趣爱好(如喜欢去哪个商店、哪个俱乐部、哪个诊所)等个人隐私信息。下面用一个例子说明 LBS 中的隐私保护内容。

张某在某医院就诊时利用带有 GPS 的手机提出"寻找距离我现在所在位置最近的中国银行"的查询。可以形式化地将该查询表示为(id,loc,query)。其中,id 表示提出位置服务请求的用户标识,即张某;loc 表示提出位置服务时用户所在的位置坐标,即医院的经纬度;query 表示查询内容,即"距离我最近的中国银行"。

一般来讲,LBS 中的隐私内容包括两方面。

第一,位置信息,即用户在查询时的确切位置,例如,近邻搜索中的用户需要提交他们的当前位置,导航服务中的用户需要提交他们的当前位置和目的位置。大量研究表明,暴露用户的确切位置将导致用户行为模式、兴趣爱好、健康状况和政治倾向等个人隐私信息的泄露。在上面的例子中,张某不想让人知道现在他所在的位置(如医院),即位置信息保护。

第二,敏感信息,即与用户个人隐私相关的信息,例如推断用户曾经访问的地点或使用的服务。用户不想让任何人知道自己提出了某方面的查询,例如,张某不想让人知道自己将去银行办理个人业务,即敏感信息保护。

其中,位置信息在基于位置服务的隐私保护中具有至关重要的作用。位置不仅是查询处理的必要对象,而且可以作为伪标识(Quasi-Identifier,QI)重新识别用户,导致用户敏感信息泄露。可见,位置信息和敏感信息都是位置隐私保护的目标。

7.4.4 位置隐私威胁模型

LBS 主要由 4 部分组成:定位系统、移动客户端、通信网络和 LBS 提供商。移动客户端向 LBS 提供商发送基于位置信息的查询请求,LBS 提供商响应查询请求并通过内部计算得出查询结果,最终将查询结果返回给移动客户端。查询请求的发送以及查询结果的返回均是通过通信网络(如 4G、5G 网络)完成的。移动客户端的位置信息由定位系统提供。

相应地,在 LBS 中,用户面临的隐私泄露威胁分为以下 3 种情况。

第一种情况是在移动客户端发生隐私泄露。例如,用户的移动设备被攻击者捕获或劫持,造成用户的私有信息泄露。这种情况主要通过移动客户端的安全机制进行保护。

第二种情况是查询请求和查询结果在通信网络传输的过程中有可能被窃听或遭受中间人攻击,导致保密数据的泄露以及数据完整性的破坏。这种情况可以通过网络安全通信协议(如 IPSec、SSL 等)进行抵御。

第三种情况是本章关注的重点,即在 LBS 提供商处发生的隐私泄露。LBS 服务器一旦拥有了用户的查询内容,就可以对用户的隐私信息进行推测,甚至出于利益原因卖给第三方机构分析使用,从而导致严重的隐私泄露问题。

7.4.5 位置隐私攻击模型

本节介绍 3 种位置隐私攻击模型。

1. 位置连接攻击模型

2003 年, Marco Gruteser 针对 LBS 中的位置隐私保护问题提出了位置连接攻击, 即攻击者利用查询中的位置作为伪标识, 在用户标识与查询记录间建立关联, 泄露了用户标识和查询内容。在位置连接攻击中, 攻击者的背景知识是用户的精确位置, 可通过实时通信网络定位技术或对被攻击者进行观察获得。

图 7-9 显示了用户基于位置的请求以及攻击者能获得的外部数据格式。为了易于表达, 使用 3 个表描述不同的数据。初始表 R 存储的是用户最初的查询请求, 其中, 每个元组表示一个服务请求, 记为 $r=(id, l, q)$。其中, id 是用户标识, $l=(x, y)$ 是用户的当前位置, q 是查询内容。这 3 个参数在隐私保护中的意义是不同的。id 可以唯一地标识用户, 不能泄露, 因此需要在发送给 LBS 提供商之前被隐藏。l 是一种伪标识, 虽然不能直接标识用户, 但是可能包含隐秘信息或泄露用户身份和查询之间的联系。q 对用户而言是否属于隐私因人而异, 但又必须传送给 LBS 提供商。

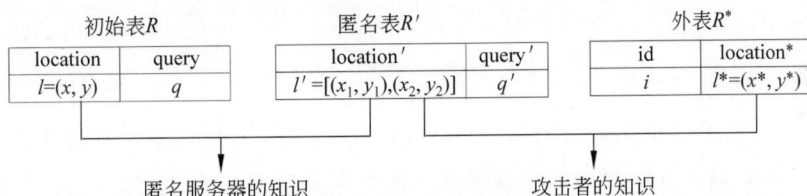

图 7-9　位置连接攻击示例

为了保护用户的隐私, 可信第三方即匿名服务器需要计算出一个匿名表 R', 并满足以下 3 个要求: ① 包含 R 的所有属性, 除了 id; ② 对应于 R 中的任何一个元组, 它都包含一个对应的匿名后的元组; ③ 不能违背用户的隐私保护要求。R' 中的元组记为 $r'=(l', q')$。其中, l' 是匿名服务器对 l 作匿名化处理之后得到的位置信息, 以匿名区域表示; q' 的内容与 q 一样。外表 R^* 表示攻击者能够获得的外部信息。R^* 中的每个元组确定了一个用户的位置, 表示为 $u^*=(id^*, l^*)$, l^* 是用户 id^* 被攻击者观察到的真实位置。显而易见, 如果不对 R 中的 l 作任何处理, 攻击者已经通过观察获得了位置与 id 的匹配关系, 再进一步通过 l 与 l^* 的连接操作即可暴露查询与 id 的关系。

2. 位置同质性攻击模型

位置同质性攻击模型和查询同质性攻击模型被统称为同质性攻击。在建立攻击模型时, 在背景知识方面, 前者基于位置语义, 而后者基于查询语义。

对于采用空间模糊化方法生成的匿名集合, 如果用户的匿名区域仅覆盖一个敏感位置(如医院), 通过公开的信息(如医院发布的就诊记录), 攻击者可以较高的概率确定目标对象的敏感信息(如曾去医院就诊), 使攻击目标的隐私信息泄露(如健康状况), 此攻击为位置同质性攻击。

图 7-13 以示例的方式给出了一个位置同质性攻击的场景。A 是一个有名的保险公司。客户信息对保险公司来讲属于商业机密, 不可公开。A 的员工需要频繁地造访客户, 经常使用 LBS(如百度地图等)规划行程。一个攻击者通过观察获得频繁地由 A 发出的 LBS 查询, 则有可能推断并重建 A 的客户列表。当然, 为了避免此种情况的发生, 可以采用基于位

置的 k-匿名模型。如图 7-10 所示,为用户 u 生成的匿名区域满足位置 3-匿名。由于 A 的员工位置邻近,在同一匿名区域的用户均是 A 的员工,即位置语义相同。可见,仅仅满足位置 k-匿名模型的匿名集合存在位置同质性攻击的风险。

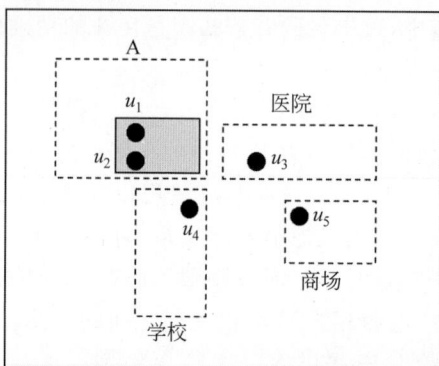

图 7-10　位置同质性攻击示例

3. 位置依赖攻击模型

前面介绍的攻击模型仅关注快照(snapshot)位置,若用户位置发生连续更新,将产生新的攻击模型,典型的攻击模型有位置依赖攻击模型和连续查询攻击模型。位置依赖攻击模型也被称为基于速度的连接攻击模型,指当攻击者获知用户的运动模式(如最大运动速度)时产生的位置隐私泄露现象。具体来讲,根据用户的最大运动速度,可得到用户在某一时间段内的最大可达范围。因此,可以将用户的位置限制在最大可达到的区域与第二次发布的匿名区域的交集中,进而发生位置隐私泄露。在位置依赖攻击中,攻击者的背景知识包括历史匿名区域组成的集合和用户的最大运动速度。下面给出位置依赖攻击的形式化定义。

假设用户 u 在时刻 t_i 和 t_j 的匿名区域分别是 R_{u,t_i} 和 R_{u,t_j},用户 u 的最大运动速度为 v_u。设用户 u 从时刻 t_i 到 t_j 的最大运动边界(Maximum Movement Boundary,MMB)为 MMB_{u,t_i,t_j}[最大可达边界(Maximum Arrival Boundary,MAB)为 MAB_{u,t_i,t_j}]。MMB_{u,t_i,t_j} (MAB_{u,t_i,t_j})是一个由 R_{u,t_i} (R_{u,t_j})开始,以半径 $v_u(t_j-t_i)$ 扩展而来的圆角矩形。定义 R_{u,t_i} 和 MMB_{u,t_i,t_j} 的交集 MM_{u,t_i,t_j} 为

$$\mathrm{MM}_{u,t_i,t_j} = \mathrm{MMB}_{u,t_i,t_j} \bigcap R_{u,t_i}$$

定义 R_{u,t_j} 和 MAB_{u,t_i,t_j} 的交集 MA_{u,t_i,t_j} 为

$$\mathrm{MA}_{u,t_i,t_j} = \mathrm{MAB}_{u,t_i,t_j} \bigcap R_{u,t_j}$$

对于任意的 t_i 和 t_j,如果下列不等式中任何一个成立:

$$\mathrm{MM}_{u,t_i,t_j} \neq R_{u,t_i}$$

$$\mathrm{MA}_{u,t_i,t_j} \neq R_{u,t_j}$$

则称用户 u 的位置隐私受到威胁,称此攻击为位置依赖攻击。

位置依赖攻击表达的语义是:如果攻击者知道用户 A 上一个时刻匿名区域 R_{A,t_i} 和最大运动速度 v_A,则用户 A 在 t_{i+1} 的位置被限定于最大运动边界 $\mathrm{MMB}_{A,t_i,t_{i+1}}$ 当中,从而攻击者可以推测出用户 A 在 t_{i+1} 时刻一定位于 $\mathrm{MMB}_{A,t_i,t_{i+1}}$ 和 R_{A,t_i} 的交集中。类似地,攻击者通过用户在 t_{i+1} 时刻发布的匿名区域 $R_{A,t_{i+1}}$ 可以得到从时刻 t_i 到 t_{i+1} 期间用户 A 可以从

哪些位置到达匿名区域 $R_{A,t_{i+1}}$ 中,形成匿名集。所以用户 A 在上一个时刻 t_i 被限定于 $\mathrm{MAB}_{A,t_i,t_{i+1}}$ 和 R_{A,t_i} 的交集中。在最坏情况下,如果两个交集中的任何一个成为精确点,则发生用户位置隐私泄露。

7.4.6　LBS 隐私保护技术

传统的 LBS 隐私保护技术可以归纳为 3 类:基于数据失真的位置隐私保护技术、基于抑制发布的位置隐私保护技术以及基于数据加密的位置隐私保护技术。不同的位置隐私保护技术基于不同的隐私保护需求以及实现原理,在实际应用中各有优缺点。

1. 基于数据失真的位置隐私保护技术

基于数据失真的位置隐私保护,顾名思义,是指通过让用户提交不真实的查询内容以避免攻击者获得用户的真实信息。对于一些隐私保护需求不严格的用户,该技术假设用户在某时刻的位置信息只与当前时刻攻击者收集到的数据有关,可以满足直觉上的隐私需求,提供较高效的隐私保护算法和较快的服务响应。基于数据失真的位置隐私保护采取的具体技术主要包括随机化、空间模糊化和时间模糊化。这 3 种技术的共同点是假设在移动用户和 LBS 服务器之间存在一个可信任的第三方服务器,该服务器可以将用户的位置数据或查询内容转换成接近的但不真实的信息,然后再提交给 LBS 服务器,同时,将 LBS 服务器返回的针对模糊数据的查询结果转换成用户需要的结果。

2. 基于抑制发布的位置隐私保护技术

上面介绍的方法只考虑当前时刻的位置是否会暴露用户的位置隐私,然而,用户的位置隐私可能会由于位置数据在时间和空间上的关联而泄露。有研究表明,用户在未经保护的情况下提交查询时,位置数据在时间和空间上的关系可以通过多种模型刻画。当前主要使用隐马尔可夫模型或图模型刻画用户的位置数据在时间和空间上的关系。

基于隐马尔可夫模型的概率推测抑制法在 2012 年被提出,该方法针对 LBS 应用中用户连续地向服务器发送位置信息的场景,假设攻击者具有足够的背景知识,并对用户提交的每个位置数据推测用户隐私。该方法利用一个称为 Maskit 的系统帮助用户判断提交当前位置数据是否违背用户的隐私需求。对于违背隐私需求的位置信息采取概率性的抑制发布策略,以此使得攻击者无法以较高的后验概率推测出用户处于哪个敏感位置。

隐马尔可夫模型假设用户发布的位置数据只与其当前位置有关。这样的假设有利于模型的高效创建,但对用户在某时刻处于某位置的概率计算并不十分准确。考虑到历史数据也会暗示用户当前位置是否敏感,因此历史数据也对当前位置是否能够安全发布具有很大影响。总之,当前位置和历史数据均对是否发布位置数据有影响,且影响 LBS 的可用性。

3. 基于数据加密的位置隐私保护技术

前面介绍的两类位置隐私保护技术通过发布失真位置数据和抑制发布位置数据的方法达到了对位置大数据隐私保护的目的。然而,这两类技术无法对具有较高隐私需求的用户提供足够的隐私保护。基于数据加密的位置隐私保护是指利用加密算法将用户的查询内容(包括位置属性、敏感语义属性等)进行加密处理后发送给服务提供商。服务提供商根据接收到的数据在不解密的情况下直接进行查询处理。服务提供商返回给客户端的查询结果需要用户利用自己的密钥进行解密,并获得最终的查询结果。在这个过程中,服务提供商因为没有密钥,无法得知用户的具体查询内容,甚至对返回给客户端的查询结果的含义也无法掌握。

最早的基于数据加密的方法是通过利用空间填充曲线转换数据空间实现的,该方法因空间填充曲线的局部性和距离维护性会导致潜在的隐私泄露风险。随后出现了利用同态加密等加密工具结合数据库索引技术防止空间查询处理过程中的隐私泄露的方法,然而攻击者可根据当前查询的访问模式推测出查询是位于POI分布稀疏的区域还是位于POI分布密集的区域,由此会导致用户位置隐私泄露。这两种方法均不能阻止攻击者通过访问模式对用户的查询内容进行推测。随后又出现了基于私有信息检索(Private Information Retrieval,PIR)技术的隐私保护方法。该方法可以在服务器不知道用户的查询内容的前提下为用户返回其查询的数据块。

上述3类位置隐私保护技术具有不同的特点。表7-9从隐私保护度、运行时开销、预计算开销和数据缺失4方面比较了上述隐私保护技术。从表7-9可以看出,不同方法的适用范围、性能表现等不尽相同。基于数据失真的位置隐私保护技术能够以较低的计算开销实现对一般隐私需求的保护。当对位置数据的隐私程度要求较高且要求计算开销较低时,基于抑制发布的位置隐私保护技术更适合。当关注位置信息的完全隐私保护时,则可以考虑基于数据加密的位置隐私保护技术,这时计算量以及响应时间上的代价较高。

表 7-9   位置隐私保护技术性能比较

位置隐私保护技术	评 估 指 标			
	隐私保护度	运行时开销	预计算开销	数据缺失
基于数据失真的位置隐私保护技术	中	中	低	中
基于抑制发布的位置隐私保护技术	中高	低	高	中
基于数据加密的位置隐私保护技术	高	高	高	低

表7-10从技术层面对各种方法的主要优缺点以及代表性技术做了进一步的对比显示。

表 7-10   位置隐私保护技术的主要优缺点以及代表性技术

位置隐私保护技术	对 比 指 标		
	主 要 优 点	主 要 缺 点	代表性技术
基于数据失真的位置隐私保护技术	计算开销中等,实现简单	位置解析度失真,会受到基于数据特征推测的攻击	k-匿名技术 匿名区域技术 考虑数据特征的方法
基于抑制发布的位置隐私保护技术	计算开销小,位置发布准确	数据缺失,服务可用性降低,预计算开销大,依赖于位置数据模型,不同的模型需设计不同的算法	基于隐马尔可夫模型的技术 基于图模型的技术
基于数据加密的位置隐私保护技术	完全隐私保护,服务可用性高	预计算开销大,运行时开销大,需要针对应用设计优化方法	针对最短路径的技术 针对最近邻的技术 针对k近邻的技术

7.5　本章小结

　　本章主要探讨了隐私保护技术的重要性和关键方法。在数字化高度发展的今天,隐私保护已成为信息安全领域的核心问题。本章首先阐述了隐私的概念,从传统"免受干扰而独处"的权利扩展到涵盖数字时代个人信息的广泛定义,揭示了隐私在不同文化、法律框架下的多样化内涵。接着分析了隐私安全风险,说明了随着互联网、社交网络等平台的普及,个人信息在数据采集、存储和分析中的暴露风险逐渐加大的态势,列举了多个隐私泄露的实际案例。

　　在隐私保护的实现方面,本章介绍了隐私度量。隐私度量通过多种指标和算法对隐私保护技术的有效性进行定量化评估,涵盖了基于数据的度量方法和模型度量方法。随后进一步探讨了各种隐私保护方法,如基于变换、分治、隐匿和混淆的多种隐私保护技术,详细介绍了同态加密和联邦学习等先进方法,利用这些方法,可以在保护隐私的前提下实现数据共享和计算分析。最后介绍了有关位置隐私保护的技术和方法。

　　总之,本章围绕隐私概念、隐私风险与度量方法等核心内容提供了多层次的隐私保护技术的介绍,为读者在大数据和人工智能环境中应对隐私保护挑战奠定了技术基础。

习题

1. 常见的安全问题中哪些属于隐私泄露威胁?
2. 什么是隐私度量?
3. 基于匿名的隐私度量方法的 3 个准则有什么关联关系?
4. 举例说明什么是差分攻击。
5. 常用的隐私保护方法可以分成几类?
6. 什么是横向联邦学习和纵向联邦学习?
7. 主要的位置隐私保护方法有哪些?

参 考 文 献

[1] 邓小龙,吴旭. 网络空间安全治理[M]. 北京:北京邮电大学出版社,2020.

[2] 方滨兴,等. 在线社交网络分析[M]. 北京:电子工业出版社,2014.

[3] 孙吉贵,刘杰,赵连宇. 聚类算法的研究[J]. 软件学报,2008,19(1):48-61.

[4] 赵恒. 数据挖掘中聚类若干问题研究[D]. 西安:西安电子科技大学,2005.

[5] DUNHAM M H. 数据挖掘教程[M]. 北京:清华大学出版社,2005.

[6] 何虎翼. 聚类算法及其应用研究[D]. 上海:上海交通大学,2007.

[7] 张俊丽. 文本分类中的关键技术研究[D]. 武汉:华中师范大学,2008.

[8] 王维娜,康耀红,伍小芹. 文本分类中特征选择方法的研究[J]. 信息技术,2008(12):29-31.

[9] 熊小草. 文本分类中特征选择的理论分析和算法研究[D]. 北京:清华大学,2007.

[10] 刘国光. 基于聚类的 Web 使用挖掘研究[D]. 济南:山东大学,2007.

[11] 朱玉全,杨鹤标,孙蕾. 数据挖掘技术[M]. 南京:东南大学出版社,2006.

[12] 宁静. 基于数据挖掘的邮件过滤技术研究[D]. 西安:西安交通大学,2006.

[13] 龚俭,吴桦,杨望. 计算机网络安全导论[M]. 南京:东南大学出版社,2007.

[14] 夏克俭,张涛. 基于贝叶斯算法的垃圾邮件过滤研究[J]. 微计算机信息,2008:179-180.

[15] 潘文锋. 基于内容的垃圾邮件过滤研究[D]. 北京:中国科学院研究生院,2004.

[16] 段丹青. 入侵检测算法及其关键技术研究[D]. 长沙:中南大学,2007.

[17] 刘贵松. 入侵检测的神经网络方法[D]. 成都:电子科技大学,2007.

[18] 胡艳. 面向大规模网络的分布式入侵检测系统[D]. 北京:中国科学院研究生院,2003.

[19] 魏宇欣. 网络入侵系统关键技术研究[D]. 北京:北京邮电大学,2008.

[20] 王斌君,景乾元,吉增. 信息安全体系[M]. 北京:高等教育出版社,2008.

[21] 高阳,张宏莉. 基于随机游走的社区发现方法综述[J]. 通信学报,2023,44(6):198-210.

[22] RABINER L R. A tutorial on hidden Markov models and selected applications in speech recognition [J]. Proceedings of the IEEE,1989,77(2):257-286.

[23] LAFFERTY J,MCCALLUM A,PEREIRA F. Conditional random fields:Probabilistic models for segmenting and labeling sequence data[C]. Proceedings of the International Conference on Machine Learning,2002. DOI:10.1109/ICIEA.2007.4318542.

[24] HUANG Z,XU W,YU K. Bidirectional LSTM-CRF models for sequence tagging[J]. Computer Science,2015. DOI:10.48550.

[25] STRUBELL E,VERGA P,Belanger D,et al. Fast and accurate entity recognition with iterated dilated convolutions[J]. arXiv:1702.02098,2017.

[26] VASWANI A. Attention is all you need [J]. Advances in Neural Information Processing Systems,2018.

[27] DEVLIN J. BERT:Pre-training of deep bidirectional transformers for language understanding[J]. arXiv:1810.04805,2018.

[28] FLORIDI L,CHIRATTI M. GPT-3:Its nature, scope, limits, and consequences[J]. Minds and Machines,2020,30:681-694.

[29] TOUVRON H,LAVRIL T,IZACARD G,et al. Llama:Open and efficient foundation language models[J]. arXiv:2302.13971,2023.

[30] ZENG A,LIU X,DU Z,et al. GLM-130B:An open bilingual pre-trained model[C]. Proceedings of

the Eleventh International Conference on Learning Representations, 2023.

[31] ZHANG D, WEI S, LI S, et al. Multi-modal graph fusion for named entity recognition with targeted visual guidance[C]. Proceedings of the AAAI Conference on Artificial Intelligence, 2021, 35(16): 14347-14355.

[32] HE Q, WU L, YIN Y, et al. Knowledge-graph augmented word representations for named entity recognition[C]. Proceedings of the AAAI Conference on Artificial Intelligence, 2020, 34(5): 7919-7926.

[33] LIN B Y, LEE D H, SHEN M, et al. TriggerNER: Learning with entity triggers as explanations for named entity recognition[C]. Proceedings of the 58th Annual Meeting of the Association for Computational Linguistics, 2021: 8503-8511.

[34] FRITZLER A, LOGACHEVA V, KRETOV M. Few-shot classification in named entity recognition task[C]. Proceedings of the 34th ACM/SIGAPP Symposium on Applied Computing, 2019: 993-1000.

[35] TESNIERE L. Elements of structural syntax[M]. John Benjamins Publishing Company, 2015.

[36] VAPNIK V. Estimation of dependences based on empirical data[M]. Springer Science & Business Media, 2006.

[37] ZENG D, LIU K, LAI S, et al. Relation classification via convolutional deep neural network[C]. Proceedings of COLING 2014, the 25th International Conference on Computational Linguistics, 2014: 2335-2344.

[38] SMIRNOVA A, CUDRÉ-MAUROUX P. Relation extraction using distant supervision: A survey[J]. ACM Computing Surveys (CSUR), 2018, 51(5): 1-35.

[39] SHI P, LIN J. Simple BERT models for relation extraction and semantic role labeling[J]. arXiv: 1904.05255, 2019.

[40] YAO Y, YE D, LI P, et al. DocRED: A large-scale document-level relation extraction dataset[C]. Proceedings of the 57th Annual Meeting of the Association for Computational Linguistics, 2019: 764-777.

[41] ZHENG C, FENG J, FU Z, et al. Multimodal relation extraction with efficient graph alignment[C]. Proceedings of the 29th ACM International Conference on Multimedia, 2021: 5298-5306.

[42] PENG N, POON H, QUIRK C, et al. Cross-sentence n-ary relation extraction with graph LSTMS[J]. Transactions of the Association for Computational Linguistics, 2017(5): 101-115.

[43] FREEMAN L C. A set of measures of centrality based on betweenness[J]. Sociometry, 1977, 40(1): 35-41.

[44] KLEINBERG J M. Authoritative sources in a hyperlinked environment[J]. Journal of the ACM, 1999, 46(5): 604-632.

[45] LAWRENCE P. The pagerank citation ranking: Bringing order to the Web[R]. Technical report, 1998.

[46] GRANOVETTER M S. The strength of weak ties[J]. American Journal of Sociology, 1973, 78(6): 1360-1380.

[47] GRANOVETTER M S. Threshold models of collective behavior[J]. American Journal of Sociology, 1978, 83(6): 1420-1443.

[48] GOLDENBERG J, LIBAI B, MULLER E. Talk of the network: A complex systems look at the underlying process of word-of-mouth[J]. Marketing Letters, 2001, 12(3): 211-223.

[49] CHEN W, WANG Y, YANG S. Efficient influence maximization in social networks[C]. Proceedings

of the 15th ACM SIGKDD International Conference on Knowledge Discovery and Data Mining,2009: 199-208.

[50] KEMPE D, KLEINBERG J, TARDOS É. Maximizing the spread of influence through a social network[C]. Proceedings of the 9th ACM SIGKDD International Conference on Knowledge Discovery and Data Mining,2003: 137-146.

[51] EVEN-DAR E,SHAPIRA A. A note on maximizing the spread of influence in social networks[C]. International Workshop on Web and Internet Economics,2007: 281-286.

[52] LESKOVEC J,KRAUSE A,GUESTRIN C,et al. Cost-effective outbreak detection in networks[C]. Proceedings of the 13th ACM SIGKDD International Conference on Knowledge Discovery and Data Mining,2007: 420-429.

[53] GOYAL A,BONCHI F,LAKSHMANAN L V S,et al. On minimizing budget and time in influence propagation over social networks[J]. Social Network Analysis and Mining,2013(3): 179-192.

[54] LAPPAS T,LIU K,TERZI E. Finding a team of experts in social networks[C]. Proceedings of the 15th ACM SIGKDD International Conference on Knowledge Discovery and Data Mining, 2009: 467-476.

[55] PALLA G,DÉRI I,FARKAS I,et al. Uncovering the overlapping community structure of complex networks in nature and society[J]. Nature,2005,435(7043): 814-818.

[56] AHN Y Y, BAGROW J P, LEHMANN S. Link communities reveal multiscale complexity in networks[J]. Nature,2010,466(7307): 761-764.

[57] LANCICHINETTI A, FORTUNATO S, KERTÉSZ J. Detecting the overlapping and hierarchical community structure in complex networks[J]. New Journal of Physics,2009,11(3): 033015.

[58] RAGHAVAN U N, ALBERT R, KUMARA S. Near linear time algorithm to detect community structures in large-scale networks[J]. Physical Review E,2007,76(3): 036106.

[59] GREGORY S. Finding overlapping communities in networks by label propagation[J]. New Journal of Physics,2010,12(10): 103018.

[60] NGUYEN N P, DINH T N, TOKALA S, et al. Overlapping communities in dynamic networks: Their detection and mobile applications[C]. Proceedings of the 17th Annual International Conference on Mobile Computing and Networking,2011: 85-96.

[61] CARNES T, NAGARAJAN C, WILD S M, et al. Maximizing influence in a competitive social network: A follower's perspective[C].Proceedings of the 9th International Conference on Electronic Commerce. Minneapolis,USA,2007: 351-360.

[62] COMIN C H,DA FONTOURA COSTA L. Identifying the starting point of a spreading process in complex networks[J]. Physical Review E,2011,84(5): 056105.